Python 商业大数据分析实验教程

主 编 费 诚
副主编 董 艳 李金妹 龙 望 温馥榕

中国财经出版传媒集团

经济科学出版社
Economic Science Press

·北京·

图书在版编目（CIP）数据

Python 商业大数据分析实验教程／费诚主编．

北京：经济科学出版社，2025. 6. -- ISBN 978 - 7 - 5218 -

6628 - 5

Ⅰ. TP312. 8

中国国家版本馆 CIP 数据核字第 2025CX7943 号

责任编辑：李晓杰
责任校对：郑淑艳
责任印制：张佳裕

Python 商业大数据分析实验教程

Python SHANGYE DASHUJU FENXI SHIYAN JIAOCHENG

主　编　费　诚

副主编　董　艳　李金妹　龙　望　温馥榕

经济科学出版社出版、发行　新华书店经销

社址：北京市海淀区阜成路甲 28 号　邮编：100142

教材分社电话：010 - 88191645　发行部电话：010 - 88191522

网址：www. esp. com. cn

电子邮箱：lxj8623160@ 163. com

天猫网店：经济科学出版社旗舰店

网址：http：//jjkxcbs. tmall. com

北京密兴印刷有限公司印装

787 × 1092　16 开　26 印张　600000 字

2025 年 6 月第 1 版　2025 年 6 月第 1 次印刷

ISBN 978 - 7 - 5218 - 6628 - 5　定价：78. 00 元

（图书出现印装问题，本社负责调换。电话：010 - 88191545）

（版权所有　侵权必究　打击盗版　举报热线：010 - 88191661

QQ：2242791300　营销中心电话：010 - 88191537

电子邮箱：dbts@ esp. com. cn）

前　言■■■

党的二十大报告指出，要加速构建网络强国与数字中国的宏伟蓝图。这一战略决策不仅彰显了国家对信息技术发展的高度重视，也预示着我国将全面迈入一个数字化、智能化的新时代。随着互联网、大数据、人工智能等前沿技术的蓬勃兴起，它们如同强劲的东风，吹遍了我国经济社会发展的每一个角落，为各行各业注入了新的活力与可能。"数字中国"这一概念的提出，标志着我国已将数字化建设上升为国家层面的战略部署，其深远意义不言而喻。在这一背景下，信息技术不再是单纯的技术革新，而是推动国家治理体系和治理能力现代化的重要力量。教育领域作为国之根本，感受到了这股数字化浪潮的冲击与洗礼。《"十四五"数字经济发展规划》中明确提出"深入推进智慧教育"的战略目标，这不仅是对教育领域数字化转型的明确指示，更是对未来教育形态的一种深刻洞察与前瞻布局。同时，智慧教育还强调数据的收集与分析能力，通过大数据分析等技术手段，精准把握学生的学习需求与成长轨迹，为教育决策提供科学依据。

在当今这个日新月异的时代，新技术、新业态与新经济的蓬勃兴起，正以前所未有的速度推动着社会各界的深刻变革。对于商科教育领域而言，这一系列的变革更是将其推向了一个重大的转折关口。在这个背景下，以数智化为核心的新商科交叉融合人才，无疑将成为新时代商业、社会、企业发展过程中最耀眼、最具竞争力的重要资源。新商科教育体系的崛起正引领着一场深刻的教育变革。各专业多学科交叉创新人才的培养，已不再是单一学科知识的简单堆砌，而是管理学、经济学、会计学等传统商科基础与系统科学、网络科学、数据科学等前沿科技领域的深度融合。这种跨学科融合不仅顺应了时代发展的需求，更是对未来商业领袖全面素质提升的一次重要探索。

基于此，本书作者费诚博士带领课程教学团队积极探索专业学科规律，从数据科学和信息科学视角，开发了以 Python 为工具的商业大数据分析课程。本课程响应"新文科"建设号召，体现"新文科"特色，将数据科学、信息科学与商业大数据分析等多学科的知识体系有机融合，形成了一种全新的教学模式，让学生在掌握大数据分析能力的同时，也能够拓宽视野、增强创新意识。

在编撰本教材的过程中，我们广泛参考了众多专家学者的权威学术研究成果，并荣幸地获得了他们的悉心指导与宝贵意见，对此我们深表感谢。然而，鉴于时间紧迫及编者能力所限，书中可能存在某些疏忽或不足之处。我们诚挚地邀请广大读者朋友不吝赐教，提出宝贵的批评与建议，以便我们在未来的修订中不断完善，提升教材质量。

　　本书配套有源代码和数据下载，关于本书使用资源下载问题，请联系 fyxadby@hzxy. edu. cn。

费　诚

2024 年 10 月

目　录 ■■■

项目一　商业大数据分析导论

德技并修

虚拟与现实的对立统一：新时代网络安全与新技术发展

习近平总书记多次强调，"没有信息化就没有现代化""信息化是'四化'同步发展的加速器、催化剂"，深刻阐释了信息化和中国式现代化的内在关系。在当前的历史时期，中华民族的伟大复兴与全球百年未遇的大变革以及信息革命的浪潮交汇，形成了具有历史意义的融合。数字中国建设作为推进具有中国特色的现代化进程的必要组成部分和自然选择，显得尤为重要。我们面临的关键问题是如何利用数字中国建设来促进一个拥有庞大人口规模的国家的现代化进程，实现全民共同富裕、物质文明与精神文明的和谐发展、人与自然的和谐共生，以及坚持和平发展道路的现代化。这些问题关乎现代化建设全局。2023 年，中共中央及国务院颁布了《数字中国建设整体布局规划》。随后，在 2024 年 5 月，国家数据局发布了《数字中国建设 2024 年工作要点清单》。这些政策文件的颁布，均旨在围绕构建高质量的数字化发展基础、利用数字技术推动经济社会高质量发展、加强数字中国建设的关键能力支撑以及营造有利于数字化发展的良好环境等四个核心领域，部署关键任务。目标在于构建一个普惠且便捷的数字社会，加速推进数字生态文明的建设，强化数字技术的协同创新与应用，稳步提升数字安全的保障能力，不断完善数字领域的治理生态，并持续拓展数字领域的国际合作与交流空间。

大数据技术的演进历程可以大致地划分为以下几个阶段。首先是萌芽期，始于 20 世纪 90 年代，并持续到 21 世纪初。在这一时期，数据挖掘理论和数据库技术逐渐成熟，商业智能工具和知识管理技术开始崭露头角，数据仓库、专家系统和知识管理系统等技术在众多领域得到了广泛的应用。其次是突破期，时间跨度为 2003 年至 2006 年。在这个阶段，非结构化数据大量涌现，传统的数据库处理技术已经无法满足处理需求，因此，这一时期也被称为非结构化数据阶段，标志着大数据技术的初步突破。再次是成熟期，时间范围为 2006 年至 2009 年。在此期间，谷歌发表了两篇关于大数据技术的关键论文，提出了分布式文件系统 GFS 和分布式计算系统框架 MapReduce，Hadoop 平台开始流行，成为大数据处理领域的重要工具，研究焦点转向性能提升、云计算、大规模数据集的并行运算算法以及开源分布式架构（如 Hadoop）。最后是大规模应用期，时间范围为 2009 年至今。在这个阶段，大数据技术广泛应用于商业、医疗、金融、政府等多个行业。2013 年被视为大数据元年，技术开始向多个领域渗透。数据价值时代的到来催生了更多大数据应用场景，数据中台概念的提出强调通过数据服务化提升数据共享能力，从而增强业务能力。近年来，随着人工智能和机器学习的迅猛发展，大数据处理技术与这些技术融合，实现更智能化和自动化的数据处理。实时数据处理、边缘计算、数据隐私与安全、数据民主化等成为当前大数据发展的关键趋势。

国家的发展离不开核心技术的支持，必须掌握核心技术。中国经济正步入新常态，推动经济前行的重任已转向以"互联网＋"为代表的新一代技术。技术本身具有双重性，它既可以成为"阿里巴巴的宝藏"，也可能成为"潘多拉的盒子"，这完全取决于使用者的智慧。网络安全问题始终伴随着网络技术的发展，并制约着其进步。新时代的现代化实质上是以互联网技术为驱动力的工业革命，而信息化的推进也是现代化进程的关键一环，这不仅涉及社会经济的现代化，还包括国防和安全的现代化。

项目学习内容说明

本项目学习总共包含了三个主要的核心任务，主要目的是深入学习和了解大数据领域的基础知识。具体来说，任务一主要集中在培养大数据思维的前期工作上，构建扎实的理论基础，以支持后续复杂大数据分析的顺利进行；任务二则通过学习职业发展相关的知识和技能，明确职业目标和发展方向，制定合理的职业规划；任务三将学习重点转向商业大数据的具体分析流程，深入理解每个环节的核心内容和操作要点，掌握高效利用大数据资源的技巧和方法。

在本项目的核心学习内容中主要包括三方面：首先，引导学生建立对大数据的基本认知，理解大数据概念、特征与发展历程，聚焦于商业大数据，探讨其在医疗、金融、教育等方面的广泛应用；其次，关注与大数据技术密切相关的职业发展路径，详细介绍商业分析师、数据分析师和金融分析师等职业角色，有助于学生明确自己的职业定位；最后，详细阐述从明确分析目标到撰写数据分析报告的整个数据分析流程，帮助学生掌握一套系统而高效的数据分析方法。为了实现上述的学习目标，本项目精心选择了"走进商业大数据""职业发展""商业大数据分析"这三个关键领域作为学习内容。这三个部分相辅相成，共同构成了一个完整的学习体系，旨在帮助学生全面理解大数据在商业领域的应用，提升商业数据分析技能，并为未来的职业发展奠定坚实基础。

任务一　走进商业大数据

一、大 数 据 认 知

随着大数据时代的到来，数据量呈现爆炸性增长，仅从人均每月互联网流量的变化便可略见一斑。1998 年，网民人均月流量仅为 1MB，而到了 2000 年，这一数字增长到了 10MB。到了 2008 年，平均每个网民的月流量达到了 1000MB。2023 年，《中国互联网核心趋势年度报告（2023）》发布。报告显示，2023 年，中国移动互联网月活跃用户规模已超过 12.24 亿，全网月人均使用时长接近 160 小时。根据北京研精毕智信息咨询发布的调查报告，2018～2021 年，全球数据存储量由 30 泽字节上升至 55 泽字节左右，年平均增长率约为 27.8%；到 2022 年，数据总存储量进一步增加至 65 泽字节以上，较 2021 年同期新增了约 10 泽字节，同比增长 18.2%。《全国数据资源调查报告（2023 年）》显示，2023 年全国数据生产总量达到了 32.85 泽字节，同比增长了 22.44%。2023 年我国累计数据存储总量为 1.73 泽字节。

如今数据激增已经成为我们不得不面对的现实。信息技术的飞速发展推动人类社会步入了一个全新的时代——大数据时代。大数据（big data）这一术语，在互联网、物联网和云计算之后，成为科技界、企业界和学术界共同关注的焦点。它不仅标志着数据处理、存储和分析能力的巨大进步，还深刻地影响着全球经济、社会和文化等众多领域。本节内容旨在帮助读者更深入地理解大数据的概念、特征、发展历程等，以便更好地应对大数据时代所带来的挑战和机遇。

（一）大数据的概念

"大数据"被用来描述在更新网络搜索索引时需要进行批量处理或分析的大量数据集。随着技术的不断进步，特别是谷歌 MapReduce 和 Google File System（GFS）的发布，大数据的概念逐渐扩展，不再仅仅局限于描述大量的数据，还涵盖了处理数据的速度。这一变化使得大数据成为一个更为广泛和深入的技术领域，涵盖了数据的收集、存储、处理、分析和应用等多个方面。

对于大数据概念的表述，不同的学者和机构给出的定义也有所不同。目前比较权威的几种表述包括：

（1）我国最早开始致力于大数据普及和推广的学者之一是涂子沛。他在其著作《大数据：正在到来的数据革命》中，对大数据这一概念进行了深入的阐述和定义。涂子沛指出，所谓大数据，是指那些规模庞大、复杂程度超出了传统数据处理能力的数据集合。这些数据的体量已经远远超出了传统意义上的尺度，以至于一般的软件工具难以有效地捕捉、存储、管理和分析。邬贺铨院士指出：大数据通常指庞大的数据集合，其价值在于能够从中提炼出有用的信息，因此备受关注。李德毅院士则阐述为：大数据本身既不属于科学范畴，亦非技术领域，大数据体现的是网络时代的一种现实存在。各个行业的大数据规模，从太字节（TB）到拍字节（PB）再到艾字节（EB）乃至泽字节（ZB），正以三个数量级的跃进速度增长，这些数据超出了传统工具的认知范围，带来了更大的挑战。李国杰院士则借鉴维基百科的定义，提出："大数据指的是那些无法在限定时间内通过常规软件工具进行有效抓取、管理和处理的数据集合"，并强调"大数据具有数据量庞大、种类繁多以及处理速度快等特点，它广泛应用于互联网、经济、生物、医学、天文、气象、物理等多个领域。随着信息技术的迅猛发展，大数据已经成为一个不容忽视的现象，它正在深刻地影响我们的生活、工作以及社会的运作模式"。

（2）高德纳（Gartner）咨询公司，作为全球领先的信息技术研究和顾问公司，对大数据进行了明确的定义。他们认为大数据是指那些需要采用新的处理模式，才能使其具备更强的决策力、洞察力和流程优化能力的海量信息资产。这些信息资产具有高增长率和多样化的特点，传统的数据处理方法已经无法满足其需求。

（3）麦肯锡全球研究所，作为全球著名的管理咨询公司，对大数据也有着自己的定义。他们认为大数据是一种规模庞大到在获取、存储、管理和分析方面大大超出了传统数据库软件工具能力范围的数据集合。这种数据集合的规模之大，使得传统的数据处理方法无法应对，需要采用新的技术和工具来处理。

（4）维基百科，作为全球最大的网络百科全书，对大数据也有着自己的定义。他们认为大数据是指所涉及的数据量规模巨大到无法通过人工在合理时间内进行截取、管理、处理和整理成可解读信息的数据集合。这种数据集合的规模之大，使得人工处理变得不现实，需要采用自动化的方法来处理。

（5）国际数据公司（IDC），作为全球领先的信息技术研究和顾问公司，对大数据也有着自己的定义。他们认为大数据是一种通过高速捕捉、发现或分析，从大容量数据中获取价值的一种新技术架构。这种技术架构能够帮助企业在海量数据中发现有价值的信息，从而提高企业的竞争力。

（6）美国国家标准与技术研究院（NIST），作为全球领先的科学技术研究机构，对大数据也有着自己的定义。他们认为大数据主要强调其规模、处理难度以及对高效存储、处理和分析能力的需求。大数据的规模之大，处理难度之高，使得传统的数据处理方法无法应对，需要采用新的技术和工具来处理。

综上所述，尽管目前各个机构和组织对大数据的定义存在一些细微的差异，但它们的核心要素基本上是相同的。通过综合多个权威表述，我们可以将大数据的概念定义为：一种规模庞大、类型多样、增长速度极快且价值密度相对较低的数据集合。为了充分利用这些数据，我们需要采用全新的处理模式和技术手段，以提升我们的决策能力、洞察力和流程优化能力。大数据不仅仅是指海量的数据量，它还涵盖了数据的高增长率和多样性，以及在数据获取、存储、管理和分析等方面对传统工具和方法的挑战。随着信息技术的不断进步和发展，大数据已经成为信息技术领域的一个重要分支，并且其应用范围也在不断扩大。从商业智能到科学研究，从政府管理到社会服务，大数据技术正在逐步渗透到我们工作和生活的方方面面，深刻地改变着我们的工作方式和生活方式。

（二）大数据的特征

大数据的特征通常被详细描述为"5V+1C"，这一概念涵盖了大数据的多个关键方面。其中，"5V"指的是以下五个方面：Volume（大量），即数据的规模非常庞大，通常以 TB、PB 甚至更大的单位来衡量；Velocity（高速），即数据的生成和处理速度非常快，常常需要实时或近实时的处理能力；Variety（多样化），即数据的类型和来源非常广泛，包括结构化数据、半结构化数据和非结构化数据；Veracity（真实性），即数据的质量和可信度存在差异，需要进行清洗和验证；Value（价值），即尽管数据量庞大且复杂，但其中蕴含着巨大的潜在价值，通过分析和挖掘可以提取有用的信息和知识。而"1C"指的是 Complexity（复杂性），即大数据的管理和分析过程非常复杂，需要先进的技术和工具来应对各种挑战。大数据的特征如图 1-1 所示。

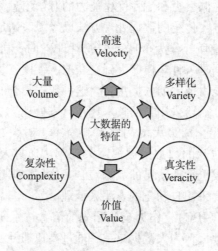

图 1-1 大数据的特征

1. 大量（Volume）

大数据最显著的特征之一就是其庞大的数据量，这些数据量通常以 TB（太字节）、PB（拍字节）、EB（艾字节）或 ZB（泽字节）为单位进行衡量。例如，在 2005 年，全球数据总量仅为 50EB，而到了 2015 年，这一数字已经飙升至惊人的 7900EB（即 7.7ZB）。国际数据公司（IDC）在 2024 年 5 月发布了一份关于全球数据圈未来五年发展的预测报告，报告中预测全球数据量将在 2024 年达到惊人的 159.2ZB，预计到 2028 年这一数字将进一步增至令人难以置信的 384.6ZB。这一数据量的增长不仅反映了技术的进步，也展示了大数据在各个领域的广泛应用和重要性。

2. 高速（Velocity）

高速这一概念主要涉及数据生成和处理的速度。在当今的大数据环境中，数据的实时生成、传输和处理变得尤为重要，因为这直接关系到能否快速响应和作出有效决策。例如，在社交媒体、电子商务和物联网等领域的数据流动速度极快，这就要求我们能够迅速进行数据分析和处理，以满足这些领域对速度和效率的高要求。

3. 多样化（Variety）

多样化在大数据中主要体现在数据来源和格式的多样性上。具体来说，数据来源可以包括结构化数据，例如存储在数据库中的表格形式的数据；半结构化数据，如 XML、JSON 等格式的数据；以及非结构化数据，包括文本、图像、音频、视频等多种形式。此外，大数据的类型还可以根据其时效性进行分类，分为在线实时数据和离线非实时数据。根据数据来源的不同，大数据可以进一步划分为个人数据、商业服务数据、社会公共数据、科学数据、教育数据、医疗数据等多种类型。而按照数据类型来区分，大数据又可以细分为语音、图片、文字、动画、视频等多种类型。例如，互联网上的用户行为数据、传感器数据、地理位置数据和社交网络数据等，都是大数据范畴内的不同类型。这些数据来源广泛，格式多样，涵盖了我们生活中的方方面面，使得大数据在各个领域都有广泛的应用。

4. 真实性（Veracity）

确保数据的真实性或可信赖度是大数据质量的关键保障。随着互联网数据、社交媒体数据、电信数据、医疗数据、金融数据等多种新兴数据源的蓬勃发展，传统数据源的局限性逐渐被打破。然而，在这些新兴数据源中，多个行业和领域的数据往往存在错误、虚假或误导性的信息。因此，为了确保数据的准确性和可靠性，我们需要采取适当的方法和工具来验证数据的真实性。这包括但不限于数据清洗、数据校验、数据比对和数据验证等技术手段，以确保数据在采集、存储、处理和分析过程中的真实性和可信度。通过这些措施，我们可以有效地识别和剔除虚假数据，提高数据质量，从而为决策提供更加可靠的支持。

5. 价值（Value）

价值性是指在大数据中所蕴含的具有重要价值的信息和知识。尽管大数据具有海量、高速和多样的特点，但其真正的价值在于通过分析和挖掘这些数据，发现隐藏在其中的信息和知识，从而为企业决策、产品创新、市场预测等提供有力支持。然而，大数据的价值密度往往较低，即有价值的信息在海量数据中占比较小，因此需要通过高效的数据处理技术来提取和利用这些信息。为了实现这一目标，企业需采用先进的数据挖掘和分析工具，结合人工智能和机器学习算法，以提高数据处理的效率和准确性。通过这种方式，企业可以更好地识别和利用有价值的数据，从而在竞争激烈的市场中获得优势。此外，大数据的价值还体现在其能够帮助企业更好地理解客户需求，优化资源配置，提高运营效率，最终实现业务增长和创新。因此，大数据的价值不仅在于其数据本身，更在于企业如何通过技术手段挖掘和利用这些数据，以实现商业目标和提升竞争力。

6. 复杂性（Complexity）

复杂性主要体现在数据处理和分析的难度上。由于大数据具有海量、高速、多样的特点，其处理和分析过程变得异常复杂。这要求数据科学家和工程师必须具备丰富的专业知识和实践经验，才能有效地应对这些挑战。同时，大数据的复杂性还体现在其多源异构性上，即数据来自不同的系统和平台，具有不同的结构和格式，这进一步增加了数据处理的难度。

（三）大数据的发展历程

大数据的概念并不是近年来才出现的，其发展历程可以追溯到 20 世纪。根据不同的阶段，大数据的发展历程可以分为四个时期，如图 1 - 2 所示。

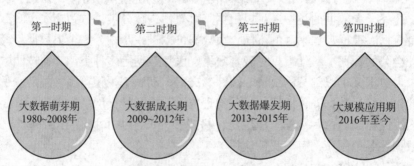

图 1 - 2　大数据的发展历程

第一时期（1980～2008 年）：大数据的萌芽期。在这一时期，"大数据"这一术语被提出，相关技术概念开始得到一定传播，但尚未实现实质性的发展。数据挖掘理论和数据库技术逐渐成熟，一系列商业智能工具和知识管理技术逐步应用，包括数据仓库、专家系统和知识管理系统等。

1980 年，未来学家阿尔文·托夫勒在其著作《第三次浪潮》中首次提出了"大数据"一词，并将其视为"第三次浪潮的华彩乐章"。

2005 年，Hadoop 项目的诞生为大数据的发展奠定了基础。Hadoop 使用户能够在不需要深入了解分布式系统底层细节的情况下，开发分布式程序，从而高效利用集群进行快速的数据处理和存储。Hadoop 框架的核心设计包括 HDFS（分布式文件系统）和 MapReduce，前者提供了海量数据的存储，后者则负责海量数据的计算。

2008 年 9 月，《自然》杂志推出了关于"大数据"的封面专栏，进一步推动了这一概念的普及。同年末，一些知名计算机科学研究人员开始认可"大数据"，业界组织"计算社区联盟"（Computing Community Consortium）发表了影响深远的白皮书

《大数据计算：在商务、科学和社会领域创建革命性突破》。该白皮书强调，大数据的真正价值在于其新用途和新见解，而非数据本身，这在一定程度上改变了人们的思维方式。

第二时期（2009～2012年）：大数据成长期。在这个阶段，大数据市场经历了迅猛的增长，互联网上的数据量呈现出爆炸式的增长态势。随着大数据技术的逐渐成熟和普及，越来越多的普通人开始熟悉并使用这些技术。大数据开始受到企业界和学术界的广泛关注，相关技术的研发和应用也逐渐增多。

2009年4月，美国政府通过启动Data.gov网站的方式，向公众开放了各种各样的政府数据资源。这些数据资源包括超过4.45万量的数据集，这些数据集被广泛应用于各种网站和智能手机应用程序中，用于跟踪和提供各类信息，例如航班信息、产品召回信息以及特定区域内的失业率信息等。

2010年2月，肯尼斯·库克尔在《经济学人》杂志上发表了一篇长达14页的大数据专题报告，题为《数据，无所不在的数据》。在这篇报告中，库克尔详细阐述了大数据的重要性和它对社会、经济和科技发展的影响。

2011年2月，IBM的沃森超级计算机在美国著名的智力竞赛电视节目《危险边缘》（*Jeopardy*）上击败了两名人类选手，赢得了比赛的冠军。这一事件被视为大数据计算能力的一个重大胜利，展示了大数据在处理复杂问题和决策中的强大能力。

2011年5月，全球知名的咨询公司麦肯锡发布了一份名为《大数据：创新、竞争和生产力的下一个新领域》的报告。这份报告全方位地介绍了大数据的概念、应用和前景，指出大数据已经渗透到每一个行业和业务职能领域，成为推动各行各业发展的重要力量。

2012年，牛津大学教授维克托·迈尔·舍恩伯格的著作《大数据时代》在国内开始风靡，这本书深入浅出地介绍了大数据的概念、技术和应用，极大地推动了大数据在国内的发展和普及。

2012年4月，美国软件公司Splunk在纳斯达克成功上市，成为第一家上市的大数据处理公司。Splunk的上市不仅为公司自身带来了资本市场的关注，也进一步促进了资本市场对大数据领域的关注和投资。

第三时期（2013～2015年）：大数据爆发期。在这个阶段，大数据迎来了发展的高潮。包括我国在内的世界各国纷纷开始布局大数据，大数据技术得到了广泛的应用，数据分析和处理能力大幅提升，推动了各行各业的数字化转型。

2013年5月，麦肯锡发布了一份名为《颠覆性技术：技术进步改变生活、商业和全球经济》的研究报告。该报告认为，大数据是未来改变生活、商业和全球经济的12种新兴技术（包括移动互联网、知识工作自动化、物联网、云计算等）的基石。这些技术的发展都离不开大数据的支持，大数据的发展对这些技术所能够产生的经济效益具有基础性的作用。

2013年11月，我国统计局与阿里、百度等11家企业签署了战略合作框架协议，共同推动大数据在政府统计工作中的应用。这一举措标志着大数据技术在政府统计工作中的重要性得到了认可和重视。

2014年5月，美国白宫发布了一份关于大数据的报告，题为 *Bigdata：Seize the*

Opportunity，the Guardian Value。这份报告明确指出大数据对社会进步的重要性，并特别强调现有的机构和市场需要以独立的方式支持和推动大数据领域的发展。

第四时期（2016 年至今）：大规模应用期。在这个阶段，大数据的应用已经渗透到各行各业，大数据的价值不断凸显，数据驱动决策和社会智能化程度大幅提高。大数据产业迎来了快速发展和大规模应用实施，成为推动数字经济发展的重要力量。

在国内方面，2016 年 2 月，国家发展改革委、工业和信息化部、中央网信办三个部门联合批复同意贵州省建设国家大数据（贵州）综合试验区。这是我国首个国家级大数据综合试验区，试验区重点围绕数据资源管理与共享开放、数据中心整合、数据资源应用、数据要素流通、大数据产业集聚、大数据国际合作、大数据制度创新等七大主要任务开展系统性试验。这一举措为其他地区提供了可借鉴、可复制的经验和模式，形成了示范性带动作用。

2016 年 10 月，国家发展改革委、工业和信息化部、中央网信办三个部门联合批复同意在我国其他七个区域推进国家大数据综合试验区建设，具体见表 1 - 1。这些区域包括两个跨区域类综合试验区：京津冀、珠江三角洲；四个区域示范类综合试验区：上海市、河南省、重庆市、沈阳市；一个大数据基础设施统筹发展类综合试验区：内蒙古自治区。这些国家级大数据综合试验区的建设，标志着我国大数据产业发展的新阶段，为推动数字经济的发展注入了新的活力。

表 1 - 1   国家级大数据综合试验区

获得批复时间	试验区分类	试验区所在地	试验区名称	批复部门
2016 年 2 月	区域示范类综合试验区	贵州	国家大数据（贵州）综合试验区	国家发展改革委、工业和信息化部和中央网信办
2016 年 10 月	跨区域类综合试验区	京津冀	京津冀大数据综合试验区	国家发展改革委、工业和信息化部和中央网信办
		珠三角	珠三角国家大数据综合试验区	
	区域示范类综合试验区	上海	上海国家大数据综合试验区	国家发展改革委、工业和信息化部和中央网信办
		河南	河南省国家大数据综合试验区	
		重庆	重庆国家大数据综合试验区	
		沈阳	沈阳国家大数据综合试验区	
	大数据基础设施统筹发展类综合试验区	内蒙古	内蒙古国家大数据综合试验区	国家发展改革委、工业和信息化部和中央网信办

（四）大数据的应用领域

随着大数据技术的飞速发展，其应用范围正以前所未有的速度扩展至各行各业，每一天都涌现出众多令人耳目一新的大数据应用实例。从日常生活的点滴到宏观经济的调控，大数据正以它独有的方式重塑着我们的世界。如图 1 - 3 所示，是 7 个价值非常高的大数据应用领域，这些领域通过大数据技术的应用，实现了显著的效益提升和模式创新。

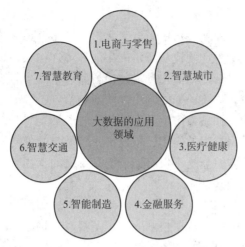

图 1 - 3　大数据的应用领域

1. 电商与零售

在当今数字化时代，电商平台如淘宝、京东等利用大数据技术，对海量的用户数据进行深度挖掘和分析。这一过程使得电商平台能够实现个性化推荐、精准营销和库存优化。通过深入分析用户的购买历史、浏览行为以及其他相关数据，电商平台能够推送用户感兴趣的商品，从而提高转化率和用户满意度。

大数据技术的应用不仅限于个性化推荐和精准营销，它还能帮助零售商优化供应链管理。通过对大量数据的分析，零售商可以更好地预测市场需求，从而降低库存成本，提升运营效率。这不仅有助于提高企业的经济效益，还能为用户提供更好的购物体验。

例如，电商平台可以通过分析用户的购买历史，了解用户的喜好和需求，从而推送相关商品。如果一个用户经常购买运动用品，平台可以向他推荐新的运动品牌或相关运动装备。此外，通过分析用户的浏览行为，平台可以了解用户在浏览商品时的偏好，从而推送符合其偏好的商品。

同时，大数据技术还能帮助零售商优化库存管理。通过对市场需求的预测，零售商可以合理安排库存，避免库存积压或缺货的情况。这不仅有助于降低库存成本，还能提高运营效率，使企业能够更好地应对市场变化。

总之，大数据技术在电商平台的应用，不仅能够提高用户的购物体验，还能帮助零售商提升运营效率，降低库存成本。随着技术的不断发展，大数据在电商领域的应用将会更加广泛，为用户和企业带来更多价值。

2. 智慧城市

智慧城市利用大数据技术，将城市运行过程中产生的各类数据资源整合起来，涵盖交通、环境、公共安全等多个方面。通过这些数据资源的整合，智慧城市能够实现城市管理的智能化和精细化。具体来说，大数据技术可以帮助城市管理者进行交通流量的预测，提前了解交通状况，从而有效缓解交通拥堵；同时，通过对环境数据的实时监测和分析，智慧城市可以及时发出环境预警，保护市民的健康；此外，大数据技术还可以用于公共安全风险评估，提前发现潜在的安全隐患，确保市民的生命财产安全。

通过这些智能化手段，智慧城市可以大大提高城市管理的效率和服务水平。市民在日常生活中能够感受到更加便捷和舒适的生活环境。例如，智能交通系统可以为市民提供实时的交通信息，帮助他们选择最佳出行路线，减少通勤时间；智能环境监测系统可以改善空气质量，让市民享受到更加清新的空气；智能公共安全系统则可以增强市民的安全感，让他们在城市中生活得更加安心。

智慧城市通过大数据技术的应用，不仅提升了城市管理的智能化水平，还为市民提供了更加优质的生活体验。这不仅有助于提高市民的幸福感和满意度，还为城市的可持续发展奠定了坚实的基础。

3. 医疗健康

在当今的医疗行业中，大数据技术的应用变得越来越广泛和重要。通过利用大数据技术，医疗机构能够对海量的临床数据进行深入的对比分析，实时统计和分析各种医疗指标，从而为医生提供有力的辅助支持。这种技术手段可以帮助医生在临床决策过程中更加准确地判断病情，选择最佳的治疗方案，从而显著提高诊疗的效率和准确性。

此外，大数据技术在疾病预测和健康管理方面也展现出巨大的潜力。通过对患者的遗传信息、生活习惯、病史记录等多维度数据进行综合分析，医疗机构可以更准确地预测患者未来患病的风险。基于这些分析结果，医生可以为患者制订个性化的健康管理方案，包括饮食、运动、药物治疗等方面的建议，从而帮助患者有效预防疾病的发生，提高整体健康水平。大数据技术在医疗行业的应用不仅能够提升医疗服务的质量和效率，还能为患者提供更加精准和个性化的健康管理方案，最终达到促进人们健康水平提高的目标。

4. 金融服务

在当今金融行业中，大数据技术的应用变得越来越广泛和重要。金融机构通过利用大数据技术，可以对客户的交易记录、信用历史以及其他相关数据进行深入的分析和挖掘。这种分析不仅限于传统的数据来源，还包括社交媒体、网络行为等多维度的数据。通过对这些数据的综合分析，金融机构能够实现风险评估和信用评级的精准化。

具体来说，大数据技术可以帮助金融机构更准确地识别和评估潜在的风险。例如，在贷款审批过程中，通过分析客户的交易记录、信用历史以及其他相关数据，金融机构可以更全面地了解客户的信用状况和还款能力。这有助于金融机构更好地控制风险，避免因信息不全面而导致的坏账损失。同时，大数据技术还可以提高贷款审批的效率和准确性。传统的贷款审批过程往往耗时较长，且容易受到人为因素的影响。而通过大数据技术，金融机构可以实现自动化审批，大大缩短审批时间，提高审批效率。

此外，大数据技术在智能投顾领域也有着广泛的应用。智能投顾，即智能投资顾问，是一种基于大数据和人工智能技术的新型投资服务模式。通过分析市场趋势、用户偏好、历史交易数据等多维度的数据，智能投顾系统可以为用户提供个性化的投资建议和资产配置方案。这种个性化的服务不仅能够满足不同用户的需求，还能帮助用户在复杂的市场环境中作出更明智的投资决策。

大数据技术在金融行业的应用具有巨大的潜力和价值。通过精准的风险评估和信用评级，金融机构可以更好地控制风险，提高贷款审批的效率和准确性。同时，智能投顾技术的应用也为用户提供了更加个性化和高效的投资服务。随着大数据技术的不断发展和完善，未来金融行业将迎来更多的创新和变革。

5. 智能制造

在当今的制造业领域，大数据技术的应用已经成为推动生产效率和产品质量提升的重要手段。通过利用大数据技术，企业能够对生产过程中的各类数据进行实时监控和深入分析。这种实时监控和分析的能力使得企业能够及时发现生产过程中出现的问题，并迅速采取相应的措施来解决这些问题。这样一来，不仅生产效率得到了显著提升，产品质量也得到了有效保障。

此外，大数据技术在供应链管理中的应用也为企业带来了巨大的优势。通过大数据技术，供应商、制造商和分销商之间可以实现信息的共享和协同作业。这种信息共享和协同作业不仅有助于降低运营成本，还能够提高整个供应链的响应速度和灵活性。企业能够更快地应对市场变化，从而在激烈的市场竞争中占据有利地位。

具体来说，大数据技术可以通过收集和分析生产过程中的各种数据，如设备运行数据、原材料质量数据、生产环境数据等，来优化生产流程。通过对这些数据的实时监控和分析，企业可以及时发现生产过程中的瓶颈和问题，并迅速采取措施进行调整。例如，如果某个生产环节的设备运行效率低下，大数据分析系统就可以立即识别出问题所在，并提供相应的解决方案，从而避免生产延误和资源浪费。

在供应链协同方面，大数据技术的应用使得供应链各环节的信息传递更加高效和透明。供应商可以通过大数据平台了解市场需求的变化，制造商可以根据这些信息调整生产计划，而分销商则可以及时获取最新的库存和物流信息。这种信息共享和协同作业不仅有助于降低库存成本，还可以提高客户满意度，因为产品能够更快地到达消费者手中。

大数据技术在制造业中的应用，不仅能够优化生产流程和提高产品质量，还能够促进供应链协同，降低运营成本，提高市场竞争力。随着技术的不断进步和应用的不断深入，大数据技术必将在制造业中发挥越来越重要的作用。

6. 智慧交通

智慧交通通过运用大数据技术，能够对交通流量、道路状况以及其他相关数据进行深入的分析和精准的预测。这种技术的应用为交通管理和出行服务提供了强有力的支持和保障。具体来说，交通管理部门可以通过大数据技术实时监控和掌握交通状况，从而采取及时有效的措施来缓解交通拥堵问题。此外，大数据技术还可以为驾驶员提供最优的行驶路径选择，帮助他们避开拥堵路段，提高出行效率。同时，通过智能驾驶辅助服务，驾驶员可以获得实时的路况信息和导航建议，进一步提升驾驶的安全性和舒适性。总之，智慧交通利用大数据技术，不仅能够优化交通管理，还能显著提升人们的出行体验。

7. 智慧教育

智慧教育可以充分利用大数据技术，对学生的学习数据和行为数据进行深入的分析和挖掘，从而实现个性化教学和学习评估。通过这种先进的技术手段，教师可以更准确地掌握学生的学习状况和需求，进而制订出更加个性化的教学计划和辅导方案。与此同时，大数据技术还可以广泛应用于教育评估和质量监控领域，帮助学校和教育机构更有效地提高教育质量和效率。通过以上方法，教育过程可以变得更加高效和有针对性，学生的学习效果也能得到显著提升。

以上七大领域充分展示了大数据技术在推动社会进步、提升行业效率、优化用户体验等方面的巨大价值。通过分析海量数据，大数据技术能够揭示出隐藏在复杂信息背后的规律和趋势，从而为决策提供科学依据。在医疗健康领域，大数据技术可以帮助医生更准确地诊断疾病，制订个性化的治疗方案，提高医疗服务的质量和效率。在金融行业，大数据技术可以用于风险评估和欺诈检测，保障金融交易的安全性和可靠性。在交通物流领域，大数据技术可以优化运输路线和调度系统，减少交通拥堵和物流成本，提升整体运营效率。随着技术的不断发展和应用场景的不断拓展，大数据将在更多领域发挥重要作用。例如，在教育领域，大数据技术可以分析学生的学习行为和成绩数据，为教师提供个性化的教学建议，提高教育质量。在环境保护领域，大数据技术可以监测和分析环境数据，及时发现污染源，制定有效的环境保护措施。在零售行业，大数据技术可以分析消费者行为和市场趋势，帮助企业制定更精准的营销策略，提升销售业绩。

大数据技术的应用前景广阔，其在各个领域的深入应用将不断推动社会进步，提升行业效率，优化用户体验，为各行各业带来革命性的变革。

二、商业大数据认知

近年来，数据已经成为国家基础性的战略资源，数据资产亦演变为一种新的社会生产要素。大数据正在重塑我们的生产方式、生活方式、工作模式和社交习惯，同时深入影响商业领域的各个层面。因此，培养具备商业大数据分析与应用能力的人才，既符合国家战略需求，也适应了商业竞争的现实。本节内容旨在协助学习者更深入地认识和理解商业大数据的定义、面临的挑战与机遇，以及其应用的领域。

(一) 商业大数据的概念

商业大数据是指在商业活动中产生和积累的具有大量、多样、复杂等特性的数据集合。这些数据不仅包括传统的交易记录、客户信息、市场调研数据，还涵盖了社交媒体、物联网设备、在线行为日志等多种新型数据源。商业大数据不仅关注数据的数量，更重视数据的分析、挖掘和利用，以揭示数据中隐藏的规律和价值。通过对这些数据进行深入分析，企业可以更好地理解市场趋势、消费者行为和提升运营效率，从而在竞争激烈的市场中提升洞察力。

商业大数据分析就是指在商业领域中对大量数据的收集、处理、分析、挖掘和利用的过程。这一过程涉及多个步骤，从数据的采集开始，通过数据清洗、整合和存储，确保数据的质量和可用性。接下来，通过运用各种分析工具和技术，如统计分析、数据挖掘、机器学习和人工智能等，对数据进行深入挖掘，提取有价值的信息和知识。这种技术可以帮助企业在竞争激烈的市场中提升洞察力，进而作出更为明智的决策。

通过商业大数据分析，企业可以实现精准营销、个性化推荐、库存优化、风险管理等多种行为，从而提高运营效率和市场竞争力。例如，通过对消费者行为数据的分析，企业可以制定更加精准的营销策略，提高广告投放的转化率；通过对市场趋势的分析，企业可以及时调整产品策略，抓住市场机遇。通过运用数据挖掘、机器学习和人工智能等技术，商业大数据分析正逐渐成为企业实现数字化转型的关键工具，帮助企业实现从传统运营模式向数据驱动决策模式的转变。

（二）商业大数据的挑战与机遇

商业大数据作为现代企业运营和决策的关键推动力，正以前所未有的力量重塑商业格局。在促进企业持续成长和创新的征途上，它既是加速器也是检验标准，既带来了前所未有的挑战，也孕育了无限可能的机遇。

1. 商业大数据的挑战

（1）数据规模的爆炸性增长。随着物联网、社交媒体、移动应用等技术的普及，数据量呈指数级增长，从传统的交易记录、财务报表扩展到社交媒体互动、物联网传感器数据、客户行为轨迹等多维度信息。这种爆炸性的数据增长不仅要求企业拥有强大的数据存储和处理能力，还要求企业能够有效整合并解析这些异构数据，以挖掘出有价值的信息。

在当今这个信息爆炸的时代，数据已经成为企业竞争的核心资源。企业不仅需要处理传统的结构化数据，如交易记录和财务报表，还需要应对来自社交媒体平台的非结构化数据，如用户评论、点赞和分享等互动信息。此外，物联网技术的广泛应用带来了海量的传感器数据，这些数据涵盖了温度、湿度、位置等多种维度。客户行为轨迹数据则记录了用户在网站或应用中的浏览路径、购买历史等信息。这些多维度的信息共同构成了一个复杂的数据生态系统。

为了应对这种数据爆炸带来的挑战，企业不仅需要具备强大的数据存储能力，还需要高效的计算资源来处理这些海量数据。更重要的是，企业需要具备数据整合和解析的能力，以便将这些异构数据有效地整合在一起，并从中提取出有价值的信息。这不仅包括对数据进行清洗、转换和整合，还需要运用先进的数据分析技术，如机器学习和人工智能，来挖掘数据背后隐藏的模式和趋势。通过这些有价值的信息，企业可以更好地理解客户需求，优化产品和服务，提升用户体验，从而在激烈的市场竞争中脱颖而出。

（2）数据的复杂性与多样性。商业大数据不仅仅局限于结构化的数据类型，还涵盖了大量形式多样的非结构化数据，例如文本、图像、视频以及其他各种多媒体内容。这些非结构化数据的复杂性和多样性显著增加了数据处理的难度和成本。为了有效地管理和分析这些数据，企业必须具备先进的数据处理技术和高效的算法。这些技术和算法能够帮助企业在海量数据中提取有价值的信息，从而作出更加明智的商业决策，提升竞争力。

（3）数据质量参差不齐。大数据的来源广泛且多样，涵盖了各种类型的数据，如结构化数据、半结构化数据和非结构化数据。然而，这些数据的质量往往难以保证，存在许多问题。例如，数据中可能包含噪声，即无关的或干扰信息；可能存在错误，即数据记录不准确或不符合实际情况；数据可能重复，即相同的信息在数据集中多次出现；数据还可能缺失，即某些必要的信息在数据集中不存在。这些问题都会对数据分析的准确性和可靠性产生负面影响，进而影响企业的决策效果。

为了应对这些问题，企业需要建立和完善数据质量管理体系。这一体系应包括数据清洗、校验和标准化等关键流程。数据清洗的目的是识别和纠正数据中的错误和噪声，确保数据的准确性和一致性。数据校验则通过验证数据的完整性和有效性，确保数据的可信度。标准化流程则将数据转换为统一的格式和标准，便于后续的处理和分析。这些流程的严谨性是确保数据质量的关键，从而为后续的数据分析奠定坚实的基础，使企业能够作出更加准确和可靠的决策。

（4）数据实时性要求。在当今商业环境中，数据的实时性已经成为许多场景中不可或缺的关键因素。以电子商务领域为例，推荐系统的实时性尤为关键。如果推荐系统无法实时更新用户画像和商品信息，那么它推荐的商品很可能与用户当前的需求不一致，从而影响用户体验和购买意愿。因此，企业必须具备强大的技术实力和持续的研发投入，以确保能够实现数据的实时采集、处理和分析。

为了达到这一目标，企业需要依赖先进的技术支持和优化算法。这些技术包括但不限于大数据处理框架、流处理技术、内存计算等。通过这些技术，企业可以快速处理海量数据，实时分析用户行为和市场变化，从而作出快速响应。此外，优化算法在数据处理过程中也起着至关重要的作用，它们能够提高数据处理的效率和准确性，确保推荐系统的准确性和实时性。

数据的实时性在商业场景中具有举足轻重的地位，尤其是在电商领域。企业要想在激烈的市场竞争中脱颖而出，就必须不断提升技术实力，投入更多的研发资源，采用先进的技术支持和优化算法，以实现数据的实时采集、处理和分析，从而提供更精准、更及时的服务。

（5）数据安全与隐私保护。在当今信息化时代，大数据已经成为一种宝贵的资源。然而，大数据中往往包含着大量的敏感信息，这些信息可能涉及用户的个人信息、企业的商业秘密以及其他重要数据。随着数据量的不断增长、数据类型的日益多样化以及数据价值的不断提升，数据泄露和滥用的风险也在不断增加。

为了应对这些风险，企业不仅需要严格遵守各种法律法规，确保用户数据的合法权益得到保护，还需要加强内部的安全管控措施。这包括建立完善的网络安全体系，采用先进的加密技术，定期进行安全审计和漏洞扫描，以及加强对员工的培训和教育，提高他们的安全意识。通过这些措施，企业可以有效地防止数据被非法获取或利用，从而保障用户的隐私和企业的商业利益。

（6）"数据孤岛"与数据共享难题。在当今的社会环境中，"数据孤岛"现象普遍存在，这意味着在企业内部或不同行业之间，数据往往相互独立，难以进行有效的共享和整合。这种现象导致了数据资源无法得到充分利用，因为不同部门或企业之间的数据难以互通有无，从而阻碍了信息的流动和协同工作的效率。

此外，数据共享不仅仅是一个技术问题，还涉及一系列复杂的问题，如数据权属、利益分配等。这些问题使得数据共享变得更加困难，同时也增加了实施数据共享的成本。数据权属问题涉及谁拥有数据的所有权和使用权，而利益分配问题则涉及在数据共享过程中各方如何公平地分享由此带来的收益。

因此，如何打破数据壁垒、实现数据共享成为一个亟待解决的问题。解决这一问题不仅需要技术上的突破，还需要在政策、法律和管理层面进行相应的调整和创新。只有这样，才能真正实现数据资源的充分利用，推动企业和社会的发展。

2. 商业大数据的机遇

（1）深化市场洞察与策略制定。随着大数据技术的不断发展和应用，企业现在能够更加深入地挖掘和分析市场数据，从而更好地了解行业动态、消费者偏好以及竞争对手的策略。通过这些丰富的数据资源，企业能够获得宝贵的洞察力，帮助他们制定更加精准和有效的市场定位、产品定价和营销策略。

具体来说，大数据技术能够帮助企业收集和处理海量的市场数据，包括消费者行为数据、社交媒体数据、销售数据等。通过对这些数据的分析，企业可以识别出消费者的购买习惯、喜好和需求，从而更好地满足他们的期望。同时，企业还可以通过分析竞争对手的市场表现和策略，找到自身的竞争优势和劣势，从而制定出更有针对性的应对措施。

此外，大数据技术还可以帮助企业预测市场趋势和变化，使企业能够提前做好准备，抓住市场机会。例如，通过分析历史销售数据和市场趋势，企业可以预测未来的市场需求，从而调整生产计划和库存管理，避免库存积压或缺货的情况。

大数据技术为企业提供了强大的工具，使他们能够在竞争激烈的市场环境中占据优势。通过深入挖掘和分析市场数据，企业不仅能够更好地了解市场和消费者，还能够更加明确自身的市场定位，制定出更加精准的产品定价和有效的营销策略，从而在激烈的市场竞争中脱颖而出。

（2）促进数字化转型与智能化升级。大数据技术已经成为企业在数字化转型和智能化升级过程中不可或缺的重要驱动力。通过全面整合和深入分析企业内外部的海量数据资源，企业能够洞察市场趋势、优化业务流程、提升运营效率，并实现自动化和智能化的决策过程。这些举措不仅有助于企业在激烈的市场竞争中脱颖而出，还能推动企业向更高层次的发展迈进，从而实现持续的创新和增长。

（3）创新商业模式与服务模式。大数据技术的迅猛发展为企业创新商业模式和服务模式提供了前所未有的机遇和无限的可能性。通过深入挖掘和分析海量数据，企业能够洞察市场趋势、消费者行为和潜在需求，从而基于这些数据分析结果，开发出全新的业务模式、服务模式或产品。这种基于数据驱动的创新方式能够帮助企业更好地适应市场不断变化的需求，提升企业的创新能力和市场竞争力。

具体来说，大数据技术可以帮助企业实现精准营销，通过分析消费者的购买历史、浏览行为和社交媒体互动，企业可以更准确地定位目标客户群，制定个性化的营销策略，提高营销效果。同时，大数据还可以帮助企业优化供应链管理，通过实时监控和分析供应链各环节的数据，企业能够及时发现并解决潜在问题，提高运营效率，降低成本。

此外，大数据技术在产品开发和创新方面也具有重要作用。通过对市场数据、用户反馈和竞争对手分析的综合分析，企业可以快速识别市场空白和创新机会，从而开发出符合市场需求的新产品或改进现有产品。这种基于数据驱动的产品创新不仅能够提升用户体验，还能为企业带来新的收入来源。

大数据技术为企业创新商业模式和服务模式提供了强大的工具和方法，使企业能够在激烈的市场竞争中保持领先地位，实现可持续发展。

（4）推动跨界融合与协同发展。大数据技术的应用彻底打破了传统行业之间的壁垒，极大地促进了不同行业之间的跨界融合与协同发展。企业可以通过数据共享和交换，实现资源的优化配置和整合利用，从而推动产业链的延伸和扩展，形成更加紧密的产业生态。这种技术的应用不仅提高了企业的运营效率，还为企业带来了更多的创新机会和竞争优势。通过大数据技术，企业能够更好地了解市场需求，预测市场趋势，从而作出更明智的决策。同时，大数据技术还能够帮助企业优化生产流程，提高产品质量，降低成本，最终实现企业的可持续发展。总之，大数据技术的应用为各行各业带来了深远的影响，推动了整个社会的进步和发展。

（5）优化资源配置与提高运营效率。随着大数据技术的不断发展和应用，企业现在能够更加精确地预测市场趋势和客户需求。通过分析海量的数据，企业能够洞察市场的潜在变化，从而提前做好准备，优化资源配置和生产计划。这种精准的预测能力使得企业在激烈的市场竞争中占据有利地位。

企业可以根据数据分析的结果，合理安排生产、采购、库存和物流等各个环节。例如，在生产环节，企业可以根据市场需求的变化，灵活调整生产计划，避免过度生产和库存积压，从而降低运营成本。在采购环节，企业可以通过分析历史数据，预测原材料的需求量，合理安排采购计划，减少不必要的采购成本。在库存管理方面，大数据技术可以帮助企业实现精细化管理。通过实时监控库存数据，企业可以及时发现库存异常，采取相应措施，避免库存积压或缺货的情况发生。此外，大数据还可以帮助企业优化物流配送路线，提高物流效率，减少运输成本。

大数据技术的应用使得企业能够更加科学地进行决策，提高运营效率，降低运营成本，从而在市场竞争中脱颖而出。

（6）增强用户体验与提升品牌价值。随着大数据技术的不断发展和应用，企业现在能够通过分析海量的数据信息，深入挖掘用户的实际需求和行为习惯。这种精细化的分析能力使得企业能够更加精准地了解用户的偏好、消费模式和潜在需求，从而设计和提供更加个性化的产品和服务。通过这种方式，企业能够更好地满足用户的独特需求，提升用户的使用体验。

个性化的产品和服务不仅能够增强用户的满意度，还能进一步提升用户的忠诚度。当用户感受到企业提供的产品和服务能够真正满足他们的需求时，他们更有可能成为忠实的客户，反复购买和推荐给他人。这种忠诚度的提升对于企业来说至关重要，因为它有助于建立稳定的客户基础，减少客户流失率，从而为企业带来长期的收益。

此外，通过大数据技术的应用，企业能够更好地优化其市场策略和运营效率。通过对用户数据的分析，企业可以识别出市场中的潜在机会和风险，及时调整产品和服务的定位，制定更加有效的营销策略。这不仅有助于提升企业的品牌价值，还能增强其在市场中的竞争力。

大数据技术为企业提供了一个强大的工具，使他们能够更深入地了解用户需求和行为习惯，从而提供更加个性化的产品和服务。这种能力不仅能够显著提升用户体验和满意度，还能增强用户忠诚度，最终提升企业的品牌价值和市场竞争力。

（三）商业大数据的应用领域

在数字化时代，商业大数据已经成为企业竞争的关键资产。企业通过深入地挖掘和分析这些数据，能够精准地掌握客户需求、优化决策流程、预测和控制风险，从而在激烈的市场竞争中获得优势。以下是商业大数据的一些主要应用领域：

1. 市场营销

在当今的市场营销领域，大数据技术的应用已经变得越来越普遍和重要。企业通过利用大数据，可以在多个方面显著提升其市场竞争力。具体来说，大数据被广泛应用于客户分析、市场趋势预测以及精准营销等多个关键领域。

首先，在客户分析方面，企业通过收集和分析客户的各种行为数据，例如购买历史、浏览记录、搜索习惯等，能够深入了解客户的偏好和需求。此外，对交易数据的分析也能揭示客户的消费模式和购买力，帮助企业更好地识别目标客户群体。社交媒体数据的分析则可以捕捉到客户的实时反馈和情感倾向，从而帮助企业及时调整市场策略，更好地满足客户需求。

其次，在市场趋势预测方面，大数据分析能够帮助企业提前预知市场变化和消费者行为的演变趋势。通过对历史数据的深入挖掘和模式识别，企业可以预测未来的市场走向，从而在竞争中占据先机。例如，通过分析季节性销售数据，企业可以预测特定时间段内的市场需求变化，提前做好库存和促销准备。

最后，在精准营销方面，大数据的应用使得企业能够制定更加个性化的营销策略。通过对客户数据的综合分析，企业可以识别出不同客户群体的特征和需求，从而设计出更加精准的营销活动。例如，通过分析客户的地理位置数据，企业可以实施地域性的营销策略，针对特定地区的客户推送相关的广告和促销信息。通过分析客户的购买历史和偏好，企业可以推送个性化的推荐和优惠，提高客户的购买意愿和忠诚度。

在市场营销领域，大数据的应用为企业带来了前所未有的机遇。通过收集和分析客户的行为数据、交易数据、社交媒体数据等，企业可以更加精准地了解客户需求，制定个性化的营销策略，提高营销效果，从而在激烈的市场竞争中脱颖而出。

➤ **案例：**

亚马逊的个性化推荐： 亚马逊作为全球范围内规模最大的电子商务平台之一，充分利用了大数据技术的潜力。通过对用户购买历史、浏览历史、评价历史等海量信息的深入分析，亚马逊运用先进的机器学习算法，精心生成个性化的推荐列表。这些推荐不仅精准地满足了用户的个性化需求，还显著提升了用户的满意度和忠诚度。具体来说，亚马逊通过分析用户的购物行为和偏好，能够实时调整推荐系统，确保用户在每次访问时都能看到与自己兴趣高度相关的产品。这种个性化的购物体验不仅让用户更容易找到自己真正需要的商品，还大大缩短了他们的决策时间，提升了购物的便捷性和愉悦感。

此外，这一策略还带来了显著的商业效益。通过精准推荐，亚马逊成功地提高了用户的购买率，从而直接提升了销售额。同时，个性化的购物体验也使得用户更愿意在亚马逊平台上进行重复消费，进一步增强了用户的忠诚度。亚马逊通过大数据技术和机器学习算法，不仅优化了用户的购物体验，还实现了商业价值的双重提升。这种创新的策略已经成为电子商务领域的一个典范，被许多其他平台所效仿。

云南白药的大数据营销：云南白药通过与阿里巴巴集团展开深度合作，充分利用大数据技术的优势，积极收集和分析淘宝平台上用户的行为数据。通过这些数据，云南白药能够深入了解用户的使用习惯和偏好，从而更精准地制定市场策略。同时，通过跨界宣传，与不同领域的品牌进行合作，云南白药成功地拓宽了市场渠道，吸引了更多潜在消费者。这些综合措施使得云南白药的品牌知名度和销售额都得到了显著提升。

2. 客户关系管理

客户关系管理（CRM）是商业大数据应用领域中一个至关重要的方面。通过运用大数据技术，企业能够深入分析客户数据，从而洞察客户的消费习惯、需求变化以及满意度等关键信息。这种分析能力使得企业能够制定更加精准和有效的客户关系管理策略，进而显著提升客户的满意度和忠诚度。通过细致入微地了解客户需求，企业可以更好地满足客户的期望，从而在竞争激烈的市场中脱颖而出。

➤案例：

Netflix 的内容推荐：Netflix 通过深入分析用户的大数据，包括他们的观看历史、偏好以及评分等信息，为每位用户量身定制并推荐个性化的电影和电视剧。这种个性化的推荐系统极大地提高了用户的黏性和满意度。用户在享受个性化推荐的同时，Netflix 还积极收集用户的反馈和行为数据，通过不断优化和调整其内容推荐算法，进一步提升用户体验。这种持续的优化过程确保了 Netflix 能够不断满足用户的需求，保持其在流媒体市场的领先地位。

3. 供应链管理

在供应链管理的领域中，大数据技术被广泛应用，以实现对库存、物流和生产等关键环节的实时监控。这种实时监控能够帮助企业及时发现和解决各种潜在问题，从而显著提升供应链的整体效率和可靠性。通过深入分析大数据，企业能够更加精确地预测市场需求的变化趋势，进而优化生产计划和采购计划，以确保资源的合理配置。这种优化不仅有助于降低库存成本，还能有效减少运营风险，使企业在激烈的市场竞争中占据有利地位。

➤案例：

沃尔玛的供应链优化：沃尔玛公司充分利用大数据技术，实时监控和分析商品的销售数据、库存数据以及物流数据等多种信息。通过这种实时监控，沃尔玛能够及时了解市场需求和库存状况，从而作出快速反应。此外，沃尔玛还借助云计算和物联网技术，进一步提高了供应链的透明度和响应速度。这些技术的应用使得沃尔玛能够更高效地管理其庞大的供应链网络。

为了进一步优化供应链管理，沃尔玛积极利用机器学习和深度学习技术来预测商品的未来销售趋势。通过对历史销售数据的分析，沃尔玛能够更准确地预测市场需求，从而提前安排生产计划和采购计划。这种预测能力使得沃尔玛能够更好地平衡库存，降低库存成本，同时减少缺货风险，确保消费者能够及时购买到所需的商品。通过这些先进技术的应用，沃尔玛在供应链管理方面取得了显著的优势，提升了整体运营效率。

4. 风险管理与预测

在商业运营的过程中，风险管理与预测扮演着至关重要的角色。企业通过利用大数据技术，能够有效地识别和评估各种潜在的风险因素，这些风险因素涵盖了市场风险、信用风险、操作风险等多个方面。借助大数据的实时分析和监控功能，企业可以迅速捕捉到各种潜在风险事件的征兆，从而及时采取相应的应对措施。这样一来，企业不仅能够有效规避或减轻潜在风险带来的负面影响，还能确保其整体运营的稳健性和可持续性。通过这种方式，大数据不仅为企业提供了宝贵的洞察力，还为其在激烈的市场竞争中保持竞争优势提供了有力支持。

➢案例：

浙商银行大数据风控平台： 浙商银行充分发挥金融科技的潜力，通过综合运用大数据技术、知识图谱构建以及多方安全计算等多种先进技术手段，成功打造了一个行业级的数智闭环风控平台。该平台充分利用了区块链技术和物联网基础设施，实现了从贷前准入、贷中审批到贷后管理的全流程闭环风险防控和预警管理。通过这一平台，浙商银行能够满足模型开发管理的需求，并提供实时高效、在线决策支持，确保了整个信贷流程的安全性和可靠性。

三、商业大数据发展背景

（一）技术革新

1. 互联网普及与技术创新

随着互联网技术的迅猛发展和广泛应用，商业大数据的产生得到了前所未有的推动力。互联网的普及使得人们能够随时随地通过各种平台，如搜索引擎、社交媒体等，产生并传递大量的数据。这些数据不仅涵盖了各个行业和领域的信息，还形成了一个庞大的、多样化的数据资源库。与此同时，传感器技术、物联网技术等的成熟和广泛应用，使得各种设备和物体都能够进行数据交换和数据采集。这种技术的进步不仅极大地推动了大数据的发展，还为各行各业提供了丰富的数据资源，使得数据驱动的决策和分析成为可能。

2. 数据处理能力提升

随着计算机技术的迅猛发展，数据处理能力得到了大幅提升。传统的数据处理方法，如手工计算和简单的电子表格处理，已经无法胜任大规模数据处理的任务。为了应对这一挑战，一系列高效的大数据处理框架和算法应运而生。这些框架和算法，如 Hadoop、Spark 等，为大数据的分析和挖掘提供了强有力的支撑。

Hadoop 是一个开源的分布式存储和计算框架，它通过分布式文件系统（HDFS）和 MapReduce 编程模型，使得大规模数据集可以在廉价的硬件集群上进行存储和处理。Spark 则是一个基于内存计算的分布式数据处理框架，它比 Hadoop 更高效，特别适合用于需要多次迭代计算的场景。这些大数据处理框架和算法的出现，极大地推动了大数据技术的发展，使得我们能够从海量数据中提取有价值的信息，为各行各业的决策提供数据支持。

（二）市场需求

1. 商业决策需求

在当前激烈的市场竞争环境下，企业要想脱颖而出，就必须更加精准地掌握市场需求和消费者行为等相关信息。这些信息对于企业制定科学合理的决策至关重要。通过应用大数据技术，企业能够高效地收集和分析海量的数据，从而为决策提供强有力的支持和依据。这不仅有助于企业更好地理解市场趋势，还能预测消费者需求的变化，进而制定出更加有针对性的市场策略。大数据技术的应用，使得企业在竞争中能够更加灵活地应对各种挑战，从而在市场中占据有利地位。

2. 行业应用需求

大数据在商业领域的应用已经取得了显著的成果，这一点毋庸置疑。例如，电商平台通过利用大数据的分析技术，能够精准地推荐商品给消费者，从而提高用户体验和销售额。通过分析用户的浏览历史、购买记录和搜索习惯，电商平台可以为每个用户量身定制个性化的商品推荐，使得用户能够更快地找到自己感兴趣的商品，从而提升购物体验。这种精准推荐不仅提高了用户的满意度，还显著增加了平台的销售额。

此外，大数据还被广泛应用于金融、医疗、教育等多个领域，为企业创造了更多的商业价值。在金融领域，大数据分析可以帮助金融机构识别潜在的风险，优化投资策略，提高决策的准确性。通过分析大量的市场数据、用户交易记录和信用信息，金融机构可以更准确地评估贷款风险，制定个性化的金融产品，从而吸引更多的客户，提高业务收入。

在医疗领域，大数据的应用同样具有重要意义。通过分析大量的医疗数据，医疗机构可以更准确地诊断疾病，制订个性化的治疗方案，提高治疗效果。例如，通过分析患者的基因数据、病历记录和生活习惯，医生可以更准确地判断患者的病情，制订针对性的治疗方案，从而提高治愈率，减少医疗资源的浪费。

在教育领域，大数据的应用也带来了显著的变化。通过分析学生的学习数据，教育机构可以更准确地了解学生的学习情况，制订个性化的教学方案，提高教学效果。例如，通过分析学生的考试成绩、作业完成情况和课堂表现，教师可以更准确地了解学生的学习需求，制订针对性的教学计划，从而提高学生的学习效果，提升整体教学质量。

总之，大数据在商业领域的广泛应用已经取得了显著的成果，为企业创造了更多的商业价值。无论是电商平台的精准推荐，还是金融、医疗、教育等领域的深入应用，大数据都在不断推动各行各业的发展，带来更多的创新和机遇。

（三）政策支持

1. 国家战略的推动

近年来，随着信息技术的迅猛发展，大数据已经成为全球范围内关注的焦点，并且正式上升为国家发展战略。各级政府和相关部门纷纷出台了一系列大力度的政策支持措施，以推动大数据产业的创新和发展。这些政策的核心目标是促进经济社会的数字化转型，提高国家竞争力。为了实现这一目标，相关部门制定并发布了多项重要文件。《促进大数据发展行动纲要》和《大数据产业发展规划（2016—2020 年）》等文件的发布，为大数据产业的发展提供了坚实的政策保障。这些文件明确了大数据产业的发展方向、目标和重点任务，为各级政府和企业提供了行动指南。

此外，政府还通过财政资金支持、税收优惠、人才培养等多种手段，全方位推动大数据产业的发展。各级政府积极搭建大数据平台，推动数据资源的开放和共享，为大数据应用提供了丰富的数据资源。同时，政府还鼓励企业加大研发投入，推动大数据技术的创新和应用，以满足不同行业的需求。在各级政府和相关部门的大力政策支持下，大数据产业正在迎来前所未有的发展机遇。未来，随着政策的进一步落实和大数据技术的不断进步，大数据将在经济社会数字化转型中发挥更加重要的作用。

2. 数据要素市场的建设

随着数据被正式认定为五大生产要素之一，政府正在加速推进数据要素市场的培育工作，努力推动公共数据和社会数据在更广泛的范围内、更深入的层次上实现开放和共享。这一举措为企业利用大数据进行商业创新提供了更加丰富的数据资源和更加广阔的市场空间。通过这种开放共享机制，企业能够获取到更多高质量的数据，从而在产品开发、市场分析、客户洞察等方面进行更深入的研究和创新。这不仅有助于提升企业的竞争力，还能促进整个社会的数字化转型和经济发展。政府的这一政策导向，无疑为企业在大数据时代的发展提供了强有力的支持和保障。

（四）全球化趋势

1. 全球技术交流与融合

随着全球化的不断深入和推进，各国在大数据技术这一前沿领域的技术交流和合作变得越来越频繁和密切。这种频繁的技术交流和合作不仅促进了大数据技术在全球范围内的广泛传播和应用，而且使得各国能够共享在这一领域的技术创新成果。通过这种共享，各国得以共同推动商业大数据的发展，进一步促进了全球商业环境的繁荣和进步。

2. 全球化市场竞争

在全球化的市场竞争环境中，企业越来越依赖于海量的数据资源来指导其市场策略的制定和优化其产品和服务的质量。通过商业大数据的分析和应用，企业能够获得对市场趋势和消费者行为的深入洞察，从而更好地理解市场需求和竞争态势。这种基于数据的决策方式，不仅能够帮助企业更精准地定位目标客户群体，还能在产品开发、市场营销和客户服务等方面提供有力支持。商业大数据的应用，使得企业能够在全球市场中迅速捕捉到商机，提升运营效率，降低成本，并最终获得竞争优势，实现可持续发展。

任务二 职业发展

一、商业分析师 BA

在商业大数据背景下，商业分析师的角色变得越发重要。他们不仅要具备传统的财务、市场和运营知识，还要掌握数据分析和处理技能。通过挖掘和分析海量数据，商业分析师能够帮助企业发现潜在的商业机会，优化运营流程，提高决策效率。

首先，商业分析师需要具备强大的数据处理能力。他们需要熟练使用各种数据分析工具，如 Excel、R、Python 等，以便从海量数据中提取有价值的信息。此外，他们还需要掌握数据可视化技术，将复杂的数据转化为直观的图表和报告，帮助决策者更好地理解数据背后的含义。

其次，商业分析师需要具备敏锐的商业洞察力。他们需要了解行业发展趋势，掌握市场动态，以便在数据分析过程中发现潜在的商业机会。通过对市场数据的深入分析，商业分析师可以为企业制定有针对性的市场策略，提高市场竞争力。

最后，商业分析师还需要具备良好的沟通能力。他们需要将复杂的数据分析结果转化为易于理解的语言，向决策者和团队成员传达。通过有效的沟通，商业分析师可以确保数据分析结果得到充分的利用，帮助企业实现战略目标。

在大数据背景下，商业分析师还需要关注数据隐私和安全问题。随着数据量的不断增加，数据泄露和滥用的风险也在增加。商业分析师需要了解相关的法律法规，确保企业在数据收集、存储和处理过程中遵守相关规范，保护客户隐私和企业声誉。并且商业分析师需要具备强大的数据处理能力、敏锐的商业洞察力、良好的沟通能力以及对数据隐私和安全的关注。通过这些技能和知识，商业分析师可以帮助企业在激烈的市场竞争中脱颖而出，实现可持续发展。随着技术的不断进步，商业分析师的角色也在逐步演变，他们不仅仅是数据的解读者，更是企业战略的重要推动者。

首先，商业分析师需要紧跟技术发展的步伐，掌握最新的数据分析技术和工具。例如，机器学习、人工智能等技术的兴起，为数据分析带来了全新的可能性。商业分析师需要学习如何应用这些技术，以更高效地处理和分析数据，获得更深层次的商业洞察。

其次，商业分析师还需要加强与其他部门的合作与沟通。在大数据背景下，数据已经渗透到企业的各个角落，无论是产品研发、市场营销、客户服务还是运营管理，都离不开数据的支持。因此，商业分析师需要与各个部门建立紧密的合作关系，了解他们的需求和痛点，提供有针对性的数据分析和建议。同时，他们还需要将数据分析的结果和洞察传达给各个部门，促进数据的共享和利用，推动企业的整体发展。

再次，商业分析师还需要不断学习和提升自己的专业素养。随着市场环境的不断变化和技术的不断进步，商业分析师需要保持敏锐的洞察力和学习能力，不断更新自己的知识和技能。他们需要关注行业前沿动态，了解最新的市场趋势和技术发展，以便为企业提供更准确、更有价值的数据分析和建议。

最后，商业分析师还需要注重自身的职业道德和操守。在处理和分析数据的过程中，他们需要遵守相关的法律法规和道德规范，确保数据的准确性和真实性。同时，他们还需要保护客户的隐私和企业的机密信息，防止数据泄露和滥用。

综上所述，大数据背景下的商业分析师需要具备多方面的能力和素质。他们不仅是数据的解读者和分析者，更是企业战略的重要推动者和合作伙伴。只有不断提升自己的专业素养和能力水平，才能在激烈的市场竞争中立于不败之地，为企业创造更大的价值。

二、数据分析师 DA

在商业大数据背景下，数据分析师的角色变得越发重要。他们不仅是数据的解读者，更是企业决策的有力支持者。随着数据量的爆炸性增长，数据分析师需要掌握更多的技能和工具，以便从海量数据中提取有价值的信息。

首先，数据分析师需要具备扎实的统计学基础。统计学是数据分析的核心，可以帮助他们理解数据的分布、相关性和因果关系。掌握统计学知识，数据分析师才能在复杂的数据中找到规律，提出有意义的见解。

其次，编程技能也是数据分析师必备的。Python 和 R 语言是目前最流行的两种数据分析工具。通过编程，数据分析师可以实现自动化数据处理和分析过程，提高工作效率。此外，SQL 语言也是必不可少的，因为它能够帮助数据分析师从数据库中提取和查询数据。数据可视化是数据分析师的另一项关键技能。通过图表、图形和仪表盘，数据分析师可以将复杂的数据转化为直观的视觉展示，帮助决策者快速理解数据背后的含义。工具如 Tableau、Power BI 和 Matplotlib 等都是数据分析师常用的可视化工具。

机器学习技术也在大数据背景下变得越来越重要。数据分析师需要了解基本的机器学习算法，如线性回归、决策树和聚类分析等。这些算法可以帮助他们从数据中发现潜在的模式和趋势，预测未来的业务发展。

再次，数据分析师还需要具备良好的沟通能力。他们需要将复杂的数据分析结果转化为易于理解的语言，向非技术人员解释。这不仅有助于团队内部的协作，还能让企业高层更好地理解数据分析的价值。

在大数据时代，数据分析师的工作不仅限于数据处理和分析，还包括数据治理和数据安全。数据分析师需要确保数据的质量和完整性，遵守相关的数据保护法规，防止数据泄露和滥用。

在大数据背景下，数据分析师的角色变得更加多样化和重要。他们不仅需要掌握多种技能和工具，还需要具备敏锐的洞察力和良好的沟通能力，以应对日益复杂的数据挑战。随着技术的不断进步，数据分析师将继续在企业决策中发挥关键作用。随着云计算、物联网（IoT）和人工智能（AI）等技术的飞速发展，数据分析师的工作领域将进一步拓宽。例如，在物联网领域，数以亿计的设备不断产生数据，数据分析师需要设计高效的数据收集、处理和分析方案，以揭示设备性能、预测维护需求、优化运营效率等。同时，人工智能技术的应用使得数据分析师能够构建更复杂的预测模型，自动发现数据中的隐藏模式，并实时调整策略以应对市场变化。

此外，随着数据隐私和安全问题的日益突出，数据分析师需要更加关注数据伦理和合规性。他们不仅要确保数据的准确性和完整性，还要遵守相关的数据保护法规，如 GDPR（欧盟通用数据保护条例）和中国的《数据安全法》等。数据分析师需要参与制定和执行数据保护政策，以确保数据的合法、正当和透明使用。

为了应对这些挑战并抓住机遇，数据分析师需要不断学习和提升自己的技能。这包括掌握最新的数据分析工具和技术、了解行业趋势和最佳实践，以及培养创新思维和解决问题的能力。同时，跨学科的知识背景也将为数据分析师提供独特的视角和优势。例如，具备商业知识、市场营销、心理学等领域知识的数据分析师将能够更好地理解业务需求、洞察用户心理，并为企业创造更大的价值。

最后，团队合作和沟通能力对于数据分析师来说同样重要。在大数据时代，数据分析往往涉及多个部门和团队之间的协作。数据分析师需要与 IT 部门合作以确保数据的质量和可用性；与业务部门合作以理解其需求和目标；与数据科学家合作以共同开发更先进的预测模型。因此，良好的团队合作精神和沟通能力将有助于数据分析师更好地发挥自己的作用，并为企业创造更大的价值。

三、金融分析师 FA

在商业大数据背景下，金融分析师的工作方式和分析方法正在发生深刻的变化。传统的金融分析依赖于财务报表、市场数据和宏观经济指标，而如今，大数据技术的应用使得金融分析师能够处理和分析海量的非结构化数据，从而获得更全面、更深入的洞察。

首先，大数据技术使得金融分析师能够实时监控市场动态。通过实时数据流处理技术，分析师可以迅速捕捉到市场上的各种信息，包括社交媒体情绪、新闻报道、交易数据等。这些信息可以帮助他们更好地理解市场趋势，预测市场波动，并及时调整投资策略。

其次，大数据技术使得金融分析师能够进行更为精准的风险评估。传统的风险评估方法主要依赖于历史数据和统计模型，而大数据技术可以整合更多的数据源，如用户行为数据、地理位置数据等，从而提供更为全面的风险评估。这有助于金融机构更好地识别潜在的风险点，制定更为有效的风险管理策略。

再次，大数据技术还为金融分析师提供了个性化服务的可能。通过分析客户的交易记录、消费习惯、投资偏好等数据，金融机构可以为客户提供更为个性化的金融产品和服务。这不仅有助于提高客户满意度，还能为金融机构带来更多的业务机会。然而，大数据技术的应用也带来了新的挑战。数据隐私和安全问题成为金融机构必须面对的重要课题。金融分析师需要在确保数据安全的前提下，合理利用大数据技术，保护客户的隐私权益。此外，大数据技术的应用还需要金融分析师具备一定的技术背景，掌握数据处理和分析的相关技能。

在大数据背景下，金融分析师的工作方式和分析方法正在发生深刻的变化。他们需要不断学习和掌握新技术，以适应这一趋势，从而在激烈的市场竞争中立于不败之地。随着技术的不断进步，金融分析师的角色也将进一步扩展和深化。大数据与人工智能、机器学习等前沿技术的融合，将为金融分析带来更多的可能性。例如，人工智能驱动的预测模型将能够基于大数据进行更加精准的市场预测。这些模型可以自动学习和识别市场中的复杂模式，进而预测未来的市场走势和资产表现。金融分析师可以利用这些预测结果，结合自身的专业知识和经验，制定更为科学、合理的投资策略。同时，大数据和机器学习技术也将助力金融分析师在风险管理方面取得新的突破。通过构建风险预警系统，金融机构可以实时监测潜在的风险因素，并在风险发生前进行预警和干预。这种风险管理的方式将大大提高金融机构的应对能力和稳健性。

最后，大数据技术还将推动金融分析师在客户服务和产品创新方面发挥更大的作用。通过深度挖掘客户数据，金融分析师可以更好地理解客户需求和偏好，为客户提供更加个性化、定制化的金融产品和服务。同时，他们还可以利用大数据技术进行产品创新，开发出更符合市场需求的新型金融产品。

然而，随着大数据技术的广泛应用，金融分析师也需要不断提升自身的专业素养和综合能力。他们需要掌握大数据处理和分析的相关技能，了解数据科学和机器学习的基本原理和方法。同时，他们还需要保持敏锐的市场洞察力和判断力，能够准确识别市场趋势和风险点。

总之，在大数据背景下，金融分析师的工作将变得更加复杂和多元化。他们需要不断学习和掌握新技术，以适应这一趋势，并在金融领域中发挥更大的作用。未来，随着技术的不断进步和应用场景的拓展，金融分析师的职业前景将更加广阔和光明。

任务三　商业大数据分析流程

在商业领域，大数据分析已经成为企业制定决策、洞察市场、优化运营过程中不可或缺的工具。本节将详细阐述商业大数据分析的整个流程，即从确立分析目标至最终报告的产出，并将着重强调数据分析过程中的道德责任、数据隐私保护以及可持续发展等核心价值观。

一、明确商业大数据分析目标

在商业大数据分析的起始阶段，明确分析目标是至关重要的。这一过程不仅为整个分析流程提供了方向，还确保了分析工作的有效性和针对性。通过明确目标，企业能够聚焦关键问题，优化资源配置，从而作出更加科学、合理的决策。具体来说，明确分析目标可以帮助企业识别核心业务需求，避免在海量数据中迷失方向，提高数据分析的效率和准确性。此外，明确目标还能帮助企业更好地理解客户需求，制定更具针对性的市场策略，提升竞争力。因此，在商业大数据分析的起始阶段，企业应当投入足够的时间和资源，确保分析目标的明确性和可行性，为后续的数据处理和分析工作奠定坚实的基础。

（一）理解业务需求与挑战

为确保项目的成功实施，我们需要深入理解企业的业务需求以及当前所面临的各种挑战。这一步骤至关重要，因为它将直接影响到后续大数据分析的方向和效果。具体来说，我们需要与企业的各个业务部门进行广泛的沟通与交流，与管理层进行深入的讨论，同时也要与关键的利益相关者进行密切的合作。通过这一系列的互动，我们可以收集到大量有价值的信息，并对其进行整理和分析。

在这个过程中，我们将重点关注企业希望通过大数据分析来解决的具体问题。这些问题可能包括但不限于以下几个方面：首先，企业可能希望通过大数据分析来提升客户满意度。通过分析客户的购买行为、反馈意见以及社交媒体上的互动情况，企业可以更好地了解客户需求，从而提供更加个性化和高质量的服务。其次，企业可能希望优化产品定价策略。通过分析市场数据、竞争对手的定价策略以及消费者的支付意愿，企业可以制定出更具竞争力的价格，从而提高市场份额和盈利能力。最后，企业可能希望降低运营成本。通过分析生产流程、供应链管理以及资源分配等方面的数据，企业可以找出成本浪费的环节，并采取相应的改进措施，从而实现运营成本的降低。

通过深入了解企业的业务需求和面临的挑战，并与各方进行充分的沟通与交流，我们可以明确企业希望通过大数据分析解决的具体问题，并制定出切实可行的解决方案。这不仅有助于提升企业的运营效率，还能增强其市场竞争力，最终实现企业的可持续发展。

（二）设定具体、可量化的分析目标

在充分理解业务需求与面临的挑战之后，接下来的关键步骤是将这些需求转化为具体且可量化的分析目标。这些目标需要具备高度的清晰性和明确性，以便后续的数据采集、处理和分析工作能够有条不紊地围绕这些目标展开。为了确保分析工作的顺利进行，还需要综合考虑目标的可行性和实际性。这意味着在设定目标时，必须充分评估现有的时间和资源条件，确保分析工作能够在有限的时间和资源范围内得以完成。通过这种方式，可以有效地避免资源浪费和时间延误，从而提高整个分析过程的效率和效果。

（三）评估资源与能力

在设定了具体且可量化的分析目标后，接下来的步骤是仔细评估企业现有的资源与能力是否能够充分支持这些目标的实现。这一步骤涉及对多个方面的深入评估，包括人力资源、技术资源、数据资源以及其他关键资源。通过对这些资源的全面审视，

企业可以明确自身在哪些领域具备足够的实力、哪些领域存在不足。

具体来说，人力资源的评估需要考虑员工的技能水平、团队的协作能力以及管理层的领导力。技术资源的评估则要关注企业的技术基础设施、研发能力和技术创新能力。数据资源的评估则涉及数据的收集、存储、处理和分析能力，确保数据能够为企业决策提供有力支持。通过这种全面的评估，企业可以及时发现潜在的资源缺口和能力短板。例如，可能会发现技术团队在某一关键技术领域的知识储备不足，或者数据处理系统无法满足日益增长的数据分析需求。识别出这些问题后，企业可以制订相应的补充和提升计划，以确保资源和能力能够与设定的分析目标相匹配。

补充计划可能包括招聘具有特定技能的员工、提供专业培训以提升现有员工的能力，或者与外部合作伙伴建立合作关系以弥补内部资源的不足。提升计划则可能涉及投资新技术、升级现有技术基础设施或改进数据管理系统。通过这些措施，企业可以逐步缩小资源缺口，提升整体能力，最终实现既定的分析目标。

二、数据创建

数据创建在商业大数据分析流程中扮演着至关重要的角色，它涵盖了数据的生成、整合以及预处理等多个环节。这些环节为后续的数据分析工作奠定了坚实的基础。在利用 Python 进行数据创建的过程中，企业必须确保数据的准确性、完整性和一致性，这是确保数据分析结果可靠性的前提条件。此外，企业在进行数据创建时，还应高度重视数据的道德性和社会责任，确保在数据收集、处理和使用过程中遵循相关法律法规和伦理标准，避免侵犯个人隐私和数据滥用的问题。通过这种方式，企业不仅能够获得高质量的数据资源，还能在社会公众中树立良好的企业形象，赢得客户的信任和支持。

（一）数据生成与收集

数据生成与收集是数据创建过程中的首要步骤，这一环节对于后续的数据分析和应用至关重要。企业可以通过多种渠道获取所需的数据，这些渠道包括但不限于内部系统、外部数据源、物联网设备以及用户生成的内容。

首先，内部系统是企业获取数据的重要来源之一。这些系统通常包括企业资源规划（ERP）系统、客户关系管理（CRM）系统等，它们能够提供企业运营过程中的各种关键数据，如销售数据、库存数据、客户信息等。通过这些内部系统，企业能够获得详细且实时的数据，从而更好地了解自身的运营状况。其次，外部数据源也是企业获取数据的重要途径。这些数据源包括市场调研、行业报告、社交媒体等。市场调研和行业报告能够提供行业趋势、竞争对手分析等宏观数据，帮助企业制定战略决策。社交媒体则能够提供用户行为、意见和反馈等微观数据，帮助企业了解市场需求和用户偏好。此外，物联网设备也是数据生成与收集的重要工具。这些设备包括传感器、RFID 标签等，它们能够实时监测和记录各种物理参数，如温度、湿度、位置等。通过这些物联网设备，企业能够获得大量实时且精确的数据，从而更好地监控和管理其业务流程。最后，用户生成的内容也是企业获取数据的重要来源之一。这些内容包括评论、评分、反馈等，它们能够提供用户对产品或服务的真实看法和体验。通过分析这些用户生成的内容，企业能够了解用户需求，改进产品和服务，提升用户满意度。

在收集数据的过程中，企业应严格遵守相关法律法规，确保数据的合法性和合规性。这不仅包括数据的采集、存储和处理过程，还包括数据的传输和共享过程。企业应确保其数据收集行为符合相关隐私保护法规，避免侵犯用户隐私，从而赢得用户的信任和获得良好声誉。

（二）数据整合与清洗

在当今信息化时代，我们常常需要处理来自各种不同系统和渠道的数据。这些数据的格式多种多样，标准也不尽相同，这给数据处理带来了很大的挑战。为了有效地利用这些数据，我们需要借助 Python 编程语言来进行数据整合和清洗工作。

数据整合的过程主要是将来自不同来源的数据进行合并，从而形成一个统一且结构化的数据集。这个过程涉及数据的对齐、匹配和合并等多个步骤。通过对不同数据源进行整合，我们可以获得更全面、更丰富的数据集，为后续的数据分析和挖掘提供坚实的基础。而数据清洗则是另一项重要的工作，其目的是提高数据的质量和可用性。数据清洗包括以下几个关键步骤：

（1）去除重复数据：在多个数据源中，可能会存在重复的记录。这些重复的数据不仅会占用存储空间，还会对数据分析结果产生干扰。通过编写 Python 代码，我们可以识别并删除这些重复的记录，确保数据的唯一性。

（2）纠正错误数据：数据在采集、传输和存储过程中可能会出现错误。这些错误数据会影响数据分析的准确性。利用 Python 编程，我们可以对数据进行校验和修正，例如检查数据的格式、范围和逻辑一致性等，从而确保数据的准确性。

（3）填充缺失数据：在实际应用中，数据集往往存在缺失值的情况。缺失数据会影响数据分析的完整性和准确性。通过 Python 编程，我们可以采用多种方法来填充这些缺失值，例如使用均值、中位数、众数或基于其他相关变量的预测模型等方法。

通过上述数据整合和清洗的过程，我们可以获得高质量的数据集，为后续的数据分析和决策提供有力支持。Python 编程在这一过程中可以发挥至关重要的作用，使数据处理变得更加高效和准确。

（三）数据标准化与格式化

为了确保数据在分析和比较过程中具有可比性和可分析性，我们需要通过编写 Python 程序来对数据进行标准化和格式化处理。数据标准化的过程涉及将数据按照统一的规范和标准进行转换，这包括但不限于时间格式的统一、单位换算等操作。例如，将所有时间戳转换为统一的时间格式，或者将不同单位的数值转换为同一单位，以便于后续的分析和比较。而数据格式化则是指将数据按照特定的格式进行排列和组织，使其更加规范和易于处理。例如，将数据整理成表格形式，或者按照某种特定的顺序进行排序，以便于后续的数据处理和分析工作。通过这种标准化和格式化处理，我们可以确保数据的质量和一致性，从而提高数据分析的准确性和效率。

三、数据采集

在当今商业大数据分析的领域中，数据采集工作显得尤为重要，因为它为后续的分析工作提供了坚实的基础。通过使用 Python 进行数据采集，我们可以从各种不同的渠道中收集所需的信息。这些渠道包括但不限于企业内部的系统、外部的数据源、社交媒体平台以及物联网设备等。这一过程不仅需要周密的规划和高效的执行，还必须严格遵守相关的法律法规和道德标准，以确保数据的合法性和道德性。

在进行数据采集时，首先需要明确采集的目标和需求，制订详细的数据采集计划。这包括确定数据采集的范围、选择合适的数据采集工具和技术，以及设定数据采集的时间表和预算。接下来，我们需要对数据采集过程中可能遇到的各种问题进行预测和应对，确保数据采集的顺利进行。

在数据采集过程中，我们可能会从多种不同的渠道获取数据。例如，企业内部系统中存储了大量的业务数据，这些数据可以为我们的分析提供宝贵的信息。此外，外部数据源如公开的数据库、政府发布的统计数据等，也可以为我们提供丰富的数据资源。社交媒体平台如微博、微信、脸书（Facebook）等，蕴藏着大量的用户行为数据和舆情信息，这些数据对于市场分析和品牌推广具有重要的参考价值。物联网设备如智能家居、工业传感器等，也在不断地生成大量的实时数据，这些数据可以为我们的分析提供实时的反馈和预测。然而，在进行数据采集时，我们必须严格遵守相关的法律法规和道德标准。这不仅是为了确保数据的合法性和道德性，也是为了保护数据采集对象的隐私权和数据安全。在数据采集过程中，我们需要对数据进行加密和匿名处理，确保数据在传输和存储过程中的安全。同时，我们还需要对数据进行合理的使用和管理，避免数据的滥用和泄露。

在商业大数据分析领域，数据采集是一个至关重要的环节。通过使用 Python 进行数据采集，我们可以从多种渠道收集信息，为后续的分析工作奠定坚实的基础。然而，在进行数据采集时，我们必须严格遵守相关的法律法规和道德标准，确保数据的合法性和道德性，保护数据采集对象的隐私权和数据安全。

（一）确定数据采集策略

在开始进行 Python 数据采集任务之前，首要任务是明确数据采集的策略和目标。这一步骤至关重要，因为它将决定整个数据采集过程的方向和效率。具体来说，我们需要仔细考虑和确定我们所需要采集的数据类型。这些数据类型可以分为三大类：结构化数据、非结构化数据和半结构化数据。结构化数据通常是指那些已经被整理成特定格式的数据，如数据库中的表格数据；非结构化数据则是指那些没有固定格式的数据，如文本、图片、视频等；而半结构化数据则介于两者之间，通常包含一些固定的标签或标记，如 XML 和 JSON 文件。

除了确定数据类型，我们还需要明确数据来源。数据来源可以是公开的 API、网站、数据库、社交媒体平台等。不同的数据来源可能需要不同的采集技术和方法，因此在采集之前需要对数据来源进行详细的研究和了解。

采集频率也是一个需要考虑的重要因素。根据我们的需求，数据采集既可以是实时的，也可以是定期的批量采集。实时采集适用于需要即时数据反馈的场景，而批量采集则适用于数据量较大且对实时性要求不高的情况。

采集方式的选择同样重要。实时采集通常需要使用到流处理技术，而批量采集则可以使用定时任务或爬虫技术。每种采集方式都有其优缺点，需要根据实际需求和资源进行选择。

在确定了采集策略和目标之后，还需要进行可行性评估和成本效益分析。可行性评估主要是判断我们是否有足够的技术能力和资源来完成数据采集任务。成本效益分析则是评估采集数据所需投入的成本与预期收益之间的关系，确保数据采集活动能够顺利进行并达到预期效果，避免资源浪费。

在开始 Python 数据采集之前，我们需要全面考虑和规划数据采集的各个方面，确保采集过程的高效和顺利，最终获得有价值的数据资源。

（二）选择合适的采集工具和技术

在进行数据采集的过程中，首先需要明确数据采集的目标和策略，以便选择最合适的采集工具和技术。数据采集的目标可能包括获取特定类型的数据、满足特定的数据分析需求，或者是实现某种业务目标。策略则涉及数据采集的频率、范围、精度等方面。根据这些目标和策略，我们可以选择一系列合适的工具和技术来完成数据采集任务。

这些工具和技术主要包括但不限于 ETL（提取、转换、加载）工具、API 接口、Python（爬虫）技术以及数据库管理系统等。ETL 工具能够帮助我们从各种数据源中提取数据，进行必要的转换处理，最终将数据加载到目标存储系统中。API 接口则提供了一种程序化的方式来访问和获取数据，通常用于与第三方服务进行数据交互。爬虫技术则主要用于从网页或其他在线资源中抓取数据，适用于大规模的数据采集任务。数据库管理系统则负责存储和管理采集到的数据，确保数据的安全性和可访问性。

在选择这些工具和技术时，我们需要综合考虑多个因素，以确保所选方案的最优性。性能是一个重要的考虑因素，我们需要确保所选工具能够高效地处理大量数据，避免在数据采集过程中出现瓶颈。稳定性同样重要，工具和技术需要具备高可用性，确保数据采集任务能够持续进行，不会因为系统故障而导致数据丢失或采集中断。易用性也是一个不可忽视的因素，特别是对于非技术背景的用户来说，选择易于上手和使用的工具可以大大降低操作难度，提高工作效率。最后，成本效益也是一个重要的考量点，我们需要在满足需求的前提下，选择性价比最高的工具和技术，避免不必要的开支。

通过综合考虑这些因素，我们可以选择最合适的工具和技术，以确保数据采集任务的顺利进行，为后续的数据分析和业务决策提供坚实的基础。

（三）实施数据采集

在确定了数据采集策略、选择了合适的工具和技术之后，我们便可以开始实施数据采集工作。在这一过程中，我们需要密切关注数据的质量和准确性，确保所采集的数据能够真实反映我们所需的信息。为此，我们必须及时发现并处理数据异常和错误，避免因数据质量问题影响后续分析和决策的准确性。

同时，我们还需要确保数据采集活动的安全性和稳定性。这意味着在采集过程中，必须采取各种措施来防止数据泄露和丢失等风险。例如，可以使用加密技术来保护数据传输过程中的安全，定期备份数据以防止意外丢失，并设置严格的访问权限来控制数据的访问范围。通过这些措施，可以最大限度地降低数据采集过程中可能出现的风险，确保数据的安全性和完整性。

四、数据处理

数据处理在商业大数据分析的整个流程中扮演着至关重要的角色，它直接决定了后续数据分析的准确性和有效性。在这一关键阶段，企业必须对收集到的原始数据进行一系列细致而复杂的处理操作，这些操作包括但不限于数据清洗、数据转换、数据集成和数据规约等。通过这些步骤，企业能够确保数据质量达到分析所需的标准，从而为后续的数据分析和决策提供坚实的基础。

在进行数据处理的过程中，不仅要注重技术层面的精确性和高效性，还要强调在这一过程中所应承担的责任感、严谨性和创新性。责任感体现为对数据的尊重和对分析结果的负责，严谨性则体现为对数据处理每一个细节的严格把控，而创新性则体现为不断探索和尝试新的数据处理方法和技术，以适应不断变化的商业环境和数据分析需求。通过这种综合性的数据处理方法，企业不仅能够提高数据分析的准确性，还能够在激烈的市场竞争中保持领先地位。

（一）数据清洗

在数据处理的过程中，通过使用 Python 进行数据清洗是至关重要的第一步。这一阶段的主要目标是解决数据集当中存在的各种问题，这些问题可能包括但不限于缺失值、异常值以及重复记录等。通过细致的数据清洗工作，我们可以显著提高数据的准确性和可靠性，从而为后续的数据分析工作奠定坚实的基础。这不仅有助于确保分析结果的可信度，还能在很大程度上提升数据处理的效率和质量。

（二）数据转换

通过使用 Python 进行数据转换，我们可以将原始数据集转换成一种更适合进行数据分析的形式。这个过程涵盖了多个方面，包括但不限于数据类型转换、数据格式的调整以及数据编码等操作。数据类型转换是指将数据从一种类型转换为另一种类型，例如将字符串转换为整数或浮点数，或者将日期字符串转换为日期对象。数据格式调整则涉及将数据从一种格式转换为另一种格式，例如将 CSV 文件转换为 JSON 格式，或者将 Excel 文件转换为数据库表格。数据编码则是指将文本数据转换为数值数据，以便于机器学习模型的处理，例如使用独热编码（One-Hot Encoding）将分类变量转换为数值向量。

通过这些数据转换步骤，可以确保数据更加符合分析模型的要求。这不仅有助于提高数据分析的效率，还能显著提升分析结果的准确性。例如，正确处理缺失值和异常值可以避免分析过程中的偏差，而数据标准化和归一化则可以确保不同特征在模型训练过程中具有相同的权重。总之，通过精心设计的数据转换过程，我们可以为后续的数据分析和机器学习任务打下坚实的基础。

（三）数据集成

数据集成是一个复杂而重要的过程，它涉及将来自各种不同数据源的数据汇集和整合到一个统一的数据仓库或数据湖中。这些数据源可能包括数据库、文件系统、云存储以及其他各种数据管理系统。通过数据集成，我们可以将分散在不同系统和平台中的数据集中起来，实现数据的统一管理和高效利用。

具体来说，数据集成的目的是打破"数据孤岛"，促进数据的共享和整合。通过将不同来源的数据整合到一个统一的平台，企业可以更容易地进行跨部门的数据分析和决策支持。这不仅提高了数据的可用性，还增强了数据的可操作性和价值。数据集成的过程通常包括数据抽取、转换和加载（ETL）等步骤。首先，数据需要从各个源系统中抽取出来。其次，进行清洗、转换和标准化处理，以确保数据的一致性和准确性。最后，处理后的数据被加载到目标数据仓库或数据湖中，供后续的分析和应用使用。在数据集成的过程中，还需要考虑数据的质量和安全性问题。数据质量的保证是数据集成成功的关键，包括数据的完整性、一致性和准确性等方面。此外，数据的安全性也需要得到充分的重视，确保在数据集成过程中数据不被非法访问和泄露。

数据集成是一个复杂而关键的过程，它为企业提供了统一的数据视图，促进了数据的共享和整合，为跨部门的数据分析和决策支持提供了便利。通过有效的数据集成，企业可以更好地利用其数据资产，提升业务运营效率和竞争力。

（四）数据规约

数据规约是指在确保数据质量不受影响的前提下，通过减少数据量或降低数据复杂性的方式来提高数据分析效率的过程。具体来说，数据规约旨在通过各种方法来简化数据集，从而使得数据分析过程更加高效和快速。常见的数据规约方法包括数据聚合、数据抽样和特征选择等。

数据聚合是指将多个数据点合并为一个数据点的过程，通常通过计算某些统计量（如均值、中位数、最大值或最小值）来实现。这种方法可以显著减少数据量，同时保留关键信息，从而提高数据分析的效率。数据抽样是指从原始数据集中抽取一部分数据作为代表的过程。通过选择合适的抽样方法（如简单随机抽样、分层抽样或聚类抽样等），可以在保证数据代表性的前提下，显著减少数据量，从而提高数据分析的效率。特征选择是指从原始数据集中选择一组重要的特征（变量）来代表数据的过程。通过评估各个特征的重要性，可以剔除不相关或冗余的特征，从而降低数据的复杂性，提高数据分析的效率。

总的来说，数据规约通过各种方法来简化数据集，减少数据量或降低数据复杂性，从而在保证数据质量的前提下，提高数据分析的效率。

五、数据分析与可视化

通过 Python 进行数据分析与可视化在商业大数据分析流程中扮演着至关重要的角色。它不仅仅是揭示数据背后隐藏信息的工具，更是通过直观的图形和图表展示，帮助决策者更清晰、更直观地理解复杂信息的关键手段。这样一来，决策者能够基于这些信息作出更加明智和精准的商业决策。

我们将深入探讨数据分析的各种方法和技巧。首先，我们会介绍一些常见的数据分析方法，如描述性统计分析、预测性分析和规范性分析等。这些方法各有其特点和应用场景，能够帮助我们从不同角度挖掘数据的价值。其次，我们将探讨数据分析中的技巧，例如数据清洗、数据转换和数据建模等。这些技巧能够帮助我们更好地处理和分析数据，从而获得更准确、更有价值的分析结果。与此同时，还将强调数据可视化的重要性。数据可视化可以通过图形、图表和地图等形式，将复杂的数据转化为易于理解的视觉元素。这不仅能够提高信息的传递效率，还能够帮助决策者更快地识别数据中的模式和趋势。我们将探讨如何选择合适的可视化工具和方法，以确保信息的准确传达和决策的有效支持。再次，将强调数据分析中的伦理责任。在处理和分析数据时，我们必须确保数据的来源合法、处理过程透明，并且保护个人隐私。这不仅是为了遵守法律法规，更是为了维护企业的声誉和客户的信任。最后，我们还将探讨数据可视化中的美学与实用性的平衡。虽然美观的可视化能够吸引观众的注意力，但更重要的是其传达信息的准确性和有效性。因此，我们需要在设计可视化时，既注重视觉效果，又确保信息的清晰和易懂，从而实现美学与实用性的完美结合。

通过以上内容的深入探讨，用户将全面了解数据分析与可视化的关键环节，掌握其方法和技巧，并在实际应用中作出明智的决策。

（一）数据分析方法

在当今的数据驱动时代，利用 Python 进行数据分析已经成为一种非常流行且强大的方法。数据分析的方法多种多样，涵盖了从基础到高级的各种技术，包括但不限于描述性分析、推断性分析、预测性分析以及规范性分析等。描述性分析主要侧重对数据集进行概括和总结，通过计算各种统计指标，如均值、中位数、标准差等，来揭示数据的基本特征和分布情况。这种方法可以帮助我们理解数据集的总体情况，为进一步的分析奠定基础。

推断性分析则更进一步，它通过从总体中抽取的样本数据来推断总体的特征。这种方法依赖统计学原理，通过假设检验、置信区间等技术，来评估样本数据是否能够代表总体，并对总体参数进行估计。推断性分析在科学研究、市场调研等领域中具有广泛的应用，可以帮助我们从有限的数据中获得对总体的深入理解。

预测性分析则利用历史数据来预测未来的趋势和模式。通过构建统计模型或机器学习算法，如线性回归、时间序列分析、随机森林等，预测性分析能够揭示数据中的潜在规律，并对未来事件进行预测。这种方法在金融、气象、医疗等领域中具有重要的应用价值，可以帮助我们提前做好准备，应对未来的不确定性。而规范性分析则关注在给定条件下如何作出最优决策。这种方法不仅考虑数据本身，还结合了决策者的偏好、目标和约束条件，通过优化模型来寻找最佳的解决方案。规范性分析在资源分配、项目管理、供应链优化等领域中具有广泛的应用，可以帮助决策者在复杂的情况下作出明智的选择。

Python 作为一种功能强大的编程语言，提供了丰富的数据分析工具和库，使得进行各种类型的分析变得简单高效。无论是描述性分析、推断性分析、预测性分析还是规范性分析，Python 都能提供强大的支持，帮助我们从数据中提取有价值的信息，为决策提供科学依据。

（二）数据可视化

通过使用 Python 进行数据可视化，我们可以将数据分析的结果以图形、图表以及其他视觉形式展示出来。这一过程不仅有助于人们更直观地理解数据背后所隐藏的信息，还能帮助人们发现数据中的规律和趋势。在进行数据可视化时，选择合适的图表类型、配色方案以及布局方式显得尤为重要。这些因素共同决定了最终视觉呈现的效果，从而影响人们对数据的理解和分析。

（三）数据分析与可视化的融合

运用 Python 进行数据分析与可视化这两个环节是相辅相成、密不可分的。数据分析的过程为可视化提供了坚实的基础和丰富的信息支持，使得我们能够从大量的数据中提取出有价值的信息。而可视化则通过直观的图形和图表展示，帮助人们更好地理解数据分析的结果，使复杂的数据变得易于理解。在实际应用中，数据分析师应当善于将数据分析与可视化这两个环节有机地结合起来，形成一个完整的分析报告或展示材料，从而更有效地传达数据背后的故事和信息。这样不仅能够提高工作效率，还能够使报告或展示材料更具说服力和吸引力。

六、撰写数据分析报告

撰写数据分析报告是商业大数据分析流程中的最后一个环节，同时也是将数据分析成果转化为实际行动的重要步骤。一份高质量的数据分析报告不仅需要全面、准确地展示数据分析的结果，还应当具备清晰的逻辑结构、明确的结论与建议，以及易于理解的表达方式，以便读者能够迅速抓住报告的核心内容。

一份完整的数据分析报告通常包括封面、摘要、目录、引言、数据分析方法、数据分析结果、结论与建议、附录等部分。在撰写报告之前，首先需要明确报告的目标读者、分析目的和报告用途，以此为基础进行结构设计与内容规划，确保报告能够满足读者的需求并达到预期的效果。

封面部分应包含报告的标题、作者、日期等基本信息，以正式和专业的形式呈现。摘要部分则简要概述报告的主要内容和结论，使读者在短时间内了解报告的核心要点。目录部分则详细列出报告的所有章节及其页码，方便读者快速查找相关内容。

引言部分通常介绍报告的背景、研究问题和分析的重要性，为读者提供必要的背景信息。数据分析方法部分详细描述所使用的数据分析工具和技术，包括数据收集、处理和分析的具体步骤，以确保报告的透明度和可重复性。

数据分析结果部分是报告的核心，应详细展示分析过程中得到的各种数据和图表，包括关键指标、趋势分析和模式识别等。结论与建议部分则基于数据分析结果，提出明确的结论和具体的行动建议，帮助读者理解数据背后的含义，并指导实际决策。

最后，通过以上各个部分的有机结合，一份完整的数据分析报告能够有效地将数据分析成果转化为实际行动，为商业决策提供有力支持。

项目二　商业大数据创建与采集

德技并修

Python：从起源到广泛应用与在我国的蓬勃发展

Python 是一种高级编程语言，由 Guido van Rossum 在 1989 年底创造，并于 1991 年首次发布。它以其简洁明了的语法和强大的功能而闻名，深受程序员和开发者的喜爱。Python 是一种解释型语言，这意味着代码在执行前不需要编译，可以直接运行。它支持多种编程范式，包括面向对象、命令式、函数式和过程式编程。Python 能做的事情非常多，几乎涵盖了软件开发的各个方面。它广泛应用于 Web 开发、数据分析、人工智能、机器学习、网络爬虫、自动化脚本、科学计算、图形用户界面（GUI）应用程序等领域。Python 拥有丰富的库和框架，如 Django 和 Flask 用于 Web 开发，NumPy 和 Pandas 用于数据分析，TensorFlow 和 PyTorch 用于机器学习，Scrapy 用于网络爬虫等，这些工具极大地提高了开发效率和生产力。

Python 的发展历史可以追溯到 1989 年，当时 Guido van Rossum 为了打发时间，开始编写一个新的解释型编程语言。他的初衷是创建一种易于学习且具有强大功能的编程语言，能够解决实际问题。1991 年，Python 的第一个版本发布，它迅速在学术界和小型项目中获得了关注。随着时间的推移，Python 不断进化，增加了许多新特性并被不断改进。如今，Python 已经成为世界上最流行的编程语言之一，拥有庞大的社区和丰富的资源。它的简洁性和多功能性使其在各个领域都有广泛的应用。Python 的未来发展仍然充满潜力，不断有新的库和框架出现，推动着技术的进步和创新。

Python 作为一种广泛使用的高级编程语言，在我国的发展情况呈现出蓬勃的态势。近年来，随着信息技术的迅猛发展和人工智能、大数据等领域的兴起，Python 在我国受到了越来越多学者和分析人员的青睐。它以其简洁明了的语法、强大的库支持和跨平台的特性，成为许多科研工作者和数据分析人员的首选工具。

首先，Python 在我国的教育体系中得到了广泛的推广。越来越多的高校和研究机构将 Python 纳入计算机科学与技术、数据分析、人工智能等相关专业的课程体系中。这不仅为我国培养了大量的 Python 编程人才，也为学者和分析人员提供了扎实的技术基础。

其次，Python 在我国的科研领域中发挥了重要作用。许多学者利用 Python 进行数据分析、模型构建和算法开发，极大地提高了科研工作的效率和质量。Python 丰富的科学计算库，如 NumPy、Pandas、Matplotlib 等，为学者们提供了强大的工具支持，使得他们在处理复杂数据和进行复杂计算时更加得心应手。

最后，Python 在我国的工业界也得到了广泛应用。许多企业和公司利用 Python 进行软件开发、自动化测试、网络爬虫和数据分析等工作，极大地提升了企业的生产效率和竞争力。Python 的广泛应用也为学者和分析人员提供了更多的实践机会和应用场景。

总的来说，Python 为我国学者和分析人员提供了强大的技术支持和工具平台。通过 Python，学者们能够更高效地进行科研工作，分析人员能够更准确地进行数据分析，从而为我国的科技进步和社会发展作出贡献。

项目学习内容说明

本项目总共包含了三个主要的核心任务，其主要目的是系统地学习和掌握商业大数据的创建与采集的方法。具体来说，任务一主要集中在商业大数据创建与采集的前期准备工作方面。通过搭建 Python 数据分析平台（包括 Anaconda 的安装与配置、Jupyter Notebook 的使用等），为后续深入的数据采集与分析打下坚实的基础。这个阶段的学习将确保能够熟练使用数据分析工具，并为数据创建与采集做好充分准备。任务二则深入探讨数据的创建过程，涵盖从多种数据源（如本地存储、手动输入等）创建 DataFrame 的方法，并初步介绍数据处理与分析的基本操作。通过比较和分析不同类型的数据创建方法，揭示数据在创建过程中的差异性和共性。这一任务将强化对 DataFrame 的理解和应用，并为后续更复杂的数据分析奠定基础。任务三将学习重点转向网络采集数据的技术，特别是运用爬虫工具（如 Requests、BeautifulSoup 等）获取商业大数据，并学习如何解析 HTML 数据并将其结构化，最终保存为便于分析的数据格式。这一任务不仅展示了如何有效采集数据，还进一步熟悉了上一节学习的数据创建的技巧，为最终的数据分析提供高质量的数据源。

本项目的核心学习内容涵盖了数据采集和创建的全过程，从平台搭建、数据创建到数据采集和处理。这些学习内容将系统地提升数据分析能力，为商业大数据的应用提供全面的技术支持。为了实现上述的学习目标，本项目特别选择了 Python 的 Pandas、Requests、BeautifulSoup 等库作为主要工具，确保能够灵活应对各类数据处理需求。

任务一　Python 数据分析平台搭建

一、Python 与 Anaconda

（一）Python 概述

Python 作为一种高级编程语言，因其简洁明了的语法、易于上手的特性以及强大的功能，已经在多个领域中得到了广泛的应用。无论是数据分析、人工智能、网络开发，还是自动化脚本编写，Python 都以其高效和灵活性赢得了众多开发者的青睐。其丰富的库和框架，如 NumPy、Pandas、TensorFlow 和 Django 等，进一步增强了其在各个领域的应用潜力。

1. Python 的语言特性

（1）语法简洁，结构清晰。Python 的语法设计既简洁又明了，其代码结构精炼而直观。该语言巧妙地运用了强制缩进来定义代码块的起止，摒弃了传统的大括号标记法。这一做法不仅将语法的简洁性与可读性完美结合，还有效防止了复杂嵌套结构可能引起的视觉混乱，确保了代码层次的清晰。这种设计显著减少了编写代码时的字符输入量，并且赋予了代码一种几乎自解释的特性，使得即使是不熟悉项目的开发者也能迅速把握代码的意图和逻辑流程。

（2）动态类型特性。Python 属于强类型语言，然而其类型检查机制是动态的。这意味着变量的类型是在程序运行时确定的，而非编译阶段。因此，在编程过程中，无须预先声明变量的数据类型。在 Python 程序中，变量的声明阶段并不包含类型说明，即无须提前告知 Python 解释器变量预期存储的数据类型。开发者可以自由地执行赋值操作，而 Python 解释器会在程序运行时根据赋值内容自动推断并确定变量的类型。值得注意的是，尽管变量类型在声明时未被明确指定，但每个变量在 Python 环境中都具有一个明确且固定的类型。Python 语言严格遵守这种类型约束，以防止类型不匹配的操作，例如错误地将一种类型的变量当作另一种类型使用。因此，在 Python 编程实践中，开发者能够体验到无须手动管理变量类型声明的便利，同时，系统通过内置的类型检查机制，可以在运行时确保变量使用的正确性。这种设计模式不仅简化了编程流程，提升了开发效率，还通过隐式的类型管理增强了代码的安全性和可维护性。

（3）解释型语言。Python 是一种解释型编程语言，其核心特性体现在代码的执行过程由解释器在运行时动态、逐行地进行解析与执行，无须预先将源代码编译成特定于硬件的机器语言代码。这与编译型语言（如 C++）的操作流程形成鲜明对比。Python 的这一特性为开发者提供了无须经历传统编译过程的便利，使他们能够直接运行和即时调试代码，显著提升了开发与调试流程的灵活性与效率。简而言之，Python 的解释执行机制确保了代码开发的直接性与调试的即时性。

（4）面向对象编程。Python 语言全面支持面向对象编程（OOP）范式，实现了包括类、继承、多态、封装等在内的关键概念。借助 OOP，开发人员能够创建出结构化、可复用且便于维护的代码。面向对象编程以类和对象作为基础，为编程人员提供了一套构建逻辑严谨、结构清晰、易于理解与维护的代码架构。在这一架构中，类作为对象的模板，规定了对象的行为和属性；继承机制促进了代码的复用和扩展；多态性实现了通过统一接口调用不同对象的不同方法，增强了代码的灵活性和适应性；封装则通过隐藏对象的内部实现细节，保障了数据的安全性和完整性。这些特性共同作用，进一步提升了代码的模块化、复用性和可维护性。

（5）自动内存管理。在 Python 编程语言中，内置的垃圾回收机制确保了内存的自动管理。该机制能够有效地识别并清理不再被程序引用的对象，从而释放相应的内存资源。这一特性显著减轻了开发者的内存管理负担，降低了内存泄露和其他内存管理问题的风险。通过这种方式，程序员可以更加专注于业务逻辑的实现，而不必过多地关注内存管理的细节。这种自动化的内存管理机制不仅提高了开发效率，还在很大程度上减少了因手动内存管理不当而引发的错误和漏洞。

（6）丰富的标准库和第三方库。Python 配备了一套功能完备的标准库，广泛涵盖了文件输入输出（I/O）、系统服务调用、网络编程框架、数据库交互接口以及高效的文本处理能力等多个领域。此外，Python 的生态系统还包含了众多具有重大影响力的第三方库，例如 NumPy 用于高效的数值计算、Pandas 专注于数据处理与分析、Matplotlib 提供强大的绘图功能、TensorFlow 引领深度学习的开发趋势，以及 Django 框架助力于快速构建 Web 应用等。这些资源共同构成了 Python 强大的功能基础，极大地扩展了其应用范围与灵活性。通过充分利用这些丰富的标准库与第三方库，Python 能够迅速适应多样化的开发需求，显著提高开发效率，并有效减少从零开始的开发工作量，从而促进了项目的高效推进与成果的快速实现。

（7）跨平台性。Python 作为一种编程语言，因其卓越的跨平台能力而备受推崇。这意味着它可以在多种操作系统上无缝运行，包括但不限于 Windows、Linux 和 macOS。这种特性使得开发者可以在不同的平台上轻松编写和部署 Python 代码，而无须进行任何额外的修改或适配工作。这一切得益于 Python 解释器的跨平台特性，它能够在不同的操作系统上提供一致的运行环境。此外，Python 的标准库和丰富的第三方库也具有高度的兼容性，能够在各种操作系统上无缝运行。虚拟环境和包管理器如 pip 的广泛支持，进一步增强了 Python 的跨平台开发能力，使得开发者可以轻松管理和隔离项目依赖。最后，跨平台开发工具和集成开发环境（IDE）如 PyCharm 和 Visual Studio Code 等，也为 Python 开发者提供了强大的支持，使得他们在不同平台上进行开发变得更加便捷和高效。

2. Python 的应用场景

（1）Web 开发。在互联网应用开发的范畴内，Python 作为一种功能强大且灵活的编程语言，凭借其众多的框架生态系统，为开发者们开辟了一条高效构建与部署的途径。在众多框架中，Django、Flask 以及新兴的 FastAPI 等框架尤为引人瞩目，它们各自以其独特的优势在 Python 互联网开发领域内占据了一定的地位。

Django 框架以其全面性和高度集成化的特性而闻名，为开发者提供了一套完整的解决方案，包括数据库管理、模板渲染、用户认证与权限控制等多个方面。这种"全功能"的设计哲学，使得 Django 项目能够迅速启动并运行，显著降低了项目初期的搭建成本与学习曲线。Django 内置的诸多功能与工具，如对象关系映射（ORM）、表单处理、中间件支持等，均是即插即用，极大地提升了开发效率与项目的可维护性。

与 Django 的全面性相比，Flask 以其轻盈和灵活的特性，在 Web 开发领域展现了其独特的价值。作为一个微框架，Flask 提供了充分的基础架构和核心功能，同时保持了极高的可定制性和扩展性。开发者能够根据项目需求灵活地选择和集成各种插件与扩展，从而构建出既满足特定需求又保持轻量级的 Web 应用。Flask 的这种灵活性，使其特别适合于小型项目、快速原型开发以及作为大型应用中的特定服务模块。

无论是选择 Django 还是 Flask，Python 语言的简洁性和可读性都是推动 Web 开发高效化、可维护化的重要因素。Python 的语法清晰明了，易于学习，使得开发者能够迅速掌握并专注于业务逻辑的实现，而非陷入语言复杂性的困扰中。此外，Python 庞大的社区和丰富的资源也为解决开发过程中遇到的各类问题提供了有力支持，进一步促进了 Web 开发活动的顺利进行。

（2）数据科学与分析。Python 凭借其丰富的数据处理与分析库集，例如 Pandas、NumPy 以及 SciPy，以及卓越的数据可视化工具 Matplotlib 与 Seaborn，已经成为数据科学和数据分析领域的首选语言。这些库不仅赋予数据科学家高效处理大数据集的能力，还显著简化了复杂数据分析流程，包括但不限于数据清洗、转换、聚合及深入洞察提取。加上 Jupyter Notebook 这一强大的交互式平台，共同构筑了数据科学领域坚实的技术基础。

具体而言，NumPy 作为 Python 中用于科学计算的基础包，通过其强大的 N 维数组对象以及广泛的数学函数库，极大地加速了数值计算过程。Pandas 则进一步扩展了这些能力，通过其灵活且高效的数据结构（如 DataFrame），使数据的导入、清洗、合并及查询等操作变得直观而强大。SciPy 则是一个集成了众多数学算法和科学计算技术的综合库，为数据科学家解决从统计建模到优化问题等各类挑战提供了强大的支持。

在数据可视化领域，Matplotlib 与 Seaborn 构成了 Python 数据可视化基础架构的核心。Matplotlib 凭借其丰富的图表类型和高度的可定制性，能够满足从基础图表到复杂数据可视化的需求。Seaborn 作为 Matplotlib 的高级扩展库，通过提供一系列统计图形和优雅的默认样式，极大地简化了制作具有吸引力和信息密度的可视化作品的过程。

此外，Jupyter Notebook 作为 Python 生态系统中不可或缺的组成部分，其支持代码、文本、数学公式、图像及视频等多种媒体形式的交互式笔记本界面，显著促进了数据科学家与分析师之间的协作和知识共享。这一平台不仅允许用户逐步构建和执行代码，还能实时查看结果，从而加快了数据探索与分析的迭代进程，成为现代数据科学工作流程中的关键工具。

（3）机器学习和人工智能。Python 语言及其生态系统内的 TensorFlow、Keras、PyTorch 和 Scikit-learn 等专业化的机器学习库，共同构筑了一个全面且高效的开发环境。这些库在构建和训练深度学习模型方面展现了其不可或缺的价值，显著推动了人工智能与机器学习技术的发展。它们不仅简化了从基础模型到复杂网络的开发流程，还凭借其强大的功能和灵活性，催生了众多创新应用，为人工智能领域的持续进步提供了强大动力。

例如，TensorFlow 作为谷歌开源的、高度灵活且广泛使用的机器学习框架，不仅支持众多深度学习算法，还提供了高效的数值计算能力，极大地促进了复杂模型的设计与实现。Keras 则凭借其用户友好的接口和模块化的设计理念，为快速原型设计与实验提供了极大的便利，它通常作为 TensorFlow 的高级 API 被广泛采用，加速了从概念到模型的转化过程。而 PyTorch 则因其动态计算图特性和直观易用的 API，在学术界和工业界获得了广泛的认可。PyTorch 允许研究人员和开发者以更接近自然语言的方式表达模型结构，促进了创新思维与快速迭代。

除此之外，Scikit-learn 作为 Python 中的经典机器学习库，也发挥了重要作用。它专注于提供一系列简单而高效的机器学习算法，涵盖了从数据预处理到模型评估的全流程，为从事传统机器学习研究的用户提供了坚实的支持。

（4）自动化和脚本编写。Python 凭借其简洁的语法结构和丰富的库生态系统，为自动化脚本编写提供了丰富的资源和强大的功能，逐渐成为自动化脚本编写、任务自动化以及系统管理的首选。其应用领域从系统管理任务的自动化执行扩展至网络编程、自动化测试等多个方面，展现了极高的灵活性和实用性。

在自动化脚本编写实践中，开发者通过集成诸如 Selenium 等库，能够实现高效的浏览器自动化，执行网页内容测试、模拟用户操作等复杂任务，极大提升了测试效率与准确性。同样，Paramiko 库为 SSH 协议的自动化操作提供了强有力的支持，使远程服务器的管理、文件传输等任务变得简单快捷。此外，引入的 GUI 自动化工具如 PyAutoGUI，使 Python 在图形用户界面（GUI）自动化测试与操作中占据了重要地位，通过模拟鼠标和键盘操作，实现了对桌面应用程序的自动化控制。

（5）科学计算。Python 作为一种编程语言，在推动科学计算与工程应用领域的发展中同样展现出了显著优势。例如，SciPy 和 SymPy 作为科学计算库的代表，为数学、科学以及工程研究都提供了强有力的支持。SciPy 库专注于数值计算，涵盖了线性代数、优化、积分、微分方程求解、信号处理等广泛功能，这些工具极大地简化了复杂数值问题的处理流程。而 SymPy 库则专注于符号计算，使科研人员能够在不丢失数学表达式精确性的前提下，进行代数简化、方程求解、微积分推导等高级数学操作。这些库的出现，不仅提高了科研人员的工作效率，还使复杂问题的求解变得更加直观和便捷。

Python 语言的简洁语法和高度灵活性，是其在科学计算与工程应用中备受欢迎的关键因素。这种特性使得科研人员与工程师能够迅速上手，高效构建模型、执行计算任务，并将精力更多地聚焦于研究问题的本质而非编程细节。Python 还促进了跨学科合作，因为无论背景是数学、物理学、工程学还是经济学，研究人员都能通过统一的平台——Python 及其科学计算库，实现数据的分析、处理与模型的构建。此外，Python 的开源特性也为其广泛应用提供了有力支持，使全球的研究人员和工程师能够共同参与到库的开发与优化中，不断推动科学计算与工程应用的发展。

（6）游戏开发。在探讨游戏开发领域的多种技术与工具时，我们不得不提到 Python 语言及其强大的 Pygame 库，这两者共同展现了其作为简易游戏及原型构建工具的独特价值。尽管在追求极致性能的层面上，Python 可能无法与 C ++ 等更为底层且执行效率高的语言相媲美，但其在游戏开发领域的应用绝对不容忽视，尤其是在快速迭代与概念验证阶段。

Pygame 库是专门为 2D 游戏开发设计的，它以其丰富的 API 集和便捷的编程接口，极大地简化了游戏开发的流程。这一库不仅提供了图形渲染、声音播放、事件处理以及碰撞检测等核心游戏开发功能，还通过其简洁的语法和高效的开发环境，促进了创意的快速实现。因此，对于那些追求快速原型开发、概念测试或是小型游戏项目实现的开发者来说，Pygame 无疑是一个极具吸引力的选择。

使用 Python 及其 Pygame 库进行游戏开发，体现了软件开发领域中的“敏捷开发”理念。它鼓励开发者以最小化的初始投入，快速构建并测试游戏的核心玩法与机制，从而在保持灵活性的同时，有效降低了项目初期可能面临的风险。这种开发方式尤其适合初创团队或独立游戏开发者，他们往往需要在有限的资源与时间约束下，高效产出游戏原型，以获取市场反馈并持续迭代优化。

总而言之，尽管 Python 与 Pygame 在性能上可能不是最佳选择，但在游戏开发的特定阶段与场景中，其便捷性、快速开发能力以及灵活的应用范围，使它成为一个极具竞争力的工具选项。对于那些追求高效原型开发与小型游戏项目的开发者群体来说，Python 与 Pygame 的组合无疑是一个值得考虑的选择。

3. Python 的常用工具

（1）IDLE。IDLE（Integrated Development and Learning Environment）作为 Python 编程语言自带的集成开发环境（IDE），其设计初衷是为了简化 Python 程序的开发流程，为用户提供一种便捷且用户友好的编程体验。它特别适合编程初学者以及那些需要处理日常开发任务的用户。IDLE 的主要特点包括：

①功能丰富的代码编辑器：IDLE 配备了一流的代码编辑器，该编辑器不仅支持语法高亮，使代码更加易于阅读，还能自动调整代码缩进，确保代码结构的整洁和一致性。此外，它还集成了代码补全功能，这极大地提升了编码效率与准确性。这些特性对于提升代码的可读性、减少因格式错误或遗漏而导致的编程错误具有不可估量的价值。

②交互式解释器：IDLE 提供了一个交互式的 Python 解释器窗口，这一特性允许用户即时编写并执行 Python 代码片段，立即查看输出结果。这种即时反馈机制极大地促进了代码的快速验证与调试过程，使用户能够迅速发现并修正代码中的问题，从而加速学习和开发的进程。

③基本调试工具：为了支持高效的程序调试，IDLE 内置了基础的调试工具集。用户可以轻松设置断点、执行单步调试，从而精准定位并修正程序中的逻辑错误或性能瓶颈。这些工具为用户提供了强大的调试支持，使调试过程变得更加直观和高效。

④自动代码缩进管理：鉴于 Python 对代码缩进的严格要求，IDLE 可以自动处理代码缩进问题，有效降低了因格式错误导致的编程障碍，为开发者省去了不必要的麻烦。这一特性确保了代码的整洁和一致性，使代码更加易于阅读和维护。

⑤代码片段库：借助代码片段功能，用户可以预先定义并保存常用的代码模板，这些模板可在后续编程过程中快速复用，显著加速开发流程。这一特性不仅提高了编码效率，还帮助用户构建起自己的代码库，方便在不同项目之间共享和重用代码。

⑥良好的扩展性：尽管 IDLE 被定位为轻量级 IDE，但它同样支持基本的扩展机制。对于需要更高级功能或更专业环境支持的开发者而言，完全可以考虑安装第三方插件或转向如 PyCharm、Visual Studio Code 等更为强大的 IDE，从而进一步拓宽开发视野与可能性。

除上述特点外，IDLE 还提供了一个简洁直观的界面设计，结合便捷的文档浏览功能和多窗口支持，使 Python 编程变得更加高效和易用。其简约的布局降低了学习曲线，实时访问文档加速了问题解决，而多窗口功能提升了多任务处理的灵活性，整体提升了开发体验。简而言之，IDLE 不仅是一个编写 Python 代码的工具，它还内置了代码编辑器，支持语法高亮、自动缩进等特性，这些特性在提升代码可读性的同时，也通过即时反馈机制帮助初学者纠正常见的编程错误，促进养成良好的编程习惯。此外，IDLE 还提供了交互式 Python shell，允许用户即时执行代码片段，并立即查看执行结果，这种即时反馈的学习模式极大地增强了学习体验，使编程学习变得更加生动有趣且高效。

（2）PyCharm。PyCharm 由 JetBrains 匠心打造，是一款备受推崇的 Python 集成开发环境（IDE），其影响力远不止于 Python 编程，更延伸至 JavaScript、TypeScript、HTML、CSS 等多语言领域，为全栈开发者提供了前所未有的便捷。在保持原有强大功能的基础上，还特别注重降低内容重复率，以提升用户体验与效率。

①智能编码辅助：PyCharm 的智能编码辅助系统集成了最前沿的代码编辑技术，如实时代码补全、精准语法高亮、严格代码检查及即时错误修复建议。这些功能不仅

有效避免了代码编写的重复性劳动，还通过个性化推荐，帮助开发者快速定位并优化代码结构，减少不必要的重复代码段。

②调试工具：调试环节同样注重减少重复操作。PyCharm 内置的图形化调试器支持断点设置、单步调试及变量值实时查看等功能，让开发者能够迅速定位并解决问题，避免在相同或类似问题上耗费过多时间。此外，调试过程中的日志记录与回放功能也进一步降低了重复调试的可能性。

③集成版本控制：针对版本管理过程中的重复性问题，PyCharm 原生支持 Git、Subversion、Mercurial 等多种主流版本控制系统，并提供直观的图形化界面。这不仅简化了版本控制的复杂度，还通过版本比较、合并冲突解决等高级功能，有效减少了因版本冲突或历史遗留问题导致的重复工作。

④测试体系完备：在测试环节，PyCharm 内置了对单元测试和集成测试的全面支持，允许开发者直接在 IDE 中运行和管理测试用例，并自动生成可视化的测试结果报告。这一特性不仅提高了测试工作的效率与效果，还通过自动化的测试流程，减少了因人为疏忽导致的重复测试与错误修复工作。

⑤虚拟环境支持：为了降低项目间的依赖冲突与重复管理问题，PyCharm 支持创建和管理多种 Python 虚拟环境（如 venv 和 conda）。这一功能确保了项目间的独立性与可移植性，避免了因环境差异导致的重复配置与调试工作。

⑥各类工具的集成与插件生态：PyCharm 通过集成各类强大的工具与构建丰富的插件生态系统，进一步降低了开发过程中的重复性劳动。数据库工具、Docker 与 Kubernetes 集成等功能，让开发者能够在统一的开发环境中完成多样化的任务；而丰富的插件资源，则允许开发者根据自己的需求定制 IDE 功能，减少了对特定工具或功能的重复搜索与安装过程。

⑦版本策略：为了满足不同用户群体的需求，PyCharm 精心策划并推出了社区版与专业版两个主要版本。社区版作为开源免费的典范，为初学者及一般级别的 Python 开发者提供了基础而强大的开发环境；而专业版则以其更加丰富的高级特性与工具集，为追求极致开发效率与面对复杂开发挑战的专业人士提供了更加全面与深入的支持。这种分层次的版本策略，有效避免了用户在不同版本间寻找功能的重复过程。

综上所述，PyCharm 通过其全面的功能覆盖、灵活的插件系统、对多种编程语言的广泛支持以及降低重复率的各项设计，为从初涉编程的新手到资深专业人士提供了高效、便捷且个性化的 Python IDE 体验。

（3）Jupyter Notebook。Jupyter Notebook 是一个广泛使用的开源交互式计算环境，它支持多种编程语言，包括但不限于 Python、R 和 Julia。这个工具允许用户在同一文档中灵活地混合编写代码、记录说明文字、插入数学公式以及生成动态图表。通过这个工具，用户可以将代码、解释和结果整合在一起，形成一个完整的计算故事。

Jupyter Notebook 的动态可视化功能尤为出色，它通过集成 Matplotlib、Seaborn 和 Plotly 等强大的可视化库，使数据展示变得更加直观和生动。用户可以轻松地创建各种图表，如折线图、散点图、柱状图和热力图等，从而更好地理解数据背后的趋势和模式。

Notebook 文件（.ipynb）具有易于共享和重现的特点，这确保了研究成果的一致性和透明性。用户可以轻松地将这些文件分享给同事或在不同的设备上打开，而无须担心环境配置问题。这种特性在学术研究和数据科学领域尤为重要，因为它促进了知识的传播和协作。

此外，Jupyter Notebook 通过其直观易用的网页界面，实现了在浏览器中直接执行代码与即时查看执行结果的功能。用户无须安装复杂的开发环境，只需一个现代浏览器即可开始编写和运行代码。这种便捷性极大地简化了数据分析流程，使用户可以专注于数据分析本身，而不是环境配置。

总的来说，Jupyter Notebook 提供了一个高效且灵活的工作环境，显著提升了报告编制的效率与质量。无论是进行数据分析、编写教学材料还是进行科学研究，Jupyter Notebook 都是一个强大的工具，能够帮助用户更好地展示和分享他们的工作成果。

（4）Spyder。Spyder 全称为 Scientific Python Development Environment，是一个专门为科学计算和数据分析领域量身打造的开源集成开发环境（IDE）。这个环境特别适合那些使用 Python 语言进行科学研究、数据分析以及工程计算的用户，为他们提供了一个高效且功能强大的开发平台。Spyder 的核心特点在于其功能完备的开发环境、交互式控制台、变量浏览器、强大的编辑器以及对数据分析工具的深度集成。

具体来说，Spyder 提供了一个综合的开发环境，这个环境集成了代码编辑器、控制台、调试器和变量浏览器等多种功能。这样的集成环境让用户能够在同一个界面中完成编写代码、测试代码和调试代码的整个流程，从而显著提高了工作效率。内置的 IPython 控制台支持交互式运行代码，允许用户实时查看代码的输出结果，这对于进行实验和测试来说非常有帮助。此外，IPython 控制台还支持丰富的命令行功能和历史记录，使代码的迭代和优化变得更加方便快捷。

变量浏览器是 Spyder 的一个重要工具，它可以帮助用户查看和管理当前会话中的所有变量和数据对象。通过这一功能，用户可以轻松地访问和操作数据，这在进行数据分析和调试工作时显得尤为有效。同时，Spyder 的代码编辑器具有语法高亮、自动补全和代码折叠等功能，这些特性不仅提高了编程效率，还增强了代码的可读性，使用户在编写复杂代码时能够保持较高的工作效率。

Spyder 的另一大亮点在于它对科学计算库和数据可视化工具的深度集成。它与 NumPy、SciPy、Pandas 等科学计算库以及 Matplotlib 等数据可视化工具无缝对接，提供了一个全面的数据分析和可视化解决方案。这种集成使 Spyder 成为一个功能强大的工具，特别适合处理各种数据密集型任务，无论是数据分析还是科学计算，Spyder 都能轻松应对。

总的来说，Spyder 以其强大的功能集成和用户友好的界面，为科学计算和数据分析提供了一个高效的开发环境。它的交互式特性、丰富的工具集成以及便捷的代码编辑功能，使用户能够更加高效地进行 Python 开发，优化数据分析和科学计算工作。无论是初学者还是经验丰富的开发者，都能在 Spyder 中找到适合自己的工具和功能，从而在科学计算和数据分析的道路上更加得心应手。

（5）Anaconda。Anaconda 是一个开源的 Python 和 R 语言发行版，它在数据科学与机器学习领域扮演着重要的角色。作为一个强大的赋能者，Anaconda 不仅提供了一站式管理 Python 环境的便利性，确保了不同项目之间的依赖关系清晰且相互隔离，从而避免了潜在的冲突和混乱，还内置了众多流行的科学计算库，例如 NumPy、Pandas 等，这些库极大地加速了数据处理与分析的效率，使数据科学家和工程师能够更加高效地进行数据探索和预处理工作。

此外，Anaconda 还集成了如 Jupyter Notebook 这样的交互式开发环境，为代码编写、文档记录与结果展示提供了一个集成化的解决方案。Jupyter Notebook 支持实时代码执行、可视化展示以及丰富的文本注释，使研究者和工程师能够更加直观地展示他们的分析过程和结果，同时也便于团队协作和知识共享。

与此同时，Anaconda 还支持无缝接入各种机器学习库，如 TensorFlow、PyTorch 等，这些库为研究者和工程师提供了强大的工具，帮助他们快速进行原型设计和模型训练。通过这些功能的综合运用，Anaconda 无疑为数据科学与机器学习领域的持续创新与发展铺设了坚实的道路。它也是本书在进行商业大数据分析时使用的核心工具。

总而言之，Python 作为一种解释型、面向对象、动态数据类型的高级编程语言，凭借其代码的简洁性、操作的直观性以及背后强大的生态系统和丰富的标准库资源，在众多行业领域内展现了卓越的应用潜力和价值。Python 不仅在 Web 开发、数据科学、人工智能、自动化脚本编写、游戏设计以及科学计算等众多领域中扮演着得力助手的角色，还通过提供高效且灵活的解决方案，赢得了全球编程社群及企业界的广泛认可与采纳。它的广泛应用不仅体现在学术研究中，还广泛渗透到商业应用、工业自动化以及教育领域，成为当今最受欢迎的编程语言之一。Python 的普及和成功，很大程度上得益于其庞大的社区支持和丰富的第三方库，这些库覆盖了从网络爬虫、数据分析、机器学习到图形界面设计等多个方面，使 Python 能够胜任很多类型的编程任务。

（二）Anaconda 概述

Anaconda 是一个专门为 Python 开发者量身打造的全面解决方案，其主要目的是解决在开发过程中可能遇到的环境管理和包依赖问题。Anaconda 通过集成超过 190 个科学计算包及其全部依赖项，极大地简化了环境配置的复杂性，帮助开发者免去了手动设置 Python 环境和逐一安装第三方包的烦琐过程。这样一来，开发者可以更加专注于代码的编写和项目的推进，而不是花费大量时间在环境配置上。

Anaconda 的核心工具包括 conda 包管理器、numpy、scipy、Matplotlib、Scikit-learn 以及 ipython notebook 等，这些工具使得用户能够轻松管理多个 Python 版本及其对应的包。通过这种方式，开发者可以避免因环境冲突带来的运行错误，这对于那些需要频繁切换不同项目或不同 Python 版本的开发者来说，无疑是一个巨大的福音。

此外，Anaconda 还预装了两大交互式代码编辑器——Spyder 与 Jupyter Notebook，这些编辑器为开发者提供了强大的代码编写和调试功能。通过这些编辑器，开发者可以更加高效地进行代码编写、运行和调试，从而大幅提高工作效率。因此，Anaconda 不仅是一个强大的工具，更是数据科学和机器学习领域不可或缺的利器。

1. Conda

在 Anaconda 这一集成化的数据科学平台中，Conda 扮演着核心角色，作为一套功能强大的包管理与环境管理工具，它不仅覆盖了 Python、R 等多语言生态环境，还实现了跨平台兼容，包括 Windows、macOS 及 Linux 系统，展现出了极高的灵活性与通用性。Conda 包管理器通过其精妙的设计，极大地简化了数据科学家与开发人员在日常工作中的包依赖管理与环境配置流程。其核心功能在于能够有效管理项目所需的各种依赖包，同时提供灵活的环境隔离机制，从而避免了常见的包版本冲突问题，确保了项目构建与部署过程的顺畅无阻。此外，Conda 还促进了项目的一致性与可移植性，使研究成果能够在不同环境下无缝迁移与复现。

具体来说，Conda 不仅支持广泛的编程语言和库，还能够处理复杂的依赖关系，使用户在安装和更新软件包时不必担心版本冲突。这种依赖管理机制极大地提高了工作效率，减少了因环境配置不当导致的错误和调试时间。Conda 的环境管理功能允许用户创建多个独立的环境，每个环境都可以有自己的包版本和依赖关系，这为同时进行多个项目的开发提供了极大的便利。用户可以在不同的项目之间切换，而不用担心一个项目中的更改会影响到另一个项目。此外，Conda 还提供了一个庞大的软件包仓库，用户可以从中搜索、安装和更新各种软件包。这些软件包经过严格的测试和验证，确保了其稳定性和可靠性。Conda 的跨平台特性使用户可以在不同的操作系统上无缝工作，无须担心兼容性问题。无论是 Windows 用户、macOS 用户还是 Linux 用户，都可以享受到 Conda 带来的便利和高效。

总之，Conda 作为 Anaconda 平台的核心组件，不仅提供了一套完善的包管理和环境管理解决方案，还极大地提升了数据科学工作的效率和可靠性。通过 Conda，数据科学家和开发人员可以更加专注于研究和开发工作，而不必花费大量时间在环境配置和依赖管理上。

（1）包管理。Anaconda 是一个被广泛使用的开源发行版，它利用 Conda 这个强大的包管理器，支持安装、更新和管理 Python、R 语言包及其依赖项。Conda 确保了包之间的兼容性，使用户在安装和管理这些包时能够避免潜在的冲突问题。在实际操作中，使用 Conda 包管理器的过程非常简便，用户只需通过命令行界面执行预设的命令序列，即可轻松实现包的安装、更新、卸载等操作。例如，如果用户想要安装某个包的最新版本，可以使用简单的命令'conda install <包名>'。以安装 NumPy 为例，用户只需在命令行中输入'conda install numpy'即可。如果用户需要安装特定版本的包，可以在包名后面指定版本号，例如安装 NumPy 的 1.19.2 版本：'conda install numpy = 1.19.2'。此外，用户还可以一次性安装多个包，只需将包名依次列出，用空格分隔即可，例如安装 NumPy、Pandas 和 Matplotlib：'conda install numpy pandas matplotlib'。Conda 默认从 Anaconda 仓库安装包，但用户也可以使用'conda install -c <渠道名> <包名>'命令从其他渠道（如 Conda-forge）安装包。例如，从 Conda-forge 渠道安装 Seaborn：'conda install -c conda-forge seaborn'。这种高度自动化的流程不仅提升了工作效率，也降低了人为错误的风险，为数据科学家与开发人员构建高效、稳定的开发环境提供了强有力的支持。

在安装 Anaconda 时，系统会自动配置一系列常用的科学计算和数据分析包，包括但不限于 NumPy、Pandas、Matplotlib、SciPy、Scikit-learn 等。这些包的预装旨在构建一个即装即用的开发环境，从而提升工作效率与便捷性。其中，NumPy 是一个强大的科学计算和数据分析基础包，在数据科学、机器学习、工程和研究领域中被广泛应用。其核心是多维数组对象（ndarray），能够高效地存储和操作大型数据集。NumPy 提供了丰富的数值计算函数，包括基本算术运算、统计分析、线性代数、傅里叶变换和随机数生成等。其广播机制允许不同形状的数组进行运算，避免了显式复制数据的问题。内存效率是 NumPy 的一大优势，其能使用连续的内存块存储数据，并提供多种数据类型以满足不同精度和内存需求。

Pandas 是一个基于 NumPy 的高效数据处理包，广泛应用于数据科学、金融、经济、统计和工程等领域的开源 Python 数据分析库。它提供了高性能、易于使用的数据结构和数据分析工具，主要包括一维的 Series 和二维的 DataFrame。Pandas 支持数据清洗、过滤、转换和重塑，具有丰富的数据索引和选择功能。它能进行数据合并、连接和拼接，类似于 SQL 风格的操作。Pandas 还提供基本的统计分析功能，如描述性统计、相关性分析和数据分组聚合，并且对时间序列数据有良好的支持。此外，Pandas 支持从多种文件格式读取和写入数据，包括 CSV、Excel、SQL 数据库、HDF5、JSON 和 HTML 等。通过其高效的数据结构和丰富的操作方法，Pandas 使数据处理和分析变得直观和高效，是数据科学家和分析师的首选工具之一。本书后续介绍的数据创建、数据查看、数据清洗、数据转换等方面的内容都与它有关。

Matplotlib 是一个功能强大的 Python 2D 绘图库，被广泛应用于数据科学、工程、金融和统计等领域，用于创建静态、动态和交互式的图表。它提供了多种图表类型，包括折线图、柱状图、散点图、饼图、直方图、箱线图（Box Plot）和热图等，还支持更复杂的图表如 3D 图和极坐标图。Matplotlib 提供了丰富的 API，可以对图表的各个方面进行细致的控制，如轴、刻度、标签、线条样式、颜色和图例等。

NumPy、Pandas 和 Matplotlib 这些包紧密集成，形成了一个强大的数据处理生态系统。NumPy 提供了高效的数据处理和数学运算基础，Pandas 基于 NumPy 提供了强大的数据分析功能，而 Matplotlib 与这两者相结合，提供了可视化工具。再加上其他预装包一起，共同构建了一个高效、全面的数据处理和分析平台，实现了数据分析和可视化的无缝结合。

（2）环境管理。Conda 不仅是一个功能强大的开源包管理器，还具备了安装、更新和卸载各种软件包的能力，并且能够自动处理这些软件包之间的依赖关系，确保它们之间的兼容性。除此之外，Conda 还是一个非常实用的环境管理工具。它允许用户通过创建和管理隔离的虚拟环境来运行不同的项目，每个项目都可以使用不同版本的库和工具，从而有效避免了依赖冲突和兼容性问题。用户可以轻松地创建新的环境、激活它们、停用它们、克隆它们以及删除它们，并且能够在这些环境之间快速切换，以适应不同的项目需求。

Conda 还支持从官方的 Anaconda 仓库以及其他社区仓库（如 conda-forge）安装软件包。它不仅仅局限于 Python，还支持多种编程语言和工具，包括但不限于 R、Ruby、Scala、Java、JavaScript、C/C++ 和 FORTRAN 等。这意味着用户可以利用 Conda 来管理各种不同语言的环境。

此外，Conda 还提供了一种便捷的方式来共享和复现环境配置。用户可以通过导出环境配置文件，将当前环境的状态保存下来，然后将这些配置文件分享给其他用户或者在其他机器上导入，从而实现环境的快速复现。这一功能极大地简化了团队协作和项目部署的过程，确保了环境的一致性和可重现性。

2. Anaconda Navigator

Anaconda Navigator 是一个图形用户界面（GUI），专门为管理和操作 Anaconda 发行版及其相关包、环境和应用程序而量身打造。它极大地简化了包管理和环境管理的过程，使用户无须依赖复杂的命令行操作，就能轻松地进行包的安装、更新和删除。Anaconda Navigator 提供了一套直观且易于操作的环境管理功能，包括但不限于创建新的虚拟环境、克隆现有环境、导出环境配置以及删除不再需要的环境。这些功能确保了用户在处理不同项目时，能够更加便捷地管理各种依赖关系，避免了潜在的冲突。

此外，Anaconda Navigator 集成了多个在数据科学和开发领域中广泛使用和受欢迎的应用程序，例如 Jupyter Notebook、JupyterLab、Spyder、RStudio 和 Visual Studio Code。用户可以直接通过这个界面轻松地启动和使用这些应用程序，从而提高工作效率。它还允许用户配置和管理 Anaconda 包的下载渠道，例如 conda-forge，确保用户能够获取到最新版本的包，并且与 Anaconda 发行版保持良好的兼容性。

Anaconda Navigator 的项目管理功能同样不容忽视，它使用户可以在一个统一的界面中组织和管理与项目相关的文件和资源。用户可以轻松地创建项目、管理项目文件以及跟踪项目进度，从而更好地掌控整个项目流程。Anaconda Navigator 以其用户友好的界面设计和丰富的功能集，成为数据科学家与开发者在包管理、环境管理及应用管理方面的得力助手。它不仅提高了工作效率，还降低了学习和使用门槛，使更多的人能够轻松地进入数据科学和开发领域。

3. 数据科学工具

Anaconda 作为一款备受数据科学界青睐的平台，不仅集成了众多关键组件，还提供了强大的功能和便捷的操作体验。它包括了之前提到的 Jupyter Notebook、Spyder 以及 JupyterLab 等工具，这些工具各自以其独特的功能和优势，紧密地集成到 Anaconda 中。这使得 Anaconda 成为数据科学家和工程师们不可或缺的数据科学工具，帮助他们更高效地进行数据处理、分析和建模工作。作为一个功能强大的开源包管理和环境管理系统，Anaconda 不仅仅局限于上述的主要功能。它还支持 Windows、macOS 和 Linux 操作系统，可以确保在不同平台上提供一致的用户体验。无论是在个人电脑上，还是在服务器上，Anaconda 都能提供稳定而高效的运行环境。

Anaconda 的社区支持也非常丰富，包括社区驱动的 Conda-forge 平台，这个平台提供了大量由社区贡献的最新工具和包。这些工具和包经过社区成员的严格测试和验证，确保了它们的可靠性和实用性。此外，Anaconda 公司还拥有自己的包仓库，汇集了众多数据科学和机器学习包，可以满足专业用户的需求。

对于企业用户，Anaconda 提供了 Anaconda Enterprise，这是一个为企业量身定制的解决方案。它包含了团队协作、模型管理、自动化部署等高级功能，以及企业级支持，可以帮助企业高效管理和协作数据科学和机器学习项目。Anaconda Enterprise 不仅提高了团队的工作效率，还确保了项目的顺利进行和成功交付。

通过跨平台兼容性、丰富的社区资源和高级企业功能，Anaconda 满足了从个人开发者到企业用户的广泛需求。无论是初学者还是资深数据科学家,无论是小型创业公司还是大型企业,Anaconda 都能提供一个稳定、高效且易于使用的数据科学平台。

二、Anaconda 的安装与环境配置

Anaconda 是一个广泛应用于数据科学和机器学习领域的流行平台,它集成了大量的开源包和环境管理工具,极大地简化了数据科学项目的开发和管理过程。Anaconda 不仅提供了丰富的数据处理、分析和可视化工具,还支持多种编程语言,如 Python 和 R,使开发者可以更加高效地进行数据分析和机器学习任务。为了帮助用户更好地安装和使用 Anaconda,以下是一份详细的安装指南,涵盖了安装步骤、配置建议、常见问题及其解决方案,确保用户能够顺利地开始他们的数据科学之旅。

1. 安装步骤

(1) 下载 Anaconda 安装包。首先,访问如图 2-1(Anaconda 官网)所示 Anaconda 的官方网站 https://www.anaconda.com/products/distribution,根据您的操作系统选择合适的安装包进行下载。Anaconda 提供了分别适用于 Windows、macOS 和 Linux 的安装程序。

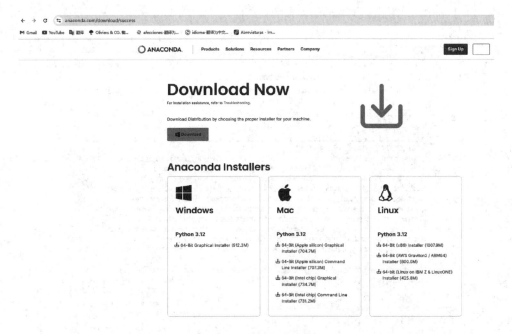

图 2-1　Anaconda 官网

(2) 运行安装程序。

①下载完成后,双击安装包开始安装过程。对于 Windows 用户,可以选择"Next"继续安装(见图 2-2);对于 macOS 和 Linux 用户,可以使用终端命令来运

行安装包，以下具体安装步骤均以 Windows 为例。

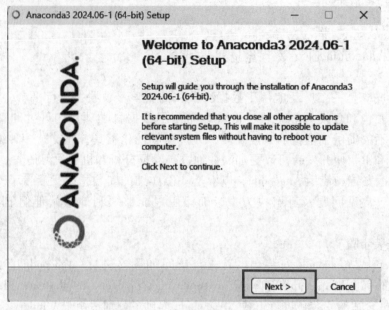

图 2 - 2　Anaconda 安装步骤（1）

②同意协议，点击"I agree"，见图 2 - 3。

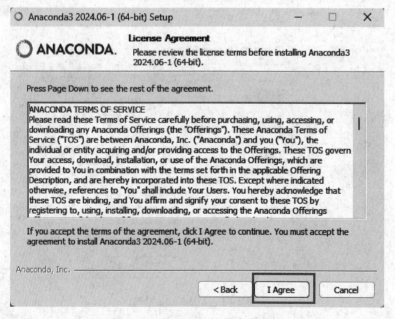

图 2 - 3　Anaconda 安装步骤（2）

③点击"I agree"后，会出现如下两个选项，第一个是"只为当前用户安装"，第二个是"为所有用户安装"，两个选项均可选，根据自己的需求选择后，

点击"Next",见图 2 - 4。

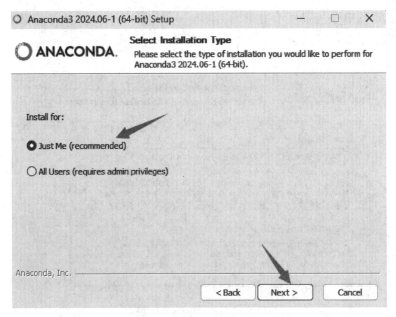

图 2 - 4 Anaconda 安装步骤 (3)

④这一步,默认装到 C 盘,因为所需内存比较大,建议安装到其他剩余空间比较大的盘,点击"Browser",见图 2 - 5,选择对应安装路径即可。需要注意的是,所选文件夹的名称最好都是英文或连续的字符,不要有空格和中文,避免后期使用过程中报错。

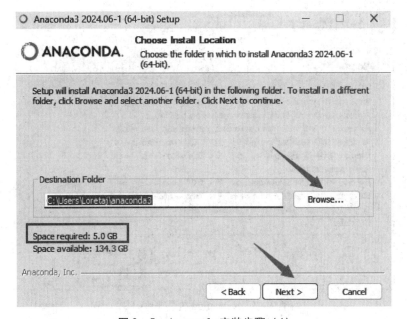

图 2 - 5 Anaconda 安装步骤 (4)

⑤这一步，第一个选项默认是不选的，勾选后文字会变红且有提示是"not rec-ommended"项，即便如此，还是建议勾选，因为它会帮用户把 Python 放到环境变量里，后续就不用单独配置环境变量，更便捷一些。第二选项默认是勾选的，保留即可，勾选完成后点击"install"，开始安装，见图2-6。

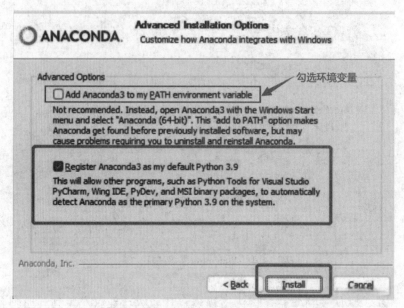

图2-6 Anaconda 安装步骤（5）

⑥接下来直接点击"Next"，等待安装完成即可，见图2-7、图2-8。

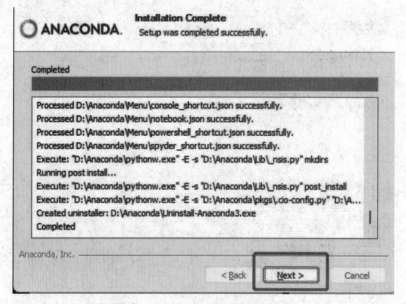

图2-7 Anaconda 安装步骤（6）

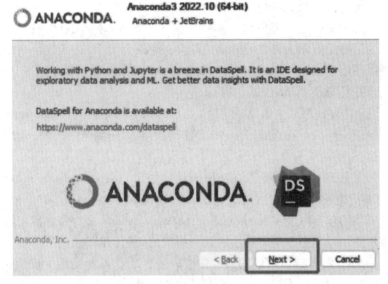

图 2 - 8　Anaconda 安装步骤（7）

⑦点击"finish"，安装完成，见图 2 - 9。

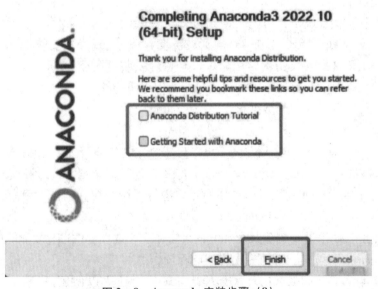

图 2 - 9　Anaconda 安装步骤（8）

　　在进行 Anaconda 安装的过程中，系统会提供一系列的配置选项供您选择。这些选项包括但不限于选择安装路径以及是否将 Anaconda 添加到系统的环境变量中。为了确保在任何命令行窗口中都能够直接使用 Anaconda 的相关命令，建议您将 Anaconda 安装在默认的路径下，并且在安装过程中勾选"将 Anaconda 添加到环境变量"的选项。当安装过程结束后，为了验证是否安装成功，您可以打开一个新的命令行窗口，并输入命令'conda --version'。如果系统能够显示出 Conda 的版本号，那么这就意味着您的安装过程已经成功完成。

接下来，为了更好地管理和使用 Anaconda，以下是一些配置建议：

首先，为了防止不同项目之间的依赖冲突，建议为每个项目创建一个独立的虚拟环境。您可以使用命令'conda create -n myenv python = 3.8'来创建一个名为 myenv 的虚拟环境，并且指定 Python 的版本为3.8。

其次，当您需要使用某个虚拟环境时，可以在命令行中输入'conda activate myenv'命令来激活该虚拟环境。在虚拟环境中安装的包不会影响到全局环境，这样可以确保项目的独立性。

最后，为了管理虚拟环境中的包和依赖，您可以使用'conda install package_name'命令来安装所需的包。此外，Anaconda 还提供了'conda list'命令来查看当前环境中已安装的包，以及'conda remove package_name'命令来卸载不需要的包。

在安装和使用过程中，您可能会遇到一些常见问题，以下是一些解决方案：

首先，如果您发现 Anaconda 的安装速度较慢，那么可能是因为安装包较大且默认从国外服务器下载。为了提高下载速度，建议在安装前将 Conda 的源更改为国内镜像源，例如清华大学或中科大等。

其次，如果在安装过程中未将 Anaconda 添加到环境变量，可能就会导致无法在命令行中直接使用 Conda 命令。此时，您需要手动将 Anaconda 的安装路径添加到系统的环境变量中。

最后，在某些情况下，可能会遇到包安装失败的问题。此时，您可以尝试使用'conda update conda'命令更新 Conda 到最新版本，然后再尝试安装所需的包。

通过以上详细的安装指南，用户可以轻松地安装并配置 Anaconda，从而顺利地开始他们的数据科学和机器学习项目。希望这份指南能够帮助您顺利地解决安装过程中可能遇到的问题，让您的数据科学之旅更加顺畅。

2. 配置环境

在成功安装 Anaconda 之后，用户可以轻松地通过桌面上的快捷方式直接点击启动 Anaconda Navigator，或者通过命令行来打开它。Anaconda Navigator 提供了一个图形用户界面（GUI），使用户可以更加便捷地进行环境配置。例如，用户可以在 Anaconda Navigator 中选择"Environments"选项卡，点击"Create"按钮，从而创建一个新的虚拟环境。如果需要删除某个环境，只需在同一选项卡中选择要删除的环境，然后点击"Remove"按钮，即可轻松完成删除操作。

此外，基于 Conda 强大的环境管理功能，用户还可以使用'conda'命令行来创建、克隆和删除虚拟环境。这使不同项目可以使用不同的包和工具版本，从而避免了版本冲突的问题。通过这种方式，用户可以更加灵活地管理各种项目所需的依赖，确保每个项目都能在一个独立的环境中运行，从而提高开发效率和项目的稳定性。

（1）创建和激活环境。为了确保不同项目之间的依赖关系互不干扰，您可以使用以下命令来创建一个新的虚拟环境。

```
conda create--name myenv python = 3.8
```

其中：

--name myenv：指定环境的名称（例如 myenv）

python = 3.8：指定 Python 版本（可以根据需要选择不同版本）。

这个虚拟环境将为您提供一个干净且独立的工作空间，使每个项目都可以拥有自己特定的依赖版本，从而避免潜在的冲突。激活虚拟环境后，您的命令行提示符会显示当前激活的虚拟环境名称，表明您已经成功进入了一个隔离的工作空间。此时，您可以安装任何所需的依赖包，而这些包只会被限制在这个虚拟环境中，不会影响到系统中的其他 Python 项目。

（2）查看和管理环境。使用如下命令可实现对应环境的查看和管理：

查看所有已创建环境：

```
conda env list
```

查看当前环境中安装的所有包：

```
conda list
```

更新某个包：

```
conda update package_name
```

删除当前环境中的某个包：

```
conda remove package_name
```

（3）删除环境。如果您不再需要某个特定的环境，例如您想要彻底删除一个名为"myenv"的环境，您可以使用'conda remove --name myenv --all'命令来完成这个操作。这个命令会将整个 myenv 环境及其所有相关包和配置文件彻底删除，确保该环境不再占用任何系统资源。在执行这个命令之前，请确保您不再需要该环境中的任何数据或配置，因为一旦执行，所有信息将无法恢复。

（4）其他。除了上述提到的命令之外，您还可以使用其他一些命令来实现克隆环境、保存和恢复环境等操作。这些命令能够帮助您更灵活地管理和维护您的工作环境，确保在不同的场景下能够快速切换和恢复到所需的状态。例如，您可以使用克隆命令来创建一个与当前环境完全相同的新环境，以便进行实验或测试而不影响原始环境。此外，保存命令可以将当前环境的状态保存到一个文件中，以便在需要时可以轻松地恢复到该状态。恢复命令则用于将之前保存的环境状态重新加载，从而快速恢复到特定的工作环境。这些功能在进行软件开发、数据分析和其他需要频繁切换环境的任务时非常有用。

①克隆环境：输入如下指令，克隆 myenv 环境，创建一个新环境 newenv。

```
conda create --name newenv --clone myenv
```

②导出环境配置：通过如下命令将当前激活环境的所有包和版本信息导出到 environment. yaml 文件中。

```
conda env export > environment. yml
```

③恢复环境：通过如下指令导出 environment. yml 文件恢复环境。

```
conda env create -f environment. yml
```

三、Jupyter notebook 的初步使用

在前面的内容中，我们已经初步探讨了 Jupyter Notebook 这一工具的功能。Jupyter Notebook 是一个基于 Web 的交互式计算环境，它支持多种编程语言，其中最常用和最广为人知的编程语言是 Python。由于其强大的功能和灵活性，Jupyter Notebook 特别适合于数据科学、机器学习以及其他需要进行数据分析和可视化的领域。

接下来，我们将对 Jupyter Notebook 的初步使用进行一些简单的介绍。首先，用户需要在本地计算机上安装 Jupyter Notebook。安装完成后，用户可以通过浏览器访问 Jupyter Notebook 的界面。在 Jupyter Notebook 的界面中，用户可以创建一个新的笔记本文件，这个文件通常以 .ipynb 为扩展名。在这个笔记本文件中，用户可以编写和执行代码，同时还可以添加文本说明和可视化图表。

Jupyter Notebook 的一个显著特点是其单元格结构。每个单元格可以包含代码、文本或 Markdown 格式的内容。用户可以在单元格中编写 Python 代码，然后通过点击"运行"按钮来执行这些代码。执行结果会直接显示在单元格下方，这样用户可以立即看到代码的输出结果。此外，用户还可以在单元格中插入文本说明，以解释代码的功能和目的，从而使整个笔记本文件更加易于理解和交流。

Jupyter Notebook 还支持多种扩展功能，例如导入外部数据文件、使用不同的可视化库（如 Matplotlib 和 Seaborn）进行数据可视化，以及与其他编程语言（如 R 和 Julia）的交互。这些功能使 Jupyter Notebook 成为一个非常强大的工具，能够满足各种复杂的数据分析需求。Jupyter Notebook 是一个功能强大的交互式计算环境，特别适合于数据科学、机器学习等领域。通过初步了解和掌握其使用方法，用户可以充分利用其强大的功能，进行高效的数据分析和可视化工作。

（一）安装 Jupyter Notebook

在大多数情况下，Jupyter Notebook 这个强大的工具已经被预先包含在了 Anaconda 的发行版中。Anaconda 是一个流行的科学计算发行版，它为用户提供了许多方便的预装包。如果您发现自己尚未安装 Anaconda，那么您可以通过 Python 的包管理工具 pip 来轻松地安装 Jupyter Notebook。具体来说，您可以打开命令行界面，然后输入命令 'pip install notebook ' 来进行安装。此外，如果您希望在 Jupyter Notebook 的用户界面中启用一些额外的扩展功能，以提升您的使用体验，例如实现代码折叠、增强表格显示效果等，您可以通过安装相应的扩展包来实现这些功能。这些扩展包可以通过 Jupyter Notebook 的扩展管理工具进行安装和管理，从而让您的 Jupyter Notebook 界面更加丰富和高效。可以使用以下命令安装扩展：

```
pip install jupyter_contrib_nbextensions
jupyter contrib nbextension install --user
```

（二）启动 Jupyter Notebook

1. 使用 Anaconda 启动 Jupyter Notebook

（1）通过 Anaconda Navigator 启动。

①打开 Anaconda Navigator。

②在"Home"选项卡的界面中，仔细寻找名为"Jupyter Notebook"的选项，一旦找到，用鼠标点击界面上的"Launch"按钮。点击之后，系统会启动 Jupyter Notebook 服务器，并且会在您默认设置的网络浏览器中自动打开 Jupyter Notebook 的 Web 界面，这样您就可以开始使用 Jupyter Notebook 进行各种编程和数据分析工作了。

（2）通过 Anaconda Prompt① 启动。

①点击位于屏幕左下角的"开始"菜单按钮（或者直接按下键盘上的 Windows 键），接着在弹出的搜索框中输入"Anaconda Prompt"这儿个字。在搜索结果中找到"Anaconda Prompt"应用程序，然后用鼠标点击它或者使用键盘选择它并按下回车键以打开该程序。

②当您在命令行界面中输入"jupyter notebook"这个命令，并且按下回车键之后，系统会自动启动 Jupyter Notebook 服务器。一旦服务器启动完成，它就会自动在您默认的网络浏览器中打开 Jupyter Notebook 的 Web 界面。这个 Web 界面允许您创建和编辑各种类型的笔记本文件，这些文件可以包含代码、文本、公式、图表等多种元素，非常适合进行数据分析、科学计算和编程教学等工作。

2. 直接通过命令行启动

以 Windows 操作系统为例，我们可以通过使用一个快捷键组合来快速打开"运行"对话框。具体操作步骤如下：首先，同时按下键盘上的 Win 键和 R 键，这样就会弹出一个名为"运行"的对话框。接下来，在这个对话框的空白输入区域中，输入字母"cmd"，然后按下键盘上的 Enter 键。这样就会启动一个名为命令提示符的程序。在命令提示符界面中，我们可以通过输入特定的命令来执行各种操作。例如，如果我们想要启动 Jupyter Notebook 服务器，就可以在命令提示符中输入"jupyter notebook"这个命令，然后按下 Enter 键。执行这个命令后，Jupyter Notebook 服务器会被启动，并且在默认的网页浏览器中自动打开一个新的标签页。在这个新的标签页中，我们可以看到 Jupyter Notebook 的文件管理界面，这个界面允许我们创建、编辑和管理各种 Jupyter Notebook 文件。

（三）Jupyter Notebook 界面简介

Jupyter Notebook 的一大显著特点在于其界面设计的直观性和易用性，这使用户在使用过程中能够轻松上手并高效地进行各种数据处理和分析任务。其简洁明了的布局和功能模块的合理安排，让用户能够迅速找到所需的工具和选项，从而大大降低了学习和操作的门槛。此外，Jupyter Notebook 还支持丰富的插件和扩展，进一步增强了其功能性和灵活性，使其成为数据科学家和研究人员的首选工具之一。它主要由以下几

① Anaconda Prompt 是一个特定的命令行工具，方便在 Windows 操作系统上使用 Anaconda 环境。它自动配置了环境变量，方便用户直接使用 conda 命令和其他与 Anaconda 相关的工具。

个部分组成:

1. 文件浏览器

在成功启动 Jupyter Notebook 服务器之后,系统会自动在默认的网络浏览器中打开 Jupyter Notebook 的主页。在这个主页上,用户会看到一个文件浏览器界面,该界面展示了当前工作目录下的所有文件和文件夹。通过这个文件浏览器,用户可以方便地进行各种文件管理操作。具体来说,用户可以打开现有的 .ipynb 文件(即 Jupyter Notebook 文件),以便查看和编辑其中的内容。此外,用户还可以对现有的 .ipynb 文件进行重命名操作,以更好地组织和管理这些文件。如果不再需要某个文件,用户还可以选择将其删除。除了管理现有的文件,用户还可以通过文件浏览器创建全新的 Notebook。创建新 Notebook 的过程非常简单,用户只需点击相应的按钮或链接,即可开始一个新的 Notebook 项目。这样,用户就可以在 Jupyter Notebook 环境中进行各种数据科学、编程和分析工作。以下是一些常用的命令。

(1)New:创建新文件或文件夹。用户可以选择新建 Jupyter Notebook、终端、文本文件等。

(2)Upload:上传本地计算机上的文件到当前工作目录。

(3)Running:显示当前正在运行的 Jupyter Notebook 及其内核。用户可以在这里查看和管理所有活跃的 notebook 会话。

2. Jupyter Notebook 编辑器界面

(1)如图 2-10 所示,标题栏位于界面最上方,这个部分的主要功能是展示当前 Jupyter 环境中的关键信息。在标题栏中,用户可以看到 Jupyter 应用程序的名称,同时也会显示当前打开的文件名称以及该文件的当前状态。例如,在图 2-11 中,我们可以看到文件的名称为"Untitled3",这表明该文件尚未被命名。此外,标题栏还提供了关于文件最后保存时间的信息,即"Last Checkpoint:48 minutes ago",这意味着最后一次保存或记录代码的时间是在 48 分钟之前。通过这些信息,用户可以快速了解文件的基本情况,包括是否已经保存以及保存的时间点,从而更好地管理自己的工作进度。

图 2-10　Jupyter Notebook 编辑器界面

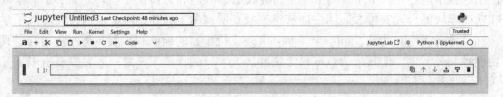

图 2-11　Jupyter Notebook 标题栏

（2）菜单栏位于标题栏的下方，它是一个重要的界面元素，提供了用户进行各种操作的入口。在这个区域中，我们可以找到一系列常用的、功能性的菜单选项。这些菜单选项通常按照不同的类别进行组织，以便用户能够快速找到他们所需要的功能。例如，文件菜单通常包含了新建、打开、保存、打印等操作；编辑菜单则提供了复制、粘贴、剪切等编辑功能；而视图菜单则允许用户调整界面布局和显示设置。通过这些丰富的菜单选项，用户可以方便地进行各种操作，提高工作效率。

①File：专为管理文件而设计，涵盖新建、打开、保存以及下载等多项功能。

√ New Notebook：创建一个新的笔记本。

√ Open…：打开现有的笔记本。

√ Save and Checkpoint：保存当前笔记本并创建一个检查点。

√ Download as：将笔记本导出为不同格式（如 HTML、PDF、Markdown 等）。

②Edit：用于编辑内容的功能，包括撤销操作、重做操作、剪切单元格、复制单元格以及粘贴单元格。

√ Undo/Redo：撤销或重做操作。

√ Cut/Copy/Paste Cells：剪切、复制或粘贴单元格。

√ Find and Replace：在笔记本中查找和替换文本。

③View：用于调整笔记本屏幕的显示设置，例如切换单元格的显示模式。

√ Toggle Header/Toolbar：显示或隐藏标题和工具栏。

√ Cell Toolbar：启用/禁用单元格工具栏。

④RUN：主要用于控制代码单元的执行流程。

√ Run Cells：执行当前选定的单元格操作。若选了多个单元格，则依次执行每个选定的单元格操作，确保每个单元格都按照既定的指令进行处理。这样可以确保操作的连贯性和准确性，避免遗漏或错误。

√ Run Cells and Insert Below：执行当前选中的单元格中的代码或操作，随后在该单元格的下方自动添加一个新的单元格。新插入的单元格默认设置为代码单元格类型。

√ Run All Cells：运行笔记本中的所有单元格，这是一个非常实用的功能，特别是当您需要一次性执行笔记本中的所有代码时。这个操作可以确保您不需要逐个手动运行每个单元格，从而节省时间并提高效率。无论是在数据分析、机器学习还是其他需要编写和执行代码的场景中，这个功能都能带来极大的便利。通过简单地点击一个按钮或使用快捷键，就可以轻松地运行笔记本中的所有代码单元格，确保所有的计算和操作都能顺利进行。

√ Restart Kernel and Run All Cells：为了确保在代码发生更改或遇到内存问题时能够从一个干净的状态开始执行所有代码，您可以选择重启 Jupyter Notebook 的内核。这个操作步骤包括关闭当前运行的内核，并重新启动一个新的内核。一旦内核重启完成，您可以运行所有的单元格，以确保代码能够顺利执行，不会受到之前运行状态的影响。这个过程通常用于调试和优化代码，特别是在进行大规模数据处理或长时间运行的脚本时，重启内核可以有效避免内存泄漏和其他潜在的运行过程中的错误。

⑤Kernel：管理 Jupyter Notebook 的内核（即代码执行引擎）。

√ Restart Kernel：如果您需要重启 Jupyter Notebook 的内核，但又不想运行其中的任何单元格，就可以选择一个特定的选项来实现这一目的。这个选项通常在内核出现挂起、内存泄漏或其他需要重新初始化环境的情况下非常有用。当您选择这个选项时，所有当前存储在内存中的变量和数据都会被清除，从而帮助您解决可能遇到的问题。然而，需要注意的是，这个操作并不会影响笔记本中的代码本身或之前已经生成的输出结果。

√ Restart Kernel and Clear Output：重启内核并清除所有单元格的输出是一个非常实用的操作，特别是当您需要清理笔记本中的输出信息时。这一操作可以有效地刷新笔记本的视图，确保输出信息不会对后续的分析结果产生任何干扰或影响。通过重启内核并将所有单元格的输出内容清空，您可以获得一个干净的笔记本环境，但需要注意的是，这一操作并不会删除任何代码或文本内容，因此，您的代码和文本笔记仍然会被保留。这对于那些需要在分析过程中多次运行代码并查看结果的用户来说，是一个非常便捷的功能。

√ Interrupt Kernel：如果您的代码在执行过程中运行时间过长，或者不幸陷入了无限循环的状态，就可以选择中断当前正在运行的代码单元。这个操作可以帮助您停止执行当前的代码，从而避免程序无休止地运行下去。具体来说，您可以通过某些特定的命令或按钮来实现这一操作，以便及时终止那些无法正常结束的代码执行过程。

（3）快捷键按钮：位于菜单栏下方的是一排快捷键按钮，如图 2 – 12 所示，包含常用功能按钮，例如保存、插入新单元格、剪切、复制、粘贴等。

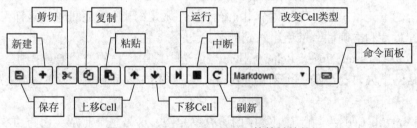

图 2 – 12　Jupyter Notebook 快捷键按钮

（4）编辑区域：位于整个界面最下方的区域是编辑区域，它是由一系列精心设计的单元格组成的，这些单元格专门用于编写和执行代码。每一个单元格都具备以下三种类型功能：

①代码单元格：这种单元格允许用户输入和运行编程代码，支持多种编程语言，如 Python、JavaScript 等。用户可以在这里编写函数、类和其他代码片段，并立即执行以查看结果。

②文本单元格：文本单元格用于添加和格式化文本内容，支持 Markdown 语法，使得用户可以编写富文本内容，如标题、列表、加粗和斜体文本等。这些文本单元格可以用来编写文档、注释或解释代码。

③结果单元格：当代码单元格被执行后，结果单元格会显示代码的输出结果。这

些结果可以是文本、图像、表格或其他数据类型。结果单元格使得用户可以直观地查看代码执行的结果，便于调试和验证代码的正确性。

通过这三种类型的单元格，编辑区域提供了一个功能强大的环境，使得用户可以灵活地编写、执行和展示代码及其结果。无论是进行数据分析、机器学习、网页开发还是其他编程任务，这个编辑区域都能提供必要的工具和功能。

（四）基本操作

1. 创建一个新 Notebook

（1）创建新 Notebook。

①在 Jupyter Notebook 的文件管理界面中，如图 2 – 13 所示，您可以通过点击右上角的"New"按钮来创建一个新的笔记本或其他类型的文件。

图 2 – 13　创建新 Notebook（1）

②以 Windows 操作系统为例，当用户在使用 Notebooke 这款应用程序时，会遇到一个下拉菜单的界面。在这个下拉菜单中，用户可以看到一系列可供选择的编程语言内核（Kernel）。通常情况下，在这个列表中，用户会首先注意到 Python 3 的存在（如图 2 – 14 所示）。当然，如果用户在自己的系统中安装了其他编程语言的内核，那么这些内核同样会出现在这个下拉菜单中，供用户选择使用。

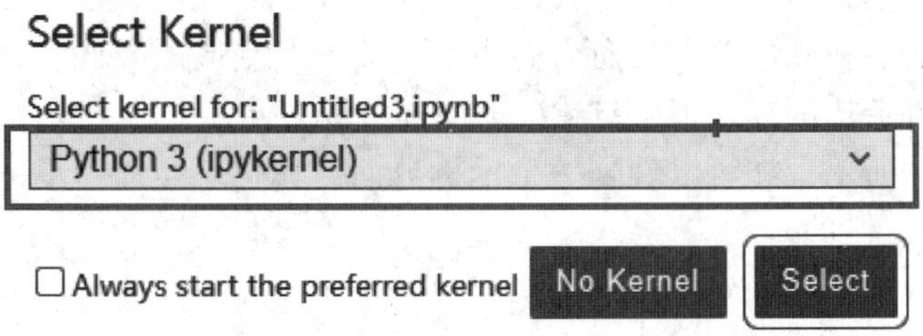

Select Kernel

Select kernel for: "Untitled3.ipynb"

Python 3 (ipykernel)

☐ Always start the preferred kernel　No Kernel　Select

图 2 – 14　创建新 Notebook（2）

（2）重命名 Notebook。

①在 Notebook 界面的顶部区域，靠近页面左上角的位置，您可以找到当前正在编辑的文件的名称。这个名称通常情况下默认显示为"Untitled"（如图 2 – 15 所示），

意味着这个文件尚未被正式命名。如果您之前已经给文件起了一个名字，那么它会显示为那个原始的、您所设定的名称。这个文件名标识对于区分和管理多个不同的 Notebook 文件非常有帮助，尤其是在您同时打开和处理多个文件时。

图 2 – 15　重命名 Notebook（1）

②直接点击这个文件名，您会看到名称区域瞬间变成一个可编辑的文本框（如图 2 – 16 所示）。在这个文本框中，您可以输入您希望赋予的新名称。完成输入后，按下 Enter 键或者点击文本框外的任意区域，系统就会自动保存您输入的新名称。

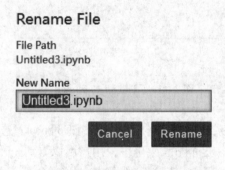

图 2 – 16　重命名 Notebook（2）

此外，您还可以在文件浏览器中对文件进行重命名。

③首先，启动并打开 Jupyter Notebook 应用程序。其次，确保您已经回到了主页面的文件管理视图，这个视图通常会展示您所有的文件和文件夹。在这个视图中，仔细浏览文件列表，找到您想要重命名的那个以 . ipynb 结尾的文件。一旦找到该文件，您就需要在文件旁边的复选框中打钩，以便选中该文件。

如图 2 – 17 所示，您可以看到一个示例界面，其中已经选中了一个名为 "example. ipynb" 的文件。

图 2 – 17　重命名 Notebook（3）

④点击页面顶部的 "Rename" 按钮（或者右键点击文件，选择 "Rename"），输入新的名称，如图 2 – 18 所示，按下 Enter 键即可完成重命名操作。

图 2 – 18　重命名 Notebook（4）

2. 编写和运行代码

在创建一个新的 Notebook 之后，用户便可以开始在编辑区域编写和执行代码。这一过程涉及许多基本操作，例如：

首先，添加代码单元格。在新建的 Notebook 中，用户可以直接在已有的单元格中输入相应的代码。接着，为了添加一个新的代码单元格，用户可以在工具栏中点击"＋"按钮，或者通过菜单选项"Insert"→"Insert Cell Below"来实现。

其次，删除单元格。如果用户需要删除某个单元格，那么只需选中要删除的单元格，然后单击工具栏上的剪刀图标，或者通过菜单选项"Edit"→"Delete Cells"来进行删除操作。

再次，移动单元格。用户可以通过选择单元格，然后使用工具栏上的上下箭头按钮来移动单元格的位置。此外，也可以使用键盘上的快捷键（上/下方向键）来实现同样的操作。

最后，运行代码单元格。用户可以通过点击单元格左侧的"Run"按钮来执行当前单元格中的代码。此外，还可以通过按下 Shift + Enter 键来运行代码，这样会自动跳转到下一个单元格。如果用户按下 Ctrl + Enter 键，那么虽然同样可以运行当前单元格中的代码，但光标会保持在当前单元格，而不会跳转到下一个单元格。无论采用哪种运行方式，代码执行后的输出结果都会显示在代码单元格的下方。

3. 编写文本

在 Jupyter Notebook 这个强大的工具中，您可以利用 Markdown 语言来编写各种文本内容，包括但不限于标题、列表、引用以及其他富文本格式。例如，如果您想要在当前单元格中输入一个关于"商务大数据分析"的标题，那么您可以按照以下步骤进行操作：

首先，您需要在 Jupyter Notebook 中创建一个新的单元格。这可以通过点击工具栏上的"＋"按钮来实现，或者您也可以通过菜单栏选择"Insert"→"Insert Cell Below"来添加一个新的单元格。

其次，您需要更改单元格的类型。默认情况下，新创建的单元格是代码单元。为了输入 Markdown 文本，您需要将单元格类型更改为 Markdown 类型。您可以点击单元格左侧的下拉菜单，从中选择"Markdown"类型（如图 2–19 所示）。此外，您还可以通过按下 Esc 键进入命令模式（此时单元格边框会变成蓝色），然后按快捷键 M 来快速更改单元格类型为 Markdown。

图 2–19　Markdown 文本编写（1）

通过以上步骤，您就可以在 Jupyter Notebook 中使用 Markdown 来编写各种文本内容，从而使得您的文档更加丰富和具有可读性。

例如，在 Markdown 单元格中，可以使用以下 Markdown 语法来创建标题：

商业大数据分析

这里的"#"符号用于表示一级标题。Markdown 支持 6 个级别的标题，依次增加"#"符号的数量来降低标题级别。例如，"##"表示二级标题，"###"表示三级标题，依次类推。"#"和后面的汉字需要空一格，"#"和"#"之间不需要空格。

要运行一个单元格，首先就要确保您已经完成了所有的输入工作。接下来，您可以通过按下 Shift 键和 Enter 键的组合，或者点击界面上的工具栏中的"Run"按钮来执行这个单元格。一旦您执行了这个操作，单元格中的内容将会被处理并渲染成一个格式化的标题，如图 2–20 所示。

图 2–20　Markdown 文本编写（2）

除上述标题设置外，还可以输入其他 Markdown 格式的内容：

输入：

斜体
在所输入的文本两侧添加一个星号（＊）

输出：

商业大数据分析

输入：

粗体
在所输入的文本两侧添加两个星号（＊＊）

输出：

商业大数据分析

输入：

删除
在所输入的文本两侧添加两条波浪线（～）

输出：

~~商业大数据分析~~

输入：

有序列表
有序列表是按照数字或者字母顺序排列的列表，在文本前输入数字加点号（.）再加空格即可实现。

输出：

1. 商业大数据分析 1
2. 商业大数据分析 2
3. 商业大数据分析 3

输入：

无序列表
在文本前输入"＋""－"和"＊"（对应符号后面均有空格）即可实现无序列表排列。

输出：

- 商业大数据分析 1
- 商业大数据分析 2
- 商业大数据分析 3

· 商业大数据分析 1
· 商业大数据分析 2
· 商业大数据分析 3

· 商业大数据分析 1
· 商业大数据分析 2
· 商业大数据分析 3

4. 保存和导出 Notebook

（1）保存 Notebook。在使用 Jupyter Notebook 进行编程和数据分析时，确保您的工作得到妥善保存是非常重要的。Jupyter Notebook 提供了自动保存功能，这意味着它会定期保存您的工作进度，以防止数据丢失。然而，为了更安全地确保您的工作得到保存，您也可以采取手动保存的方式。具体操作方法是点击工具栏上的保存图标，这样可以立即保存您当前的工作状态。通过这种双重保存机制，您可以更加放心地进行您的编程和数据分析工作，避免因意外情况导致的数据丢失。

（2）导出 Notebook。在使用 Notebook 时，如果您需要将您的工作成果导出为不同的文件格式，那么可以按照以下步骤操作：首先，在 Notebook 的界面中找到并点击顶部的 File 菜单。接着，在下拉菜单中选择 "Save and Export Notebook As..." 这一选项。通过这个选项，您可以将您的 Notebook 导出为多种不同的文件格式，以满足不同的需求。这些格式包括但不限于以下格式：. ipynb 格式，这是 Jupyter Notebook 的原生格式；. html 格式，可以让您在网页浏览器中查看 Notebook；. pdf 格式，适合打印或分享给那些没有安装相应软件的用户；以及 . md 格式，这是一种轻量级标记语言，适合在支持 Markdown 的平台上展示内容。通过这些导出选项，您可以灵活地分享和展示您的 Notebook，确保其在不同的环境和平台上都能被正确查看和使用。

四、实操练习

为深化对 Anaconda 平台核心功能的理解与应用，请进行以下操作：

（1）通过 Anaconda 创建和管理环境，包括：①创建新环境；②激活与停用环境；③查看已有环境列表；④复制环境配置；⑤导出与导入环境配置文件。

（2）使用 conda 命令来安装、更新、卸载 Python 包及其依赖项。

（3）Notebook 基础操作强化：在熟练掌握 Notebook 基本界面布局与操作的基础上，进一步练习编写和运行 Python 代码，以及利用 Markdown 语法编写富文本注释。

任务二　数据创建

一、DataFrame 简介

DataFrame 是 Pandas 库中最为核心和关键的数据结构之一，它本质上可以被理解为一个带有行和列标签的二维表格结构，类似于我们在日常工作中经常使用的电子表格或数据库中的表格。这个结构由行和列组成，每一行代表一个具体的数据记录，而每一列则表示一个特定的数据属性。更为重要的是，DataFrame 的每一列可以包含不同类型的数据，例如整数、浮点数、字符串以及其他各种数据类型。这种灵活性和多样性使得 DataFrame 在处理实际应用中的异构数据时显得尤为得心应手。例如，在处理用户数据表时，我们可以轻松地将姓名、年龄、地址等不同类型的信息存储在同一个 DataFrame 中，而无须担心数据类型不一致的问题。这种强大的数据处理能力使得 DataFrame 成为数据分析和处理中不可或缺的工具。

（一）二维结构

1. 行

在数据处理和存储的过程中，每一行通常代表一个独立的记录或数据条目。这些记录可以包含关于同一实体的不同属性信息，例如一个人的基本信息（如姓名、年龄、所在城市以及其他相关的个人资料）。每一行中的数据项通过特定的格式排列，使每个属性都能被清晰地识别和区分。"行"可以通过行索引来标识，这种索引可以是整数形式的行号，也可以是字符串或其他形式的标签。行索引的作用类似于数据库中的主键，它为每一条记录提供了一个唯一的标识符，从而允许我们能够快速定位和检索特定的数据条目。行索引在数据操作中扮演着至关重要的角色，例如在进行数据对齐、数据筛选和数据合并等操作时，行索引能够帮助系统自动进行匹配和对齐，从而提高数据处理的效率和准确性。例如，在数据对齐的过程中，行索引可以确保不同数据集中的相应记录能够正确对应，从而使得数据合并和比较变得更加简便。在数据筛选时，行索引可以快速定位到符合条件的记录，提高筛选的效率。而在数据合并时，行索引则可以确保来自不同数据源的记录能够准确地整合在一起，避免数据错位或遗漏。因此，行索引不仅是一个简单的标识符，更是数据处理和管理中不可或缺的重要工具。

2. 列

在数据处理和分析中，DataFrame 是一种非常重要的数据结构，它由多个列组成，每一列代表一个特定的数据属性或特征。例如，在一个学生成绩表中，列可以是"姓名""数学成绩""英语成绩"等。这些列的名称（标签）可以是字符串，并且每一列可以包含不同的数据类型（整数、浮点数、字符串等），这使 DataFrame 可以方便地与其他数据结构（如字典、数据库表等）进行转换和交互。这种灵活性使得 DataFrame 在数据科学和数据分析中得到了广泛的应用，因为它可以轻松地处理和分析不同类型的数据，从而为数据科学家和分析师提供强大的工具来处理复杂的数据集。

（二）主要特性

1. 灵活的数据存储

DataFrame 是一种非常灵活的数据结构，它能够容纳不同类型的数据，允许用户在同一张表格中存储数值型数据、字符串型数据以及日期型数据等多种数据类型。这种混合存储的能力使得 DataFrame 在处理复杂数据集时显得尤为有用。DataFrame 的内部实现是基于 NumPy 数组的，这为它带来了高效的内存管理和计算性能。由于 NumPy 数组在底层优化方面表现出色，DataFrame 能够快速执行各种数据操作，如排序、筛选和聚合等。此外，Pandas 库对这些底层的 NumPy 数组进行了封装和扩展，提供了一套更加直观和友好的 API，使用户可以更加方便地进行数据操作和分析。通过这些高级接口，用户无须深入了解底层的数组操作细节，便可以轻松地进行数据探索、清洗和可视化等工作。

2. 自动对齐

在使用 Pandas 库进行数据分析时，我们经常会遇到需要对两个或多个 DataFrame 对象进行算术运算的情况。Pandas 提供了一个非常便捷的功能，即在进行这些运算时，它会自动根据行索引和列标签进行数据对齐。这意味着，当我们对两个 DataFrame 进行加法、减法、乘法或除法等操作时，Pandas 会自动找到对应的行和列，并将相应的数据进行运算。例如，如果我们有两个具有相同列标签但不同行索引的 DataFrame，Pandas 会根据行索引和列标签将数据对齐，然后执行运算。这种自动对齐的机制极大地简化了数据处理过程，减少了用户手动处理数据对齐的麻烦，从而确保了计算的准确性和高效性。通过这种方式，用户可以更加专注于数据分析本身，而不必花费大量时间在数据对齐上，提高了工作效率。

3. 丰富的数据操作功能

DataFrame 是一种非常强大的数据结构，被广泛应用于数据分析和处理领域。它提供了许多功能，这些功能在数据操作和分析过程中非常有用。例如，DataFrame 允许我们进行数据过滤，这使我们能够根据特定条件选择数据集中的特定行或列。此外，DataFrame 还支持数据排序功能，我们可以根据一个或多个列的值对数据进行升序或降序排列。分组功能是 DataFrame 的另一个重要特性，它允许我们根据某些列的值将数据进行分组，从而可以对每个组进行独立的分析和处理。聚合功能则进一步扩展了分组功能，使我们能够对每个分组应用聚合函数，如求和、平均值、最大值、最小值等，从而得到每个组的汇总信息。连接功能是 DataFrame 提供的另一个重要工具，它允许我们将两个或多个 DataFrame 根据某些共同的列进行合并，从而可以整合来自不同数据源的信息。透视表功能则提供了一种灵活的方式来重新组织和汇总数据，使我们能够从不同的角度分析数据。

此外，DataFrame 还提供了缺失值处理功能，这使我们能够识别和处理数据中的缺失值。我们可以选择删除包含缺失值的行或列，或者用某些值（如平均值、中位数、众数等）填充缺失值。这些方法在数据预处理、分析和清洗过程中极为有用，可以帮助我们确保数据的质量和准确性，从而为后续的数据分析和决策提供坚实的基础。

4. 数据的导入与导出

DataFrame 是一种非常灵活且功能强大的数据结构，被广泛应用于数据分析和处理中。它支持从多种不同的文件格式导入数据，包括但不限于 CSV 文件、Excel 文件以及 SQL 数据库中的数据。通过这种方式，用户可以轻松地将各种来源的数据整合到一个统一的 DataFrame 中进行进一步的分析和处理。此外，DataFrame 还支持将数据导出为多种格式，以便于数据的存储和分享。无论是 CSV 文件、Excel 文件，还是 SQL 数据库，DataFrame 都能够提供便捷的方法来实现数据的导出。这样，用户可以将处理后的数据保存到不同的文件格式中，以便于在其他应用程序或系统中使用。

总的来说，DataFrame 提供了一种高效且灵活的方式来处理和转换数据，极大地简化了数据导入和导出的过程，使数据处理变得更加便捷和高效。

（三）应用场景

DataFrame 在数据分析和科学计算领域得到了广泛的应用。它可以用于：

1. 数据清洗

它是数据分析过程中至关重要的一步，它包括处理缺失值、识别并删除重复数据，以及进行数据类型转换等操作。通过这些步骤，我们可以确保数据的质量和准确性，为后续的数据分析工作打下坚实的基础。

2. 数据探索

数据探索则是一个快速查看数据分布、统计信息和趋势的过程。通过使用各种统计方法和可视化手段，我们可以初步了解数据集的特征，发现数据中的潜在模式和异常值，从而为进一步的数据分析提供方向。

3. 数据分析

在数据分析时进行分组、聚合和复杂计算，分组操作可以帮助我们按照某些特定的条件将数据进行分类，而聚合操作则可以对这些分类后的数据进行汇总和统计。复杂计算则涉及各种数学和统计方法，用于提取数据中的深层次信息。

4. 数据可视化

数据可视化是将数据以图形的形式展示出来，以便更直观地理解数据。通过与其他可视化库（如 Matplotlib、Seaborn）的结合，我们可以快速生成各种图表，如柱状图、折线图、散点图等，从而更直观地展示数据的分布和趋势。

总的来说，DataFrame 是 Pandas 中最核心的数据结构，它提供了类似于电子表格的强大数据处理能力。DataFrame 能够方便地进行数据的读取、清洗、转换和分析，是 Python 数据分析工作中的基础工具。无论是处理结构化数据，还是进行数据科学研究，DataFrame 都是一个不可或缺的利器，它使数据处理变得更加高效和便捷。

二、DataFrame 数据创建

（一）pandas. DataFrame( )函数的基本语法

创建 DataFrame 数据结构，需利用 Pandas 库中的 pandas. DataFrame( )函数。它是一个非常强大的工具，用于创建和处理表格数据，基本语法如下：

```
pandas. DataFrame(data = None, index = None, columns = None, dtype = None, copy = False)
```

其中，每个参数的含义和用法如下：

（1）data。这个参数用于指定要创建的 DataFrame 数据。它可以是多种类型的数据结构，具体如下：

①字典（Dictionary）。在这种情况下，字典的键将被用作列名，而字典的值可以是列表、NumPy 数组或 Pandas 的 Series 对象。这些值代表了 DataFrame 中的列数据。

②列表（List）。列表中的每个元素可以是另一个列表或字典，每个元素代表 DataFrame 中的一行数据。如果列表中的元素是字典，那么字典的键将被用作列名，值将被用作对应的数据。

③NumPy 数组（ndarray）。二维的 NumPy 数组也可以作为数据源，数组中的每一行将被转换为 DataFrame 中的一行数据。

④Pandas Series。如果提供的数据是一个 Pandas Series 对象，它将被转换成一个只有一列的 DataFrame。

⑤其他 DataFrame。可以直接从现有的 DataFrame 对象创建新的 DataFrame。

（2）index。这个参数用于指定 DataFrame 的行索引。默认情况下，如果没有指定 index 参数，Pandas 就会自动创建一个 RangeIndex，即从 0 开始的整数索引。当然，您也可以自定义索引，通过提供一个特定的列表或数组作为索引值。

（3）columns。这个参数用于指定 DataFrame 的列标签。默认情况下，如果没有指定 columns 参数，Pandas 就会从提供的数据中自动推断出列名。您也可以通过提供一个特定的列表来指定列标签，这样可以更明确地定义每列的名称。

（4）dtype。这个参数用于指定 DataFrame 中数据的类型。它可以是一个字典，其中，键是列名，值是数据类型。如果不指定 dtype 参数，那么 Pandas 会根据提供的数据自动推断数据类型。

（5）copy。这个参数用于指定是否需要复制数据。如果设置为 True，那么在创建 DataFrame 时，数据会被复制一份。默认情况下，copy 参数为 False，即不会复制数据，而是直接引用原始数据。

（6）dtype。表示数据类型对象，用于指定 DataFrame 中所有列的数据类型。如果不指定，Pandas 就会自动推断每列的数据类型。

（7）copy。是否复制数据。默认值为 False，即在可能的情况下，Pandas 会尽量避免复制数据。如果设置为 True，则无论如何都会进行数据复制。

通过以上参数的灵活使用，您可以根据自己的需求创建出各种各样的 DataFrame 对象，从而进行高效的数据处理和分析工作。

（二）pandas. DataFrame( )函数的运用

接下来，我们将以 Python 编程语言中的基本数据类型为例，详细探讨如何利用 Pandas 库中的 DataFrame( )函数来创建数据表。具体来说，我们将展示如何通过不同的数据类型，如整数、浮点数、字符串和布尔值等，构建一个结构化的数据表，并展示如何将这些数据组织成行和列的形式，以便于进行数据分析和处理。通过这个示例，我们将深入了解 DataFrame( )函数的使用方法及其在数据处理中的强大功能。

在新建的 Notebook 中输入以下代码导入 Numpy 模块和 Pandas 模块：

输入：

```
import numpy as np
import pandas as pd
```

1. 基于列表（List）创建 DateFrame 数据

列表是 Python 编程语言中一种非常重要的有序且可变的数据结构。它被广泛用于存储和管理多个元素，这些元素可以是数字、字符串、布尔值等不同类型的数据。列表中的元素按照索引顺序排列，索引从 0 开始，这意味着每个元素都有一个唯一的整数位置标识。列表的一个显著特点是其灵活性，它允许开发者在运行时随时添加、删除或修改元素，而无须预先定义其大小。这种动态长度的特性使得列表在多种编程场景中都非常有用，例如在数据处理、存储和操作等方面。

在数据分析与计算任务中，将初始的列表数据转化为 DataFrame 格式是一种提高操作灵活性与效率的有效策略。DataFrame 是 Pandas 库的核心数据结构，它以二维表格的形式存储数据，并允许用户自定义行索引（index）和列索引（columns）。这种结构大大简化了数据检索、排序、筛选及复杂运算的过程。通过将列表数据转化为 DataFrame，数据不仅保持了完整性，还获得了更清晰的组织结构和查询能力。

具体来说，DataFrame 的行索引可以是数字、日期或具有特定含义的字符串，为数据行提供唯一标识，从而便于通过索引直接访问特定数据。而列索引则为每一列数据指定名称，增强了数据的可读性，并简化了基于列名的选择、排序和聚合操作。通过将列表转换为 DataFrame，原本分散或不易操作的数据被组织成结构清晰、功能强大的对象，从而支持更高效的数据探索、模型训练和结果展示。因此，在处理列表类型数据时，将其转化为 DataFrame 是一种高效且符合数据分析规范的做法。这种转化不仅提高了数据处理的灵活性，还使得数据操作更加直观和高效，极大地提升了数据分析和处理的效率。

现在有一组来自 A 公司 2024 年上半年的销售数据列表，具体数值为［30500，35600，28300，33900，41000，44500］。为了更好地管理和分析这些数据，我们需要将这个列表转换成一个 DataFrame 数据结构。在转换过程中，我们还需要为每一行数据添加对应的月份作为行标签，以便于我们能够清楚地知道每个数据所对应的月份。此外，我们还需要为这个 DataFrame 添加一个列标签，命名为"Sales"，以表示这一列数据代表的是销售数据。通过这样的转换，我们将得到一个包含 6 行 1 列的 DataFrame 数据，每一行对应一个月份的销售数据，列标签为"Sales"，行标签则分别为 1 月、2 月、3 月、4 月、5 月和 6 月。这样的数据结构不仅方便我们进行数据分析，还便于我们进行数据可视化和进一步的数据处理。具体程序代码如下：

输入：

```
data1 = [30500, 35600, 28300, 33900, 41000, 44500]
data1 = pd. DataFrame (data1, index = ['January', 'February',
'March', 'April', 'May', 'June'], columns = ["Sales"])
print(data1)
```

输出：

```
          Sales
January   30500
February  35600
March     28300
April     33900
May       41000
June      44500
```

2. 基于数组（Numpy）创建 DataFrame 数据

在使用 Pandas 库进行数据分析和处理时，创建 DataFrame 是一个非常常见的操作。DataFrame 是一种二维标签数据结构，类似于电子表格或 SQL 表。为了创建一个 DataFrame，我们可以利用 NumPy 库提供的强大功能来生成数组，然后将这些数组转换为 DataFrame。用户可以根据具体的需求选择不同的数组生成方法。例如，如果需要生成一组随机数据，就可以使用 NumPy 的 np. random 模块来创建随机数组；如果需要生成一组等间距的数值，就可以使用 np. linspace（）函数；如果需要创建一个全为一的数组，就可以使用 np. ones（）函数；如果需要创建一个全为零的数组，则可以使用 np. zeros（）函数。

在生成了所需的数组之后，我们可以借助 np. array（）函数将这些数组转换成一个 NumPy 数组。接下来，为了将这个数组转换成一个 Pandas DataFrame，我们需要使用 pandas. DataFrame（）函数。在这个函数中，我们需要传入之前生成的 NumPy 数组，并且还需要分别定义行标签（index）和列标签（columns）。行标签用于标识每一行数据的名称或编号，而列标签则用于标识每一列数据的名称或编号。通过这种方式，我们可以将一个简单的 NumPy 数组转换成一个结构化的 DataFrame，从而方便进行进一步的数据分析和处理。具体步骤如下：

输入：

```python
# 创建 NumPy 数组
data2 = np. array([[10, 20, 30, 40],
                   [50, 60, 70, 80],
                   [90, 100, 110, 120]])
# 将 NumPy 数组转换为 DataFrame,并指定行标签和列标签
data2 = pd. DataFrame(data2,
                      index = [1, 2, 3],
                      columns = ['A', 'B', 'C', 'D'])
print(data2)
```

输出：

```
    A    B     C     D
1   10   20    30    40
2   50   60    70    80
3   90   100   110   120
```

3. 基于字典（Dict）创建 DataFrame 数据

字典是 Python 编程语言中一种非常重要的内置数据结构。它主要用于存储键值对（key-value pairs），相当于保存两组数据。在这两组数据中，一组数据是关键数据，被称为键（key），它是唯一的，也就是说，在一个字典中，每个键只能出现一次。另一组数据则可以通过键（key）来访问，被称为值（value），它可以是任何数据类型，包括数字、字符串、列表、元组（tuple）甚至是另一个字典。键和值通过冒号"："隔开，表示它们是一对。多个键值对之间用逗号"，"分隔，所有键（keys）值对都包含在花括号"{}"中，以表示它们属于同一个字典。

字典是可变的（mutable），这意味着用户可以在创建字典之后对其进行添加、删除或修改操作。例如，可以向字典中添加新的键值对，删除现有的键值对，或者修改某个键对应的值。这种可变性使得字典在处理动态数据时非常灵活和方便。需要注意的是，在 Python 3.6 之前，字典是无序的（unordered），这意味着存储在字典中的键值对的顺序是不确定的，也就是说，当您遍历字典时，键值对的顺序可能会与您插入它们的顺序不同。然而，从 Python 3.7 开始，字典保持了插入顺序（insertion order），这意味着键值对将按照它们被插入字典的顺序进行遍历。由于字典中键的唯一性和快速的查找能力，字典在数据存储和管理中非常有用。例如，当您需要快速查找某个特定键对应的值时，字典可以提供非常快的查找速度。

当录入的数据类型是字典时，我们可以利用 Pandas 库中的 DataFrame() 函数将其转变为 DataFrame 类型的数据。DataFrame 是 Pandas 中一种非常强大的数据结构，常用于处理和分析表格数据。例如，假设我们有两家公司 A 和 B 在周一至周五的股价数据，现在我们要将这两家公司的股价数据整理成一个字典，其中，字典的 Key 是公司名（例如"A"和"B"），而字典的值则对应公司每天的股价列表。创建好这个字典后，我们可以使用 Pandas 的 DataFrame() 函数将这个字典转换为 DataFrame 数据，这样就可以利用 Pandas 提供的各种功能来进一步分析和处理这些数据了。具体程序代码如下：

输入：

```
# 创建字典,包含 A 公司和 B 公司的股价数据
data3 = {
    '日期': ['2024-08-05', '2024-08-06', '2024-08-07', '2024-08-08',
'2024-08-09'],
    'A 公司': [150, 152, 148, 153, 151],
    'B 公司': [220, 222, 219, 223, 221]
}
# 使用字典创建 DataFrame,并指定行索引
data3 = pd. DataFrame(data3, index = ["星期一", "星期二", "星期三",
"星期四", "星期五"])
# 输出 DataFrame
print(data3)
```

输出：

	日 期	A 公司	B 公司
星期一	2024-08-05	150	220
星期二	2024-08-06	152	222
星期三	2024-08-07	148	219
星期四	2024-08-08	153	223
星期五	2024-08-09	151	221

4. 基于序列（Series）创建 DataFrame 数据

序列是 Pandas 库中一个非常关键的数据结构，它在很多方面类似于一维数组或者列表。序列由一组数据和一组与之对应的索引组成，这些索引可以是自动生成的，也可以根据用户的需求自定义为数字或者字符串形式。通过这种方式，序列能够提供一种直观且有序的方式来组织和访问数据。

在 Pandas 中，序列可以通过多种方式创建，例如使用 Python 的列表、字典、NumPy 数组等。这种灵活性使得用户可以根据自己的数据来源选择最合适的方式来生成序列。序列的一个显著特点是它支持多种数据类型的存储，这意味着用户可以在同一个序列中存储整数、浮点数、字符串等多种类型的数据。除了数据存储功能外，序列还具备一些强大的数据处理功能。例如，它能够自动对齐数据，这意味着当进行算术运算或者数据操作时，序列会根据索引自动匹配对应的数据项。此外，序列还提供了缺失数据处理的功能，当序列中的某些数据缺失时，Pandas 会自动用 NaN（Not a Number）来表示这些缺失值，从而避免了数据处理中的错误和异常。DataFrame 是 Pandas 中的二维数据结构，它在很多方面类似于电子表格或者数据库中的表格。DataFrame 可以看作由多个序列组成的集合，每个序列对应一列数据，而这些序列的索引则构成了 DataFrame 的行索引。通过这种方式，DataFrame 提供了一种高效且直观的方式来组织和处理二维数据。值得注意的是，DataFrame 和序列之间存在着紧密的联系。一方面，DataFrame 可以通过拆分为一系列的序列来创建，每个序列对应 DataFrame 的一列。另一方面，一系列的序列也可以通过组合成 DataFrame 来实现数据的二维化。这种灵活性使用户可以根据具体的数据处理需求在序列和 DataFrame 之间进行转换。

在创建 DataFrame 时，每个序列的索引会成为 DataFrame 的列标签（columns），而 DataFrame 的行索引（index）则对应每个序列的索引。当这些序列的长度不一致时，Pandas 会自动处理缺失的数据，将缺失的部分填充为 NaN（Not a Number），从而确保数据的一致性和完整性。这种处理方式不仅简化了数据处理流程，还提高了数据操作的灵活性和可靠性。

输入：

```
# 创建 Series 对象
data4 = {"A": pd. Series(np. random. rand(5),
                                  index = [1, 2, 3, 4, 5]),
         "B": pd. Series(np. random. rand(4),
                                  index = [1, 2, 4,5])}
```

```
data4 = pd. DataFrame(data4)
# 输出 DataFrame
print(data4)
```

输出:

```
          A                B
1  0.910601    0.441458
2  0.577161    0.605969
3  0.163499         NaN
4  0.557899    0.510235
5  0.438853    0.283390
```

5. 其他数据类型创建 DataFrame 数据

（1）pd. date_range（）函数的基本语法。除了常见的列表、NumPy 数组、字典和序列等数据类型之外，还有许多其他类型的数据可以用来创建 DataFrame 数据结构。例如，在某些情况下，我们可能需要模拟一些数据并构建一个时间序列。在这种情况下，pandas 库中的 pd. date_range（）函数可以非常有效地帮助我们解决这个问题。通过使用这个函数，我们可以生成一个具有指定起始时间、固定偏移量的时间序列。这个函数的具体语法如下所示：

```
pd. date_range(start =None, end =None, periods =None, freq = 'D', tz =
None, normalize =False, name =None, closed =None, inclusive =None)
```

其中，每个参数的含义和用法为：

①start（起始时间）：这是日期序列的起点。如果不指定起始时间，那么必须指定结束时间和周期数。起始时间的默认值为 None，表示没有设定具体的起始日期。

②end（结束时间）：这是日期序列的终点。如果不指定结束时间，那么必须指定起始时间和周期数。结束时间的默认值为 None，表示没有设定具体的结束日期。

③periods（周期数）：这是生成的日期数量，必须是一个整数值。如果设置了周期数，那么可以根据起始时间和频率生成相应数量的日期。周期数的默认值为 None，表示没有设定具体的日期数量。

④freq（频率）：这表示日期间隔的频率。默认值是'D'，表示以天为单位。常用的频率代码还包括：'B'（工作日）、'H'（小时）、'T'或'min'（分钟）、'S'（秒）、'M'（月末）、'A'（年末）等。根据不同的频率代码，生成的日期序列间隔会有所不同。

⑤tz（时区）：这用于指定生成的日期序列的时区。时区可以是字符串形式或 tz-info 对象。默认值为 None，表示没有设定具体的时区。

⑥normalize（规范化）：这表示是否将起始和结束参数值规范化到午夜时间戳。默认值为 False，表示不进行规范化。如果设置为 True，则起始和结束时间会被规范

化到午夜时间戳。

⑦name（名字）：这用于为生成的 DatetimeIndex 对象设置名称，即生产时间索引值。默认值为 None，表示没有设定具体的名称。

⑧closed（闭合）：这指日期序列是否包含起始和结束的边界日期。'left'表示左闭右开，即包含起始日期但不包含结束日期；'right'表示右闭左开，即包含结束日期但不包含起始日期；None 表示两端都包含，即既包含起始日期也包含结束日期。

⑨inclusive（包容性）：这指日期序列是否包含起始和结束日期，类似于闭合参数，但更为具体。'left'表示包含起始日期，'right'表示包含结束日期，None 表示两端都不包含。

（2）pd. date_range( )函数的运用。首先，我们使用 Pandas 库中的'pd. date_range( )'函数来创建一个时间序列。这个时间序列的起始日期设定为 2024 年 6 月 1 日，周期固定为 10 天。其次，我们利用 Numpy 库中的'np. random( )'函数生成一个包含 10 行和 4 列的随机数矩阵。这些随机数将与我们刚刚创建的时间序列进行匹配，以形成一个完整的数据集。为了使数据更加清晰，我们还需要为这个数据集定义列标签。假设我们定义这四列的标签分别为"A"、"B"、"C"和"D"。再次，为了模拟真实数据中常见的缺失值情况，我们在生成的随机数矩阵中设置两个缺失值。这些缺失值可以使用 Numpy 的'np. nan'来表示。最后，我们将这些元素组合在一起，生成一个 Pandas 的 DataFrame 数据结构。DataFrame 是一种二维标签化数据结构，非常适合用于存储和操作表格数据。通过以上步骤，我们成功创建了一个包含时间序列、随机数矩阵、列标签以及缺失值的 DataFrame 数据。

具体操作如下：

输入：

```
# 创建日期范围
dates = pd. date_range(start ='2024-06-01', periods =10, freq ='D')
# 创建多个时间序列数据
data1 = np. random. randn(len(dates))
data2 = np. random. randn(len(dates))
data3 = np. random. randn(len(dates))
data4 = np. random. randn(len(dates))
# 创建 DataFrame
df = pd. DataFrame({'A': data1, 'B': data2, 'C': data3, 'D':
data4}, index =dates)
# 设置两个缺失值
df. iloc[2, 1] = np. nan  # 将第三行第二列设置为缺失值
df. iloc[5, 3] = np. nan  # 将第六行第四列设置为缺失值
print(df)
```

输出：

	A	B	C	D
2024-06-01	0.513946	-0.805885	-0.938095	0.609807
2024-06-02	0.668136	2.477565	-0.355329	-1.093617
2024-06-03	-0.472118	NaN	-1.258431	-0.706024
2024-06-04	-0.802278	-0.242678	-1.417703	0.697725
2024-06-05	1.805893	-0.551305	-1.247234	-0.023687
2024-06-06	0.332585	0.043585	-0.544997	NaN
2024-06-07	0.056773	-1.266089	1.328272	-0.709456
2024-06-08	-0.201931	0.070838	-0.222139	-0.700103
2024-06-09	-0.226206	0.501301	-0.045932	0.032232
2024-06-10	-0.343795	-1.418014	0.604779	-1.181611

三、基于本地存储的数据创建

在当今社会，数据已经成为所有决策和分析过程中的基石。无论是在商业领域、科技行业、医疗领域还是日常生活中，数据都扮演着至关重要的角色。它为各种决策提供了依据，帮助我们更好地理解复杂的现象和趋势。市场上涌现出许多专门从事数据收集、处理和提供数据服务的第三方数据生产公司，例如 Nielsen、Bloomberg 和 Wind 等。这些公司提供的数据服务涵盖了各种类型的数据，包括但不限于市场研究数据、金融数据、气象数据等。这些数据服务公司通常会提供结构化数据，这些数据按照一定的格式组织，例如电子表格数据、CSV 文件等。此外，他们还提供一些半结构化数据，这些数据虽然没有统一的固定格式，但仍然具有一定程度的标签，例如 JSON 文件、XML 文件等。这些结构化和半结构化数据为数据分析和数据挖掘提供了丰富的素材。

在本节中，我们将重点探讨如何利用 Python 语言来读取和处理这些结构化和半结构化数据，以实现高效的数据分析和数据挖掘。我们将从两个方面展开讨论：单个文件的读取和批量文件的读取。具体来说，将详细介绍如何读取 CSV 文件、Excel 文件和 TXT 文件。这些文件格式在数据处理中非常常见，掌握它们的读取方法对于进行数据分析和挖掘至关重要。

首先，我们将介绍如何读取单个文件。对于 CSV 文件，将展示如何使用 Python 的内置库，如 csv 模块，来读取和解析这些文件。对于 Excel 文件，我们将介绍如何使用 Pandas 库中的 read_excel 函数来读取 Excel 文件中的数据。对于 TXT 文件，我们将探讨如何使用 Python 的基本文件操作来读取文本文件中的数据。其次，我们将转向批量文件的读取。在实际应用中，我们经常会遇到需要处理大量文件的情况。因此，掌握批量读取文件的方法显得尤为重要。我们将介绍如何使用 Python 的 os 模块和 glob 模块来遍历文件夹中的所有文件，并使用之前介绍的方法批量读取这些文件。这将大大提高数据处理的效率，特别是在处理大规模数据集时。本节将全面介绍如何使用 Python 读取和处理结构化和半结构化数据，帮助读者掌握高效的数据分析和数据挖掘技能。

（一）单个文件读取

1. Excel 文件的读取

（1）pandas. read_excel( )函数的基本语法。在日常的工作场景中，人们常常会借助 Excel 这款功能强大的电子表格软件来进行数据的整理、分析和存储工作。然而，Python 这门编程语言同样具备处理数据的强大能力，特别是通过使用 Pandas 库中的 read_excel( )函数，我们可以轻松地导入和读取已经存在的 Excel 文件。虽然 pandas. read_excel( )函数提供了众多的参数选项，但在实际应用中，我们只需要掌握一些常用的参数就足以应对大多数情况。pandas. read_excel( )函数的具体语法如下所示：

```
pandas. read_excel (io, sheet_name = 0, header = 0, names = None,
index_col = None, usecols = None, converters = None, nrows = None,
skiprows =None, )
```

在使用该函数对 Excel 文件进行读取时，通常需要指定一些参数以确保正确地导入数据。以下是一些常用的参数及其详细说明：

①io 参数：这个参数用于指定要读取的 Excel 文件的路径。它可以是一个网络地址，也可以是文件在本地存储的位置。无论是本地文件还是网络文件，都只需提供相应的路径即可。

②sheet_name 参数：通过这个参数，我们可以指定要读取的工作表（sheet）。默认情况下，它会读取第一个工作表（即索引为 0 的工作表）。如果您知道具体的工作表名称，那么也可以直接输入该名称来指定要导入的 sheet 页。如果您将 sheet_name 设置为 None，则会获取 Excel 文件中的所有工作表。

③header 参数：这个参数用于指定数据文件中列标题（header）所在的行号。默认值为 0，表示第一行是列标题。如果数据文件中没有标题行，则可以将 header 设置为 None。此外，还可以传入一个整数列表来指定多级标题。例如，header = [0, 1]表示将前两行作为列名（多重索引）。

④names 参数：如果您的 Excel 文件中没有标题行，或者您需要重新定义列名，就可以使用这个参数。需要注意的是，names 的长度必须与 Excel 文件中的列数一致，否则会引发错误。

⑤index_col 参数：通过这个参数，您可以指定要用作行索引的列。默认情况下，index_col 的值为 None，表示数据不带行索引号，Pandas 会自动分配从 0 开始的索引号。如果您设置'index_col = 0'，则表示以第一列作为行索引；如果您设置 index_col = [0, 1]，则表示将前两列作为多重索引。

⑥usecols 参数：这个参数用于指定需要读取的列。您可以传入列的索引、列名、列名的列表，或者一个函数来筛选列。例如，usecols = " A：D" 表示读取从 A 列到 D 列的数据，usecols = [0, 1, 2] 表示读取前三列。默认情况下，usecols 的值为 None，表示取所有列。

⑦converters 参数：这个参数用于指定列的转换器，即如何将某些列的数据类型转换为指定类型。这在处理日期或其他数值数据时非常有用，可以确保这些列的数据

作为文本处理，而不是数值。

⑧nrows 参数：通过这个参数，您可以指定要读取的行数。例如，nrows = 10 表示读取前 10 行数据。

⑨skiprows 参数：这个参数用于指定要跳过的行数或行号。您可以传入一个整数（表示跳过前几行）或整数列表（表示跳过指定的行号）。

（2）Excel 文件的读取。假设我们有一个 Excel 文件，该文件的格式为 .xlsx，它包含了关于北京三元食品股份有限公司的资产负债表信息。这个文件存放在本地计算机 D 盘的 data 文件夹下的一个名为"数据读取"的子文件夹中，具体路径为 D:\data\数据读取。文件的名称是"Excel 文件读取－北京三元食品股份有限公司"。

现在，我们需要使用 Pandas 库中的 pd. read_excel( ) 函数来读取这个 Excel 文件。在读取文件的过程中，我们还需要对"报告日期"这一列进行处理，将其转换为字符串格式，并且只保留日期部分，不包含时间。最后，我们只需要查看 DataFrame 中的前五列内容。具体操作步骤如下：

输入：

```
# 导入 pandas 库
import pandas as pd
# 使用 pandas 库中的 read_excel 函数读取 Excel 文件
data5 =pd. read_excel(r'D:\data\数据读取\Excel 文件读取－北京三元食品股份有限公司.xlsx'),
# 将"报告日期"这一列的值转换为字符串格式,并且只保留日期部分
converters = {'报告日期':lambda x: str(x). split()[0]}
# 显示数据前五行,验证转换结果
print(data5[['报告日期', '货币资金(万元)', '应收账款(万元)', '存货(万元)', '流动资产合计(万元)']]. head())
```

输出：

	报告日期	货币资金(万元)	应收账款(万元)	存货(万元)	流动资产合计(万元)
0	2021-12-31	131676	76126	52709	274548
1	2020-12-31	199751	83388	47545	345283
2	2019-12-31	190737	91158	54144	355247
3	2018-12-31	190716	102924	56664	378621
4	2017-12-31	176824	64075	55685	372377

2. 文本文件的读取

在当今的数据处理领域，许多数据服务公司倾向于将数据存储在文本文件格式中，例如常见的 .CSV（逗号分隔值）文件、.txt 纯文本文件以及 JSON（JavaScript Object Notation）文件。选择这些文本文件格式的原因在于它们相较于其他存储形式的文件具有显著的空间优势。具体来说，文本文件通常具有较小的存储容量需求，这使得在有限的空间条件下，能够容纳更大规模的数据样本量。

（1）pandas. read_csv( )函数的基本语法。在进行数据分析之前，我们通常需要将这些存储在文本文件中的数据读取到内存中以便进行进一步的处理和分析。为了实现这一目标，我们可以借助于 Python 编程语言中的 Pandas 库提供的一个非常实用的函数——pandas. read_csv( )。这个函数不仅可以用于读取 CSV 文件，还能够处理 TXT 文件，从而将其中的数据加载到 pandas 的 DataFrame 结构中。DataFrame 是一种二维标签化数据结构，非常适合用于数据分析和处理任务。通过这种方式，我们可以方便地对存储在文本文件中的数据进行各种复杂的数据分析操作。该函数的具体语法如下：

```
pandas. read_csv(filepath_or_buffer, sep = ',', delimiter = None,
header = 'infer', names = None, index_col = None, usecols = None, dtype =
None, converters = None, skiprows = None, nrows = None, na_values = None,
encoding = None)
```

其中的一些常用参数及其详细说明如下所示：

①filepath_or_buffer 是一个必须提供的参数，它指向您想要读取的文件路径。这个路径可以是本地文件系统中的一个文件路径，也可以是一个网络上的 URL。无论哪种情况，这个参数都是读取文件时不可或缺的。

②sep 参数用于指定列与列之间的分隔符。默认情况下，它被设置为逗号（','），这意味着在没有其他指定的情况下，文件中的列将通过逗号来分隔。然而，您可以根据需要将这个分隔符设置为其他字符，例如制表符（'\t'），以便更好地适应不同格式的文件。

③delimiter 参数与 sep 参数类似，也是用来指定列分隔符的。尽管它们的功能相似，但这两个参数是互斥的，也就是说，在同一个读取操作中，您不能同时使用它们，而应根据您的需求选择其中一个来指定分隔符。

④header 参数用于指定哪一行是表头。默认值为 0，这意味着默认情况下，文件的第一行将被视为列名。如果您的文件没有标题行，那么可以将 header 设置为 None。此外，您还可以设置多重索引，例如，header = [0, 1]，这表示将文件的前两行作为列名。

⑤names 参数用于指定列名。如果您将 header 设置为 None，那么必须提供 names 参数，以便为文件中的列指定列名。这样可以确保在读取数据时，每列都有一个明确的标识。

⑥index_col 参数用于指定要用作行索引的列。默认情况下，它的值为 None，这意味着数据不带行索引号，Pandas 会自动分配从 0 开始的索引号。如果您将 index_col 设置为 0，那么第一列将被用作行索引。如果您设置 index_col = [0, 1]，则表示将前两列作为多重索引。

⑦usecols 参数用于指定需要读取的列。您可以传入列的索引、列名、列名的列表，或者一个函数来筛选列。例如，usecols = "A:D" 表示读取从 A 列到 D 列的数据，usecols = [0, 1, 2] 表示读取前三列。默认情况下，usecols 的值为 None，这意味着读取所有列。

⑧Dtype 参数用于指定各列的数据类型。通过这个参数，您可以明确地告诉 Pandas 如何处理每列数据的类型，从而确保数据在读取过程中被正确地解析和存储。

⑨converters 参数用于指定列的转换器，即如何将某些列的数据类型转换为指定类型。这在处理日期或其他数值数据时非常有用，可以确保这些列的数据作为文本处理，而不是数值。通过提供一个字典，您可以为特定的列指定转换函数。

⑩skiprows 参数用于指定要跳过的行数或行号。您可以传入一个整数（表示跳过前几行）或整数列表（表示跳过指定的行号）。这在处理包含不需要的头部信息或其他不需要读取的行时非常有用。

⑪nrows 参数用于指定读取的行数。例如，nrows = 10 表示读取前 10 行数据。这个参数可以帮助您快速读取文件的一部分，以便进行初步的分析或测试。

⑫na_values 参数用于指定将哪些值视为缺失值（NaN）。这在处理包含特定标记或字符串表示缺失值的文件时非常有用，例如，您可以指定将空字符串（"）或特定的字符串（如 NA）视为 NaN。

⑬Encoding 参数用于指定文件的中文文本编码方式。常见的编码方式有 utf-8、gbk 和 unicode。正确地指定编码方式对于正确读取文件中的中文字符至关重要，可以避免出现乱码或读取错误。

（2）pandas. read_csv( ) 函数的运用。假设我们有一份存储在本地计算机上的 CSV 格式文件，该文件包含了汤臣倍健股份有限公司的股价信息。该数据表的本地存储路径位于 D 盘的 data 文件夹内，具体文件名为 "CSV 文件读取 – 汤臣倍健股份有限公司 .csv"。为了进一步分析和处理这些数据，我们需要编写一个程序来读取该文件，并从中提取特定的列信息。接下来，我们将展示如何实现这一过程，具体步骤如下：

输入：

```
# 读取 CSV 文件
data6 = pd. read_csv(r'D:\data\数据读取\CSV 文件读取 – 汤臣倍健股份有限公司 .csv')
# 显示前五行数据，读取日期、收盘价、开盘价、成交量和成交金额这五列的数据
print(data6[["日期","收盘价","开盘价","成交量","成交金额"]]. head())
```

输出：

```
      日期       收盘价   开盘价    成交量        成交金额
0  2022-08-25  18.10  17.64  16874885   3.034151e+08
1  2022-08-24  17.68  17.53  13457426   2.382965e+08
2  2022-08-23  17.51  17.65   5894476   1.031006e+08
3  2022-08-22  17.66  17.15  12143136   2.127772e+08
4  2022-08-19  17.05  17.42  14938788   2.572550e+08
```

假设我们有一份存储在本地计算机中的 TXT 格式文件，该文件包含了东方集团股份有限公司（股票代码 600811）的股票交易数据。具体来说，这份文件位于 D 盘的 data 文件夹下的 "数据读取" 子文件夹中。文件的名称为 DF600811，它详细记录了该公司股票在不同时间点的交易情况，包括价格、成交量等重要信息。具体读取方

法如下：

输入：

```
# 读取文本文件,分隔符为空白字符,编码格式为 UTF-8
data7 = pd. read_csv(r'D:\data\数据读取\DF. txt', sep = r'\s + ',
encoding = 'utf-8')
# 打印读取的数据表
print(data7)
```

输出：

```
        日期    收盘价  开盘价    成交量
0  2022-8-25   2.88   2.91   60615763
1  2022-8-24   2.90   2.89   98614713
2  2022-8-23   2.91   2.91   33031014
3  2022-8-22   2.92   2.87   44428968
4  2022-8-19   2.88   2.89   38139650
5  2022-8-18   2.89   2.95   52456763
```

在处理文本文件时，我们经常会遇到编码问题，尤其是当文件中包含中文字符时。这些问题可能会导致文件读取失败，从而影响我们的数据处理工作。为了解决这些问题，我们可以采取以下几种方法：

首先，如果文件的编码不是 utf-8，读取时可能会出现编码错误。为了避免这种情况，我们可以尝试使用其他编码格式进行读取。常见的替代编码格式包括 latin1、ISO-8859-1 或者 unicode_escape。通过指定这些编码格式，我们可以提高读取文件的成功率。

其次，如果原始的数据文件已经是 utf-8 格式，我们就需要确保在读取文件时正确设置编码参数。在使用 Pandas 库的 pd. read_csv( ) 函数读取 csv 文件时，可以将 encoding 参数设置为 'utf-8'。这样做可以确保文件能够被正确读取，避免因编码问题导致的数据丢失或读取失败。

最后，将原始文件另存为 utf-8 格式。通过这种方式，我们可以确保文件的编码格式统一，从而避免在读取过程中出现编码错误。这种方法适用于我们无法直接修改读取代码的情况，或者当我们不确定文件的具体编码格式时。

处理文本文件时，正确处理编码问题是至关重要的。通过尝试不同的编码格式、设置正确的编码参数以及将文件另存为 utf-8 格式，我们可以有效解决因编码问题导致的文件读取失败。这样，我们就可以顺利进行后续的数据处理和分析工作。

（二）批量文件读取

数据对管理的影响是深远而广泛的。首先，数据的引入显著提升了决策的科学性。企业能够基于准确的市场洞察和客户需求，作出更加明智和有根据的战略决策。这不仅有助于预测潜在的风险，还能够帮助企业在市场中把握住那些稍纵即逝的机遇。数据驱动的个性化服务能够深入挖掘客户的消费行为和偏好，从而显著提升客户满意度和忠诚度。其次，大数据技术的应用大大优化了企业的运营效率。通过识别和分析瓶颈和低效环节，企业能够更加合理地配置资源，优化流程管理，从而改善供应链管理，降低成本，提高效率。最后，数据的丰富性和实时性使企业能够实时跟踪市场动态和竞争对手的行动，从而保持竞争优势，并激发创新思维和新产品开发。然而，想要实现这些积极的影响，必须有足够量的数据作为支撑。这些大量的数据是无法在一个简单的 CSV 或 Excel 文件中保存的，因为这些文本文件的单个文件容量是有限的。因此，在对某个问题进行深入研究时，必然会涉及对不同文件的批量读取和处理的问题。为了应对这一挑战，本节将以 Excel 文件为例，详细介绍批量文件的读取方法。对于 CSV 和 TXT 文件，只需适当更改对应的函数和文件后缀，即可实现类似的操作。

假设在本地的同一文件夹中，存储了五家不同食品股份有限公司的股票交易数据，这些数据以 CSV 格式保存。这些文件都位于本地的路径 "D:\data\数据读取\批量读取" 中。现在，我们需要编写一个程序来批量读取这个路径中的所有 CSV 文件，并查看其中的日期、名称、收盘价、开盘价和成交量这五个关键列的数据。具体实现的程序代码如下所示：

输入：

```
# 导入操作系统接口模块,用于与操作系统进行交互
import os
import pandas as pd   # 确认导入 pandas 库
# 指定文件夹路径,存放需要读取的 CSV 文件
folder_path = r'D:\data\数据读取\批量读取'
# 创建一个空列表,用于存储读取的 DataFrame
dataframes = []
# 定义需要选择的列名列表
columns_to_select = ['日期', '名称', '收盘价', '开盘价', '成交量']
# 遍历文件夹中的所有文件
for file_name in os.listdir(folder_path):
    if file_name.lower().endswith('.csv'):
        file_path = os.path.join(folder_path, file_name)
        try:
            df = pd.read_csv(file_path, encoding = 'utf-8')
            df = df[columns_to_select]
            dataframes.append(df)
        except KeyError as e:   # 捕获列名不存在的错误
            print(f"Error reading {file_path}: Missing columns - {e}")
        except Exception as e:   # 捕获其他任何错误
            print(f"Error reading {file_path}: {e}")
if dataframes:
    merged_df = pd.concat(dataframes, ignore_index = True)
```

```
print(merged_df.head())
```

输出：

```
      日期         名称      收盘价    开盘价     成交量
0  2022-08-25   佳禾食品    13.70   13.57    843100
1  2022-08-24   佳禾食品    13.57   13.87    905000
2  2022-08-23   佳禾食品    13.84   13.82    503800
3  2022-08-22   佳禾食品    13.88   13.80    358100
4  2022-08-19   佳禾食品    13.85   13.90    698900
```

上述代码的核心功能是批量导入指定文件夹内的所有 CSV 文件，并将它们整合为单一的 DataFrame。上述输入代码详细解释如下：

第一，我们需要导入 Python 中的 os 模块，这个模块允许我们与操作系统进行交互，例如读取文件夹内容等操作。同时，确保已经导入了 Pandas 库，因为我们将使用它来处理数据。如果 Pandas 库尚未导入，我们就需要先导入它，否则我们将无法使用 Pandas 提供的函数。

第二，我们需要指定一个文件夹路径，这个路径将用于读取存储在其中的 CSV 文件。我们使用 folder_path 变量来设置这个路径，并在字符串前加上 r 前缀，表示这是一个原始字符串。原始字符串可以确保路径中的反斜杠被正确处理，避免因转义字符导致的问题。

第三，为了存储从 CSV 文件中读取的数据，我们创建一个空列表 Dataframes。这个列表将用于保存每个 CSV 文件对应的 DataFrame 数据。

第四，我们还需要定义一个变量 columns_to_select，用于指定我们希望从每个 CSV 文件中提取哪些列。在这个例子中，我们希望提取的列包括"日期""名称""收盘价""开盘价"和"成交量"。

第五，我们使用一个 for 循环来遍历文件夹中的所有文件。通过调用 os. listdir (folder_path)，我们可以获取指定文件夹中的所有文件和文件夹的列表。

第六，为了确保我们只处理 CSV 文件，我们需要检查每个文件名是否以 . csv 结尾。我们使用 file_name. lower( ). endswith('. csv') 来实现这一点，其中，lower( ) 函数将字符串中的所有字符转换为小写，从而忽略大小写的问题。

第七，为了读取每个 CSV 文件，我们需要生成文件的完整路径。我们使用 os. path. join 来组合文件夹路径和文件名，从而得到完整的文件路径。

第八，我们尝试使用 Pandas 的 read_csv 函数来读取 CSV 文件，并指定编码为 gbk。读取成功后，我们提取指定的列，并将这些列保存到 DataFrame df 中。如果这些列存在于 CSV 文件中，它们将被提取并保存到 DataFrame df 中。

第九，我们将提取到的 DataFrame df 添加到之前创建的空列表 dataframes 中。这样，我们就可以在后续步骤中处理这些数据。在处理文件的过程中，可能会遇到一些潜在的错误。例如，如果某些列在 CSV 文件中缺失，就会引发 KeyError。我们通过 try-except 语句来捕捉这个错误，并输出缺失的列名。此外，我们还可以捕捉所有其他异常，并输出错误信息，以便我们能够了解并解决这些问题。

第十，我们将所有之前从各个 CSV 文件中读取并提取了指定列的 DataFrame 数据合并成一个 DataFrame 文件。我们使用 pd. concat( )函数来实现这一点，并设置 ignore_index = True 参数。这个参数表示在合并后，重新对数据进行索引。通常，每个 DataFrame 都有自己的索引。如果不设置 ignore_index = True，合并后的 DataFrame 将保留原始索引，这可能导致重复的索引值。设置 ignore_index = True 后，Pandas 会根据合并后的新 ***ame 的顺序，从 0 开始重新分配索引。我们使用 print(merged_df. head( )) 来输出合并后的 DataFrame 的前五行数据。其中，merged_df 是合并后的 DataFrame 的名称。它在代码中用于存储通过 pd. concat( )函数将多个单独的 DataFrame 合并后的结果。

四、应用实践

（一）单个文件读取

数据读取是数据分析的重要环节。现以存储在本地 D 盘 data 文件夹中的江苏恒顺醋业股份有限公司的一份利润表为例，展示本章讲解的单个文件读取方法。该利润表格式是 . csv，假设要读取的列包括：报告日期、营业总收入（万元）、营业总成本（万元）、销售费用（万元）和管理费用（万元）。具体程序代码如下：

输入：

```
import pandas as pd
# 设置文件路径,指向要读取的 CSV 文件
file_path = r'D:\data\数据读取\应用实践\江苏恒顺醋业股份有限公司 - 利润表 . csv'
# 读取指定路径的 CSV 文件,使用 GBK 编码
df_single = pd. read_csv(file_path, encoding = 'GBK')
# 从读取的 DataFrame 中,选择指定的几列并显示前五行数据
print(df_single[['报告日期', '营业总收入(万元)', '营业总成本(万元)',
'销售费用(万元)', '管理费用(万元)']]. head())
```

输出：

	报告日期	营业总收入 （万元）	营业总成本 （万元）	销售费用 （万元）	管理费用 （万元）
0	2021/12/31	189335	175922	34364	12519
1	2020/12/31	201431	166729	26768	11798
2	2019/12/31	183219	151794	31658	11585
3	2018/12/31	169368	143089	25232	11163
4	2017/12/31	154158	133635	23370	14781

（二）批量文件读取

以 D:/data/数据读取/应用实践文件夹中的所有 Excel 文件为例，展示本章讲解

的批量文件读取方法，要求展示"报告日期"、"现金的期末余额（万元）"和"现金的期初余额（万元）"这三列前五行的数据。具体操作如下：

输入：

```
import pandas as pd
import glob # 导入 Python 的 glob 模块
# 定义存储路径
folder_path = r'D:\data\数据读取\应用实践'
file_pattern = f"{folder_path}\*.xlsx"
# 获取文件路径列表
file_paths = glob.glob(file_pattern)
# 存储结果的数据框列表
data_frames = []
# 遍历所有文件路径并读取数据
for file_path in file_paths:
    # 读取 Excel 文件
    df = pd.read_excel(file_path)
    # 确认列名,并清理可能存在的多余空格
    df.columns = df.columns.str.strip()

    # 提取指定列
    selected_columns = df[['报告日期', '现金的期末余额(万元)', '现
金的期初余额(万元)']]
        # 将提取的数据添加到列表中
    data_frames.append(selected_columns)
# 合并所有数据框
combined_df = pd.concat(data_frames, ignore_index=True)
# 输出前 5 行
print(combined_df.head())
```

输出：

```
   报告日期     现金的期末余额(万元)   现金的期初余额(万元)
0  2021-12-31      348192          368527
1  2020-12-31      368527          293912
2  2019-12-31      293912          335225
3  2018-12-31      297607          312236
4  2017-12-31      312236          325098
```

上述案例所输入的代码中所使用的 glob 模块主要被应用于文件系统中，用来定位符合特定模式的文件路径。该模块尤其适用于批量处理文件，例如读取某一文件夹

内所有文件的需求。具体使用方法如下：

1. 基本用法

在处理文件和目录时，我们经常需要查找符合特定模式的文件。Python 提供了一个非常有用的函数 glob. glob( )，它可以帮助我们根据指定的模式来查找文件，并返回一个包含所有匹配文件路径的列表。这个函数非常方便，尤其是在我们需要处理多个具有相似名称或扩展名的文件时。

例如，在本案例中，我们使用了模式' * . xlsx '来匹配所有扩展名为 . xlsx 的文件。这意味着 glob. glob(' * . xlsx ') 会搜索当前目录及其子目录中所有扩展名为 . xlsx 的文件，并将这些文件的路径以列表的形式返回。这样，我们就可以轻松地获取到所有符合条件的 Excel 文件，进而进行进一步的处理，如读取数据、修改内容等操作。

使用 glob. glob( )函数时，我们只需要传入一个字符串参数，即我们想要匹配的模式。这个模式可以包含通配符，如 " * "表示任意数量的字符，"?"表示单个字符等。通过这种方式，我们可以灵活地定义我们想要查找的文件类型和名称，从而实现更精确的文件搜索功能。

2. 模式匹配

（1）星号（ * ）用于匹配零个或多个字符，这些字符可以是任何字符，但不包括路径分隔符。例如，在文件路径中，星号可以用来匹配任意数量的文件名或子目录名。具体来说，如果我们有一个模式 " data * "，那它可以匹配 " data "、" datafile. txt "、" database " 等，只要这些名称以 " data " 开头即可。

（2）问号（?）用于匹配单个字符，同样地，这些字符不包括路径分隔符。例如，在文件名模式中，" file?. txt " 可以匹配 " file1. txt "、" fileA. txt " 等，但不会匹配 " file10. txt " 或 " fileAA. txt "，因为它只匹配单个字符。

（3）方括号（[abc]）用于匹配方括号内列出的任意一个字符。例如，模式 " file [1 – 3]. txt " 可以匹配 " file1. txt "、" file2. txt " 和 " file3. txt "，因为这些文件名中的数字部分正好是方括号内列出的 1、2 或 3 中的一个。这种模式特别适用于匹配一组有限的字符或数字。

（4）感叹号（[! abc]）用于匹配不在方括号内的任意字符。例如，模式 " file[! 1 – 3]. txt " 可以匹配 " fileA. txt "、" fileB. txt " 等，但不会匹配 " file1. txt "、" file2. txt " 或 " file3. txt "，因为这些文件名中的数字部分正好是方括号内列出的 1、2 或 3 中的一个。这种模式适用于排除一组特定的字符或数字，从而匹配其他所有可能的字符。

任务三 数据采集

一、运用爬虫工具采集数据

（一）什么是爬虫

网络数据抓取工具，通常被称为网络爬虫，是一类遵循特定逻辑流程的自动化软件。这些工具如同网络生态中的巡游者——蜘蛛，通过遍历互联网空间来收集信息。它们能够探测到有价值的资源（目标数据），并执行捕获操作。网络爬虫的核心价值在于将远程网页的数据资源安全地迁移到本地环境，为后续深入的数据解析与洞察奠定基础。

Python 编程语言在这一领域表现出色，这主要得益于其丰富的内置及第三方库（如 requests）。这些工具极大地简化了网页内容的抓取过程，并通过编程语言的简洁性使开发者能够以极低的代码成本实现复杂的网页标签筛选与过滤功能。网络爬虫（或称 Web Crawler、网络蜘蛛、网络机器人）作为一种高级自动化脚本，模拟了人类的浏览行为，通过预设算法自主遍历网络，系统性地采集和存储网页内容及其结构信息，甚至包括多媒体素材的抓取。网络爬虫的应用范围非常广泛，涵盖了搜索引擎的基础架构搭建、大数据采集项目、实时信息监测等多个互联网核心领域。这些工具在促进信息流通和深化数据挖掘方面发挥着不可替代的作用。例如，在搜索引擎的基础架构搭建中，网络爬虫负责遍历互联网，收集网页数据，为搜索引擎提供丰富的索引资源。在大数据采集项目中，网络爬虫可以系统地采集各类数据，为数据分析和决策提供支持。在实时信息监测中，网络爬虫可以实时抓取最新的信息，帮助用户及时了解动态。

网络爬虫作为一种强大的自动化工具，不仅在技术上具有高度的灵活性和扩展性，而且在实际应用中具有广泛的应用场景和重要的价值。随着互联网技术的不断发展，网络爬虫在未来的应用前景将更加广阔。

（二）爬虫原理

爬虫技术的核心在于其高效、系统地获取并处理网络上的数据的能力，这一过程主要依赖于计算机网络技术和互联网协议的支持，尤其是 HTTP 协议。爬虫的工作原理是通过模拟浏览器的操作，发送 HTTP 请求，并从服务器中获取响应的内容。这一机制从一个或多个起始页面（即种子页面）开始，逐步遍历和抓取页面上的数据，分析页面中的链接，递归地访问这些链接所指向的页面，从而实现数据的全面采集与积累。

具体来说，爬虫首先识别并访问种子页面，其次解析这些页面中的 HTML 代码，提取出其中的链接。最后，爬虫会将这些链接加入待抓取队列中，并按照一定的策略（如深度优先、广度优先等）进行访问。在访问每个链接所指向的页面时，爬虫会再次解析页面内容，提取新的链接，并继续递归地进行抓取。这一过程会不断重复，直到满足特定的停止条件，例如达到预设的抓取深度、抓取数量或抓取时间等。为了提高抓取效率和质量，爬虫通常会采用多线程或分布式架构，同时还会处理各种异常情况，如网络延迟、服务器错误等。此外，爬虫还会遵循 robots. txt 协议，尊重网站的爬取规则，避免对目标网站造成过大的负载。通过这些技术手段，爬虫能够高效地从互联网上采集大量有价值的数据，为数据分析、搜索引擎优化等应用提供支持。其关键原理如下所示：

URL 解析是指爬虫在抓取网页内容时，首先需要对网页中的链接（即统一资源定位符，Uniform Resource Locator，简称 URL）进行解析。这些链接是通向其他网页的入口，它们通常以超链接的形式嵌入在网页的 HTML 代码中。通过仔细地解析和提取这些 URL，爬虫可以进一步找到并访问更多的网页，从而实现对整个网站或多个网站的全面抓取和数据提取。这一过程是爬虫工作的基础，确保了爬虫能够高效地遍历和索引互联网上的信息资源。

1. HTTP 请求

爬虫程序通过发送 HTTP 请求来获取网页内容。这种请求是基于 HTTP 协议的，HTTP 协议是浏览器和服务器之间进行通信的基础。HTTP 请求中包含了多种信息，其中包括请求的类型，例如 GET 请求用于获取资源，POST 请求用于提交数据。此外，HTTP 请求还包括请求头信息，这些信息包含了诸如用户代理（User-Agent），它用于标识发送请求的客户端类型，以及 cookies，用于在客户端和服务器之间保持状态信息。通过这些详细的请求信息，爬虫能够模拟浏览器的行为，从而获取到所需的网页内容。

2. 网页解析

当爬虫成功地从目标网页上抓取到 HTML 内容之后，接下来的步骤通常是利用各种解析器工具来对这些 HTML 文档进行深入的分析和处理。解析器如 BeautifulSoup 和 lxml 等，能够帮助我们高效地解析这些 HTML 文档，并从中提取出我们所需要的各种有用信息。这些信息可能包括网页中的文本内容、图片资源、链接地址以及其他各种数据。通过这种方式，我们可以将原始的 HTML 代码转换成结构化的数据，便于后续的存储、分析和处理。

3. 数据存储

在爬虫程序执行完毕并成功获取网页内容之后，接下来的步骤是解析这些内容，从中提取出有价值的信息。这一过程通常涉及对 HTML 或 XML 等标记语言的解析，以便识别和提取所需的数据。提取出的数据随后会进行结构化处理，这意味着将这些数据整理成一种有序的、易于理解和操作的格式。

结构化处理后的数据可以存储在多种不同的媒介中，以满足不同的需求和应用场景。常见的存储方式包括数据库、文件系统以及其他数据存储格式。例如，数据可以存储在关系型数据库如 MySQL 或 PostgreSQL 中，以便利用其强大的查询和事务处理能力。数据也可以存储在 NoSQL 数据库如 MongoDB 或 Cassandra 中，以支持大规模数据存储和快速读写操作。此外，数据还可以保存为文本文件、CSV 文件、JSON 文件或 XML 文件等格式，这些格式便于数据的导入导出和跨平台使用。通过将数据存储在适当的格式和媒介中，后续的数据分析和应用开发将变得更加便捷和高效。无论是进行数据挖掘、统计分析，还是开发具体的应用程序，结构化和存储后的数据都能提供强有力的支持，使数据的价值得以最大化利用。

爬虫技术不仅模拟了用户在使用浏览器时的行为，还能够执行更加精确和高效的数据提取任务。理论上，任何浏览器能够访问的内容，爬虫技术都具备提取的能力。然而，由于越来越多的网站实施了反爬虫机制，爬虫面临着越来越多的挑战和限制，这些机制可能包括验证码、IP 封锁、请求频率限制等。

在技术层面，爬虫可以处理多种类型的网络资源。包括但不限于：

（1）HTML 文档。结构化的网页内容通常是指那些具有明确标签和格式的网页，这些标签和格式使得网页内容具有一定的组织和层次。这种结构化的特性使得从网页中提取文本和理解其结构变得更加容易和高效。通过使用各种网页抓取和解析工具，我们可以轻松地从这些结构化的网页中提取出所需的信息，例如标题、段落、图片、链接等。这种提取过程不仅提高了数据处理的效率，还确保了数据的准确性和一致性。因此，结构化的网页内容在数据挖掘、信息检索和自动化处理等领域具有广泛的应用价值。

（2）JSON 格式数据。轻量级的数据交换格式 JSON（JavaScript Object Notation）因简洁、易读、易于编写和解析，以及具有较高的机器解析效率，被广泛应用于各种编程语言和系统之间的数据交换中。它的结构类似于 Python 中的字典，使用键值对（key-value pairs）来存储和传输数据，使得数据的组织和处理变得非常直观和方便。JSON 格式支持多种数据类型，包括字符串、数字、布尔值、数组、对象以及 null，这使得它能够灵活地表达复杂的数据结构。由于其轻量级和跨平台的特性，JSON 在 Web 开发、移动应用、物联网等领域得到了广泛应用，成为现代数据交换的标准之一。

（3）二进制数据。二进制数据指的是那些以 0 和 1 的形式存在的数据，它们在计算机系统中广泛存在。这类数据涵盖了多种类型，包括但不限于图片、视频以及其他各种多媒体文件。由于这些文件通常体积较大且结构复杂，因此需要通过特定的处理方法来提取和存储这些数据。具体来说，这些处理方法包括编码、压缩和解压缩等技术，可以确保数据的完整性和高效传输。此外，存储这些二进制数据时，还需要考虑到存储介质的选择和数据管理策略，以保证数据的可靠性和访问速度。

总的来说，爬虫技术的应用广泛且潜力巨大。它不仅能用于构建搜索引擎的基础架构，帮助进行大数据采集，还可以实时监测信息，分析市场动态。尽管面临挑战，但爬虫技术依然在数据挖掘和信息流通中发挥着不可替代的作用。

（三）爬虫基本流程

爬虫基本流程可以总结为以下四步：

1. 发送请求

在正式向服务器发送请求之前，我们首先需要对种子 URL 进行设置。种子 URL 是指爬虫程序开始抓取数据时所依赖的初始网页地址。通过这些种子 URL，爬虫能够从一个特定的起点开始访问网页，并逐步扩展其抓取范围，访问更多的页面。种子 URL 的选择在爬虫程序中起着至关重要的作用，因为它直接决定了爬虫的抓取范围以及最终获取数据的效果。

一旦我们完成了种子 URL 的设置工作，接下来就可以让爬虫向这些种子 URL 所对应的服务器发送 HTTP 请求。通常情况下，爬虫会发送 GET 请求来获取网页内容，这与用户在浏览器中输入一个 URL 地址并按下回车键以获取网页内容的操作类似。通过这种方式，爬虫能够模拟用户的行为，从服务器获取所需的网页数据。

2. 获取响应内容

当服务器接收到爬虫发出的 HTTP 请求后，它会返回一个 HTTP 响应。这个响应包含了网页的 HTML 代码、状态码以及响应头信息。状态码用于指示请求的处理结果，例如，状态码 200 表示请求成功，而状态码 404 则表示请求的资源未找到。响应头信息则包含了关于响应的各种元数据，如内容类型、内容长度、服务器类型等。爬虫在接收到这些响应后，需要对其进行详细的处理和分析。首先，爬虫会检查状态码，以确定是否成功获取了网页内容。如果状态码为 200，那么爬虫可以继续处理响应中的 HTML 代码；如果状态码为 404 或其他表示错误的代码，则爬虫需要采取相应的错误处理措施，例如重试请求或记录错误日志。

此外，爬虫还需要解析响应头信息，以便获取更多关于响应的细节。例如，响应头中的"Content-Type"字段可以告诉爬虫响应内容的类型，从而决定如何处理这些内容。如果响应内容类型为 HTML，则爬虫可以将其解析为网页结构；如果内容类型为 JSON 或其他格式，则爬虫需要按照相应的格式进行解析。

爬虫在接收到服务器返回的 HTTP 响应后，需要对状态码、HTML 代码以及响应头信息进行综合处理和分析，以确保能够成功获取并正确处理网页内容。

3. 解析内容

爬虫通过 HTML 解析器可以解析获取到的网页内容，提取出其中需要的信息。解析的过程包括对 HTML 标签的分析、文本内容的提取、图像和其他多媒体的下载等。在解析网页内容的同时，爬虫会提取网页中的链接（URL）。这些链接通常指向其他的网页，爬虫可以继续访问这些新 URL，重复上述流程。这种方式使爬虫能够逐步遍历大量的网页内容。当然，为了避免爬虫重复抓取相同的网页，导致陷入无限循环，爬虫通常会维护一个已访问 URL 的集合，并在抓取新 URL 前检查该 URL 是否已被访问过。如果已访问过，则跳过该 URL。

4. 保存数据

当爬虫成功地从网络上抓取到有价值的数据之后，接下来的一个重要步骤就是将这些数据保存到本地存储设备或远程存储介质中。根据不同的应用场景和需求，数据存储的格式和方法也会有所不同。常见的数据存储方式包括将数据保存为 CSV 文件、JSON 文件，或者将数据插入数据库中进行进一步的管理和分析。

CSV（逗号分隔值）文件是一种简单的文本文件格式，通常用于存储表格数据。每个 CSV 文件包含一个或多个记录，每条记录由一个或多个字段组成，字段之间通常用逗号分隔。CSV 文件易于读写，兼容性好，适合存储结构化数据，但不支持嵌套数据结构。

JSON（JavaScript Object Notation）文件是一种轻量级的数据交换格式，易于人阅读和编写，同时也易于机器解析和生成。JSON 文件通常用于存储键值对形式的数据，支持嵌套结构，适合存储复杂的数据结构。JSON 文件在 Web 开发中被广泛使用，因为它与 JavaScript 语言兼容性好，且易于与其他编程语言进行交互。

数据库存储是另一种常见的数据存储方式。数据库可以是关系型数据库，如 MySQL、PostgreSQL 等，也可以是非关系型数据库，如 MongoDB、Redis 等。将数据插入数据库可以方便地进行数据查询、更新和管理。数据库存储支持复杂的数据关系和事务处理，适合存储大量结构化或半结构化数据。根据具体的应用场景和需求，可以选择合适的存储格式和方法，将爬虫提取到的数据有效地保存和管理。

（四）HTTP 协议

1. 什么是 HTTP

HTTP 协议，全称为超文本传输协议（Hypertext Transfer Protocol），是互联网上广泛使用的一种网络通信协议。它的核心功能是在客户端（例如浏览器）和服务器之间传输网页数据，从而使得用户能够方便地浏览和访问互联网上的各种内容。每一个网页的加载过程都是通过 HTTP 协议来实现的，它详细规定了客户端如何向服务器发出请求以获取网页，以及服务器如何将相应的网页内容传递给客户端。

简而言之，当我们想要访问某个网页时，比如在浏览器地址栏输入"***"，浏览器会自动向指定的服务器发送一个 HTTP 请求。服务器在接收到这个请求后，会将该网页的 HTML 代码以及其他相关资源打包发送回浏览器。浏览器接收到这些数据后，会进行解析和渲染，最终呈现出用户可见的网页界面。

HTTP 协议的一个重要特性是它的无状态性，这意味着每一次请求都是独立进行的，服务器不会自动保留之前请求的上下文信息。因此，即使是在同一个用户的同一个会话中，连续发出的多个请求之间也不会有任何关联。服务器不会记住用户之前的请求内容，每个请求都是独立处理的。这种设计使得 HTTP 协议在处理大量并发请求时具有较高的效率，但也带来了一些挑战，比如需要额外的机制来处理需要保持状态的场景，例如用户登录状态的管理。

2. HTTP 与 HTTPS

HTTPS 实际上是 HTTP 的安全版本，全称为超文本传输安全协议（Hypertext Transfer Protocol Secure）。相比于传统的 HTTP 协议，HTTPS 在 HTTP 的基础上增加了加密功能，通过 SSL/TLS 协议对数据进行加密，确保数据在传输过程中不被第三方窃取或篡改。这种加密机制使得数据在互联网上进行传输时更加安全，防止了敏感信息如用户名、密码、信用卡信息等被非法截获。同时，HTTPS 还提供了对服务器的身份认证功能，确保客户端与之通信的服务器确实是声称的那个服务器。这意味着，当您在浏览器地址栏看到一个"***"开头的网址时，您可以更加确信您正在与真正的服务器进行通信，而不是被中间人攻击所欺骗。这种身份认证机制通过数字证书来实现，数字证书由受信任的第三方机构（如 CA，证书颁发机构）签发，确保了服务器身份的真实性。

HTTPS 不仅提高了数据传输的安全性，还增强了用户对网站的信任度。因此，越来越多的网站开始采用 HTTPS 协议，以保护用户数据和提升网站的可信度。

3. URL 与资源定位

在 HTTP 协议中，URL（统一资源定位符，Uniform Resource Locator，即通常所说的网址）是一种用于标识互联网上资源位置的地址格式。互联网上的每个文件、网页、图片和视频都拥有一个独特的 URL。这些 URL 不仅指示了资源的具体位置，还包含了访问这些资源所需的方法。

一个完整的 URL 通常包含以下几个部分：

协议：例如 http 或 https，明确指出所使用的传输协议。

主机名：明确指出资源所在的服务器位置。

路径：例如/index. html，明确指出资源在服务器上的具体位置。

查询参数：例如?id＝123，用于向服务器传递额外的信息。

端口号：例如 80 或 443，明确指出与服务器通信的端口号，通常在 URL 中被省略。

4. HTTP 的工作原理

HTTP 是一种基于请求—响应模型的协议，它规定了客户端与服务器之间进行数据交换的方式。工作过程大致如下：

（1）当用户在浏览器中输入 URL 并按下回车键时，客户端会发起一个 HTTP 请求，该请求随后会被发送至目标服务器。一个 HTTP 请求由以下几个部分组成：

①请求行，包括请求方法（如 GET、POST）、请求 URL 和 HTTP 版本。示例：GET/index. html HTTP/1. 1

②请求头，包含关于客户端（爬虫）和请求的附加信息，如用户代理（User-Agent）、接受的文件类型（Accept）、是否保持连接（Connection：keep-alive）等。

③请求体，在 POST 请求中，包含了客户端发送给服务器的数据，如表单提交的数据。

（2）服务器处理请求，服务器接收到请求后，会根据请求的内容查找相应的资源，并将资源的内容和状态信息打包成一个 HTTP 响应返回给客户端。

（3）客户端接收响应：浏览器接收到服务器的响应后，会解析其中的内容并将其呈现为网页。所接收的包括以下几个部分：

①状态行，包括 HTTP 版本、状态码和状态描述。示例：HTTP/1. 1 200 OK。

②响应头，包含关于服务器和响应的附加信息，如内容类型（Content-Type）、内容长度（Content-Length）、服务器类型（Server）等。

③响应体，包含实际的网页内容（如 HTML、CSS、JavaScript 等），或者是文件的二进制数据（如图像、视频）。

5. 常见的 HTTP 状态码

在每个 HTTP 响应中，服务器都会返回一个状态码，用以表示请求的处理结果。常见的 HTTP 状态码有：

（1）200 OK：请求成功，服务器返回了所请求的资源。

（2）301 Moved Permanently：请求的资源已被永久移动到新的 URL。

（3）302 Found：请求的资源临时被移动到新的 URL。

（4）403 Forbidden：服务器拒绝了请求，通常是由于没有访问权限。

（5）404 Not Found：请求的资源不存在。

（6）500 Internal Server Error：服务器内部错误，无法完成请求。

6. HTTP 与爬虫

网络爬虫依赖于 HTTP 协议来获取网页数据。通过发送 HTTP 请求，爬虫能够接收服务器返回的网页内容，并从中提取所需信息。每个网页、图片、视频等资源都拥有其独特的 URL，而爬虫正是利用这些 URL 来精确定位并下载目标资源。在处理一些结构复杂的网站时，页面可能嵌入多个 URL（例如图片链接、视频链接、其他页面链接等）。爬虫能够解析这些 URL，逐步扩展其抓取范围，以获取更丰富的网页内容。然而，在某些情况下，如本章所述，当爬虫已经拥有明确的目标 URL 时，它便无须进行复杂的内容解析。

HTTP 协议作为互联网通信的基础，规定了客户端与服务器之间交换数据的方式，确保用户能够无障碍地访问互联网上的各种资源。在爬虫技术的应用中，熟悉 HTTP 协议是实现高效数据抓取的关键前提。

（五）Requests 库

获取 HTML 内容是网络爬虫进行数据抓取的第一步，这一步骤通常涉及向目标网页的 URL 发送 HTTP 请求以获取所需的数据。获取 HTML 内容的方法会根据目标网页的性质（是静态的还是动态的）以及其复杂程度而有所不同。对于大多数静态网页，Requests 库是一个简单而有效的工具，它能够轻松地发送 HTTP 请求并获取 HTML 内容。然而，对于那些包含动态内容或需要模拟用户行为的网页，Selenium 库则是一个更为合适的选择。Selenium 能够模拟浏览器行为，从而获取动态生成的内容。而对于需要处理大量网页的复杂爬虫项目，Scrapy 框架则显得更为合适。Scrapy 不仅能够高效地抓取网页，还提供了诸如 URL 调度、数据解析、并发控制和反爬虫策略等丰富的功能。在本小节中，我们将重点介绍最简单且高效的 Requests 库。

需要明确的是，在实际的网络爬虫项目中，Requests 库通常只作为底层工具来发送 HTTP 请求，以便从目标网页获取 HTML 内容。然而，仅仅获取 HTML 内容是不够的，开发者还需要对这些内容进行解析和处理。因此，通常会结合使用解析库（如 BeautifulSoup、lxml）和爬虫框架（如 Scrapy）来对获取到的网页内容进行进一步的解析和处理。这是因为 Requests 库本身并不提供完整的爬虫功能，它主要提供的是简洁、易用的接口，用于发出 GET、POST 等 HTTP 请求，并处理响应。Requests 库在发送 HTTP 请求方面表现出色，能够快速、高效地完成任务，因此在许多爬虫项目中，它仍然是不可或缺的底层工具。

Requests 库中的基本方法与 HTTP 协议对资源的操作方法是一一对应的，所以，通过 Requests 就可以模拟浏览网页时请求网页的过程，具体方法如表 2 – 1 所示。

表 2 – 1　　　　　　　　　　　　　发送 HTTP 请求的方法

方法	说明
requsts. requst( )	构造一个请求，最基本的方法，是下面方法的支撑
requsts. get( )	获取 html 网页
requsts. head( )	获取 html 网页的头信息
requsts. post( )	向 html 网页提交追加资源请求
requsts. put( )	向 html 网页提交覆盖资源请求
requsts. patch( )	向 html 网页提交局部修改请求
requsts. delete( )	向 html 网页提交删除请求

通过使用 requests 库的 get( )方法，您可以传入目标资源的 URL 来构造一个 HTTP 请求。例如，执行以下代码：

```
r = requests.get('https://***/app/bigdata/basics/data.xlsx')
```

这将发送一个 GET 请求到指定的 URL，并返回一个 Response 对象。该对象包含了状态码、响应头、响应体等信息，使您能够轻松地访问和处理 HTTP 响应的内容。Response 对象还提供了多种属性和方法，以便您便捷地操作和解析响应数据。常用属性和方法如表 2 – 2 所示。

表 2 – 2　　　　　　　　　　　Response 对象常用属性和方法

属性	说明
r.status_code	请求返回的 HTTP 状态码，200 表示连接成功，404 或其他表示失败
r.text	响应内容的字符串形式，即 url 对应的页面内容
r.content	响应内容的二进制数据，如图片或文件
r.headers	网页头部信息，有关响应的补充信息，如响应数据的文件类型等
r.encoding	从网页头信息（header）中猜测的响应内容编码方式
r.apparent_encoding	从内容中分析出的响应内容编码方式（备选编码方式）

需要注意的是，只有返回状态码为 200（即连接成功），才能正常查看其他属性。

假设要从 https://keyun-oss.acctedu.com/app/bigdata/basics/data.xlsx 爬取某公司的资产负债表并存储为 Excel 格式，具体操作如下：

输入：

```
import requests
# 目标 URL
url = 'https://keyun-oss.acctedu.com/app/bigdata/basics/data.xlsx'
# 发送 HTTP GET 请求并获取响应
with requests.get(url, stream = True) as r:
    # 检查请求是否成功
    if r.status_code == 200:
        # 获取内容类型
        content_type = r.headers.get('Content-Type')
        # 如果响应内容是 Excel 文件
        if 'application/vnd.openxmlformats-officedocument.spreadsheetml.
sheet' in content_type:
            # 将内容保存为本地文件
            with open('data.xlsx', 'wb') as f:
                f.write(r.content)
            print("文件下载成功并已保存为 'data.xlsx'")
```

输出：

文件下载成功并已保存为 'data.xlsx'

二、解 析 数 据

掌握如何使用 Requests 库来获取网页的 HTML 代码之后，下一步便是解析这些获取到的 HTML 内容。

（一）解析流程

解析数据的具体步骤通常如下：

（1）加载 HTML 内容。我们可以利用 Requests 库或 Selenium 工具来获取网页的 HTML 代码。Requests 库是一个非常流行的 HTTP 库，它可以帮助我们发送 HTTP 请求并获取响应内容，而 Selenium 则是一个自动化测试工具，可以模拟浏览器行为，获取网页的 HTML 代码。

（2）创建解析对象。在获取到 HTML 代码之后，我们需要使用一些解析库将其转换为一个可遍历的对象。常用的解析库有 BeautifulSoup 和 lxml。BeautifulSoup 是一个非常强大的库，它可以将 HTML 或 XML 文档转换为一个复杂的树形结构，方便我们遍历和查找。而 lxml 则是一个高性能的 XML 和 HTML 解析库，它提供了丰富的 API 和强大的性能。

（3）查找目标数据。在将 HTML 代码转换为可遍历的对象之后，我们需要使用库提供的 API 来定位页面中的目标元素。常用的 API 有 find、select 和 xpath。find 方法可以查找第一个符合条件的元素，而 select 方法则可以查找所有符合条件的元素。xpath 则是一种强大的查询语言，可以用来查找复杂的元素路径。

（4）提取数据。在找到目标元素之后，我们需要从这些元素中提取我们需要的信息，如文本、属性或其他信息。这些信息可以用于进一步的数据分析或存储。

（5）数据处理。在提取数据之后，我们可能需要对这些数据进行进一步的处理，以满足我们的需求。常见的数据处理操作包括数据清理、数据转换和数据存储。数据清理可以去除无用或错误的数据，数据转换可以将数据转换为我们需要的格式，而数据存储则可以将数据保存到文件、数据库或其他存储系统中。

（二）解析网页内容的技术

在进行数据采集的过程中，解析网页内容扮演着至关重要的角色。解析网页内容是提取所需信息的基础步骤，只有通过有效的解析，才能从网页中提取出有价值的数据。然而，在开始解析网页内容之前，掌握和理解 HTML 的基本结构显得尤为关键。HTML（超文本标记语言）是构建网页的基础，它定义了网页的骨架和内容的组织方式。了解 HTML 的基本结构，包括标签、属性、元素等，能够帮助我们更好地定位和提取所需的数据。通过对 HTML 结构的深入理解，我们可以更准确地识别和解析网页中的关键信息，从而提高数据采集的效率和准确性。

1. HTML

HTML（HyperText Markup Language）是网页的骨架，通过标签（tags）来组织和展示内容，每个标签通常由开始标签（如 < div > ）和结束标签（如 </div> ）组成。常见的 HTML 标签包括：

（1）< div > 标签用于定义和标记内容的结构，它相当于创建了一个容器，将一组内容组织在一起，方便应用样式或进行布局。通过使用 < div > 标签，开发者可以将网页的不同部分分隔开来，从而实现更加清晰和有序的页面布局。

（2）< h1 > 标签是一个标题标签，< h1 > 是最大的标题，通常用于表示页面的主标题。从 < h1 > 到 < h6 > ，标题级别依次递减，分别用于表示不同层级的标题和副标题。通过这种方式，开发者可以清晰地展示页面内容的层次结构，使用户能够更容易地理解页面的主要内容和次要内容。

（3）< p > 标签用于定义段落，它在网页中表示一段文本。浏览器会在 < p > 标签的前后自动添加上下外边距，使得段落之间有空间，以此来分隔不同的段落。需要注意的是，< p > 标签不能直接嵌套在另一个 < p > 标签内，因为嵌套的 < p > 标签会被浏览器自动转换为两个独立的段落，从而避免了段落嵌套的问题。

（4）< a > 标签是用于创建超链接的基础工具，使得网页能够实现导航和互动功能。通过 < a > 标签，可以将网页的不同部分、不同页面或外部网站链接在一起。它的主要属性包括 href、target、title 和 rel 等。href 属性指定链接的目标 URL（网址），这是 < a > 标签最重要的属性。例如，在 < a href = " *** " >访问示例网站 </a> 这个示例中，href = " *** " 表示点击链接后将跳转到 *** 这个网址。target 属性指定链接在何处打开，常见的值包括_blank、_self、_parent 和_top。title 属性指当用户将鼠标悬停在链接上时，显示的提示文本。rel 属性指定链接和目标页面之间的关系，常用值包括 noopener 和 noreferrer，以及 nofollow，告诉搜索引擎不要跟踪这个链接。

（5）< img > 标签是 HTML 中用于嵌入图像的标签，主要属性包括 src、alt、width、height 和 title 等。src 属性指定图像的来源 URL（路径），这是 < img > 标签中最重要的属性，用于指向图像文件的位置。alt 属性提供图像的替代文本，如果图像无法显示，或屏幕阅读器用于读取图像内容时，将显示这个替代文本。它也是网页的无障碍设计的重要组成部分。width 和 height 属性设置图像的显示宽度和高度，可以用像素（px）或百分比表示。设置这些属性可以控制图像的显示尺寸。title 属性为图像提供额外的提示文本，当用户将鼠标悬停在图像上时，会显示这个文本。

（6）< table > 标签用于创建 HTML 表格。一个完整的表格由 < table > 标签定义，并且通常包含多个子标签（如 < thead >、< tbody >、< tfoot > 等）来组织和格式化表格内容。通过这些子标签，开发者可以更好地控制表格的头部、主体和尾部，从而实现更加复杂和详细的表格布局。

2. 解析技术概述

解析过程中我们可以利用不同的解析技术或不同爬虫工具所提供的解析方式来完成相应操作：

（1）XPath 和 CSS 选择器：用于精准定位 HTML 文档中的元素，适用于结构化良好的网页。工具如 Scrapy、lxml 和 BeautifulSoup 都支持这些解析方法。

（2）正则表达式：用于匹配特定的文本模式，适合处理格式不统一的网页内容，但复杂度较高。

（3）JSON 解析：如果网页返回的数据是 JSON 格式，那么 Python 的 json 库可以轻松解析并提取所需信息。

（4）Selenium：对于动态内容或 JavaScript 生成的内容，Selenium 可以模拟浏览器操作，加载并解析页面。

以上仅是解析过程中用到的部分解析技术，实际上，仅仅是解析 HTML 的工具和库种类就很多，既有在 Python 中的 HTML 解析工具和库，也有在 JavaScript 中的 HTML 解析工具和库，每种工具和库都有其独特的优点和适用场景。因此，在实际应用中，用户仅需根据项目的需求和开发环境来选择最适合的工具即可。

（三）使用 BeautifulSoup 库解析 HTML

BeautifulSoup 是一个设计得非常优雅且功能强大的 Python 库，它专注于简化 HTML 和 XML 文档的解析过程。这个库拥有一个简单直观的 API，使得即使是编程初学者也能迅速掌握其使用方法，从而有效降低了学习曲线并显著提升了开发效率。BeautifulSoup 不仅支持 Python 标准库中的 html. parser，还兼容高效的 lxml 解析器以及宽容性强的 html5lib，为用户提供了丰富的选择，以适应各种不同的项目需求。这种灵活性和易用性使得 BeautifulSoup 成为处理网页数据的得力工具，能够满足各种复杂数据提取的需求。

在文档导航和数据提取方面，BeautifulSoup 展现了卓越的能力。它支持通过标签名、属性、文本内容等多维度的查询机制，帮助用户精确高效地定位目标数据。无论面对复杂的网页结构还是不规范的 HTML，BeautifulSoup 的容错机制和深入的解析能力都使其能够处理各种异常情况，展现出极高的稳定性和可靠性。这种强大的数据处理能力，使得 BeautifulSoup 成为在实际应用中进行数据采集和清洗的理想选择。无论是进行简单的数据抓取还是复杂的网页解析任务，BeautifulSoup 都能够提供一个强大而灵活的解决方案，使得开发者能够更加专注于业务逻辑的实现，而不必担心底层的解析细节。

BeautifulSoup 的操作流程通常始于将 HTML 文档解析成一个 "Soup" 对象，接着借助各种方法和属性来定位和提取所需数据。假设我们已经成功获取了 HTML 内容，具体使用步骤如下：

输入：

```
from bs4 import BeautifulSoup
# 获取网页内容(假设已获取到 HTML 内容)
html_content = "<html><head><title>Example</title></head>
<body><h1>Hello, world! </h1></body></html>"
# 创建一个 BeautifulSoup 对象
soup = BeautifulSoup(html_content, 'html. parser')
# 查找标签
title = soup. title. text
```

```
heading = soup.h1.text
print("Title:", title)
print("Heading:", heading)
```

输出：

```
Title: Example
Heading: Hello, world!
```

除了解析 HTML 之外，服务器提供的数据通常以 JSON 格式呈现，此时我们可以借助 Python 内置的 JSON 模块来进行解析。若数据以 XML 格式返回，那么我们有多种选择：可以使用 Python 的 xml.etree.ElementTree 模块，或者选用更为强大的 lxml 库。有时候，数据可能已经是结构化的形式，如 CSV 或 Excel 文件，这时可以利用 Pandas 等库或工具进行处理。简而言之，针对不同的网页格式和数据类型，我们需要采用不同的解析技术和工具。从 HTML 的解析到 JSON 的处理，再到动态内容的抓取，用户应根据具体需求挑选合适的解析工具和方法，以提升数据提取的效率和准确性。

三、保存数据

在成功解析并采集到所需的数据之后，接下来的关键步骤是对这些数据进行妥善的存储和管理，以便于后续能够轻松地进行调用和分析。数据的存储方式多种多样，选择哪种存储方式需要根据数据的具体格式、数据量的大小以及未来分析的需求来决定。以下是一些常见的数据存储方式：

首先，数据库是一种广泛使用的存储方式，适用于存储结构化或半结构化的数据。例如，MySQL 是一个关系型数据库管理系统，能够高效地存储和管理大量的结构化数据，并支持复杂的查询操作。MongoDB 则是一个文档型数据库，它能够存储半结构化的数据，并提供灵活的数据模型和高性能的读写操作。

其次，文件系统也是一种常见的数据存储方式，适用于存储简单的数据。例如，CSV（逗号分隔值）文件是一种简单的文本文件格式，可以存储表格数据，并且易于导入和导出。JSON 文件则是一种轻量级的数据交换格式，能够存储结构化的数据，并且易于阅读和编写。Excel 文件则是一种被广泛使用的电子表格文件格式，能够存储和处理复杂的数据表格，并提供丰富的数据分析和可视化功能。

最后，云存储是一种现代的存储方式，适用于存储大量的文件或大规模的数据集。例如，AWS S3（Simple Storage Service）是亚马逊提供的一个云存储服务，能够存储和检索大量的数据，并且具有高可用性、高可靠性和可扩展性。云存储服务通常按需付费，无须前期大量投资，并且可以轻松地进行数据的备份和恢复。

综上所述，选择合适的存储方式需要综合考虑数据的特性、存储需求以及成本等因素，以确保数据能够被高效、安全地管理和利用。

本小节主要就存储简单数据的文件系统进行介绍。

保存数据到文件的基本步骤包括以下几个关键点：打开文件、写入数据、关闭文件。

（一）打开文件

在 Python 编程语言中，我们能够利用 open（）函数来开启一个文件，并生成一个文件对象。借助这个对象，我们得以执行对文件的读取和写入操作。该函数语法如下所示：

open(file, mode = 'r', buffering = - 1, encoding = None, errors = None, newline = None, closefd = True, opener = None)

参数说明：

（1）在使用该函数时，需要提供一个参数 file，这个参数是必须的，用于指定您想要打开的文件的路径和文件名。如果您要打开的文件位于当前的工作目录中，您就可以直接使用文件名来指定它。然而，如果文件位于其他目录下，您则需要提供完整的路径来指定文件的位置。这个路径可以是相对路径，也可以是绝对路径。

（2）除了 file 参数外，还有一个可选参数 mode，其默认值为 'r'。这个参数用于指定文件的打开模式，从而决定文件的读写权限。常见的模式包括：

①'r'，读模式，这是默认模式。在这种模式下，文件必须存在，否则会抛出一个错误。

②'w'，写模式。在这种模式下，文件会被打开并允许您写入内容。如果文件已经存在，它就会被清空，如果文件不存在，系统则会创建一个新文件。

③'a'，追加模式。在这种模式下，文件会被打开并在末尾添加内容。如果文件不存在，系统就会创建一个新文件。

④'b'，二进制模式。这种模式用于处理二进制文件，如图片、音频、视频等。它通常与其他模式组合使用，例如 'rb' 或 'wb'。

⑤'t'，文本模式，这是默认模式。这种模式用于处理文本文件。它也可以与其他模式组合使用，例如 'rt' 或 'wt'。

⑥'x'，独占创建模式。在这种模式下，如果文件已经存在，就会引发一个 File-ExistsError。如果文件不存在，系统则会创建一个新文件。

（3）另一个可选参数是 buffering，其默认值为 - 1。这个参数用于控制文件的缓冲策略。- 1 表示使用系统默认的缓冲策略。0 表示无缓冲，直接进行 I/O 操作。1 表示行缓冲，这种模式只适用于文本模式，每次遇到新行时会刷新缓冲区。

（4）encoding 参数是可选的，用于指定文件的编码格式。这在处理文本文件时非常重要，以确保正确处理文件中的字符。常见的编码格式包括 utf-8、ascii、latin-1 等。

（5）errors 参数也是可选的，用于指定在编码或解码过程中遇到错误时的处理方式。常见的选项包括：

①'strict'，这是默认值，遇到编码错误时会抛出 UnicodeDecodeError 或 Unicode EncodeError。

②'ignore'，忽略无法编码或解码的字符。

③'replace'，用替代字符（通常是 "?"）替换无法编码或解码的字符。

（6）newline 参数是可选的，用于控制在读取和写入文本文件时如何处理换行符。

默认值为 None，意味着使用平台的默认换行符（在 Unix 上是 '\n'，在 Windows 上是 '\r\n'）。""" 表示保留所有行尾字符，不进行转换。'\n'、'\r'、'\r\n' 表示分别强制使用指定的行尾字符。

（7）closefd 参数是可选的，默认值为 True。如果这个参数为 False，则文件对象在关闭时不会关闭与之关联的文件描述符。这通常用于高级操作，例如通过文件描述符打开文件。

（8）opener 参数是可选的。这是一个自定义的打开器函数，用于定制 open() 的行为。这个函数需要接受文件路径和打开标志作为参数，并返回一个文件描述符。

通过使用 open() 函数，我们可以打开文件并获得一个文件对象，进而执行诸如 read() 和 write() 等读写操作。完成这些操作后，为了释放系统资源，我们通常需要调用 close() 方法来关闭文件。然而，这种做法可能会因为重复性高而变得烦琐，并且容易被忽略。因此，在进行文件操作时，我们通常采用 with 语句来简化资源管理。with 语句的主要优势在于它能够保证无论文件操作是否成功或是否抛出异常，文件都会在操作结束后自动关闭。

（二）写入数据

在文件成功打开后，您可以利用 write() 函数将数据写入文件中。若需写入多行数据，您可以多次调用 write() 函数，或者选择使用 writelines() 函数，将列表内的数据一次性写入文件。write() 函数具体语法如下所示：

```
file.write(data)
```

参数说明：

（1）file 是一个已经打开的文件对象，它通常是由 Python 中的 open() 函数返回的。这个文件对象代表了一个在内存中的文件句柄，允许我们对文件进行各种操作，比如读取、写入和关闭等。通过 open() 函数，我们可以指定文件的路径和打开模式，从而获得一个对应的文件对象。

（2）data 指的是我们希望写入文件中的内容。它可以是多种类型的数据，最常见的包括字符串类型（str）和二进制类型（bytes）。字符串类型的数据通常用于文本文件的写入，而二进制类型的数据则适用于处理图像、音频、视频等非文本文件。需要注意的是，当我们以二进制模式打开文件时，即在文件打开模式中带有字母 b（例如 rb、wb、ab），此时写入的数据必须是二进制类型。这是因为在二进制模式下，文件是以字节的形式进行读写的，而不是以文本形式。因此，确保数据类型与文件打开模式一致是非常重要的，否则可能会导致数据写入失败或出现错误。

writelines() 函数的基本语法如下所示：

```
file.writelines(lines)
```

其中，file 是一个已经打开的文件对象，它通常是由 Python 中的 open() 函数返回的。这个文件对象代表了一个已经成功打开的文件，可以进行各种文件操作，比如读取、写入或追加内容等。而 lines 是一个可迭代的对象，它可以是列表（list）或元组（tuple）等类型。在这个可迭代对象中，每一个元素都是一个字符串，这些字符串包含了我们希望写入文件中的内容。通过迭代这个对象，可以逐个处理每个字符串，并将它们写入文件中，实现批量写入的效果。

需要注意的是，writelines()函数与write()函数的区别在于，前者不会自动在每行末尾添加换行符。若要在每行末尾手动添加换行符，就必须在字符串中明确包含\n，如下所示：

输入：

```python
lines = ["First line", "Second line", "Third line"]
with open('example.txt', 'w') as file:
    file.writelines([line + '\n' for line in lines])
```

通过上述代码将 lines 列表中的字符串逐行写入一个名为 example.txt 的文件中，其中，每一行都是 lines 列表中的一个字符串，并且每行后面都有一个换行符\n，确保它们被写入文件时各占一行。

显然，在需要一次性写入多行内容的场合，相较于多次调用 write()函数，writelines()方法更为便捷，更适合进行批量文件写入。当数据结构已知为列表或其他可迭代类型时，writelines()也能更高效地生成多行文本文件。

（三）关闭文件

在完成数据写入文件之后，务必记得调用 close()方法来关闭文件。这一操作至关重要，因为它会确保缓冲区内的所有数据都被正确地写入文件中，并且释放了系统所占用的资源。如果在程序中遗漏了关闭文件的步骤，就可能会引发一系列问题，比如数据丢失、文件损坏等。为了避免这些问题，在实际的开发过程中，强烈推荐使用 with 语句来管理文件的打开和关闭操作。使用 with 语句的好处在于，它会在代码块执行完毕后自动关闭文件，即使在执行过程中发生了异常或错误，文件依然会被正确地关闭，从而保证了文件操作的安全性和稳定性。

此外，在处理文本文件时，尤其是涉及多语言文本或特殊字符的情况下，确保数据正确保存是非常重要的。为了达到这一目的，在打开文件时，必须使用 encoding 参数来指定一个合适的编码格式。常用的编码格式有 utf-8，它能够支持多种语言和特殊字符的编码，从而避免了编码不兼容导致的乱码问题。因此，在打开文件时明确指定 encoding 参数为 utf-8，是确保文本文件正确处理的关键步骤。

四、应 用 实 践

为了完成从豆瓣电影 Top 250 页面爬取电影信息的任务，我们需要遵循一系列详细的步骤。

首先，确保您的计算机上已经安装了所有必要的 Python 库。在这个例子中，我们将使用 requests 库和 beautifulsoup4 库来抓取网页数据并解析 HTML 内容。您可以通过运行"conda install requests beautifulsoup4"命令来安装这些库及其依赖项。在安装过程中，请确保您已经激活了您想要安装这些库的特定环境。如果您需要在一个全新的环境中安装这些库，那么您可以先创建一个新的环境，然后在该环境中运行安装命令。

其次，我们需要对目标网页进行分析。豆瓣电影 Top 250 页面的 URL 是分页的，这意味着每一页只展示 25 部电影的信息。因此，我们需要编写代码来遍历所有页面，并从每一页中提取所需的数据。具体来说，我们需要获取每部电影的排名、标题、评分、评价人数以及简介等信息。这些信息将被保存到一个 CSV 文件中，以便于后续的数据分析和处理。

为了实现这一目标，我们将按照以下步骤进行操作：

（一）环境准备

在开始之前，请确保您的计算机上已经安装了 Python，并且已经配置好了相应的开发环境。接下来，您需要安装 requests 库和 beautifulsoup4 库，这两个库是进行网络爬虫开发的关键工具。您可以通过在命令行中输入" conda install requests beautifulsoup4 "来安装这些库及其依赖项。如果您已经有一个特定的环境，您就需要先激活该环境，然后再运行安装命令。如果您希望在一个全新的环境中安装这些库，那么您可以先使用" conda create -n new_env_name " 命令创建一个新的环境，然后激活该环境，并在其中安装所需的库。

（二）分析目标网页

在开始编写爬虫代码之前，我们需要对豆瓣电影 Top 250 页面进行详细分析。这个页面是分页的，每一页包含 25 部电影的相关信息。我们需要编写代码来遍历所有页面，并从每一页中提取电影的排名、标题、评分、评价人数以及简介等信息。为了确保我们能够正确地抓取到这些信息，我们需要检查网页的 HTML 结构，找到包含所需数据的 HTML 元素，并确定它们的标签和类名。这一步骤是至关重要的，因为它将直接影响到我们后续数据提取的准确性和效率。网址格式为：

（1）第一页：https：//movie. douban. com/top250?start =0。

（2）第二页：https：//movie. douban. com/top250?start =25。

（3）依次类推，每页的 URL 中 start 参数依次递增 25。

（三）编写爬虫代码

在完成了环境准备和目标网页分析之后，我们可以开始编写爬虫代码了。首先，我们需要导入 requests 库和 beautifulsoup4 库，并使用 requests 库来发送 HTTP 请求，获取目标网页的内容。其次，我们将使用 beautifulsoup4 库来解析这些内容，并从中提取出电影的排名、标题、评分、评价人数以及简介等信息。为了确保我们能够遍历所有页面，我们需要编写一个循环，逐页抓取数据。最后，我们将提取到的数据保存到 CSV 文件中，以便于后续的数据分析和处理。具体程序代码如下所示：

1. 导入必要的库

输入：

```
import requests                          # 用于发送 HTTP 请求,获取网页内容。
from bs4 import BeautifulSoup            # 用于解析 HTML 文档,提取所需信息。
```

```
import csv                           #用于将爬取的数据保存到CSV文件中。
    import pandas as pd               #用于读取CSV文件并处理数据,特别适
合数据分析任务。
```

2. 定义一个函数，用于获取某一页的电影信息

输入：

```
#定义一个函数,用于从指定的网页URL中获取电影信息。
def get_movies_from_page(url):
#设置请求头,用于模拟浏览器请求,防止被目标网站识别为爬虫而拒绝访问。
    headers = {
        'User-Agent': 'Mozilla/5.0 (Windows NT 10.0; Win64; x64)
AppleWebKit/537.36 (KHTML, like Gecko) Chrome/103.0.0.0 Safari/537.36'
    }
#向指定的URL发送GET请求,获取网页内容。
    response = requests.get(url, headers=headers)
#使用BeautifulSoup解析获取的HTML文本。
    soup = BeautifulSoup(response.text, 'html.parser')
#创建一个空列表,用于存储从网页中提取的电影信息。
    movies = []
    items = soup.find_all('div', class_='item')  #查找电影条目
    for item in items:    #遍历电影条目
        rank = item.find('em').get_text()  #排名
        title = item.find('span', class_='title').get_text()
#标题
        rating = item.find('span', class_='rating_num').get_text()
#评分
        num_reviews = item.find('div', class_='star').find_all
('span')[-1].get_text()   #评价人数
        num_reviews = num_reviews.replace('人评价', '') #去掉无关部分
        summary = item.find('span', class_='inq')
        summary = summary.get_text() if summary else "No summary"
#简介
#将提取的电影信息(排名、标题、评分、评价人数、简介)作为一个列表,添加到
movies列表中。
        movies.append([rank, title, rating, num_reviews, summary])
    return movies    #返回包含所有电影信息的movies列表。
```

3. 定义主函数，负责分页获取所有电影信息，并保存到CSV文件中

输入：

```
#定义函数,用于抓取豆瓣电影Top 250的所有电影信息,并将数据保存到CSV
```

文件中。

```
def scrape_douban_top250():
    base_url = 'https://movie.douban.com/top250?start=' # 设置
基础 URL
    # 创建一个空列表 all_movies,用于存储从每一页抓取的所有电影信息
    all_movies = []
    # 循环遍历豆瓣电影 Top 250 的 10 个页面,每页显示 25 部电影
    for i in range(10):  # 共有 10 页
        url = base_url + str(i * 25) # 构建每一页的 URL
        movies = get_movies_from_page(url) # 获取并保存页面电影数据
    # 将当前页面抓取的电影信息列表 movies 添加到 all_movies 中,确保所有页
面的电影信息都存储在同一个列表中
        all_movies.extend(movies)
    # 在每页电影信息抓取成功后,打印一条成功信息,显示当前抓取的页面编号
        print(f"Page {i + 1} scraped successfully!")
    # 保存数据到 CSV 文件
    with open('douban_top250.csv', 'w', newline = '', encoding =
'utf-8') as f:
        writer = csv.writer(f)
    # 向 CSV 文件中写入表头,即列名
        writer.writerow(['Rank', 'Title', 'Rating', 'Number of
Reviews', 'Summary'])
    # 将所有抓取到的电影数据 all_movies 写入 CSV 文件
        writer.writerows(all_movies)
    # 打印数据保存成功信息
    print("Data saved to douban_top250.csv successfully!")
```

4. 运行主函数

输入如下代码执行主函数,即开始抓取豆瓣电影 Top 250 的数据。

输入:

```
if __name__ == '__main__':
    scrape_douban_top250()
```

输出:

```
page 1 scraped successfully
Page 2 scraped successfully!
Page 3 scraped successfully
Page 4 scraped successfully
page 5 scraped successfully
Page 6 scraped successfuly
```

```
page 7 scraped successfully
page 8 scraped successfully
page 9 scraped successfully
Page 10 scraped successfully!
Data saved to douban_top250.csv successfully!
```

在所输入的用于执行主函数的代码中,__name__是 Python 中的一个内置变量。当一个 Python 文件被直接运行时,__name__的值会被设置为'__main__'。当这个文件被作为模块导入其他文件中时,__name__的值会是该模块的名称(通常是文件名,不包括.py 后缀)。if __name__ == '__main__'这句代码的意思是只有当这个文件被直接执行时,下面的代码才会被运行。换言之,是一种防止代码在导入时被自动执行的方式,它可以确保代码块只在脚本被直接运行时执行。在本案例中,如果您直接运行这个 Python 文件,__name__的值就是'__main__',因此,scrape_douban_top250( )会被执行。这意味着爬虫开始工作,抓取豆瓣 Top 250 的电影数据。

5. 读取保存的 CSV 文件,显示电影前五行前四列的内容

输入:

```
# 读取 CSV 文件
df = pd.read_csv('douban_top250.csv', encoding = 'utf-8')
# 显示前 5 行的前四列
print(df.head().iloc[:, :4])
```

输出:

```
     Rank     Title      Rating   Number of Reviews
0    1       肖申克的救赎     9.7      3052045
1    2       霸王别姬       9.6      2254780
2    3       阿甘正传       9.5      2273588
3    4       泰坦尼克号      9.5      2313263
4    5       千与千寻       9.4      2362115
```

通过以上步骤,我们可以成功地从豆瓣电影 Top 250 页面爬取每部电影的相关信息,并成功读取了所爬取到的 CSV 文件。这个过程不仅展示了如何使用 Python 进行网络爬虫开发,还展示了如何处理和保存抓取到的数据。

项目三　商业大数据处理

德技并修

大数据隐私保护：威胁、防护措施与实践解析

随着信息技术的飞速进步和互联网的广泛普及，个人数据的生成、传输和存储变得日益频繁。然而，数据的广泛流通也对个人隐私构成了巨大威胁。数据隐私保护不仅关系到个人权益，还直接关联到整个社会和经济秩序的稳定。具体而言，数据隐私保护的重要性体现在以下几个方面：一是保障个人基本权利。隐私是每个人的基本权利之一，个人隐私的泄露可能导致个人信息被用于非法活动，例如身份盗窃、资金非法流转等。二是维护企业利益。数据安全是企业业务顺利进行的基础，重要商业机密、客户信息等的泄露可能给企业带来重大损失。三是促进公平竞争。个人数据的合规保护能够促进商业活动的公平竞争，维护市场经济的正常秩序。四是建立信任。只有当个人的数据隐私得到妥善保护时，人们才会对使用网络和其他信息技术充满信心和热情。数据隐私保护面临的威胁多种多样，主要包括：恶意软件攻击，即恶意软件利用企业内部员工的访问权限进行传播，感染设备并窃取数据；DDoS攻击，即导致服务器访问延迟、无法访问甚至不可用，影响数据服务的正常运行；网络钓鱼诈骗，即通过恶意附件诱导用户点击，进而盗取用户数据；黑客攻击，即黑客利用各种手段和方法盗取企业数据，对企业造成重大损失；第三方风险，即缺乏足够网络安全的合作伙伴和承包商可能使互联系统容易受到攻击；恶意内部人士，即来自企业内部的攻击往往更加隐蔽且损失更大；操作失误，即用户和管理员可能无意中泄露敏感数据，如将文件复制到个人设备或将机密信息发送给错误的收件人。为了有效应对上述威胁，可以采取以下防护措施：保持常用软件更新，即更新设备与软件以修复漏洞，提高程序的稳定性和可靠性；安装防病毒软件，即辅助检测、排除风险，保护设备安全；设置强密码，即为常用软件设置复杂且不易猜测的密码，提高防数据泄露能力；采用多层认证，如双因素认证或生物识别技术，提供额外的安全层次；限制访问权限，即仅授权有需要的人员访问敏感数据，并根据用户角色分配适当权限；数据加密，即对存储、传输和云端存储的数据使用强加密算法进行加密；定期备份数据，即确保备份数据存储在安全位置，并测试备份的可恢复性；加强员工培训，即提高员工对数据隐私保护的意识，教育他们如何识别和应对网络威胁。

例如，黄先生在通过某社交软件账号登录某读书软件时，发现读书软件自动添加了其社交软件好友，并展示了好友的书架、阅读记录等信息。黄先生感到非常惊讶和不安，因为他从未授权过读书软件获取其社交好友的信息。他立刻检查了读书软件的隐私设置，发现默认选项中竟然勾选了"同步社交好友信息"这一项。黄先生意识到，如果不小心操作，可能会泄露更多个人隐私。

为了保护自己的隐私，黄先生决定立即关闭这一功能，并删除了读书软件自动同步的好友信息。然而，他仍然感到不放心，担心自己的信息已经被其他用户看到。于是，他联系了读书软件的客服，希望能得到一个合理的解释和解决方案。客服人员表示，这一功能是为了让用户能够更容易找到有共同兴趣的朋友，并推荐相关的书籍。客服人员还强调，所有同步的信息都是经过用户同意的，但黄先生坚称自己从未明确授权过此类操作。经过一番交涉，客服人员最终同意为黄先生彻底

删除其在读书软件上的所有同步信息，并将该功能从其账户中彻底移除。黄先生这才松了一口气，但他决定以后在使用任何软件时都要仔细阅读隐私政策，并谨慎选择各项功能的授权。这次事件让黄先生深刻意识到隐私保护的重要性。他开始更加关注个人信息安全，在社交平台上呼吁朋友们也注意保护自己的隐私。

项目学习内容说明

本项目总共包含了四个主要的核心任务，其主要目的是系统地学习和掌握商业大数据处理方法。具体来说，任务一主要集中在数据读取与查看，包括基本信息、大小、格式及具体分布情况的查看，通过这一阶段的准备，为后续更深入的处理工作打下坚实的基础；任务二是数据清洗，其主要目的是提高数据的质量，并减少噪声数据的干扰，从而使得后续的数据分析和挖掘工作能够顺利进行；任务三是数据转换，其主要目的是优化数据的存储和传输效率，确保数据分析的准确性和一致性，从而有效地应对数据清洗和预处理的需求；任务四是数据特征分析，通过描述性统计分析、累计统计及数据排序等手段，旨在深入理解数据集，评估数据质量，揭示数据分布与趋势，发现异常值，并为数据预处理、建模及解释模型结果提供依据。

在本项目的核心学习内容中涵盖了数据表的基本信息查看、缺失值处理、重复值处理、异常值识别与处理、数据类型转换、数据尺度变换、描述性统计分析及数据排序函数应用等。这些学习内容将系统地提升数据处理能力，将原始、杂乱的数据转化为有价值的信息，揭示数据分布与趋势，发现异常值，并为数据预处理、建模及后续可视化操作提供依据。

任务一 数据读取与查看

一、数据表的基本信息查看

在 Pandas 库中，DataFrame 是一个非常核心的数据结构，它被广泛用于以表格形式存储和操作结构化数据。DataFrame 不仅仅是一个简单的二维数组，它还包含了许多强大的功能和特性，使其成为数据分析和处理中的一个关键工具。DataFrame 拥有多个基本属性，例如行索引（index）、列标签（columns）、数据值（values）以及数据类型（dtypes）等，这些属性对于理解数据的结构和进行数据分析至关重要。通过这些属性，用户可以轻松地访问和操作数据，例如筛选特定的行或列、计算统计数据、进行数据清洗和转换等。此外，DataFrame 还支持多种数据操作方法，如合并（merge）、连接（join）、分组（groupby）和聚合（aggregate）等，这些方法进一步扩展了 DataFrame 的功能，使其能够应对各种复杂的数据分析任务。总之，DataFrame 在 Pandas 库中扮演着至关重要的角色，是进行高效数据分析不可或缺的一部分。表 3-1 是一些主要的 DataFrame 基本属性。

表 3-1   **DataFrame 基本属性**

参数名称	描述
index	是 DataFrame 的行标签。默认情况下，它是从 0 开始的整数序列。但您也可以指定一个不同的索引，比如字符串、日期等。index 对于数据的索引和选择非常重要

续表

参数名称	描述
columns	是 DataFrame 的列标签，即列名。它们也是以 Index 对象的形式存在的，可以包含任意类型的对象（字符串最常见）
values	属性返回一个二维的 ndarray，其中包含了 DataFrame 中的数据。这意味着您可以像操作 NumPy 数组一样操作 DataFrame 的数据部分
dtypes	属性返回一个 Series，其中包含了 DataFrame 中每一列的数据类型。这对于了解数据的结构和类型转换非常有用
shape	属性返回一个元组，表示 DataFrame 的维度（行数，列数）
size	属性返回 DataFrame 中的元素总数，即行数乘以列数
ndim	属性返回 DataFrame 的维度数，对于 DataFrame 来说，这个值总是 2，因为它是一个二维数据结构
axes	属性返回一个包含行索引（index）和列索引（columns）的列表。这对于理解 DataFrame 的维度和索引非常有用
memory_usage( )	这不是一个属性，而是一个方法，但它对于了解 DataFrame 的内存占用情况非常有用。memory_usage( ) 方法返回一个 Series，显示了每一列的内存使用情况（以字节为单位）

（一）数据基本信息

在数据表（DataFrame）中，info( ) 函数能够提供关于数据集的基本信息，这些信息包括但不限于数据的列的名称和数量、数据的类型、非空值的数量以及内存使用情况等。通过调用这个函数，我们可以快速地了解数据集的结构和占用的内存大小，从而对数据集有一个初步的认识。具体来说，info( ) 函数会显示每一列的名称、数据类型以及非空值的数量，这有助于我们确认数据集是否完整，以及是否需要进行数据清洗或预处理。此外，它还会显示整个数据集的内存使用情况，这对于评估数据集的规模和优化内存使用具有重要意义。总之，info( ) 函数是一个非常有用的工具，可以帮助我们在数据分析和处理过程中快速掌握数据集的基本情况。

示例代码：DataFrame.info (verbose = None, buf = None, max_cols = None, max_rows = None, null_counts = None)

释义：

（1）verbose：布尔值或 None，表示是否打印完整的摘要。默认为 None，Pandas 会基于设置或 DataFrame 的大小自动选择。

（2）可写入的类似文件的对象（如 StringIO），用于输出。如果为 None，则输出到 sys. stdout。

（3）max_cols：None 或整数，表示要显示的列的最大数量。如果为 None，则显示所有列。

（4）max_rows：None 或整数，表示要显示的行的最大数量（不包括摘要行）。如果为 None，则显示所有行。

（5）null_counts：布尔值，表示是否显示非空值的计数。默认为 True，但可能会根据其他参数的设置而有所变化。

（二）查看前几行数据

步骤一：安装 Pandas。如果您还没有安装 Pandas，那么可以通过 pip 命令来安装：

```
pip install pandas
```

步骤二：导入 Pandas。

```
import pandas as pd
```

步骤三：创建一个数据表，或者从文件（如 CSV 文件）中加载一个数据表：
输入：

```
# 创建一个数据表,查看前几行数据
data = {'Name': ['Tom', 'Jane', 'Alice', 'Bob'],
        'Age': [25, 30, 22, 32],
        'City': ['New York', 'Paris', 'London', 'Berlin']}
df = pd. DataFrame (data)
# 或者从 CSV 文件加载数据表
# df = pd. read_csv('your_file. csv')
```

输出：

```
    Name   Age     City
0   Tom    25    New York
1   Jane   30      Paris
2   Alice  22     London
3   Bob    32     Berlin
```

在默认情况下，使用 head( )方法将会展示数据框（DataFrame）中的前五行数据。这种方式非常适合快速查看数据集的初步情况，帮助我们了解数据的基本结构和内容。如果您需要查看更多的行，那么可以通过传递一个具体的数字参数来指定您希望展示的行数。例如，如果您调用 df. head(10)，那么这个方法将会返回并显示数据框中的前十行数据。这样的灵活性使得 head( )方法在数据探索阶段非常有用，因为它可以根据您的需求展示不同数量的初始数据，从而帮助您更好地理解数据集的全貌。

（三）查看数据表的维度

在进行数据分析和处理的过程中，查看数据表的维度是一个至关重要的步骤。通过细致地了解和掌握数据表的维度信息，我们可以更加深入地理解数据的结构和内容。这不仅有助于我们更好地把握数据的整体框架，还能为后续的数据分析和处理工作奠定坚实的基础。

具体来说，数据表的维度包括行数和列数，有时还包括数据表中的层级关系和分类信息。通过查看这些维度信息，我们可以判断数据表的规模和复杂性，从而选择合适的数据分析方法和工具。例如，如果数据表的行数和列数非常多，我们就可能需要使用一些高效的数据处理技术，如分批处理或并行计算，以确保分析过程的高效和准确。

此外，了解数据表的维度还可以帮助我们识别数据中的缺失值、异常值和重复记录等问题。这些问题如果不加以处理，就可能会对后续的数据分析结果产生负面影响。因此，在进行数据分析之前，仔细检查和处理数据表的维度信息是非常必要的。查看数据表的维度是数据分析和处理中的一个重要步骤。通过全面了解数据表的维度，我们可以更好地理解数据的结构和内容，从而为后续的数据分析和处理工作奠定坚实的基础，确保分析结果的准确性和可靠性。

输入：

```
print(df.shape)
```

输出：

```
(4, 3)
```

这将返回一个元组，表示数据表的行数和列数。表示第 4 行第 3 列。

（四）查看数据表的列名

在 Python 编程语言中，当我们需要查看和处理数据表时，通常会借助于一个名为 Pandas 的库。Pandas 是一个功能强大的数据分析和操作工具，它提供了许多便捷的方法来处理和分析数据。其中一个常见的需求是查看数据表中的列名，这可以通过 Pandas 库中的相关函数轻松实现。通过使用 Pandas，我们可以方便地获取数据表的列名，从而更好地理解和处理数据集中的各个字段。

输入：

```
print(df.columns)
```

输出：

```
Index(['Name', 'Age', 'City'], dtype = 'object')
```

（五）查看数据表的索引

在 Python 编程语言中，当我们谈论查看数据表的索引时，通常是指在利用 Pandas 库进行数据处理和分析的过程中，如何查看和获取 DataFrame 对象的索引信息。DataFrame 是 Pandas 库中一个非常核心的数据结构，它用于存储和操作表格形式的数据。索引在 DataFrame 中扮演着非常重要的角色，因为它不仅标识了每一行数据的唯一性，还方便了数据的快速查找和排序等操作。因此，在数据分析和处理过程中，查看和理解 DataFrame 的索引信息是非常关键的一步。

输入：

```
print(df.index)
```

输出：

```
RangeIndex(start =0, stop =4, step =1)
```

（六）查看数据表的描述性统计信息

describe()方法能够详细地展示数据表中数值列的各种统计信息，这些信息包括了数据的计数（即数据点的总数）、平均值（所有数据点的总和除以数据点的数量）、标准差（数据分布的离散程度）、最小值（数据中的最小数值）、25% 分位数（也称为第一四分位数，表示数据中有 25% 的数值小于或等于这个值）、50% 分位数（也称为中位数，表示数据中有 50% 的数值小于或等于这个值）、75% 分位数（也称为第三四分位数，表示数据中有 75% 的数值小于或等于这个值）以及最大值（数据中的最大数值）。通过这些统计摘要，我们可以快速了解数据的分布情况和中心趋势。

输入：

```
print(df.describe())
```

输出：

```
          Age
count   4.000000
mean   27.250000
std     4.573474
min    22.000000
25%    24.250000
50%    27.500000
75%    30.500000
max    32.000000
```

二、数据表的大小查看

在使用 Pandas 库处理数据时，我们经常会需要了解数据表（DataFrame）的具体尺寸，这通常包括两个方面：一方面是数据表的维度，即它包含多少行和多少列；另一方面是数据表占用的内存大小，即它在内存中占据了多少空间。为了帮助我们更好地掌握这些信息，Pandas 提供了几种不同的方法来查看 DataFrame 的大小。以下是一些常见的方法，通过这些方法，我们可以轻松地获取所需的信息，从而更好地管理和优化我们的数据处理过程。

生成一个随机数据集，并专注于查看该数据表的大小。以下是完整的代码示例：

（一）查看数据表的维度（行数和列数）

输入：

```
import pandas as pd
import numpy as np
# 设置随机种子以确保结果的可重复性
np. random. seed (0)
# 生成随机数据
data = {
    'A': np. random. randint (1, 100, 10),  # 生成 10 个 1 到 100 之间的
随机整数
    'B': np. random. rand (10),             # 生成 10 个 0 到 1 之间的随
机浮点数
    'C': np. random. randint (1, 100, 10),  # 再生成 10 个 1 到 100 之间
的随机整数
    'D': np. random. rand (10)              # 再生成 10 个 0 到 1 之间的
随机浮点数 }
# 创建 DataFrame
df = pd. DataFrame (data)
# 查看数据表的维度(行数和列数)
print ("DataFrame 的维度(行数和列数):", df. shape)
```

输出：

```
DataFrame 的维度(行数和列数): (10, 4)
```

（二）查看数据表占用的内存大小（不包括索引）

输入：

```
# 查看数据表占用的内存大小(不包括索引)
print ("DataFrame 的内存占用(不包括索引):", df. memory_usage (). sum ())
```

输出：

```
DataFrame 的内存占用(不包括索引): 372
```

（三）查看数据表占用的内存大小（包括索引）

输入：

```
print ("DataFrame 的内存占用(包括索引):", df. memory_usage (index =
True). sum ())
```

输出：

DataFrame 的内存占用(包括索引)：372

(四) 查看 DataFrame 的详细信息，包括内存占用

输入：

```
# 查看 DataFrame 的详细信息,包括内存占用
df.info()
```

输出：

```
<class 'pandas.core.frame.DataFrame'>
RangeIndex: 10 entries, 0 to 9
Data columns (total 4 columns):
 #   Column  Non-Null Count   Dtype
---  ------  --------------   -----
 0   A       10 non-null      int32
 1   B       10 non-null      float64
 2   C       10 non-null      int32
 3   D       10 non-null      float64
dtypes: float64(2), int32(2)
memory usage: 372.0 bytes
```

三、数据格式查看

在 Pandas 的 DataFrame 中，查看数据格式主要指的是了解 DataFrame 中每列数据的数据类型（dtype），其中最常用的是 dtypes 属性。

dtypes 属性返回一个 Series，其中包含 DataFrame 中每列的名称以及对应的数据类型。这是查看 DataFrame 中数据格式最直接的方法。在 Python 的 Pandas 库中，'dtypes'属性是一个非常实用的功能，它允许用户查看 DataFrame 或 Series 对象中每一列的数据类型。通过了解每一列的数据类型，我们可以更好地进行数据分析和处理。这是因为数据类型信息可以帮助我们判断是否可以对数据进行某些操作，以及是否需要进行数据类型转换，从而确保数据处理的准确性和效率。

例如，如果我们知道某一列的数据类型是整数（int），那么我们可以放心地进行数值计算，如求和、求平均等。但如果该列的数据类型是字符串（str），那么进行数值计算就会导致错误。在这种情况下，我们可能需要将字符串类型的数据转换为数值类型，才能进行相应的计算。同样，了解数据类型还可以帮助我们识别和处理缺失值或异常值，从而提高数据质量。'dtypes'属性在 Pandas 库中扮演着重要的角色，它为我们提供了关于数据类型的重要信息，使我们能够更有效地进行数据分析和处理。

以下是一个简单的示例，阐释了如何利用 dtypes 属性：

输入:

```
import pandas as pd
# 创建一个 DataFrame
df = pd.DataFrame({
    'A': [1, 2, 3],
    'B': ['a', 'b', 'c'],
    'C': [1.0, 2.0, 3.0]})
# 使用 dtypes 属性查看每一列的数据类型
print(df.dtypes)
```

输出:

```
A       int64
B       object
C       float64
dtype: object
```

四、数据具体分布查看

在 Python 编程语言中,如果您希望深入了解数据集中的数据分布情况,那么 Pandas 库为您提供了多种便捷的方法来实现这一目标。以下是一些非常实用的方法,它们能够帮助您更全面地了解数据的分布特征:

您可以利用 describe()方法来获取数值型列的统计摘要信息。这个方法会为您提供一系列关键的统计数据,包括数据的计数(即非空值的数量)、平均值、标准差、最小值、四分位数(包括第一四分位数25%、中位数50%、第三四分位数75%)以及最大值等。通过这些信息,您可以快速获得数据集的总体概览。

(一) 使用 describe( ) 函数

在 Pandas 中,通过 describe()函数您可以快速获得 DataFrame 或 Series 的基本统计描述,这对于理解数据的分布特性非常有帮助。它默认只显示数值型列的统计信息,包括计数、平均值、标准差、最小值、四分位数(25%、50%、75%)和最大值。该函数的具体语法如下:

示例代码:DataFrame.describe(percentiles = None, include = None, exclude = None)

释义:

(1) percentiles:一个列表,包含要计算的百分位数(如 [0.1, 0.5, 0.9]),默认为 None,表示只计算 [0.25, 0.5, 0.75](即四分位数)。

(2) include:一个列表,指定要包含的 dtype 类型,如 ['O', 'float', 'int']。None 表示包含所有类型。'all'字符串也可以被用来显示所有列,不管它们的 dtype。

（3）exclude：一个列表，指定要排除的 dtype 类型，与 include 参数相反。

（二）使用统计函数

Pandas 提供了多个统计函数，如 mean（）、median（）、mode（）、std（）、min（）、max（）等，用于计算 DataFrame 的统计指标。具体释义如下：

（1）mean（）：计算平均值。

（2）median（）：计算中位数。

（3）mode（）：计算众数。

（4）std（）：计算标准差。

（5）min（）和 max（）：分别计算最小值和最大值。

对于分类数据或离散数值，您可以使用 value_counts（）方法来统计各个值在数据集中出现的频次。这个方法会返回一个序列，其中，索引为各个唯一值，而对应的值为这些唯一值在数据集中出现的次数。通过这种方式，您可以清晰地了解各个分类或离散数值在数据集中的分布情况，从而对数据的分布特征有一个直观的认识。

此外，为了更直观地观察数据的分布形态，您可以借助 matplotlib 或 seaborn 等可视化库来绘制数据的直方图。直方图是一种常用的统计图表，通过将数据分组到不同的区间（即"桶"）中，并计算每个区间内的数据点数量，从而直观地展示数据的分布情况。通过观察直方图，您可以了解到数据的集中趋势、分布的偏态以及数据的离散程度等信息。箱型图也是一种非常有效的可视化工具，用于清晰地展示数据的分布情况。箱型图通过绘制中位数、四分位数以及异常值等信息，能够直观地展示数据的分布范围、集中趋势和离散程度。通过箱型图，您可以快速识别数据集中的异常值，并了解数据的分布形态，从而对数据的分布特征有一个全面的认识。

以下是一个具体的示例，展示了如何运用这些方法：

输入：

```
import pandas as pd
import numpy as np
import matplotlib.pyplot as plt
# 设定随机种子,确保结果的可复现性
np.random.seed(0)
# 创建一个包含随机数据的数据表
df = pd.DataFrame({
    'A': np.random.randint(1, 100, 100),  # 生成 100 个 1 到 100 之间
的随机整数
    'B': np.random.rand(100),             # 生成 100 个 0 到 1 之间的
随机浮点数
    'C': np.random.choice(['X', 'Y', 'Z'], 100)  # 从'X', 'Y', 'Z'
中随机选择 100 个})
# 使用 describe()方法查看数值型列的统计摘要
print(df.describe())
```

输出:

	A	B
count	100.000000	100.000000
mean	47.850000	0.502297
std	27.015661	0.295048
min	1.000000	0.009357
25%	24.000000	0.274471
50%	48.000000	0.472500
75%	70.250000	0.750904
max	92.000000	0.984042

输入:

```
# 对于分类列,使用 value_counts()方法统计各个值的频次
print(df['C'].value_counts())
```

输出:

```
C
Y    38
X    35
Z    27
Name: count, dtype: int64
```

输入:

```
# 绘制列 A 的直方图,可视化其数据分布
df['A'].hist(bins =20)
plt.title('Column A Distribution')
plt.xlabel('Value')
plt.ylabel('Frequency')
plt.show()
```

输出:

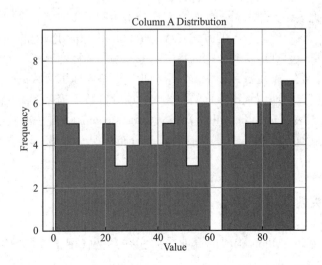

输入：

```
# 绘制列 B 的箱型图,可视化其数据分布
df['B'].plot.box()
plt.title('Column B Distribution')
plt.show()
```

输出：

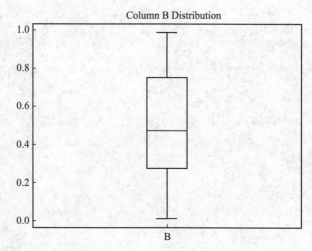

在这个示例中，我们首先创建了一个包含三列的数据表，其中，两列为数值型数据，一列为分类型数据。在创建数据表的过程中，我们确保了数值型列包含连续的数值数据，而分类型列则包含离散的分类标签。接着，为了更好地理解数值型列的统计特性，我们运用了 describe( )方法来获取这些列的统计摘要，包括最小值、最大值、平均值、标准差等关键指标。通过这些统计摘要，我们可以快速了解数值型数据的分布情况和波动程度。

此外，为了分析分类列中各个值的频次，我们使用了 value_counts( )方法。这个方法帮助我们统计了分类列中每个分类标签出现的次数，从而让我们能够了解各个分类的分布情况和相对频率。通过这些频次统计，我们可以识别出数据中的主要分类和少数分类，为进一步的数据分析提供依据。

为了更直观地展示数据的分布情况，我们分别绘制了直方图和箱型图。直方图通过将数据分组并展示每个组内频次的方式，帮助我们可视化数值型列的分布情况。通过观察直方图，我们可以直观地看到数据的集中趋势、偏态和峰度等特征。而箱型图则通过展示数据的四分位数、中位数和异常值，帮助我们更全面地了解数据的分布情况。通过箱型图，我们可以直观地识别出数据的中位数、四分位数范围以及潜在的异常值。

通过创建数据表、运用 describe( )方法、value_counts( )方法以及绘制直方图和箱型图，我们能够全面地了解数据的统计特性和分布情况，为进一步的数据分析和处理提供坚实的基础。

五、应用实践

下面是一个基于 Python 构建的商业应用实践案例，用于查看数据的大小、格式

和分布。这个案例将使用 Pandas 库来处理 Excel 数据。我们将使用一个公开的 Excel 数据集，该数据集包含了某个大型综合商店的销售数据。

步骤概述：

首先，我们需要执行数据导入的步骤，这一步骤涉及从 Excel 文件中导入所需的数据。具体来说，我们将打开一个预先准备好的 Excel 文件，并将其中的数据读取到我们的分析环境中。这一过程可以通过多种工具和编程语言实现，例如使用 Python 的 Pandas 库或 R 语言的 readxl 包。在使用 Python 进行数据导入时，我们可以利用 Pandas 库中的 read_excel 函数来实现这一目标。而在使用 R 语言时，我们可以借助 readxl 包中的 read_excel 函数来完成数据的导入工作。

其次，进行数据查看。这一阶段的主要目的是对导入的数据进行初步的检查和分析，以确保数据的质量和完整性。我们将查看数据的大小，即数据集中的行数和列数，以了解数据集的规模。此外，我们还将检查数据的格式，确保每列数据的类型符合我们的预期，例如日期格式、数值格式等。

最后，我们将分析数据的分布情况，通过统计指标如均值、中位数、标准差等来了解数据的分布特征。为了更深入地理解数据，我们还可以进行一些额外的检查。例如，我们可以检查数据的唯一值数量，以了解数据集之中各个字段的多样性。我们还可以检查数据的缺失值情况，通过计算每列的缺失值数量来评估数据的完整性。此外，我们还可以进行数据类型转换，确保每列数据的类型符合我们的分析需求。例如，如果某列数据原本是字符串格式，但我们需要将其作为数值进行分析，那么我们需要将其转换为数值类型。通过这些额外的检查和处理，我们可以进一步确保数据的质量，为后续的数据分析和建模工作奠定坚实的基础。

数据导入

输入：

```python
# 导入数据
file_path = 'Online Retail.xls'
data = pd.read_excel(r'D:\Online Retail1.xls')
print(data)
```

输出：

```
      InvoiceNo StockCode                 Description          Quantity \
0        536365    85123A    WHITE HANGING HEART T-LIGHT HOLDER      6
1        536365     71053          WHITE METAL LANTERN              6
2        536365    84406B    CREAM CUPID HEARTS COAT HANGER          8
3        536365    84029G  KNITTED UNION FLAG HOT WATER BOTTLE       6
4        536365    84029E      RED WOOLLY HOTTIE WHITE HEART.        6
...         ...       ...                  ...                    ...
65530    541696     21205     MULTICOLOUR 3D BALLS GARLAND           1
65531    541696     21208      PASTEL COLOUR HONEYCOMB FAN           2
65532    541696     21209      MULTICOLOUR HONEYCOMB FAN             1
65533    541696     21212    PACK OF 72 RETROSPOT CAKE CASES         1
65534    541696     21217    RED RETROSPOT ROUND CAKE TINS          1
```

	InvoiceDate	UnitPrice	CustomerID	Country
0	2010-12-01 08:26:00	2.55	17850.0	United Kingdom
1	2010-12-01 08:26:00	3.39	17850.0	United Kingdom
2	2010-12-01 08:26:00	2.75	17850.0	United Kingdom
3	2010-12-01 08:26:00	3.39	17850.0	United Kingdom
4	2010-12-01 08:26:00	3.39	17850.0	United Kingdom
...	...	...	...	...
65530	2011-01-20 18:08:00	2.46	NaN	United Kingdom
65531	2011-01-20 18:08:00	1.63	NaN	United Kingdom
65532	2011-01-20 18:08:00	1.63	NaN	United Kingdom
65533	2011-01-20 18:08:00	1.25	NaN	United Kingdom
65534	2011-01-20 18:08:00	20.79	NaN	United Kingdom

[65535 rows x 8 columns]

输入:

```
# 查看数据大小
print(f"数据集大小: {data.shape}")
# 查看数据的前几行
print("数据前几行:\n", data.head())
# 查看数据格式
print("数据格式:\n", data.info())
# 描述统计
print("描述统计:\n", data.describe())
```

输出:

数据集大小:(65535,8)
数据前几行:

	InvoiceNo	StockCode	Description	Quantity \
0	536365	85123A	WHITE HANGING HEART T-LIGHT HOLDER	6
1	536365	71053	WHITE METAL LANTERN	6
2	536365	84406B	CREAM CUPID HEARTS COAT HANGER	8
3	536365	84029G	KNITTED UNION FLAG HOT WATER BOTTLE	6
4	536365	84029E	RED WOOLLY HOTTIE WHITE HEART.	6

	Invoice Date	UnitPrice	CustomerID	Country
0	2010-12-01 08:26:00	2.55	17850.0	United Kingdom
1	2010-12-01 08:26:00	3.39	17850.0	United Kingdom
2	2010-12-01 08:26:00	2.75	17850.0	United Kingdom
3	2010-12-01 08:26:00	3.39	17850.0	United Kingdom
4	2010-12-01 08:26:00	3.39	17850.0	United Kingdom

< class 'pandas.core.frame.DataFrame' >

```
RangeIndex: 65535 entries, 0 to 65534
Data columns (total 8 columns):
 #    Column       Non-Null Count     Dtype
---   ------       --------------     -----
 0    InvoiceNo    65535 non-null      object
 1    StockCode    65535 non-null      object
 2    Description  65369 non-null      object
 3    Quantity     65535 non-null      int64
 4    InvoiceDate  65535 non-null     datetime64[ns]
 5    UnitPrice    65535 non-null      float64
 6    CustomerID   40218 non-null      float64
 7    Country      65535 non-null      object
dtypes: datetime64[ns](1), float64(2), int64(1), object(4)
memory usage: 4.0 + MB
```

数据格式：

None

描述统计：

	Quantity	InvoiceDate	UnitPrice	CustomerID
count	65535.000000	65535	65535.000000	40218.000000
mean	8.363119	2010-12-22 05:40:46.984664576	5.856143	15384.033517
min	-74215.000000	2010-12-01 08:26:00	0.000000	12346.000000
25%	1.000000	2010-12-07 15:54:00	1.250000	14001.000000
50%	2.000000	2010-12-16 11:27:00	2.510000	15358.000000
75%	8.000000	2011-01-09 11:02:00	4.240000	17019.000000
max	74215.000000	2011-01-20 18:08:00	16888.020000	18283.000000
std	413.694482	NaN	145.755953	1766.863499

任务二　数据清洗

在当今这个信息爆炸的时代，我们每天都会接触到各种各样的数据，这些数据来源于不同的数据源，如社交媒体、传感器、数据库等。然而，这些来自多样化数据源的数据内容并不总是完美无缺的。实际上，它们常常包含着许多所谓的"脏数据"，这些脏数据表现为数据不完整、存在缺失值、错误信息以及重复的数据记录等多种缺陷。

为了确保数据分析和挖掘的有效性，数据清洗（Data Cleaning）成为数据处理过程中一个至关重要的环节。数据清洗是指在进行数据分析和挖掘之前，对数据进行的一系列准备工作。其主要目的是提高数据的质量，确保数据的准确性、完整性、一致性、适用性，并减少噪声数据的干扰，从而使后续的数据分析和挖掘工作能够顺利进行。

一、缺失值处理

在数据集中，缺失值是一个常见的问题。缺失值处理的目的是填补或删除这些缺失的数据点，以避免在分析过程中产生偏差。常见的处理方法包括删除含有缺失值的记录、用均值、中位数或众数填充缺失值，或者使用更复杂的插值方法。在 Excel 表格中，那些没有任何内容填充的单元格通常被视为缺失值。而在 Python 编程语言中，所有的对象都被视为数据，其中也包括了空值。然而，与 Excel 表格不同的是，在 Python 中，空值并不是单一的，而是存在多种不同的类型。为了更好地理解 Python 及其数据处理库 Pandas 中的空值（也称为缺失值），我们可以参考表 3 - 2，通过这个表格来初步认识和区分这些不同的空值类型。

表 3 - 2　　　　　　　　　　　　**Python** 中以及 **Pandas** 中的缺失值

空值	在 Python 中的表示
NaN	numpy. nan/numpy. NaN，由于导入 Numpy 库时常常起别名为 " np"，所以实际使用时为 np. nan 或 np. NaN
None	None，Python 自带的空值
NA/ < NA >	pandas. NA，由于导入 Pandas 库时常常起别名为 " pd"，所以实际使用时为 pd. NA
NaT	pandas. NaT，时间类型空值，可表示为 pd. NaT

释义：

（1）NaN，即" Not a Number" 的缩写，是一种特殊的数据类型，用于表示缺失或无效的数值。在 Numpy 库中，它是一个常量，通常表示为 numpy. nan。与 Python 中的浮点数相同，numpy. nan 的类型也是 float。由于 Pandas 是建立在 Numpy 之上的，因此，Pandas 中的空值也采用 numpy. nan 来表示。当 Pandas 读取表格数据时，它会默认将表格中的空值转换为 numpy. nan。

（2）None 是 Python 语言内置的空值表示方式。尽管 Pandas 默认使用 NaN 来表示空值，但在处理来自第三方库（如读取 PDF 表格）的数据时，空值通常会以 None 的形式出现，并且会被显示出来。

（3）NA 是 Pandas 库中用于表示空值的特殊对象，表示为 pd. NA。与 NaN 不同，pd. NA 的类型不是 float，并且它通常不会影响同一字段中的其他数值。

（4）NaT，即" Not a Time" 的缩写，用于表示时间戳中的缺失值。当使用 Pandas 读取表格数据，且其中一列为日期类型时，该列的缺失值会被表示为 pandas. NaT。

处理缺失值的方法包括识别数据中的缺失值、删除含有缺失值的记录，以及填充缺失值（例如，使用均值、中位数、众数、插值法或基于模型的预测值进行填充）。

（一）识别缺失值

在处理数据集中的缺失值时，首要任务是了解这些缺失值在数据中的分布情况。为了达到这个目的，我们可以利用 Pandas 库提供的功能，通过一行简单的代码来查看每一列中缺失值的数量或比例。具体来说，我们可以使用' isnull( ). sum( )'或' isna( ). sum( )'方法来实现这一目标。

识别缺失值的方法主要有以下三种：

（1）直接查看数据。对于规模较小的数据集，我们可以直接在表格或数据框中观察哪些值是缺失的。通常情况下，缺失值会以"NaN"（Not a Number，非数字）、空字符串（""）或一些特殊符号（如"#N/A"、"NULL"等）来表示。这些表示方式会根据所使用的软件或数据格式的不同而有所差异。

（2）使用'isnull()'方法。在 Pandas 库中，'isnull()'方法被用来检测 DataFrame 或 Series 中的缺失值。该方法会返回一个与原数据具有相同形状的布尔型对象，其中，缺失值对应的位置会被标记为 True，而非缺失值对应的位置则会被标记为 False。

（3）使用'isna()'方法。与'isnull()'方法类似，'isna()'方法也是用于检测 DataFrame 或 Series 中的缺失值。它同样会返回一个布尔型对象，其中，缺失值的位置为 True，非缺失值的位置为 False。'isna()'方法在功能上与'isnull()'方法完全一致，只是在某些情况下，它的命名更加直观，因为它直接使用了"NA"（Not Available，不可用）这个缩写。

通过以上方法，我们可以有效地识别和处理数据集中的缺失值，从而为后续的数据分析和建模工作打下坚实的基础。

在使用 isnull()或 isna()方法的基础上，我们可以通过调用 sum()方法来进一步计算每列（或每行）中缺失值的数量。具体来说，sum()方法会统计每列（或每行）中 True 值的数量，因为 True 代表缺失值，False 代表非缺失值。通过这种方式，我们可以快速得到每列（或每行）中缺失值的总数，从而帮助我们更好地了解数据集中的缺失情况。

示例代码：data.isnull().sum(axis=0)计算每列缺失值数量。继续沿用"Online Retail.xls"数据集：

输入：

```
# 查看识别缺失值
print("缺失值统计:\n", data.isnull().sum())
```

输出：

```
缺失值统计:
InvoiceNo         0
StockCode         0
Description     166
Quantity          0
InvoiceDate       0
UnitPrice         0
Customer ID   25317   ← 缺失值
Country           0
dtype: int64
```

（二）删除缺失值

在处理数据集时，我们经常会遇到数据缺失的情况。当一条数据记录中缺少了某些关键信息，或者缺失值的数量过多，导致无法进行有效的分析和处理时，这条数据的价值就会大大降低。在这种情况下，我们通常会选择将这些含有缺失值的数据记录从数据集中移除。在 Python 的 Pandas 库中，有一个非常实用的函数叫作'dropna'，它可以帮助我们轻松地删除那些包含缺失值的行或列。通过使用'dropna'函数，我们可以指定不同的参数来决定是删除包含缺失值的行还是列，从而确保数据集的完整性和准确性，以便进行后续的数据分析和处理工作。该函数常用的参数如表 3 – 3 所示。

表 3 – 3   **dropna( )函数常用参数**

参数名称	可用的值	描述
axis	0 或 1	默认值为 0，为 0 时，删除的是数据行；为 1 时，删除的是数据列
thresh	数字	数据行/列不被删除时，该行/列中非缺失值个数的最小值。例如，当参数 thresh = 4 时，那么一行数据中含有至少 4 个非缺失值时才不会被删除，指定 thresh 参数后，how 参数将会失效
subet	字段名称列表	根据哪些字段做删除操作，默认是全部字段
how	'any' 或 'all'	默认值为'any'，表示只要行/列中存在缺失值，那么整行/列就会被删除；参数值为'all'时，表示只有当行/列中所有值（values）都是空值的时候才会被删除

继续使用包含了某个商店的销售数据 "Online Retail. xls"。
输入：

```
# 删除缺失值
data_cleaned = data. dropna()
print(data_cleaned)
# 导入数据
file_path = 'Online Retail. xlsx'
data =pd. read_excel(r'D:\Online Retail1. xls')
print(data)
```

输出：

```
      InvoiceNo StockCode            Description          Quantity \
0       536365    85123A   WHITE HANGING HEART T-LIGHT HOLDER      6
1       536365     71053            WHITE METAL LANTERN            6
2       536365    84406B    CREAM CUPID HEARTS COAT HANGER         8
3       536365    84029G  KNITTED UNION FLAG HOT WATER BOTTLE      6
4       536365    84029E    RED WOOLLY HOTTIE WHITE HEART.         6
...        ...      ...                  ...                    ...
65097  C541693     22636  CHILDS BREAKFAST SET CIRCUS PARADE      -1
65098  C541693     84945   MULTI COLOUR SILVER T-LIGHT HOLDER     -6
65099  C541694     22440    BALLOON WATER BOMB PACK OF 35        -10
65100  C541694     22437     SET OF 9 BLACK SKULL BALLOONS       -10
65101  C541694     22423      REGENCY CAKESTAND 3 TIER            -1
```

	InvoiceDate	UnitPrice	CustomerID	Country
0	2010-12-01 08:26:00	2.55	17850.0	United Kingdom
1	2010-12-01 08:26:00	3.39	17850.0	United Kingdom
2	2010-12-01 08:26:00	2.75	17850.0	United Kingdom
3	2010-12-01 08:26:00	3.39	17850.0	United Kingdom
4	2010-12-01 08:26:00	3.39	17850.0	United Kingdom
...	...	...	...	...
65097	2011-01-20 17:02:00	8.50	14309.0	United Kingdom
65098	2011-01-20 17:02:00	0.85	14309.0	United Kingdom
65099	2011-01-20 17:06:00	0.42	17364.0	United Kingdom
65100	2011-01-20 17:06:00	0.85	17364.0	United Kingdom
65101	2011-01-20 17:06:00	12.75	17364.0	United Kingdom

[40218 rows x 8 columns] ←删除之后,数据量减少为 40218 条数据

	InvoiceNo	StockCode	Description	Quantity \
0	536365	85123A	WHITE HANGING HEART T-LIGHT HOLDER	6
1	536365	71053	WHITE METAL LANTERN	6
2	536365	84406B	CREAM CUPID HEARTS COAT HANGER	8
3	536365	84029G	KNITTED UNION FLAG HOT WATER BOTTLE	6
4	536365	84029E	RED WOOLLY HOTTIE WHITE HEART.	6
...	...	...	...	...
65530	541696	21205	MULTICOLOUR 3D BALLS GARLAND	1
65531	541696	21208	PASTEL COLOUR HONEYCOMB FAN	2
65532	541696	21209	MULTICOLOUR HONEYCOMB FAN	1
65533	541696	21212	PACK OF 72 RETROSPOT CAKE CASES	1
65534	541696	21217	RED RETROSPOT ROUND CAKE TINS	1

	InvoiceDate	UnitPrice	CustomerID	Country
0	2010-12-01 08:26:00	2.55	17850.0	United Kingdom
1	2010-12-01 08:26:00	3.39	17850.0	United Kingdom
2	2010-12-01 08:26:00	2.75	17850.0	United Kingdom
3	2010-12-01 08:26:00	3.39	17850.0	United Kingdom
4	2010-12-01 08:26:00	3.39	17850.0	United Kingdom
...	...	...	...	...
65530	2011-01-20 18:08:00	2.46	NaN	United Kingdom
65531	2011-01-20 18:08:00	1.63	NaN	United Kingdom
65532	2011-01-20 18:08:00	1.63	NaN	United Kingdom
65533	2011-01-20 18:08:00	1.25	NaN	United Kingdom
65534	2011-01-20 18:08:00	20.79	NaN	United Kingdom

[65535 rows x 8 columns] ←没有删除缺失值之前的数据量

在删除缺失值之后，我们发现数据量从原先的 65535 条减少到了 40218 条。对比之下，二者之间存在 25317 条数据的差异。

（三）填充缺失值

在处理数据时，对于那些至关重要的数据，我们可以通过计算各种统计量来填补其中的缺失值。常见的统计量包括平均数、中位数和众数等。平均数是所有数据值的总和除以数据的数量，中位数是将数据从小到大排列后位于中间位置的值，而众数则是数据集中出现次数最多的值。这些统计量可以帮助我们更好地理解数据的分布情况，并为缺失值提供合理的替代值。

在 Python 的 Pandas 库中，我们主要使用'fillna( )'函数来填充 DataFrame 或 Series 中的缺失值。这个函数非常灵活，可以将表中的缺失值替换为我们指定的数据值。例如，我们可以使用平均数、中位数或众数来填充缺失值，也可以直接指定一个具体的数值或使用其他更复杂的填充策略。通过这种方式，我们可以确保数据的完整性和准确性，从而进行更有效的数据分析和处理。该函数常用的参数如表 3 – 4 所示。

表 3 – 4 　　　　　　　　　　　　　　　　**fillna( )　函数常用参数**

参数名称	参数类型	描述
value	标量、字典、Series、DataFrame	用于填充缺失值的值。如果是标量，则整个对象中的缺失值都会被该标量替换。如果是字典，则可以为不同的列指定不同的填充值。如果是 Series 或 DataFrame，则需要与原始数据的形状相匹配
method	{'backfill', 'bfill', 'pad', 'ffill', None}	填充缺失值的方法。'backfill'或'bfill'表示使用下一个有效值向后填充，'pad'或'ffill'表示使用前一个有效值向前填充
axis	{0, 1, 'index', 'columns'}	确定填充的方向。0 或'index'意味着沿着行的方向填充（即逐列填充），1 或'columns'意味着沿着列的方向填充（即逐行填充）。对于 DataFrame，默认是 0（逐列填充）
inplace	bool	如果为 True，则直接在原地修改对象并返回 None。如果为 False（默认值），则返回一个新的对象，原始对象保持不变
limit	int	如果指定了 method 参数，则此参数表示连续填充的最大数量。如果超出了这个数量，则停止填充。默认为 None，表示没有限制
downcast	{'infer', None}	尝试向下转换数据类型以节省内存。'infer'表示尝试找到能保存数据的最小数据类型。默认为 None，不进行向下转换

在 Python 编程语言中，处理数据集中的缺失值问题时，我们可以借助强大的 Pandas 库来实现这一目标。Pandas 库提供了一个非常实用的方法，名为 fillna( )，专门用于填充数据集中的缺失值。根据数据集的具体情况和需求，我们可以选择多种不同的填充策略来填补这些空白。例如，我们可以选择使用数据集中的均值、中位数或众数来进行填充，这些方法通常适用于数值型数据。此外，我们还可以选择使用前一个或后一个有效值（即非缺失值）来进行填充，这种方法在时间序列数据中尤为常见。通过灵活运用 fillna( )方法的不同参数和选项，我们可以有效地处理数据集中的缺失值，从而确保数据的完整性和后续分析的准确性。下面是一些常见的填充方法的代码示例，继续沿用"Online Retail. xls"数据集：

1. 使用均值填充缺失值

如果某一列的数据类型是数值型，即这些数据可以表示为整数或浮点数，那么在处理缺失值时，可以采用一种有效的方法，即用该列数据的均值来填充这些缺失值。均值是所有数值的总和除以数值的数量，它能够反映数据的平均水平。通过用均值填充缺失值，可以在一定程度上保持数据的统计特性，避免因缺失值过多而导致的数据分析偏差。这种方法简单且易于实现，特别适用于数据缺失较少且分布相对均匀的情况。

输入：

```
# 使用均值填充缺失值
data_cleaned['Quantity'].fillna(data_cleaned['Quantity'].mean(), inplace = True)
data_cleaned['UnitPrice'].fillna(data_cleaned['UnitPrice'].mean(), inplace = True)
```

2. 使用中位数填充缺失值

中位数填充是一种数据处理方法，它通过使用一组数据的中位数来替代缺失值或异常值，从而避免极端值对整体数据集的影响。这种方法的优点在于中位数对极端值不敏感，能够较好地反映数据的中心趋势，而不会被个别极端值所左右。因此，中位数填充在处理含有异常值的数据集时，能够提供一种相对稳健的替代方案，确保数据的完整性和分析结果的可靠性。

输入：

```
# 使用中位数填充缺失值
data_cleaned['Quantity'].fillna(data_cleaned['Quantity'].median(), inplace = True)
data_cleaned['UnitPrice'].fillna(data_cleaned['UnitPrice'].median(), inplace = True)
```

3. 使用众数填充缺失值

在处理分类数据时，例如涉及产品的类别信息，我们可以采用众数填充的方法来填补那些缺失的或无效的类别值。众数是指在一组数据中出现频率最高的值，它能够有效地代表该数据集中的主要类别。使用众数进行填充，可以确保数据的一致性和完整性，从而在后续的数据分析和处理中保持较高的准确性和可靠性。这种方法特别适用于那些类别分布不均匀的数据集，因为它能够最大限度地减少由于缺失值带来的偏差和误差。总之，众数填充是一种简单而有效的策略，能够在处理分类数据时提供稳定且可靠的结果。

输入：

```
# 使用众数填充缺失值
data_cleaned['Country'].fillna(data_cleaned['Country'].mode()[0], inplace = True)
```

4. 使用前一个有效值填充缺失值

前一个有效值填充方法在处理时间序列数据或具有顺序特征的数据时显得尤为有用。这种技术通过使用前一个有效数据点的值来填补缺失或空缺的数据点，从而保持数据的连续性和完整性。具体来说，当时间序列数据集中出现缺失值时，前一个有效值填充方法会查找该缺失值之前的最近一个有效数据点，并将其值复制或插入缺失值的位置。这种方法不仅简单易行，而且在许多情况下能够有效地减少数据缺失带来的负面影响，确保数据分析和模型训练的准确性。

输入：

```
# 使用前一个有效值填充缺失值
data_cleaned['InvoiceDate'].fillna(method = 'ffill', inplace =
True)
```

5. 使用后一个有效值填充缺失值

在处理数据时，经常会遇到一些缺失值的情况。为了保持数据的完整性和准确性，我们需要采取一些方法来填补这些缺失值。一种常见的方法是使用后一个有效值来填充这些缺失值。这种方法简单且易于实现，特别适用于数据中的缺失值不是很多的情况。具体来说，我们可以遍历整个数据集，找到每一个缺失值的位置。然后，从当前位置开始向前查找，找到第一个有效值，并用这个有效值来填补当前位置的缺失值。这样做的好处是能够保持数据的连续性和一致性，避免了因缺失值过多而导致的数据分析误差。使用后一个有效值来填补缺失值是一种简单而有效的方法，能够帮助我们在数据处理过程中保持数据的完整性和准确性。

输入：

```
# 使用后一个有效值填充缺失值
data_cleaned['InvoiceDate'].fillna(method = 'bfill', inplace =
True)
```

二、重复值处理

（一）识别重复值

您可以使用 duplicated( )函数来识别数据中的重复值。这个方法返回值是一个 Series，其中，True 表示该行为重复项（根据默认设置，第一次出现的行不被视为重复项，后续相同的行被视为重复项），而 False 则表示没有重复行，该函数的主要参数和作用如表 3 - 5 所示。

表 3 - 5　　　　　　　　　　　　duplicated( )函数的主要参数和作用

参数名称	参数取值	描述
subset	字段名称列表	根据哪些字段做重复值检测操作，默认是全部字段

参数名称	参数取值	描述
keep	'first'、'last'或 False	默认值为'first'。当为'first'时，如果存在多行（大于等于2）数据完全一样，那么只有所有重复行的第一行不会被标记为重复行；当为'last'时，则只有最后一行不会被标记为重复行；当为False时，所有重复行都会被标记为重复行

　　在处理数据时，识别并处理重复值是一个常见的任务。为了帮助我们完成这一任务，Pandas库提供了一个非常实用的方法，即duplicated( )方法。这个方法能够帮助我们快速识别数据集中的重复行，并返回一个布尔值的Series，其中，每个元素对应于原始数据集中的每一行。具体来说，这个布尔值表示该行是否是重复行。

　　使用duplicated( )方法时，您可以根据自己的需求灵活选择保留第一个重复值、保留最后一个重复值，或者直接删除所有重复的行。例如，如果您希望保留第一次出现的重复行并删除后续的重复行，就可以结合使用duplicated( )方法和drop_duplicates( )方法。相反，如果您希望保留最后一次出现的重复行，则可以在duplicated( )方法中设置keep参数为'last'。最后，如果您决定删除所有重复的行，则可以直接使用drop_duplicates( )方法，该方法默认删除所有重复的行。Pandas库的duplicated( )方法为我们提供了一个强大且灵活的工具，帮助我们在数据分析过程中有效地识别和处理重复数据。通过合理利用这个方法，我们可以确保数据的准确性和可靠性，从而为后续的数据分析和建模工作打下坚实的基础。

　　以下是识别重复值的代码示例，数据继续使用"Online Retail. xls"数据集：

输入：

```
# 查找重复行,默认保留第一次出现的行
duplicates = data_cleaned. duplicated()
# 显示所有重复的行
print("重复的行:\n", data_cleaned[duplicates])
```

输出：

```
重复的行:

      InvoiceNo StockCode              Description          Quantity \
517      536409     21866    UNION JACK FLAG LUGGAGE TAG            1
527      536409     22866    HAND WARMER SCOTTY DOG DESIGN          1
537      536409     22900    SET 2 TEA TOWELS I LOVE LONDON         1
539      536409     22111    SCOTTIE DOG HOT WATER BOTTLE           1
555      536412     22327    ROUND SNACK BOXES SET OF 4 SKULLS      1
...         ...       ...              ...                        ...
64689    541660     21411    GINGHAM HEART DOORSTOP RED             2
64710    541660     22804    CANDLEHOLDER PINK HANGING HEART        3
64711    541660    85123A    WHITE HANGING HEART T-LIGHT HOLDER     3
64719    541660     85053    FRENCH ENAMEL CANDLEHOLDER             1
64724    541660     22189    CREAM HEART CARD HOLDER                3
```

	InvoiceDate	UnitPrice	CustomerID	Country
517	2010-12-01 11:45:00	1.25	17908.0	United Kingdom
527	2010-12-01 11:45:00	2.10	17908.0	United Kingdom
537	2010-12-01 11:45:00	2.95	17908.0	United Kingdom
539	2010-12-01 11:45:00	4.95	17908.0	United Kingdom
555	2010-12-01 11:49:00	2.95	17920.0	United Kingdom
...	...	...	...	...
64689	2011-01-20 12:20:00	4.25	17787.0	United Kingdom
64710	2011-01-20 12:20:00	2.95	17787.0	United Kingdom
64711	2011-01-20 12:20:00	2.95	17787.0	United Kingdom
64719	2011-01-20 12:20:00	2.10	17787.0	United Kingdom
64724	2011-01-20 12:20:00	3.95	17787.0	United Kingdom

[633 rows x 8 columns]

输入:

显示重复行的数量,数据继续使用"Online Retail.xls"数据集:

```python
num_duplicates = duplicates.sum()
print(f"重复行的数量: {num_duplicates}")
```

输出:

重复行的数量: 633

输入:

查找特定列(例如'InvoiceNo')中的重复值

```python
duplicates_in_column = data_cleaned.duplicated(subset = ['InvoiceNo'])
# 显示特定列中重复的行
print("特定列中重复的行:\n", data_cleaned[duplicates_in_column])
```

输出:

特定列中重复的行:

	InvoiceNo	StockCode	Description	Quantity \
1	536365	71053	WHITE METAL LANTERN	6
2	536365	84406B	CREAM CUPID HEARTS COAT HANGER	8
3	536365	84029G	KNITTED UNION FLAG HOT WATER BOTTLE	6
4	536365	84029E	RED WOOLLY HOTTIE WHITE HEART.	6
5	536365	22752	SET 7 BABUSHKA NESTING BOXES	2
...	...	...	...	...
65096	C541693	22617	BAKING SET SPACEBOY DESIGN	-1
65097	C541693	22636	CHILDS BREAKFAST SET CIRCUS PARADE	-1
65098	C541693	84945	MULTI COLOUR SILVER T – LIGHT HOLDER	-6
65100	C541694	22437	SET OF 9 BLACK SKULL BALLOONS	-10
65101	C541694	22423	REGENCY CAKESTAND 3 TIER	-1

	InvoiceDate	UnitPrice	CustomerID	Country
1	2010-12-01 08:26:00	3.39	17850.0	United Kingdom
2	2010-12-01 08:26:00	2.75	17850.0	United Kingdom
3	2010-12-01 08:26:00	3.39	17850.0	United Kingdom
4	2010-12-01 08:26:00	3.39	17850.0	United Kingdom
5	2010-12-01 08:26:00	7.65	17850.0	United Kingdom
...	...	...	...	...
65096	2011-01-20 17:02:00	4.95	14309.0	United Kingdom
65097	2011-01-20 17:02:00	8.50	14309.0	United Kingdom
65098	2011-01-20 17:02:00	0.85	14309.0	United Kingdom
65100	2011-01-20 17:06:00	0.85	17364.0	United Kingdom
65101	2011-01-20 17:06:00	12.75	17364.0	United Kingdom

```
[37774 rows x 8 columns]
```

（二）删除重复值

在处理数据集时，处理缺失值和重复值是常见的任务。对于重复值的处理，我们需要根据具体的情况来决定采取什么样的方法。特别是在删除重复值时，我们需要考虑是否只保留其中一行数据，还是将所有重复的行都删除。在 Python 的 Pandas 库中，删除重复值主要使用的是 'drop_duplicates()' 函数。这个函数与用于检测重复值的 'duplicated()' 函数在功能上非常相似，它们的核心参数包括 'subset' 和 'keep'。'subset' 参数用于指定在哪些列中查找重复值，而 'keep' 参数则用于决定保留哪些重复值。例如，'keep = 'first'' 表示保留第一次出现的重复行，'keep = 'last'' 表示保留最后一次出现的重复行，而 'keep = False' 则表示删除所有重复的行。通过这些参数的灵活运用，我们可以根据实际需求来处理数据集中的重复值。

以下是删除重复值的代码示例，数据继续使用"Online Retail. xls"数据集：

输入：

```
# 删除所有重复行,保留第一次出现的行
data_no_duplicates = data_cleaned.drop_duplicates()
# 或者删除特定列中的重复行
data_no_duplicates_in_column = data_cleaned.drop_duplicates
(subset = ['InvoiceNo'])
```

三、异常值识别与处理

在 Python 编程语言中，异常值（Outliers）通常指的是那些在数据集中显得与众不同、与其他观测值相比显得异常或不一致的数据点。这些异常值的出现可能是多种原因导致的，这些原因包括但不限于数据输入时的错误、测量过程中的误差、数据存储或传输过程中的损坏、某些极端事件的发生，以及数据本身固有的自然变异性。异常值的存在可能会对数据分析的结果产生显著的影响，因为它们可能会扭曲一些关键统计量的计算，例如均值、中位数和标准差等，从而影响对数据的正确解读和模型的预测准确性。因此，在进行数据分析的过程中，对数据集进行异常值的识别和修正显得尤为重要。

为了有效地识别和处理异常值，研究人员和数据分析师通常会采用一些常用的方法。其中，最著名的两种方法是 3σ 方法和四分位数法（IQR 法）。

3σ 方法基于正态分布的性质，假设大部分数据值会落在均值的三个标准差范围内，而那些超出这个范围的值则被认为是异常值。这种方法简单易行，但前提是数据必须符合正态分布的假设。

四分位数法是一种更为稳健的方法，它不依赖于数据的分布假设。该方法首先计算数据集的第一四分位数（Q1）和第三四分位数（Q3），然后计算四分位数间距（IQR），即 Q3 与 Q1 的差值。根据 IQR，可以确定异常值的上下界，通常分别定义为 Q1 − 1.5 × IQR 和 Q3 + 1.5 × IQR。任何低于下界或高于上界的值都被认为是异常值。这种方法在处理非正态分布的数据时更为有效，因此在实际应用中非常受欢迎。通过这些方法，研究人员可以有效地识别和处理数据集中的异常值，从而提高数据分析的准确性和可靠性。

1. 3σ 方法

3σ 方法也称为三西格玛原则或三倍标准差原则，是一种在统计学中广泛应用的异常值检测方法。其基于正态分布的特性，先假设一组检测数据只含有随机误差，对原始数据进行计算处理得到标准差，然后按一定的概率确定一个区间，认为数据超过这个区间就属于异常。正态分布数据的 3σ 原则如表 3 – 6 所示（其中 σ 代表标准差，μ 代表均值）。

表 3 – 6　　　　　　　　　　　正态分布数据的 3σ 原则

数值分布	在数据中的占比
$(\mu - \sigma,\ \mu + \sigma)$	68.27%
$(\mu - 2\sigma,\ \mu + 2\sigma)$	95.45%
$(\mu - 3\sigma,\ \mu + 3\sigma)$	99.73%

通过表 3 – 6 可以看出正态分布数据的数值落在平均值加减三个标准差（$\mu - 3\sigma$，$\mu + 3\sigma$）范围内的概率约为 99.73%，而超出这个范围的数据点则被视为异常值。

使用 3σ 方法（即标准差方法）可以有效地识别数据中的异常值。具体步骤是计算数据的均值和标准差，并判断哪些数据点超出了均值 ±3 倍标准差的范围。我们将使用之前的案例"Online Retail. xls"数据集并应用 3σ 方法识别"UnitPrice"列中的异常值。

（1）步骤一：计算均值和标准差。计算"UnitPrice"列的均值和标准差。

输入：

```python
# 计算均值和标准差
mean_unit_price = data_cleaned['UnitPrice'].mean()
std_unit_price = data_cleaned['UnitPrice'].std()
print(f"UnitPrice 的均值: {mean_unit_price}")
print(f"UnitPrice 的标准差: {std_unit_price}")
```

输出：

UnitPrice 的均值：3.224005917748272

UnitPrice 的标准差：8.188550558147938

（2）步骤二：应用3σ方法识别异常值。通过判断哪些数据点超出了均值 ±3 倍标准差的范围，可以识别异常值。

输入：

```
# 识别异常值
upper_bound = mean_unit_price + 3 * std_unit_price
lower_bound = mean_unit_price - 3 * std_unit_price
# 识别超出上下限的异常值
outliers = data_cleaned[(data_cleaned['UnitPrice'] > upper_
bound) | (data_cleaned['UnitPrice'] < lower_bound)]
print("识别出的异常值:\n", outliers)
```

输出：

识别出的异常值：

```
       InvoiceNo StockCode          Description            Quantity \
246      536392    22827    RUSTIC SEVENTEEN DRAWER SIDEBOARD     1
294      536396    22803      IVORY EMBROIDERED QUILT            2
431      536406    22803      IVORY EMBROIDERED QUILT            2
1423     536540    C2              CARRIAGE                      1
2251     536569    21761    WOOD AND GLASS MEDICINE CABINET      1
...       ...       ...               ...                      ...
61634    541434    C2              CARRIAGE                      1
61952    541491    POST            POSTAGE                       3
63437    541569    POST            POSTAGE                       3
63625    541587    84078A   SET/4 WHITE RETRO STORAGE CUBES      1
64600    541655    22803      IVORY EMBROIDERED QUILT            1

             InvoiceDate      UnitPrice CustomerID      Country
246      2010-12-01 10:29:00    165.00   13705.0    United Kingdom
294      2010-12-01 10:51:00     35.75   17850.0    United Kingdom
431      2010-12-01 11:33:00     35.75   17850.0    United Kingdom
1423     2010-12-01 14:05:00     50.00   14911.0         EIRE
2251     2010-12-01 15:35:00     29.95   16274.0    United Kingdom
...            ...               ...       ...             ...
61634    2011-01-18 10:22:00     50.00   14911.0         EIRE
61952    2011-01-18 14:04:00     28.00   12510.0         Spain
63437    2011-01-19 12:14:00     40.00   13520.0      Switzerland
63625    2011-01-19 14:39:00     39.95   17841.0    United Kingdom
64600    2011-01-20 12:04:00     39.95   14779.0    United Kingdom

[115 rows x 8 columns]
```

（3）步骤三：可视化异常值。为了更直观地展示异常值，可以绘制散点图或箱线图。

输入：

```python
import matplotlib.pyplot as plt
import seaborn as sns
plt.figure(figsize = (10, 6))
# 绘制散点图,并标记异常值
sns.scatterplot(x = data_cleaned.index, y = data_cleaned['Unit-
Price'], label = 'data point')
sns.scatterplot(x = outliers.index, y = outliers['UnitPrice'],
color = 'red', label = 'Outlier detection')
plt.axhline(upper_bound, color = 'green', linestyle = '--', label = '
上限 (mean + 3σ)')
plt.axhline(lower_bound, color = 'green', linestyle = '--', label = '
下限 (mean - 3σ)')
plt.title('UnitPrice Outlier detection')
plt.xlabel('index')
plt.ylabel('UnitPrice')
plt.legend()
plt.show()
```

输出：

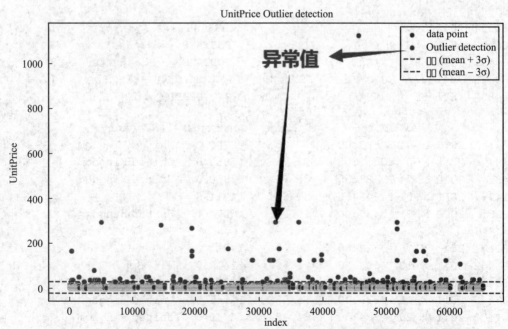

以上代码段落详细地展示了如何利用 3σ 原则来识别数据集中的异常值。具体来

说，通过计算数据集的平均值（均值）以及标准差，我们可以确定一个正常范围，该范围由均值加上或减去 3 倍的标准差来界定。在这个过程中，任何超出这个范围的数据点都可以被认为是潜在的异常值或离群点。这种方法在处理大多数连续型数据时显得非常有效，因为它提供了一种简单而直观的方式来识别那些可能由于某些特殊原因而偏离正常分布的数据点。通过这种方式，我们可以更容易地发现数据中的异常情况，从而进行进一步的分析或采取相应的措施。

2. 四分位数法

四分位数法也称为 IQR 法，是一种在统计学中广泛使用的工具，用于识别和处理数据集中的异常值。这种方法主要依赖于数据的中位数（即第二四分位数，Q2）以及四分位数间距（IQR，它是第三四分位数 Q3 与第一四分位数 Q1 之间的差值，即 IQR = Q3 – Q1）。通过这种方式，我们可以定义一个数据点是否为异常值的范围。

具体来说，四分位数法通过计算 Q1 和 Q3，然后确定 IQR 值，进而设定一个阈值来识别异常值。具体的标准是：如果某个数据点低于第一四分位数 Q1 减去 1.5 倍的 IQR（即 Q1 – 1.5 × IQR），或者高于第三四分位数 Q3 加上 1.5 倍的 IQR（即 Q3 + 1.5 × IQR），那么这个数据点通常会被认为是一个异常值。这种方法的优点在于它能够有效地识别出那些远离数据集中大部分值的极端数据点，从而帮助我们更好地理解数据集的分布情况，并在进一步的分析中排除这些可能影响结果的异常值。四分位数法通过计算数据的第一四分位数（Q1）和第三四分位数（Q3），以及四分位距（IQR = Q3 – Q1），然后定义异常值为低于 $Q1 – 1.5 \times IQR$ 或高于 $Q3 + 1.5 \times IQR$ 的数据点。

我们将继续使用上面"Online Retail. xls"数据集案例数据，并应用 IQR 方法来识别"UnitPrice"列中的异常值。

（1）步骤一：计算 IQR 及其上下限。计算"UnitPrice"列的第一四分位数（Q1）、第三四分位数（Q3）和四分位距（IQR）。

输入：

```
# 计算 Q1(第一四分位数)和 Q3(第三四分位数)
Q1 = data_cleaned['UnitPrice'].quantile(0.25)
Q3 = data_cleaned['UnitPrice'].quantile(0.75)
# 计算 IQR(四分位距)
IQR = Q3 - Q1
print(f"UnitPrice 的第一四分位数(Q1):{Q1}")
print(f"UnitPrice 的第三四分位数(Q3):{Q3}")
print(f"UnitPrice 的四分位距(IQR):{IQR}")
```

输出：

```
UnitPrice 的第一四分位数 (Q1):1.25
UnitPrice 的第三四分位数 (Q3):3.75
UnitPrice 的四分位距 (IQR):2.5
```

（2）步骤二：识别异常值。通过计算上下限，识别异常值。

输入：

```
# 定义上下限
lower_bound = Q1 - 1.5 * IQR
upper_bound = Q3 + 1.5 * IQR
# 识别异常值
outliers = data_cleaned[(data_cleaned['UnitPrice'] < lower_
bound) | (data_cleaned['UnitPrice'] > upper_bound)]
print("识别出的异常值:\n", outliers)
```

输出：

```
识别出的异常值:
```

	InvoiceNo	StockCode	Description	Quantity \
5	536365	22752	SET 7 BABUSHKA NESTING BOXES	2
16	536367	22622	BOX OF VINTAGE ALPHABET BLOCKS	2
19	536367	21777	RECIPE BOX WITH METAL HEART	4
20	536367	48187	DOORMAT NEW ENGLAND	4
45	536370	POST	POSTAGE	3
...	...	...	...	...
65076	541686	48138	DOORMAT UNION FLAG	6
65078	C541688	22423	REGENCY CAKESTAND 3 TIER	-4
65079	C541689	22618	COOKING SET RETROSPOT	-17
65097	C541693	22636	CHILDS BREAKFAST SET CIRCUS PARADE	-1
65101	C541694	22423	REGENCY CAKESTAND 3 TIER	-1

	InvoiceDate	UnitPrice	CustomerID	Country
5	2010-12-01 08:26:00	7.65	17850.0	United Kingdom
16	2010-12-01 08:34:00	9.95	13047.0	United Kingdom
19	2010-12-01 08:34:00	7.95	13047.0	United Kingdom
20	2010-12-01 08:34:00	7.95	13047.0	United Kingdom
45	2010-12-01 08:45:00	18.00	12583.0	France
...	...	...	...	...
65076	2011-01-20 15:42:00	7.95	16912.0	United Kingdom
65078	2011-01-20 16:15:00	10.95	12683.0	France
65079	2011-01-20 16:16:00	8.49	13090.0	United Kingdom
65097	2011-01-20 17:02:00	8.50	14309.0	United Kingdom
65101	2011-01-20 17:06:00	12.75	17364.0	United Kingdom

```
[3811 rows x 8 columns]
```

（3）步骤三：可视化异常值。为了更直观地展示异常值，可以绘制箱线图。

输入：

```
import matplotlib.pyplot as plt
import seaborn as sns
```

```
plt.figure(figsize = (10, 6))
# 绘制箱线图,并标记异常值
sns.boxplot(x = data_cleaned['UnitPrice'])
plt.title('UnitPriceOutlier detection (IQR)')
plt.xlabel('UnitPrice')
plt.show()
```

输出:

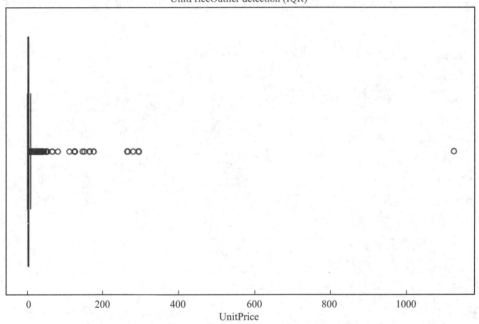

在上述代码中,我们详细展示了如何利用四分位数法来检测数据集中的异常值。通过计算数据集的第一四分位数(Q1)、第三四分位数(Q3)以及它们之间的四分位距(IQR),我们可以确定数据中的正常范围。具体来说,任何低于 $Q1 - 1.5 * IQR$ 或高于 $Q3 + 1.5 * IQR$ 的数据点都可以被认为是异常值。这种方法在处理非正态分布的数据时尤为有效,因为它不依赖于数据的均值和标准差,从而避免了正态分布假设带来的局限性。通过这种方式,我们可以有效地识别出那些可能对数据分析结果产生负面影响的潜在异常值。

四、应用实践

在应用实践部分,将继续使用之前使用的"Online Retail.xls"数据集,来展示一个完整的 Python 数据清洗代码示例。这个示例将涵盖数据清洗过程中的关键步骤,包括处理缺失值、识别和处理异常值,以及进行数据转换和输出。通过这个示例,您可以了解如何使用 Python 来处理实际数据集中的常见问题,确保数据的质量和可用性。

首先，我们将导入必要的 Python 库，如 Pandas 和 Numpy，这些库将帮助我们进行数据操作和分析。其次，我们将加载数据集，并对数据进行初步的探索，以了解数据的基本结构和内容。再次，我们将逐步处理数据中的缺失值，例如通过删除或填充缺失值来确保数据的完整性，并识别和处理数据中的异常值，这些异常值可能会对分析结果产生负面影响。最后，我们将进行必要的可视化清洗，并将清洗后的数据输出到 CSV 文件中。通过这个完整的数据清洗应用示例，您将掌握如何使用 Python 进行高效的数据清洗，为后续的数据分析和建模工作打下坚实的基础。

下面是基于提供的案例数据的完整 Python 数据清洗代码示例。该代码涵盖了数据的基本清洗步骤，包括处理缺失值、识别和处理异常值，以及数据转换和输出。

输入：

```python
import pandas as pd
import numpy as np
import matplotlib.pyplot as plt
import seaborn as sns
# 示例数据加载
# 假设 data_cleaned 是从某个数据源加载的原始数据
# data_cleaned = pd.read_csv('data.csv')  # 示例代码,用于从 CSV 文件加载数据
#1. 查看数据概况
print("数据概况:")
print(data_cleaned.info())
print(data_cleaned.describe())
#2. 处理缺失值
# 示例:使用均值填充数值型列缺失值,使用众数填充分类列缺失值
data_cleaned['Quantity'].fillna(data_cleaned['Quantity'].mean(),
inplace=True)
    data_cleaned['UnitPrice'].fillna(data_cleaned['UnitPrice'].
mean(), inplace=True)
    data_cleaned['Country'].fillna(data_cleaned['Country'].mode()
[0], inplace=True)
    data_cleaned['InvoiceDate'].fillna(method='ffill', inplace=
True)
    #3. 识别并处理重复值
duplicates = data_cleaned.duplicated()
print(f"重复行的数量: {duplicates.sum()}")
data_cleaned = data_cleaned.drop_duplicates()
#4. 异常值识别和处理 - IQR 法
# 计算 Q1, Q3 和 IQR
Q1 = data_cleaned['UnitPrice'].quantile(0.25)
```

```
Q3 = data_cleaned['UnitPrice'].quantile(0.75)
IQR = Q3 - Q1
# 定义上下限
lower_bound = Q1 - 1.5 * IQR
upper_bound = Q3 + 1.5 * IQR
# 识别异常值
outliers = data_cleaned[(data_cleaned['UnitPrice'] < lower_
bound) | (data_cleaned['UnitPrice'] > upper_bound)]
print("识别出的异常值:\n", outliers)
# 处理异常值 - 可以选择删除或替换
# 这里选择删除异常值
data_cleaned = data_cleaned[(data_cleaned['UnitPrice'] > =
lower_bound) & (data_cleaned['UnitPrice'] < = upper_bound)]
# 5. 数据转换 - 示例: 转换日期格式
# 假设'InvoiceDate'列是字符串类型,转换为日期格式
data_cleaned['InvoiceDate'] = pd.to_datetime(data_cleaned
['InvoiceDate'])
# 6. 数据可视化
# 可视化清洗后的 UnitPrice 列
plt.figure(figsize = (10, 6))
sns.boxplot(x = data_cleaned['UnitPrice'])
plt.title('UnitPrice distribution after cleaned')
plt.xlabel('UnitPrice')
plt.show()
# 7. 数据输出
# 将清洗后的数据输出到 CSV 文件中
output_file = 'cleaned_data.csv'
data_cleaned.to_csv(output_file, index = False)
print(f"清洗后的数据已保存到: {output_file}")
# 8. 清洗后的数据概览
print("清洗后的数据概况:")
print(data_cleaned.info())
print(data_cleaned.describe())
```

输出:

数据概况:
```
<class 'pandas.core.frame.DataFrame'>
Index: 34135 entries, 0 to 65100
Data columns (total 8 columns):
```

```
 #     Column      Non-Null Count       Dtype
---    ------      --------------       -----
 0    InvoiceNo    34135 non-null       object
 1    StockCode    34135 non-null       object
 2    Description  34135 non-null       object
 3    Quantity     34135 non-null       int64
 4    InvoiceDate  34135 non-null    datetime64[ns]
 5    UnitPrice    34135 non-null       float64
 6    CustomerID   34135 non-null       float64
 7    Country      34135 non-null       object
```

dtypes: datetime64[ns](1), float64(2), int64(1), object(4)

memory usage: 2.3 + MB

None

```
          Quantity               InvoiceDate         UnitPrice    CustomerID
count   34135.000000                34135           34135.000000  34135.000000
mean       13.446423  2010-12-21 01:29:48.863043584     2.066048  15383.784561
min    -74215.000000   2010-12-01 08:26:00              0.000000  12346.000000
25%         2.000000   2010-12-07 11:31:00              1.250000  13982.000000
50%         6.000000   2010-12-14 13:31:00              1.650000  15363.000000
75%        12.000000   2011-01-07 10:32:00              2.950000  17059.000000
max     74215.000000   2011-01-20 17:06:00              5.490000  18283.000000
std       572.748924            NaN                     1.276814   1774.765875
```

重复行的数量: 0

识别出的异常值:

Empty DataFrame

Columns: [InvoiceNo, StockCode, Description, Quantity, InvoiceDate, Unitprice, CustomerID, Country]

Index: []

清洗后的数据已保存到: cleaned_data.csv

清洗后的数据概况:

< class 'pandas.core.frame.DataFrame' >

Index: 34135 entries, 0 to 65100

Data columns (total 8 columns):

```
 #     Column      Non-Null Count       Dtype
---    ------      --------------       -----
 0    InvoiceNo    34135 non-null       object
 1    StockCode    34135 non-null       object
 2    Description  34135 non-null       object
 3    Quantity     34135 non-null       int64
 4    InvoiceDate  34135 non-null    datetime64[ns]
 5    UnitPrice    34135 non-null       float64
 6    CustomerID   34135 non-null       float64
 7    Country      34135 non-null       object
```

```
dtypes: datetime64[ns](1), float64(2), int64(1), object(4)
memory usage: 2.3 + MB
None
```

	Quantity	InvoiceDate	UnitPrice	CustomerID
count	34135.000000	34135	34135.000000	34135.000000
mean	13.446433	2010-12-21 01:29:48.863043584	2.066048	15383.784561
min	-74215.000000	2010-12-01 08:26:00	0.000000	12346.000000
25%	2.000000	2010-12-07 11:31:00	1.250000	13982.000000
50%	6.000000	2010-12-14 13:31:00	1.650000	15363.000000
75%	12.000000	2011-01-07 10:32:00	2.950000	17059.000000
max	74215.000000	2011-01-20 17:06:00	5.490000	18283.000000
std	572.748924	NaN	1.276814	1774.765875

在本示例代码中，我们首先假设数据已经被加载到名为 data_cleaned 的变量中。如果在实际应用中，则需要从 Excel 或者 CSV 文件或其他类型的数据源中导入数据，可以根据具体情况进行相应的代码调整。接下来，我们对数据进行了处理，以确保数据的完整性和准确性。具体来说，我们使用了均值填充的方法来处理数值型数据中的缺失值，使用众数填充的方法来处理分类数据中的缺失值，并且采用了前向填充的方法来处理日期数据中的缺失值。此外，我们还识别并删除了数据中的重复行，以确保数据的唯一性。为了进一步提高数据质量，我们使用了四分位数法来识别并删除了异常值，从而确保数据的可靠性。在数据转换方面，代码示例展示了如何将字符串格式的日期数据转换为 datetime 格式，以便进行后续的时间序列分析。为了直观地展示清洗后的数据分布情况，我们使用了箱线图来可视化 UnitPrice 列的数据。清洗后的数据最终被保存到 CSV 文件中，方便进行后续的分析工作或与其他研究人员分享。在数据清洗过程中，我们还进行了数据概览，分别在清洗前后查看数据的概况，以便了解清洗的效果，确保数据清洗工作达到了预期的目标。

任务三　数据转换

一、数据类型转换

在当今这个大数据时代，数据的多样性和复杂性已经成为其显著的特征。在处理这些数据的过程中，数据类型转换扮演着一个至关重要的角色，它不仅频繁地发生，而且对于优化数据的存储和传输效率具有至关重要的作用。通过数据类型转换，我们可以确保数据分析的准确性和一致性，从而有效地应对数据清洗和预处理的需求。此外，数据类型转换还可以帮助我们更直观地展示分析结果，使决策者能够更深入地理解数据背后的含义和价值。

例如，在商业大数据分析的场景中，我们常常需要计算某只股票在过去一年中的日收益率。原始数据通常包含各种类型的信息，如日期字符串和收盘价字符串。为了进行有效的分析，我们首先需要将这些日期字符串转换为日期时间类型，这样我们才能进行精确的时间序列分析。其次，我们将收盘价字符串转换为浮点数类型，以便进行各种数学运算和计算。通过这样的数据类型转换，我们能够轻松地计算出股票的日收益率，并在此基础上进行进一步的分析和可视化工作，从而为投资者和决策者提供有价值的洞察和建议。

（一）astype()函数

astype()函数是 Pandas 和 NumPy 库中用于数据类型转换的一个非常有用的方法。其语法如下：

```
DataFrame.astype(dtype, copy = True, errors = 'raise')
```

常用参数描述如下：

dtype：数据类型，使用 numpy.dtype 或 Python 类型将整个 Pandas 对象转换为相同类型，也可对特定列进行转换。

copy：布尔值，默认为 True，表示返回一个副本。

errors：针对数据类型转换无效引发异常的处理，默认为'raise'，表示允许引发异常，errors = 'ignore'抑制异常，错误时返回原始对象。

输入：

```
import pandas as pd
df = pd.DataFrame({'M': [2, 3, 5], 'N': [3.9, 4.7, 6.1]}) #创建一个
简单的 DataFrame
df_float = df.astype(float)     #将所有列转换为浮点数
df_float
```

输出：

```
    M     N
0  2.0   3.9
1  3.0   4.7
2  5.0   6.1
```

输入：

```
df_int_N = df.astype({'N': int})    #仅将列 'N' 转换为整数
df_int_N
```

输出：

```
   M  N
0  2  3
1  3  4
2  5  6
```

在进行数据类型转换时，我们必须特别注意不同类型数据之间的转换规则和限制。例如，整数类型的数据可以被转换成浮点数类型的数据，这种转换通常不会带来任何问题。然而，当我们需要将浮点数类型的数据转换为整数类型的数据时，需要注意一个重要的细节：浮点数中的小数部分会被截断。也就是说，转换结果会向下取整，即取整数部分，而忽略掉小数部分。这种转换方式在很多编程语言中都是通用的，因此，在进行数据类型转换时，我们必须牢记这一点，以避免在数据处理过程中出现意外的错误或偏差。

输入：

```
import numpy as np    # 创建一个简单的数组
arr = np.array([5, 6, 7, 8.5])
arr_float = arr.astype(float)   # 将数组转换为浮点数
arr_float
```

输出：

```
array([5. , 6. , 7. , 8.5])
```

尽管 Pandas 和 NumPy 库中的 astype( ) 方法在功能上存在一定的相似性，但 Pandas 库在处理 DataFrame 和 Series 这两种数据结构时，提供了更多专门针对它们的特定功能。Pandas 是一个功能强大的开源 Python 数据分析库，它为用户提供了快速、灵活且表达能力丰富的数据结构，其主要目的是让处理"关系"或"标签"数据变得更加简单和直观。具体来说，DataFrame 是一种表格型的数据结构，它由多个列组成，每一列可以包含不同类型的数据，而 Series 则是一种一维数组结构，它由单一数据类型组成。这两种数据结构都可以利用 astype( ) 方法来进行数据类型的转换。

NumPy 的 astype( ) 方法主要作用于 NumPy 数组，也就是 ndarray 对象。NumPy 是 Python 的一个开源数值计算扩展库，其核心是 ndarray 对象，这是一种多维数组对象，用于存储同质元素，即所有元素的数据类型必须相同。astype( ) 方法在 NumPy 中用于将 ndarray 中的元素从一种数据类型转换为另一种数据类型。NumPy 的 astype( ) 方法主要关注数值类型的转换，例如整数、浮点数、复数等。它提供了对数组元素类型进行批量转换的能力，并且转换后的数组是原始数组的一个副本，不会对原始数组产生任何修改。

相比之下，Pandas 的 astype( ) 方法不仅支持数值类型的转换，还支持日期时间类型、字符串类型以及 Pandas 特有的分类类型（category）等的转换。此外，Pandas 的 astype( ) 方法还提供了更丰富的错误处理选项，例如 errors = 'coerce'，这使得在数据类型转换过程中，无法转换的值可以被自动转换为 NaN（Not a Number）或其他适合的数据类型，从而避免了转换过程中可能出现的错误。这种灵活性和强大的错误处理能力使得 Pandas 在处理复杂数据类型转换时更加得心应手。

（二）Python 中的数据类型转换方法（强制类型转换）

在编程和数据处理中，我们经常会遇到各种不同类型的数据，常见的数据类型包括整数（int）、浮点数（float）、字符串（str）、列表（list）、元组（tuple）和字典

（dict）等。每种数据类型在存储、处理和分析方面都有其独特的优缺点。例如，整数类型适合进行数学运算，而字符串类型则常用于文本处理。由于不同的应用场景对数据类型有不同的需求，因此在数据预处理阶段，根据实际需求进行数据类型转换显得尤为重要。

在 Python 编程语言中，数据类型转换可以通过多种方式实现。其中一种常见的方法是使用强制类型转换，即通过内置函数将一个对象显式地转换为另一种数据类型。例如，可以使用'int()'函数将浮点数转换为整数，或者使用'str()'函数将整数转换为字符串。此外，还可以使用'float()'函数将字符串转换为浮点数，或者使用'list()'函数将字符串转换为字符列表。通过这种方式，我们可以灵活地处理不同类型的数据，以满足各种复杂的数据处理需求。表 3-7 为数据类型转换函数。

表 3-7 数据类型转换函数

函数名称	含义	功能
int（x）	将 x 转换为整数类型	将浮点数向下取整为整数，或将字符串（在可识别的进制下）转换为整数。在大数据分析中，常用于数据清洗和类型转换
float（x）	将 x 转换为浮点数类型	将整数或字符串（表示数字）转换为浮点数。在大数据分析中，用于处理需要浮点数精度的计算
str（x）	将 x 转换为字符串类型	将数字、浮点数、布尔值等转换为字符串。在大数据分析中，常用于数据输出、日志记录等场景
bool（x）	将 x 转换为布尔类型	根据 x 的真值（如非零数值、非空字符串等）返回 True 或 False。在大数据分析中，用于条件判断和数据过滤
list（x）	将 x 转换为列表类型	将字符串、元组、集合等可迭代对象转换为列表。在大数据分析中，用于创建或转换数据结构以进行进一步处理
tuple（x）	将 x 转换为元组类型	将字符串、列表、集合等可迭代对象转换为元组。在大数据分析中，用于保护数据不被修改或作为字典的键
set（x）	将 x 转换为集合类型	将列表、元组、字符串等可迭代对象转换为集合，自动去重。在大数据分析中，用于数据去重和集合运算
dict（x）	将 x（如键值对列表或元组）转换为字典类型	从键值对序列中创建字典。在大数据分析中，用于创建或转换结构化数据以便于分析和处理
bytes（x）	将 x 转换为字节对象	将字符串、整数列表等转换为字节序列。在大数据分析中，用于处理二进制数据或进行网络通信
complex（x）	创建一个复数	将两个参数（实部和虚部）转换为一个复数。在大数据分析中，虽然应用较少，但在科学计算和特定算法中能用到

1. 数值类型间的转换

整数与浮点数转换：Python 提供了 int() 和 float() 函数来实现整数与浮点数之间的转换。

输入：

```
print('float 类型转换为 int 类型',int(3.07))
print('float 类型转换为 int 类型',int(3.97))
print('float 类型转换为 int 类型',int(-3.07))
print('float 类型转换为 int 类型',int(-3.97))
```

输出：

```
float 类型转换为 int 类型 3
float 类型转换为 int 类型 3
float 类型转换为 int 类型 -3
float 类型转换为 int 类型 -3
```

输入：

```
print('int 类型转换为 float 类型',float(10))
```

输出：

```
int 类型转换为 float 类型 10.0
```

注意：float 类型转换为 int 类型，只保留整数部分（且是向下取整）。

2. 字符串与数值类型转换

str 类型转换为 float 类型

输入：

```
print('str 类型转换为 float 类型',float('3.14'))
```

输出：

```
str 类型转换为 float 类型 3.14
```

在将字符串类型转换为整数类型的过程中，我们可以利用 Python 中的内置函数 int()来实现这一操作。具体来说，当我们将一个合法的数值表示的字符串作为参数传递给 int()函数时，该函数会将字符串中的数值部分转换为对应的整数类型。例如，如果我们调用 int('123')，函数就会成功地将字符串'123'转换为整数 123。

同样，如果我们需要将字符串转换为浮点数类型，那么可以使用 float()函数。这个函数同样接受一个字符串作为参数，并将其转换为浮点数。例如，调用 float('3.14')会将字符串'3.14'转换为浮点数 3.14。

需要注意的是，这些函数在转换过程中要求传入的字符串必须是合法的数值表示形式。如果字符串中包含非数值字符，或者数值表示不合法，函数将会抛出一个 ValueError 异常，提示无法进行转换。因此，在使用这些函数进行类型转换时，确保传入的字符串是合法的数值表示是非常重要的。

输入：

```
print(int('170') + int('30'))    # 将 str 类型转换为 int 类型
```

输出：

200

3. 列表、元组与集合的转换

在 Python 编程语言中，列表（list）、元组（tuple）和集合（set）是三种常见的数据结构，它们各自具有独特的用途和特性。列表是一种有序且可变的数据结构，允许存储重复元素；元组则是一种有序且不可变的数据结构，同样允许存储重复元素；而集合则是一种无序且不包含重复元素的数据结构，主要用于进行集合运算。灵活地在这三种数据类型之间进行转换，可以更好地满足各种编程需求，提高代码的效率和可读性。例如，当您需要对一组数据进行排序时，可以先将其转换为列表，排序后再转换回元组或集合；当您需要去除重复元素时，可以将列表转换为集合，然后再转换回列表或元组。掌握这些转换方法，对于编写高效且简洁的 Python 代码至关重要。

输入：

```python
my_list = [2, 3, 5, 7, 9]    # 列表
my_tuple = tuple(my_list)     # 列表转元组
print(my_tuple)  # 输出: (2, 3, 5, 7, 9)
```

输出：

```
(2, 3, 5, 7, 9)
```

输入：

```python
my_tuple = (1, 2, 3, 4, 5)  # 元组
my_list = list(my_tuple)  # 元组转列表
print(my_list)  # 输出: [1, 2, 3, 4, 5]
```

输出：

```
[1, 2, 3, 4, 5]
```

输入：

```python
my_list = [1, 2, 2, 3, 3, 5]  # 列表
my_set = set(my_list)  # 列表转集合(自动去重)
print(my_set)  # 输出:{1, 2, 3, 5} 注意:集合是无序的,所以输出顺序可
```
能不同

输出：

```
{1, 2, 3, 5}
```

输入：

```python
my_set = {1, 3, 4, 2, 5}  # 集合
my_list = list(my_set)  # 集合转列表
print(my_list)  # 输出: [1, 2, 3, 4, 5] 注意:列表是有序的,但集合转换
```

的列表元素的顺序可能不同

输出：

[1, 2, 3, 4, 5]

集合与列表/元组之间的转换可以通过特定的函数来实现。具体来说，如果您有一个列表或元组，并且希望去除其中的重复元素，那么您可以使用 set( ) 函数将它们转换成一个集合。集合是一个无序的数据结构，它只包含唯一的元素，因此在转换过程中，重复的元素会被自动去除。例如，如果您有一个列表 [1，2，2，3]，使用 set( ) 函数后，您就会得到一个集合 {1，2，3}。

相反，如果您有一个集合，并且希望将其转换回列表或元组的形式，那么您可以使用 list( ) 函数或 tuple( ) 函数。需要注意的是，由于集合是无序的，转换回列表或元组后，元素的顺序可能会与原始的列表或元组不同。例如，如果您有一个集合 {1，2，3}，那么当使用 list( ) 函数后，您可能会得到 [1，2，3]，但顺序可能会有所不同，如 [3，1，2]。同样地，使用 tuple( ) 函数将集合转换为元组也会面临同样的顺序问题。总之，通过这些函数，您可以灵活地在集合与列表/元组之间进行转换，以满足不同的数据处理需求。

4. 字典的转换

尽管字典这一数据结构本身并不直接支持转换为除字符串表示之外的其他类型，但我们仍然可以通过遍历字典中的键值对，并结合其他数据类型如列表和元组等，来实现各种复杂的转换逻辑。例如，我们可以将字典中的所有键或所有值提取出来，并将它们转换成一个列表。此外，我们还可以将每个键值对转换成一个元组，然后将这些元组存储在一个列表中，从而实现将字典转换为一个由键值对组成的列表。通过这种方式，我们可以灵活地将字典中的数据转换为其他形式，以满足不同的需求和场景。

输入：

```
my_dict = {'a': 1, 'b': 2, 'c': 3}
keys_list = list(my_dict.keys())
print(keys_list)
```

输出：

['a', 'b', 'c']

输入：

```
values_list = list(my_dict.values())
print(values_list)
```

输出：

[1, 2, 3]

5. 数据类型转换的注意事项

在进行数据类型转换的过程中，我们必须确保转换的合法性，避免出现任何错误或异常情况。例如，在尝试将一个非数值类型的字符串转换为数值类型时，须格外小心，以确保转换过程不会引发错误。这是因为不同类型的数据在转换过程中可能会导致数据精度的丢失，或者改变数据的原始表示形式。例如，当我们将一个整数转换为浮点数时，可能会遇到精度变化的问题；而当我们将一个字符串转换为数值类型时，必须满足特定的格式要求，否则转换过程可能会失败。

为了避免这些问题，建议在数据预处理阶段就完成所有的数据类型转换操作。这样做的好处是，可以在数据进入分析阶段之前，确保数据的准确性和一致性，从而提高后续分析的效率和准确性。数据类型转换是 Python 在大数据分析领域中的一项基础且至关重要的功能。掌握这项功能，不仅可以帮助我们更好地理解和处理数据，还能显著提升数据分析的效率和准确性。希望本章的内容能够为您提供一些有价值的参考，帮助您在大数据分析的道路上走得更远、更稳。

二、中文数字与罗马数字互转

在 Python 编程语言中，将罗马数字转换成对应的整数值是一个相对常见的需求。罗马数字系统是一种古老的文字表示法，用于表示整数，其核心思想是通过组合不同的符号来表示不同的数值。具体来说，罗马数字中的每个符号都有一个特定的数值，例如：Ⅰ 代表 1，Ⅴ 代表 5，Ⅹ 代表 10，Ⅼ 代表 50，Ⅽ 代表 100，Ⅾ 代表 500，而 Ⅿ 则代表 1000。在罗马数字的书写规则中，通常会将较小的数值符号放在较大的数值符号前面，通过这种方式来表示数值的减法。例如，Ⅳ 表示 4（即 5−1），Ⅸ 表示 9（即 10−1）。然而，需要注意的是，较大的数值符号不能出现在较小的数值符号前面，因此，正确的表示应该是 Ⅵ = 5 + 1 = 6。这种规则使得罗马数字的书写和解读具有一定的复杂性，但也正是这种规则使得罗马数字在某些特定场景下仍然具有其独特的魅力和应用价值。

下面是一个 Python 函数的例子，用于将罗马数字字符串转换为整数：
输入：

```python
def roman_to_int(s):
    """
    将罗马数字字符串转换为整数。
    :param s: 罗马数字字符串
    :return: 对应的整数
    """
    roman_values = {'I': 1, 'V': 5, 'X': 10, 'L': 50, 'C': 100, 'D': 500, 'M': 1000}
    total = 0
    prev_value = 0
    for char in reversed(s):
        value = roman_values[char]
        if value < prev_value:
```

```
            total - = value
        else:
            total + = value
        prev_value = value
    return total
# 测试例子
print(roman_to_int("II"))   # 输出：2
print(roman_to_int("IV"))   # 输出：4
print(roman_to_int("IX"))   # 输出：9
print(roman_to_int("LVII"))   # 输出：57
print(roman_to_int("MCXCIV"))   # 输出：1194
```

输出：

```
2
4
9
57
1194
```

这个函数首先定义了一个名为 roman_values 的字典，该字典将罗马数字中的每个字符都映射为它们各自对应的整数值。例如，字符'I'映射为数值1，字符'V'映射为数值5，以此类推。其次，函数开始遍历输入的罗马数字字符串。为了便于处理减法情况，它选择从字符串的末尾开始向前遍历。在遍历过程中，函数会逐步累加每个字符对应的整数值到一个名为 total 的变量中。为了确保减法情况能够正确处理，函数会记录前一个字符的值，并在遍历过程中不断比较当前字符的值与前一个字符的值。如果发现当前字符的值小于前一个字符的值，就意味着当前字符表示的是一个减法操作，因此需要从 total 中减去当前字符的值。相反，如果当前字符的值大于或等于前一个字符的值，则需要将当前字符的值加到 total 中。通过这种方式，函数能够正确处理罗马数字中的减法情况。最后，函数返回 total 变量的值作为结果，这个值就是输入罗马数字字符串所表示的整数值。

以下是一个 Python 函数的例子，用于将整数转换为罗马数字字符串：

输入：

```
def int_to_roman(num):
    """
    将整数转换为罗马数字字符串。
    :param num: 整数
    :return: 罗马数字字符串
    """
    # 罗马数字符号及其对应的值
    values = [1000, 900, 500, 400, 100, 90, 50, 40, 10, 9, 5, 4, 1]
```

```
    symbols = ['M', 'CM', 'D', 'CD', 'C', 'XC', 'L', 'XL', 'X',
'IX', 'V', 'IV', 'I']
    roman_numeral = ""
    # 从大到小遍历每个值
    for i in range(len(values)):
        # 计算当前值可以重复多少次
        count = num // values[i]
        # 将对应的罗马数字符号重复 count 次，并添加到结果字符串
        roman_numeral += symbols[i] * count
        # 更新剩余要转换的数值
        num %= values[i]
    return roman_numeral
# 测试例子
print(int_to_roman(5))   # 输出：V
print(int_to_roman(9))   # 输出：IX
print(int_to_roman(17))   # 输出：XVII
print(int_to_roman(52))   # 输出：LII
print(int_to_roman(1394))   # 输出：MCCCXCIV
```

输出：

```
V
IX
XVII
LII
MCCCXCIV
```

这个函数首先定义了两个列表，分别是 values 和 symbols。这两个列表分别用于存储罗马数字中各个符号所代表的数值以及对应的符号。具体来说，values 列表中包含了罗马数字中各个符号所对应的数值，例如 1、5、10、50、100、500 和 1000 等。而 symbols 列表则包含了与 values 列表中数值相对应的罗马数字符号，例如'I'、'V'、'X'、'L'、'C'、'D'和'M'等。

其次，函数通过从大到小的顺序遍历 values 列表中的每个值。在遍历过程中，函数会计算当前值在整数 num 中可以重复多少次。具体来说，函数会将当前的值与 num 进行比较，然后计算出当前值可以在 num 中重复的最大次数。一旦确定了这个重复次数，函数就会将对应的罗马数字符号重复相应的次数，并将这些符号添加到结果字符串 roman_numeral 中。

再次，每次遍历完成后，函数会通过取模运算更新 num 的值。这个取模运算的目的是在下一次迭代中处理剩余的数值。具体来说，函数会计算 num 与当前值的差值，并将这个差值赋值给 num。这样，num 在下一次迭代时就只包含尚未转换为罗马数字的部分。

最后，当所有的值都遍历完成后，函数会返回结果字符串 roman_numeral。这个字符串就是最终转换后的罗马数字，它包含了所有对应的罗马数字符号，按照罗马数字的规则组合而成。

通过这种方式，函数能够将一个整数转换为相应的罗马数字，满足了罗马数字的表示规则和要求。

三、数据尺度变换

在当今商业领域，大数据分析已经成为企业获取竞争优势的重要手段之一。为了确保数据分析的准确性和有效性，数据预处理成为整个分析流程中不可或缺的关键步骤。在数据预处理的众多环节中，数据尺度变换（也称为数据标准化或归一化）扮演着至关重要的角色。数据尺度变换的主要目的是将数据按照一定的比例进行缩放，使其落入一个较小的特定区间内，通常这个区间是［0，1］或［-1，1］。通过这种方式，数据的尺度被统一，从而便于后续的数据处理和分析工作。特别是对于那些依赖于距离计算的算法（例如 K - 近邻算法、支持向量机等），数据尺度变换显得尤为重要。

（一）数据尺度变换的重要性

一是提高算法的收敛速度：在使用梯度下降等优化算法进行模型训练时，数据尺度变换可以显著加快算法的收敛速度。这是因为尺度变换后的数据更容易在参数空间中进行有效搜索，从而更快地找到最优解。

二是提升模型的精度：对于基于距离计算的算法，如 K - 近邻算法，数据尺度变换可以确保所有特征在距离计算中具有相同的权重。这样可以避免某些数值范围较大的特征在距离计算中占据主导地位，从而影响模型的精度和性能。

三是避免数值问题：在进行大规模的数据计算时，大数值可能会导致数值稳定性问题，例如浮点数溢出。通过数据尺度变换，可以将数据缩放到一个较小的区间内，从而减少数值计算中的误差和不稳定性，确保计算过程的准确性和可靠性。

总之，数据尺度变换在商业大数据分析中具有举足轻重的地位，它不仅能够提高算法的收敛速度和模型的精度，还能有效避免数值计算中的问题，从而为后续的数据处理和分析提供坚实的基础。

（二）常见的数据尺度变换方法

1. Min-Max 标准化

将原始数据线性变换到［0，1］区间内。转换公式为：$y = \dfrac{X - X_{\min}}{X_{\max} - X_{\min}}$

其中，X 是原始数据，$X_{\min}$ 和 $X_{\max}$ 分别是数据集中的最小值和最大值，y 是规范化后的数据。

2. Z-Score 方法

基于原始数据的均值（mean）和标准差（standard deviation）进行规范化，使处理后的数据符合标准正态分布（均值为0，标准差为1）。转换公式为：

$$Z = \frac{x - \mu}{\sigma}$$

其中，μ 是原始数据的均值，σ 是原始数据的标准差。

在 Python 编程语言中，sklearn 库，其全称为 scikit-learn，是一个被广泛采用的机器学习库。它为用户提供了丰富的算法和工具，使得数据挖掘和数据分析任务变得更加便捷和高效。在 scikit-learn 库中，preprocessing 模块扮演着至关重要的角色，专门致力于数据预处理的相关工作。数据预处理是机器学习流程中的一个关键步骤，它涉及对原始数据进行一系列的处理操作，以确保数据的质量和适用性。

具体来说，preprocessing 模块涵盖了多种数据预处理技术，其中包括数据的缩放（scaling）、归一化（normalization）和编码（encoding）等。数据缩放是指将数据的特征值调整到一个特定的范围或分布，常见的方法有标准化（standardization）和归一化（normalization）。标准化是将数据按其均值进行中心化，并按标准差进行缩放，使得数据具有零均值和单位方差。而归一化则是将数据缩放到一个固定的范围，如0到1之间，这有助于消除不同特征之间的量纲影响。

归一化是另一种常见的数据预处理方法，它主要目的是将数据特征缩放到一个特定的范围，通常是0到1之间。这一步骤有助于消除不同特征之间的量纲影响，使得模型训练更加稳定和高效。归一化通常用于处理那些数值范围差异较大的数据集，归一化可以使得每个特征对模型的贡献更加均衡。

编码（encoding）是 preprocessing 模块中的另一个重要功能，它主要处理的是类别型数据。在机器学习模型中，大多数算法无法直接处理非数值型数据，因此，需要将类别型数据转换为数值型数据。常见的编码方法包括独热编码（one-hot encoding）和标签编码（label encoding）。独热编码是将每个类别特征转换为一个新的二进制特征列，每个类别对应一列，而标签编码则是将每个类别映射到一个唯一的整数标签。通过编码操作，类别型数据可以被有效地整合到机器学习模型中，从而提高模型的预测性能。

preprocessing 模块在 scikit-learn 库中扮演着至关重要的角色，它通过提供一系列的数据预处理工具，帮助用户在进行机器学习任务之前，对数据进行有效的清洗、转换和标准化处理。这些预处理步骤对于提高模型的准确性和鲁棒性具有重要意义。

下面分别对两种方法的应用进行举例：

（1）Min-Max 标准化。

输入：

```python
import pandas as pd
from sklearn. preprocessing import MinMaxScaler
data = {'age': [23, 27, 29, 32, 41],
        'salary': [23580, 28720, 29560, 31880, 45000]}  # 示例数据
df = pd. DataFrame(data)
scaler = MinMaxScaler()  # 初始化 MinMaxScaler
df_scaled = scaler. fit_transform(df)  # 拟合和转换数据
```

```
df_scaled = pd.DataFrame(df_scaled, columns = df.columns)  # 将转
```
换后的数据转换回 DataFrame 以便查看
```
print(df_scaled)
```

输出：

```
      age       salary
0   0.000000   0.000000
1   0.222222   0.239963
2   0.333333   0.279178
3   0.500000   0.387488
4   1.000000   1.000000
```

（2）Z-Score 方法。

输入：

```
from sklearn.preprocessing import StandardScaler
scaler = StandardScaler()      # 使用与上面相同的数据
df_scaled = scaler.fit_transform(df)      # 拟合和转换数据
df_scaled = pd.DataFrame(df_scaled, columns = df.columns)      # 同
```
样，将转换后的数据转换回 DataFrame 以便查看
```
print(df_scaled)
```

输出：

```
      age        salary
0   -1.222514   -1.140833
1   -0.561696   -0.422924
2   -0.231287   -0.305600
3   0.264327    0.018437
4   1.751169    1.850920
```

在处理数据时，了解数据的最小值和最大值是非常重要的。如果您的目标是将数据映射到一个特定的区间，例如从 0 到 1，那么您可以选择使用 Min-Max 标准化方法。这种方法通过将数据减去最小值，然后除以最大值和最小值的差值，从而实现数据的缩放。这种标准化方法简单且易于实现，特别适用于那些需要将数据映射到特定范围的场景。

另外，如果您对数据的分布情况不太了解，或者需要基于数据分布进行规范化处理，那么 Z-Score 方法将是一个非常合适的选择。Z-Score 方法通过计算每个数据点与数据集均值的差值，并除以标准差，从而得到每个数据点的标准化值。这种方法特别适用于那些假设数据遵循正态分布或近似正态分布的算法，例如许多机器学习算法。通过使用 Z-Score 方法，可以有效地消除不同量纲和量级的影响，使得数据更加标准化，从而提高算法的性能和准确性。

选择合适的数据尺度变换方法对于商业大数据分析的效率和准确性至关重要。通过合理选择和应用 Min-Max 标准化或 Z-Score 方法，可以显著提高数据处理的效果，为后续的数据分析和决策提供更可靠的支持。

四、应用实践

读取文件夹中 excel 表格中东方集团股价信息，以此为例，展示本节讲解的数据类型转换及数据尺度变换中的部分内容。具体程序代码如下：

读取东方集团股价.xlsx 表格中日期、股票代码、收盘价、最高价、最低价、涨跌额、成交金额、总市值部分共 8 列信息的前 10 行内容。

输入：

```
import numpy as np
import pandas as pd
from sklearn. preprocessing import MinMaxScaler
from sklearn. preprocessing import StandardScaler
data =pd. read_excel(r'C:\Users\dongyan\Desktop\python\商业大数据 - 股价信息表\东方集团股价.xlsx')
data1 =data[['日期','股票代码','收盘价','最高价','最低价','涨跌额','成交金额','总市值']]. head(10)
print(data1)
```

输出：

	日期	股票代码	收盘价	最高价	最低价	涨跌额	成交金额	总市值
0	2022-08-25	600811	2.88	2.92	2.85	-0.02	174642609	1.053835e+10
1	2022-08-24	600811	2.90	2.98	2.87	-0.01	288167391	1.061154e+10
2	2022-08-23	600811	2.91	2.93	2.89	-0.01	95970651	1.064813e+10
3	2022-08-22	600811	2.92	2.93	2.87	0.04	129281158	1.068472e+10
4	2022-08-19	600811	2.88	2.91	2.87	-0.01	110396521	1.053835e+10
5	2022-08-18	600811	2.89	2.95	2.88	-0.05	152401586	1.057495e+10
6	2022-08-17	600811	2.94	2.97	2.89	0.03	192607955	1.075790e+10
7	2022-08-16	600811	2.91	2.92	2.87	0.04	114226707	1.064813e+10
8	2022-08-15	600811	2.87	2.93	2.86	-0.04	150519411	1.050176e+10
9	2022-08-12	600811	2.91	2.92	2.84	0.05	151850716	1.064813e+10

数据类型转换：将收盘价、最高价、最低价三列转换为整数类型。

输入：

```
df = pd. DataFrame(data1)
df['日期'] = pd. to_datetime(df['日期'])    #将日期列转换为 Pandas 的
datetime 类型
```

```
df['收盘价'] = df['收盘价'].astype(int)    #将'收盘价'列转换为整数类型
df['最高价'] = df['最高价'].astype(int)    #将'最高价'列转换为整数类型
df['最低价'] = df['最低价'].astype(int)    #将'最低价'列转换为整数类型
print(df)
```

输出：

	日期	股票代码	收盘价	最高价	最低价	涨跌额	成交金额	总市值
0	2022-08-25	600811	2	2	2	-0.02	174642609	1.053835e+10
1	2022-08-24	600811	2	2	2	-0.01	288167391	1.061154e+10
2	2022-08-23	600811	2	2	2	-0.01	95970651	1.064813e+10
3	2022-08-22	600811	2	2	2	0.04	129281158	1.068472e+10
4	2022-08-19	600811	2	2	2	-0.01	110396521	1.053835e+10
5	2022-08-18	600811	2	2	2	-0.05	152401586	1.057495e+10
6	2022-08-17	600811	2	2	2	0.03	192607955	1.075790e+10
7	2022-08-16	600811	2	2	2	0.04	114226707	1.064813e+10
8	2022-08-15	600811	2	2	2	-0.04	150519411	1.050176e+10
9	2022-08-12	600811	2	2	2	0.05	151850716	1.064813e+10

数据尺度变换是指通过特定的数学方法对数据进行缩放，使其在一定的范围内，以便于进行后续的分析和处理。在这里，我们采用了一种常见的标准化方法，即Min-Max标准化方法，来对股票市场的关键数据进行尺度变换。具体来说，我们将对收盘价、最高价、最低价、涨跌额、成交金额以及总市值这六列重要的数据进行标准化处理。通过这种标准化处理，我们可以消除不同量纲和数量级对分析结果的影响，使得数据更加具有可比性。这对于股票市场的数据分析尤为重要，因为不同股票的收盘价、最高价、最低价、涨跌额、成交金额和总市值往往存在较大的差异。通过Min-Max标准化，我们可以将这些数据统一到一个相对较小的范围内，从而便于进行比较和分析，进一步挖掘出潜在的市场规律和投资机会。

输入：

```
df = pd.DataFrame(data1)
columns_to_scale = ['收盘价','最高价','最低价','涨跌额','成交金额','总市值']    #选择要标准化的列(不包括'日期'和'股票代码')
#初始化 MinMaxScaler
scaler = MinMaxScaler()
#拟合并转换数据
df_scaled = df.copy()    #创建一个数据副本以避免修改原始数据
df_scaled[columns_to_scale] = scaler.fit_transform(df[columns_to_scale])
df_scaled#显示结果
```

输出：

	日期	股票代码	收盘价	最高价	最低价	涨跌额	成交金额	总市值
0	2022-08-25	600811	0.142857	0.142857	0.2	0.3	0.409330	0.142857
1	2022-08-24	600811	0.428571	1.000000	0.6	0.4	1.000000	0.428571
2	2022-08-23	600811	0.571429	0.285714	1.0	0.4	0.000000	0.571429
3	2022-08-22	600811	0.714286	0.285714	0.6	0.9	0.173315	0.714286
4	2022-08-19	600811	0.142857	0.000000	0.6	0.4	0.075058	0.142857
5	2022-08-18	600811	0.285714	0.571429	0.8	0.0	0.293610	0.285714
6	2022-08-17	600811	1.000000	0.857143	1.0	0.8	0.502804	1.000000
7	2022-08-16	600811	0.571429	0.142857	0.6	0.9	0.094986	0.571429
8	2022-08-15	600811	0.000000	0.285714	0.4	0.1	0.283817	0.000000
9	2022-08-12	600811	0.571429	0.142857	0.0	1.0	0.290744	0.571429

数据尺度变换是指通过特定的数学方法对数据进行调整，使其在尺度上达到一致或标准化的状态。在本例中，我们采用了 Z-score 方法，这是一种常用的标准化处理手段，旨在将数据的均值调整为 0，标准差调整为 1。具体来说，我们将对股票市场中的六项关键指标进行数据尺度变换，这六项指标包括收盘价、最高价、最低价、涨跌额、成交金额以及总市值。通过对这些数据进行 Z-score 标准化处理，可以消除不同指标之间的量纲差异，使得它们在同一尺度上进行比较和分析成为可能。这不仅有助于提高数据分析的准确性，还能为后续的数据挖掘和模型构建提供更加可靠的基础。

输入：

```
df = pd.DataFrame(data1)
columns_to_scale = ['收盘价','最高价','最低价','涨跌额','成交金额','总市值']  #选择要标准化的列(不包括'日期'和'股票代码')
scaler = StandardScaler()  # 初始化 StandardScaler
# 拟合并转换数据
df_scaled = df.copy()  # 创建一个数据副本以避免修改原始数据
df_scaled[columns_to_scale] = scaler.fit_transform(df[columns_to_scale])
# 显示结果
print(df_scaled)
```

输出：

	日期	股票代码	收盘价	最高价	最低价	涨跌额	成交金额	总市值
0	2022-08-25	600811	-1.038383	-0.727273	-1.255555	-0.652730	0.356297	-1.038383
1	2022-08-24	600811	-0.049447	2.000000	0.066082	-0.356034	2.526732	-0.049447
2	2022-08-23	600811	0.445021	-0.272727	1.387719	-0.356034	-1.147801	0.445021
3	2022-08-22	600811	0.939490	-0.272727	0.066082	1.127443	-0.510951	0.939490
4	2022-08-19	600811	-1.038383	-1.181818	0.066082	-0.356034	-0.871998	-1.038383
5	2022-08-18	600811	-0.543915	0.636364	0.726900	-1.542816	-0.068920	-0.543915
6	2022-08-17	600811	1.928426	1.545455	1.387719	0.830747	0.699769	1.928426
7	2022-08-16	600811	0.445021	-0.727273	0.066082	1.127443	-0.798771	0.445021
8	2022-08-15	600811	-1.532851	-0.272727	-0.594737	-1.246121	-0.104905	-1.532851
9	2022-08-12	600811	0.445021	-0.727273	-1.916374	1.424138	-0.079452	0.445021

任务四 数据特征分析

一、描述性统计分析函数应用

描述性统计分析是一种通过使用各种统计指标和图形来对数据集进行概括性描述和展示的方法。这种方法旨在帮助我们更好地理解和解释数据集中的信息。描述性统计分析主要包括两个方面：集中趋势分析和离散程度分析。

集中趋势分析主要用于描述数据集中的中心位置或平均水平。这一分析方法通过计算和展示数据集中的典型值来帮助我们了解数据的总体特征。常见的集中趋势指标包括均值（Mean）、中位数（Median）和众数（Mode）。均值是所有数据值的总和除以数据的数量，反映了数据集的平均水平；中位数是将数据集从小到大排序后位于中间位置的值，能够较好地反映数据集的中心位置，特别是在数据分布不均匀的情况下；众数则是数据集中出现频率最高的值，反映了数据集中最常见的特征。

离散程度分析则用于衡量数据集中的变异程度或离散程度。这一分析方法通过计算和展示数据值之间的差异来帮助我们了解数据的波动性和一致性。常见的离散程度指标包括方差（Variance）、标准差（Standard Deviation）和极差（Range）。方差是各个数据值与均值差的平方的平均值，反映了数据集的波动程度；标准差是方差的平方根，具有与原始数据相同的单位，因此更易于解释；极差是数据集中最大值与最小值之间的差，反映了数据集的总体波动范围。

通过综合运用集中趋势分析和离散程度分析，描述性统计分析能够为我们提供一个全面的数据概览，帮助我们更好地理解数据集的特征和分布情况。Pandas 提供了许多描述性统计函数，常用统计函数如表 3－8 所示。

表 3－8　　　　　　　　　　　　常用统计函数

函数	描述	函数	描述	函数	描述
count( )	非空值个数	median( )	中位数	mad( )	平均绝对偏差
sum( )	求和	mode( )	众数	abs( )	绝对值
mean( )	平均值	prod( )	数组元素乘积	cov( )	协方差
min( )	最小值	quantile( )	分位数	corr( )	相关系数
max( )	最大值	var( )	样本方差	pct_change( )	百分变化
describe( )	统计信息	std( )	样本标准差	diff( )	一阶差分

（一）数据的位置分布

Pandas 是一个在 Python 编程语言中广泛使用的库，专门用于数据分析和数据操作。它提供了一系列功能强大的函数和工具，使得处理和分析数据变得更加高效和便捷。通过这些功能，我们可以轻松地进行数据清洗、数据转换、数据聚合以及数据筛选等多种操作。Pandas 的核心数据结构是 DataFrame，它是一个二维、表格型数据结构，能够存储不同类型的数据，并且支持各种复杂的数据操作。

在数据分析的过程中，了解数据的中心位置和分布形态是非常重要的。Pandas 库中包含了许多用于计算数据位置指标的函数，这些函数可以帮助我们快速获得数据的均值、中位数、众数等中心位置指标，以及方差、标准差、偏度、峰度等描述数据分布形态的统计量。通过这些统计指标，我们可以对数据集有一个全面了解，从而为后续的数据分析和决策提供有力的支持。无论是进行探索性数据分析（EDA），还是构建预测模型，Pandas 提供的这些工具都是非常关键的。

以下是使用这些函数的 Python 示例：

输入：

```python
import pandas as pd
import numpy as np
# 创建一个示例 DataFrame
data = {
    'A': [1, 5, 3, 8, 4, 2],
    'B': [2, 6, np.nan, 6, 8, 9],
    'C': [10, 20, 20, 30, 30, 50]
}
df = pd.DataFrame(data)
# DataFrame.min 示例:计算每列的最小值
min_values = df.min()
print("每列的最小值:")
print(min_values)
# DataFrame.max 示例:计算每列的最大值
max_values = df.max()
print("\n 每列的最大值:")
print(max_values)
# DataFrame.mean 示例:计算每列的平均值( 忽略 NaN)
mean_values = df.mean()
print("\n 每列的平均值( 忽略 NaN):")
print(mean_values)
# DataFrame.median 示例:计算每列的中位数( 忽略 NaN)
median_values = df.median()
print("\n 每列的中位数( 忽略 NaN):")
print(median_values)
# DataFrame.mode 示例:计算每列的众数
# 注意:即使只有一列有众数,DataFrame.mode 返回的也是 DataFrame
```

```
mode_values = df.mode()
print("\n 每列的众数:")
print(mode_values)
# DataFrame.quantile 示例:计算指定分位数的值
# 例如,计算 0.25(第一四分位数/中位数左侧的分位数)和 0.75(第三四分位数/
中位数右侧的分位数)
quantile_values = df.quantile([0.25, 0.75])
print("\n 指定分位数的值:")
print(quantile_values)
```

输出:

每列的最小值:

A   1.0

B   2.0

C   10.0

dtype: float64

每列的最大值:

A   8.0

B   9.0

C   50.0

dtype: float64

每列的平均值(忽略 NaN):

A   3.833333

B   6.200000

C   26.666667

dtype: float64

每列的中位数(忽略 NaN):

A   3.5

B   6.0

C   25.0

dtype: float64

每列的众数:

	A	B	C
0	1	6.0	20.0
1	2	NaN	30.0
2	3	NaN	NaN
3	4	NaN	NaN
4	5	NaN	NaN
5	8	NaN	NaN

指定分位数的值:

```
        A      B     C
0.25   2.25   6.0   20.0
0.75   4.75   8.0   30.0
```

(二) 数据的离散程度

在 Pandas 库中, 开发者们为我们提供了大量功能强大的函数, 这些函数可以帮助我们计算和分析数据的离散程度。例如, 我们可以使用 max( )函数和 min( )函数来计算数据集中的最大值和最小值, 进而得到极差 (最大值减去最小值), 这是衡量数据离散程度的一个简单而直观的指标。此外, 我们还可以利用 std( )函数来计算数据的标准差, 标准差能够反映数据分布的离散程度, 是衡量数据波动性的重要指标。而 var( )函数则用于计算方差, 方差是标准差的平方, 同样能够反映数据的离散程度。通过这些功能丰富的函数, 我们可以轻松地对数据集进行离散程度的分析, 从而更深入地理解数据的特征和性质, 为后续的数据处理和分析工作打下坚实的基础。

以下是使用这些函数 (或等效表达式) 的 Python 示例:

输入:

```python
# DataFrame.max() - DataFrame.min() 示例:计算每列的最大值与最小值之差
range_values = df.max() - df.min()
print("每列的最大值与最小值之差:")
print(range_values)
# DataFrame.var 示例:计算每列的方差(忽略 NaN)
var_values = df.var()
print("\n 每列的方差(忽略 NaN):")
print(var_values)
# DataFrame.std 示例:计算每列的标准差(忽略 NaN)
std_values = df.std()
print("\n 每列的标准差(忽略 NaN):")
print(std_values)
```

输出:

```
每列的最大值与最小值之差:
A       7.0
B       7.0
C       40.0
dtype: float64


每列的方差(忽略 NaN):
A       6.166667
B       7.200000
```

```
C    186.666667
dtype: float64
```

```
每列的标准差(忽略 NaN):
A    2.483277
B    2.683282
C    13.662601
dtype: float64
```

(三) describe( )函数

describe( )函数是一个非常实用的工具,它能够帮助我们快速获取数据集中的描述性统计信息。具体来说,这个函数会对 DataFrame 中的所有数值列进行详细的统计分析,并返回一系列常见的统计指标。这些指标包括每个数值列的值个数(即非空值的数量)、均值(即所有数值的平均值)、标准差(即数值分布的离散程度)、最大值和最小值(即数值范围的上下限),以及百分数(通常指的是分位数,例如 25%、50% 和 75% 等)。通过这些统计指标,我们可以对数据集中的数值特征有一个全面的了解,从而为进一步的数据分析和处理提供有力的支持。其语法如下:

DataFrame. describe(percentiles = None, include = None, exclude = None,datetime_is_numeric = False)

常用参数说明:

percentiles:百分位数,介于 0~1 之间,默认 [25%,50%,75%]。

include:包含在结果中的数据类型,默认所有数值列。

exclude:排除在结果中的数据类型,默认不排除任何内容。

datetime_is_numeric:是否将 datetime dtypes 视为数字,默认为 False。

以下是使用 describe( )函数的 Python 示例:

输入:

```
import pandas as pd
# 创建一个示例 DataFrame
data = {
    'Age': [27, 27, 35, 41, 46, 50, 53],
    'Salary': [20000, 22000, 37000, 41000, 45000, 51000, 55000],
    'YearsExperience': [2, 5, 10, 12, 18, 25, 27]
}
df = pd. DataFrame(data)
# 使用 describe()函数查看描述性统计信息
desc_stats = df. describe()
print(desc_stats)
```

输出：

	Age	Salary	Years Experience
count	7.000000	7.000000	7.000000
mean	39.857143	38714.285714	14.142857
std	10.558229	13499.559076	9.581729
min	27.000000	20000.000000	2.000000
25%	31.000000	29500.000000	7.500000
50%	41.000000	41000.000000	12.000000
75%	48.000000	48000.000000	21.500000
max	53.000000	55000.000000	27.000000

（四）pct_change( )函数

'pct_change( )'函数是 Pandas 库中用于处理时间序列数据的一个非常实用的方法，它被定义为 DataFrame 和 Series 对象的一个成员函数。这个函数的主要功能是计算并返回当前元素与先前元素之间的百分比变化值。默认情况下，'pct_change( )'方法会计算当前元素与前一行元素之间的百分比变化，这种计算方式非常适合进行环比分析。环比分析是指在同一时间序列中，将相邻两个时间点的数据进行比较，从而分析数据在时间上的变化趋势。通过使用'pct_change( )'函数，我们可以轻松地获取这种变化趋势，进而对数据进行深入的分析和理解。这个方法在处理时间序列数据时尤其有用，因为它能够帮助我们快速识别数据中的波动、趋势和周期性变化，从而为决策提供有力的支持。

其语法如下：

DataFrame.pct_change(periods = 1, fill_method = 'pad', limit = None, freq = None, ** kwargs)

Periods：计算周期，默认为 1。

fill_method：填充空值的方法，默认为'pad'，表示用前一个非缺失值填充；bfill 表示用后一个非缺失值填充；None 不填充。

Limit：限制填充次数。

Axis：计算方向，{0 或'index'，1 或'columns'}，默认 axis = 0。

以下是使用 pct_change( )函数的 Python 示例：

输入：

```python
import pandas as pd
# 创建一个示例 Series
data = pd.Series([100, 103, 110, 98, 105])
# 使用 pct_change()计算百分比变化
pct_changes = data.pct_change()
print(pct_changes)
```

输出：

```
0         NaN
1      0.030000
2      0.067961
3     -0.109091
4      0.071429
dtype: float64
```

请注意，第一个元素为 NaN（非数字），因为缺乏可比较的前一个元素，无法计算其百分比变化。如果您想要计算 DataFrame 中每列的百分比变化，那么可以这样做：

输入：

```
# 创建一个示例 DataFrame
data = pd.DataFrame({
    'A': [100, 103, 110, 98, 105],
    'B': [200, 210, 208, 215, 220]
})
# 使用 pct_change() 计算每列的百分比变化
pct_changes = data.pct_change()
print(pct_changes)
```

输出：

```
          A           B
0       NaN         NaN
1    0.030000    0.050000
2    0.067961   -0.009524
3   -0.109091    0.033654
4    0.071429    0.023256
```

同样地，每列的第一个元素都是 NaN，即"非数字"（Not a Number），因为没有前一个值可以与之比较。pct_change()方法还可以接受一个 periods 参数，这个参数用于指定与当前元素相比的前多少个元素来计算百分比变化。例如，pct_change(periods = 2)将计算与当前元素前两个元素之间的百分比变化，从而得到当前元素与前两个元素之间的相对变化率。

二、累计统计函数应用

在商业大数据分析的工作过程中，除了需要对各期发生额进行精确计算之外，我们还常常面临一个重要的任务，那就是计算数据的"累计值"。累计统计函数在数据处理和分析领域中扮演着至关重要的角色，它具有广泛的应用意义和价值。通过累计统计函数，我们可以方便地对数据集进行动态的观察和分析，从而更深入地理解数据随时间推移或其他序列变化的累积效应。这种累积效应能够帮助我们揭示数据背后的趋势和模式，为商业决策提供有力的支持和依据。无论是财务分析、销售预测，还是市场趋势研究，累计统计函数都能发挥其独特的优势，帮助我们更好地把握数据的全貌，从而作出更加明智和精准的决策。表 3–9 是常见的累计统计函数。

表 3–9   常用累计统计函数表

函数	描述	函数	描述
cumsum( )	累计总和	cummax( )	累计最大值
cumprod( )	累计乘积	cummin( )	累计最小值

以上函数都存在 axis 参数：

axis = 0：默认值，沿 0 轴计算，即计算每列的值。

axis = 1：沿 1 轴计算，即计算每行的值。

（一）累计总和

cumsum( )函数是一个非常实用的工具，它主要用于计算一系列数值的总和、累计量或累计指标。例如，它可以用来计算一段时间内的累计销售额、累计利润、累计成本、投资组合的累计收益以及累计交易量等。通过使用 cumsum( )函数，可以轻松地追踪和分析数据随时间的累积趋势，这对于预测和规划具有重要意义。

对于投资者和分析师来说，cumsum( )函数提供了一个清晰的视角，帮助他们理解某项投资或交易随时间变化的累积效应。通过观察这些累计指标，他们可以更好地评估投资的长期表现，从而作出更明智的决策。无论是评估市场趋势、优化投资组合，还是制定长期战略，cumsum( )函数都是一个不可或缺的工具。它不仅简化了数据分析过程，还提高了决策的准确性和效率。

输入：

```
import numpy as np
import pandas as pd
# 假设这是公司过去几个月的月度销售额数据(单位:万元)
monthly_sales = np.array([110, 150, 130, 160, 145])
# 使用 cumsum()函数计算累计销售额
cumulative_sales = np.cumsum(monthly_sales)
# 打印结果
print("月度销售额(万元):", monthly_sales)
print("累计销售额(万元):", cumulative_sales)
# 如果您更喜欢使用 Pandas,那么可以将数据转换为 DataFrame,并应用
cumsum()
# 注意:Pandas 的 DataFrame 和 Series 对象也有 cumsum()方法
```

```
df = pd. DataFrame({'Monthly Sales': monthly_sales})
df['Cumulative Sales'] = df['Monthly Sales']. cumsum()
# 打印 Pandas DataFrame 的结果
print("\nPandas DataFrame 结果:")
print(df)
```

输出：

月度销售额(万元)：[110 150 130 160 145]
累计销售额(万元)：[110 260 390 550 695]

Pandas DataFrame 结果：

	Monthly Sales	Cumulative Sales
0	110	110
1	150	260
2	130	390
3	160	550
4	145	695

在这个具体的例子中，我们首先利用了 NumPy 库中的 cumsum（）函数来计算月度销售额的累计总和。通过调用这个函数并传入相应的月度销售额数据，我们得到了一个包含累计销售额的新数组。为了验证我们的计算结果是否正确，我们随后将这个新数组打印出来，以便于观察和核对数据。接下来，我们展示了如何使用 Pandas 库中的 DataFrame 对象以及其内置的 cumsum（）方法来实现与 NumPy 相同的结果。通过这种方式，我们不仅能够得到相同的累计总和结果，还能够享受到 Pandas 库在处理复杂数据集时所提供的更多灵活性和功能。具体来说，Pandas 的 DataFrame 对象支持直接对其中的某一列进行操作，这使得我们能够更加方便地对特定的数据列进行累计求和计算。此外，Pandas 还提供了强大的数据筛选功能，允许我们根据特定条件筛选出符合条件的数据子集，然后再对这些子集进行累计求和操作。不仅如此，Pandas 还支持数据分组功能，这意味着我们可以根据某些分组依据将数据集分成不同的组，然后对每个组分别进行累计求和计算。总的来说，Pandas 不仅能够实现与 NumPy 相同的功能，还能够提供更多的数据处理选项和灵活性，使得数据处理变得更加高效和便捷。

（二）累计乘积

在 Python 编程语言中，Pandas 库提供了一个非常实用的函数，名为'cumprod()'。这个函数的主要功能是计算一系列数据的累计乘积，即从序列的开始到当前元素的所有元素的乘积。尽管在财务和销售数据分析中，'cumprod()'函数的直接应用可能不是特别频繁，但它的作用不容小觑。特别是在计算复合增长率、进行复利计算或分析某些特定行业的累积效应时，'cumprod()'函数显得尤为重要。

通过使用'cumprod()'函数，我们可以方便地理解数据随时间增长的速度和模式。例如，在金融领域，投资者常常需要评估长期投资的潜在回报。在这种情况下，'cumprod()'函数可以帮助他们计算出投资组合在不同时间点的累计回报率，从而更好地了解投资的复利效应。此外，对于那些需要分析销售数据中累积效应的市场营销人员来说，'cumprod()'函数同样是一个非常有用的工具。它可以帮助他们评估促销活动或市场策略在一段时间内的累积效果，从而优化未来的决策。

尽管'cumprod()'函数在某些应用场景中可能不是最显眼的工具，但它在数据分析和财务建模中扮演着不可或缺的角色。通过计算累计乘积，它为理解数据增长和评估长期投资回报提供了有力的支持。

输入：

```
import pandas as pd
import numpy as np
# 假设我们有一系列每月的投资回报率(以小数形式表示,例如 0.01 表示 1% 的回报率)
# 这里为了演示,我们随机生成一些数据
np. random. seed(0)   # 设置随机种子以保证结果可复现
monthly_returns = np. random. normal(loc = 0.01, scale = 0.02, size = 12)   # 平均回报率 1%,标准差 2%
# 将 Numpy 数组转换为 Pandas Series,便于使用 cumprod()
returns_series = pd. Series (monthly_returns, index = pd. date_range(start = '2023-01-01', periods =12, freq = 'M'))
# 计算累计回报率
cumulative_returns = (1 + returns_series). cumprod() - 1
# 展示结果
print(returns_series)
print("\nCumulative Returns:")
print(cumulative_returns)
# 如果想计算初始投资(比如 1000 元)的累积价值
initial_investment = 1000
cumulative_values = initial_investment * cumulative_returns + initial_investment
# 展示累积价值
print("\nCumulative Values:")
print(cumulative_values)
```

输出：

```
2023-01-31      0.045281
2023-02-28      0.018003
2023-03-31      0.029575
2023-04-30      0.054818
```

```
2023-05-31        0.047351
2023-06-30       -0.009546
2023-07-31        0.029002
2023-08-31        0.006973
2023-09-30        0.007936
2023-10-31        0.018212
2023-11-30        0.012881
2023-12-31        0.039085
Freq: ME, dtype: float64
```

```
Cumulative Returns:
2023-01-31        0.045281
2023-02-28        0.064099
2023-03-31        0.095570
2023-04-30        0.155627
2023-05-31        0.210347
2023-06-30        0.198794
2023-07-31        0.233561
2023-08-31        0.242162
2023-09-30        0.252019
2023-10-31        0.274821
2023-11-30        0.291242
2023-12-31        0.341711
Freq: ME, dtype: float64
```

```
Cumulative Values:
2023-01-31     1045.281047
2023-02-28     1064.099392
2023-03-31     1095.569876
2023-04-30     1155.626677
2023-05-31     1210.346940
2023-06-30     1198.793504
2023-07-31     1233.560635
2023-08-31     1242.162076
2023-09-30     1252.019405
2023-10-31     1274.821145
2023-11-30     1291.241953
2023-12-31     1341.710751
Freq: ME, dtype: float64
```

在这个例子中：

首先，我们利用 Numpy 库中的 np. random. normal 函数生成了一个包含 12 个元素的数组。这些元素代表了从 2023 年 1 月到 12 月的每月投资回报率，假设这些回报率遵循正态分布，平均每月的回报率为 1%，标准差为 2%。通过这种方式，我们模拟了每个月的投资收益情况。

其次，为了能够使用 Pandas 库提供的丰富功能，我们将这个包含 12 个元素的数组转换成了一个 Pandas Series 对象。这样，我们就可以利用 Pandas 提供的各种方法来进一步分析和处理这些数据。

为了计算累计回报率，我们使用了表达式(1 + returns_series). cumprod( ) − 1。其中，1 + returns_series 是因为 cumprod( )函数计算的是连续乘积，而我们希望得到的是从原始投资金额出发的累积增长率。因此，我们需要将每个回报率（作为小数表示）转换为（1 + 回报率）的形式。通过减去 1，我们将累积乘积转换回累积增长率的形式，从而得到从初始投资开始的累计回报率。

最后，我们计算了在给定的回报率下，初始投资金额（假设为 1000 元）的累计价值。需要注意的是，这个示例中使用的是随机生成的回报率数据，因此，每次运行代码时得到的结果都会有所不同。在实际应用中，您会使用实际的历史回报率数据或基于市场分析的预测数据来进行投资回报率的计算和分析。

（三）累计最大值

累计最大值〔虽然 NumPy 没有直接的 cummax( )函数，但可以通过 numpy. maximum. accumulate( )实现〕有助于追踪数据序列中的峰值或最高值，以及这些值是如何随时间演变的。它对于监测性能、识别异常值或分析趋势中的关键转折点非常有用。假设您是一家制造业公司的质量控制工程师，您需要监测生产线上产品的合格率。您可以使用模拟的 cummax( )函数来计算每天的最高合格率，以了解生产线的稳定性和潜在问题。在股票市场分析中，cummax( )（或类似逻辑）可以用于追踪股票价格的最高点，以识别可能的卖出信号或评估股票的长期表现。

（四）累计最小值

累计最小值功能可通过 numpy. minimum. accumulate( )方法实现，它对于追踪数据序列中的低谷或最低值及其随时间的变化趋势尤为关键。这一功能在监测性能下限、评估风险或分析趋势中的低谷期方面展现出了巨大的应用价值。以能源公司的数据分析师为例，利用模拟的 cummin( )函数，可以计算每日的最低压力值，这对于确保能源供应网络的稳定运行及制订有效的维护计划至关重要。在金融分析领域，cummin( )函数或类似逻辑同样发挥着重要作用，它能追踪股票价格的最低点，帮助识别潜在的买入机会或评估股票的风险水平。综上所述，累计统计函数作为数据分析和处理中的核心工具，为我们深入理解数据的动态变化与累积效应提供了有力支持。

三、数据排序函数应用

在 Python 中，对数据进行排序是一项基础且至关重要的任务。它不仅能显著提升数据的可读性，使得复杂的业务趋势变得一目了然，还有助于揭示隐藏的数据模式和相关性。作为数据预处理的关键环节，排序为后续的数据挖掘和分析模型构建提供了有序的数据输入，进而提高了算法的效率与准确性。通过精准的数据排序，企业能够更迅速地定位业务机会与潜在风险，从而作出更加明智的决策，优化业务流程，并最终增强市场竞争力。

（一）sort_values( )

sort_values( )函数是 Pandas 库中 DataFrame 对象的一个方法，用于根据列的值对 DataFrame 进行排序。这个方法非常灵活，允许您指定多个列作为排序的键，并且可以控制排序的顺序（升序或降序）。

语法如下：

DataFrame. sort_values (by, axis = 0, ascending = True, inplace = False, kind = 'quicksort', na_position = 'last', ignore_index = False, key = None)

常用参数如下：

by：axis 轴上的某个索引或索引列表，表示按什么排序。

axis：要排序的轴，{0 或 'index'，1 或 'columns'}，默认 0，表示按照指定列数据排序。

ascending：排序方式，默认为 True，代表升序排序，False 代表降序排序。

inplace：默认为 False，True 表示直接在原数据上排序。

ignore_index：表示是否重建索引，默认为 False。

以下是对 sort_values( )函数的举例说明。

输入：

```python
import pandas as pd
# 创建示例销售数据
sales_data = {
    'Product': ['A', 'B', 'C', 'D', 'E'],
    'Sales': [2200, 1700, 2300, 1800, 3500],
    'Profit': [510, 430, 620, 570, 830],
    'Units Sold': [100, 85, 120, 95, 140]
}
# 创建 DataFrame
df = pd.DataFrame(sales_data)
# 使用 sort_values()函数按销售额降序排序
sorted_by_sales = df.sort_values(by = 'Sales', ascending = False)
print("Sorted by Sales (descending):")
print(sorted_by_sales)
# 假设我们还想知道在销售额相近的情况下,哪些产品的利润更高
```

```
# 我们可以先按销售额降序排序,然后按利润降序排序(作为次要排序条件)
sorted_by_sales_then_profit = df.sort_values(by = ['Sales',
'Profit'], ascending = [False, False])
print("\nSorted by Sales (descending), then by Profit (descend-
ing):")
print(sorted_by_sales_then_profit)
# 如果我们想要找出销售量最大但利润相对较低的产品,以便评估是否需要调整
定价策略
# 可以先按 Units Sold 降序排序,然后按 Profit 升序排序(以识别利润较低的
产品)
sorted_by_units_then_profit = df.sort_values(by = ['Units Sold',
'Profit'], ascending = [False, True])
print(" \nSorted by Units Sold (descending), then by Profit
(ascending):")
print(sorted_by_units_then_profit)
# 通过这些排序,我们可以快速识别出哪些产品需要更多的关注或优化策略。
```

输出:

```
Sorted by Sales (descending):
    Product   Sales   Profit   Units Sold
4      E       3500     830        140
2      C       2300     620        120
0      A       2200     510        100
3      D       1800     570         95
1      B       1700     430         85


Sorted by Sales (descending), then by Profit (descending):
    Product   Sales   Profit   Units Sold
4      E       3500     830        140
2      C       2300     620        120
0      A       2200     510        100
3      D       1800     570         95
1      B       1700     430         85


Sorted by Units Sold (descending), then by Profit (ascending):
    Product   Sales   Profit   Units Sold
4      E       3500     830        140
2      C       2300     620        120
0      A       2200     510        100
3      D       1800     570         95
1      B       1700     430         85
```

这些分析为企业的商业决策提供了宝贵的洞见，例如：哪些产品需要加大营销推广力度，以提高市场占有率和销量；哪些产品的价格定位可能需要调整，以更好地适应市场需求和竞争状况；哪些产品的生产成本有优化空间，可以通过改进工艺、采购策略等方式提高毛利率。这些信息对于企业制定产品策略、提升经营绩效都具有重要意义，可为企业的决策过程提供科学依据。

（二）sort_index( ) 函数

sort_index( ) 函数主要用于根据 DataFrame 的索引进行排序。默认按照索引的升序进行排序，但可以通过 ascending 参数指定降序排序。如果 DataFrame 的索引是多层级的（MultiIndex），那么亦可指定 level 参数来仅对某一层级的索引进行排序。

输入：

```
import pandas as pd
# 创建示例数据
data = {
    '营业收入': [1100, 1300, 870, 1150, 1200],
    '营业成本': [650, 740, 550, 670, 710],
    '利润总额': [450, 560, 320, 480, 490]
}
# 索引是年月字符串(格式为'YYYY-MM')
index = ['2022-02', '2022-01', '2021-11', '2022-03', '2021-12']
# 创建 DataFrame
df = pd.DataFrame(data, index = index)
# 初始 DataFrame,索引未排序
print("Initial DataFrame:")
print(df)
# 使用 sort_index()函数按索引(年月)升序排序
sorted_df = df.sort_index()
print("\nSorted DataFrame by Index (ascending, YYYY-MM):")
print(sorted_df)
# 如果需要按年月降序排序,那么可以设置 ascending = False
sorted_df_desc = df.sort_index(ascending = False)
print("\nSorted DataFrame by Index (descending, YYYY-MM):")
print(sorted_df_desc)
# 注意:为了更好地处理时间序列数据,建议将索引转换为 datetime 或 Period
类型
# 例如,将索引转换为 Period 类型
df.index = pd.PeriodIndex(df.index, freq = 'M')
# 再次排序以展示 PeriodIndex 的效果(通常不需要再次调用 sort_index(),
因为转换时已经排序)
```

```
# 但如果我们打乱了索引,就可以这样做
# df = df. iloc[np. random. permutation(len(df))]  # 假设我们打乱了
索引
# df = df. sort_index()  # 现在按 PeriodIndex 排序
# 打印转换为 PeriodIndex 后的 DataFrame(假设未打乱)
print("\nDataFrame with PeriodIndex:")
print(df)
```

输出:

```
Initial DataFrame:
            营业收入    营业成本    利润总额
2022-02     1100      650      450
2022-01     1300      740      560
2021-11      870      550      320
2022-03     1150      670      480
2021-12     1200      710      490


Sorted DataFrame by Index (ascending, YYYY-MM):
            营业收入    营业成本    利润总额
2021-11      870      550      320
2021-12     1200      710      490
2022-01     1300      740      560
2022-02     1100      650      450
2022-03     1150      670      480


Sorted DataFrame by Index (descending, YYYY-MM):
            营业收入    营业成本    利润总额
2022-03     1150      670      480
2022-02     1100      650      450
2022-01     1300      740      560
2021-12     1200      710      490
2021-11      870      550      320


DataFrame with PeriodIndex:
            营业收入    营业成本    利润总额
2022-02     1100      650      450
2022-01     1300      740      560
2021-11      870      550      320
2022-03     1150      670      480
2021-12     1200      710      490
```

四、应用实践

在本节课程中，我们将通过分析东方集团的股价信息来展示如何进行描述性统计、累计统计以及数据排序等操作。为了更好地理解这些概念，我们将使用一个具体的例子，即读取一个名为"东方集团股价.xlsx"的 Excel 表格文件。这个文件包含了东方集团在一段时间内的股价数据，我们将从中提取出日期、股票代码、收盘价、最高价、最低价、涨跌额、成交金额和总市值这八项关键指标的前 10 条记录。

具体来说，我们将编写一段程序代码，通过这段代码，我们可以轻松地读取 Excel 中的数据。首先，我们将打开名为"东方集团股价.xlsx"的文件，并定位到包含日期、股票代码、收盘价、最高价、最低价、涨跌额、成交金额和总市值这八列信息的部分。其次，我们将从这些列中提取前 10 行的数据，以便进行后续的分析和处理。

通过这个例子，我们将详细讲解如何使用描述性统计方法来获取数据的基本特征，例如计算平均值、中位数、标准差等。此外，我们还将介绍如何进行累计统计，例如计算累计涨跌额和累计成交金额等。最后，我们将展示如何对数据进行排序，以便更直观地观察股价的变化趋势和波动情况。通过这些操作，我们可以更好地理解东方集团的股价走势，并为进一步的数据分析打下坚实的基础。

输入：

```
import numpy as np
import pandas as pd
data = pd. read_excel (r'C:\Users\dongyan\Desktop\python\商业大数据 - 股价信息表\东方集团股价.xlsx')
data1 = data[['日期','股票代码','收盘价','最高价','最低价','涨跌额','成交金额','总市值']]. head(10)
print(data1)
```

输出：

	日期	股票代码	收盘价	最高价	最低价	涨跌额	成交金额	总市值
0	2022-08-25	600811	2.88	2.92	2.85	-0.02	174642609	1.053835e+10
1	2022-08-24	600811	2.90	2.98	2.87	-0.01	288167391	1.061154e+10
2	2022-08-23	600811	2.91	2.93	2.89	-0.01	95970651	1.064813e+10
3	2022-08-22	600811	2.92	2.93	2.87	0.04	129281158	1.068472e+10
4	2022-08-19	600811	2.88	2.91	2.87	-0.01	110396521	1.053835e+10
5	2022-08-18	600811	2.89	2.95	2.88	-0.05	152401586	1.057495e+10
6	2022-08-17	600811	2.94	2.97	2.89	0.03	192607955	1.075790e+10
7	2022-08-16	600811	2.91	2.92	2.87	0.04	114226707	1.064813e+10
8	2022-08-15	600811	2.87	2.93	2.86	-0.04	150519411	1.050176e+10
9	2022-08-12	600811	2.91	2.92	2.84	0.05	151850716	1.064813e+10

描述性统计分析函数的应用可以通过使用 describe( ) 函数来实现，具体操作如

下：首先，我们需要对股票市场的关键数据进行分析，这些数据包括收盘价、最高价、最低价、涨跌额、成交金额以及总市值这六个重要的指标。通过对这些数据进行描述性统计分析，我们可以获得这些指标的基本统计特征，例如它们的均值、标准差、最小值、最大值以及四分位数等。这些统计特征能够帮助我们更好地理解这些指标的分布情况和波动性，从而为投资决策提供有力的数据支持。具体来说，我们可以使用 Python 中的 Pandas 库来调用 describe( )函数，将这六列数据作为输入参数，从而快速得到这些数据的描述性统计结果。

输入：

```
df = pd. DataFrame(data1)
# 选择从'收盘价'到'总市值'的列进行描述性统计
cols_to_describe = ['收盘价', '最高价', '最低价', '涨跌额', '成交金额', '总市值']
# 计算描述性统计
descriptive_stats = df[cols_to_describe]. describe()
# 显示结果
print(descriptive_stats)
```

输出：

	收盘价	最高价	最低价	涨跌额	成交金额	总市值
count	10.000000	10.00000	10.000000	10.000000	1.000000e+01	1.000000e+01
mean	2.901000	2.93600	2.869000	0.002000	1.560065e+08	1.061520e+10
std	0.021318	0.02319	0.015951	0.035528	5.513440e+07	7.800469e+07
min	2.870000	2.91000	2.840000	-0.050000	9.597065e+07	1.050176e+10
25%	2.882500	2.92000	2.862500	-0.017500	1.179903e+08	1.054750e+10
50%	2.905000	2.93000	2.870000	-0.010000	1.511851e+08	1.062983e+10
75%	2.910000	2.94500	2.877500	0.037500	1.690824e+08	1.064813e+10
max	2.940000	2.98000	2.890000	0.050000	2.881674e+08	1.075790e+10

其次，累计统计函数应用：使用 cumsum( )函数对'收盘价'列进行累计求和。

输入：

```
df = pd. DataFrame(data1)
# 使用 cumsum()函数对'收盘价'列进行累计求和
df['收盘价_cumsum'] = df['收盘价']. cumsum()
print(df['收盘价_cumsum'])
df
```

输出：

```
0       2.88
1       5.78
2       8.69
```

```
3       11.61
4       14.49
5       17.38
6       20.32
7       23.23
8       26.10
9       29.01
Name: 收盘价_cumsum, dtype: float64
```

	日期	股票代码	收盘价	最高价	最低价	涨跌额	成交金额	总市值	收盘价_cumsum
0	2022-08-25	600811	2.88	2.92	2.85	-0.02	174642609	1.053835e+10	2.88
1	2022-08-24	600811	2.90	2.98	2.87	-0.01	288167391	1.061154e+10	5.78
2	2022-08-23	600811	2.91	2.93	2.89	-0.01	95970651	1.064813e+10	8.69
3	2022-08-22	600811	2.92	2.93	2.87	0.04	129281158	1.068472e+10	11.61
4	2022-08-19	600811	2.88	2.91	2.87	-0.01	110396521	1.053835e+10	14.49
5	2022-08-18	600811	2.89	2.95	2.88	-0.05	152401586	1.057495e+10	17.38
6	2022-08-17	600811	2.94	2.97	2.89	0.03	192607955	1.075790e+10	20.32
7	2022-08-16	600811	2.91	2.92	2.87	0.04	114226707	1.064813e+10	23.23
8	2022-08-15	600811	2.87	2.93	2.86	-0.04	150519411	1.050176e+10	26.10
9	2022-08-12	600811	2.91	2.92	2.84	0.05	151850716	1.064813e+10	29.01

最后，数据排序函数应用：根据最高价列进行降序排序。

输入：

```
df = pd.DataFrame(data1)
df_sorted = df.sort_values(by='最高价', ascending=False)  # 根据'最高价'列进行降序排序
print(df_sorted)
```

输出：

	日期	股票代码	收盘价	最高价	最低价	涨跌额	成交金额	总市值
1	2022-08-24	600811	2.90	2.98	2.87	-0.01	288167391	1.061154e+10
6	2022-08-17	600811	2.94	2.97	2.89	0.03	192607955	1.075790e+10
5	2022-08-18	600811	2.89	2.95	2.88	-0.05	152401586	1.057495e+10
2	2022-08-23	600811	2.91	2.93	2.89	-0.01	95970651	1.064813e+10
3	2022-08-22	600811	2.92	2.93	2.87	0.04	129281158	1.068472e+10
8	2022-08-15	600811	2.87	2.93	2.86	-0.04	150519411	1.050176e+10
0	2022-08-25	600811	2.88	2.92	2.85	-0.02	174642609	1.053835e+10
7	2022-08-16	600811	2.91	2.92	2.87	0.04	114226707	1.064813e+10
9	2022-08-12	600811	2.91	2.92	2.84	0.05	151850716	1.064813e+10
4	2022-08-19	600811	2.88	2.91	2.87	-0.01	110396521	1.053835e+10

项目四　商业大数据可视化

德技并修

解锁新视角：日常生活中的非凡发现

大数据作为当今社会发展的重要驱动力，正深刻地影响着我们的生活方式、工作模式以及经济形态。它不仅为我们带来了前所未有的机遇，同时也伴随着一系列挑战。

大数据带来的机遇主要体现在以下几个方面：

（1）提高生活质量。以智能家居系统为例，通过收集和分析家庭成员的生活习惯、偏好等数据，这些系统能够自动调整家居环境，如温度、湿度、照明等，从而提供更舒适、便捷的生活环境。大数据技术使得家居设备能够更好地理解用户需求，实现个性化服务，从而显著提高居民的生活质量。

（2）促进经济发展。电商平台利用大数据分析消费者购物行为、偏好等，可以为商家提供精准的营销策略和推荐系统，推动商品销售，进而促进经济增长。大数据的应用有助于企业更准确地把握市场需求，优化资源配置，提高生产效率，从而推动经济发展。

（3）优化城市管理。智能交通系统通过收集和分析交通流量、路况等数据，能够实时调整交通信号、优化路线规划，缓解交通拥堵问题。大数据技术的应用使得城市管理更加智能化、高效化，能够更好地解决城市发展中遇到的问题。

（4）推动医疗创新。在抗击新冠疫情的过程中，大数据分析被广泛应用于疫情监测、病例追踪和疫苗研发等方面。通过分析大量的疫情数据，公共卫生部门能够及时发现疫情热点，采取有效的防控措施。同时，医疗机构利用大数据可以分析患者的电子健康记录，优化治疗方案，提高治疗效果。

大数据技术在医疗健康领域的应用，不仅提高了医疗服务的效率和质量，还推动了医疗创新和个性化医疗的发展。

然而，大数据也带来了许多挑战：

（1）数据安全。黑客利用漏洞攻击企业数据库，窃取或篡改敏感信息，如客户资料、财务数据等，会给企业带来巨大损失。大数据的集中存储和处理增加了数据泄露的风险，一旦安全措施不到位，就可能导致数据被非法获取和利用。

（2）隐私保护。社交媒体平台过度收集用户个人信息，如位置数据、浏览习惯等，并在未经用户明确同意的情况下将其用于广告推送或其他商业目的。大数据的广泛应用使得个人隐私更容易受到侵犯，如何平衡数据利用和隐私保护成为亟待解决的问题。

大数据为我们的生活带来了诸多机遇，但同时也伴随着数据安全、隐私保护和数据质量等方面的挑战。在享受大数据带来的便利的同时，我们也应关注并应对这些挑战，以确保大数据技术的健康发展和可持续应用。

项目学习内容说明

商业大数据可视化是将大规模、复杂的商业数据集以直观、易于理解的方式呈现出来的技术，它结合了数据处理、计算机图形学和人机交互技术，旨在帮助用户更好地理解、分析和利用数据，帮助商业决策者快速理解数据中的关键信息，发现潜在的市场趋势和商业机会，从而作出更明智的决策。商业大数据可视化在多个商业领域中得到广泛应用，如商业智能领域，通过分析销售、市场、客户等数据，为企业提供决策支持；政府决策领域，在公共服务和政策制定中，利用大数据可视化辅助决策过程；市场营销领域，了解消费者行为、需求和市场趋势，优化营销策略；金融领域，评估投资风险、监控市场动态、优化投资组合等。

本项目总共包含了五个主要的核心任务，其主要目的是系统地学习和掌握商业大数据的可视化分析方法。具体来说，任务一主要集中在商业大数据可视化学习的前期准备工作上，通过这一阶段的准备，为后续更深入的分析工作打下坚实的基础；任务二则深入探讨和比较不同类型的商业大数据的可视化分析方法，通过直观的对比，揭示数据之间的差异性和内在联系；任务三将学习重点转向分布类商业大数据的可视化呈现，通过各种图表和图形，重点展示数据的分布特征和规律；任务四则专注于占比类商业大数据的可视化，通过各种比例图示，清晰地展示出各部分数据在总体中的占比情况；任务五则致力于探索关联类商业大数据的可视化技术，旨在揭示数据之间的潜在关联和相互影响。

本项目的核心学习内容中涵盖了数据可视化领域广泛应用的多种图形种类。这些图形包括但不限于折线图、饼图、柱状图、散点图、热力图、词云图以及地理地图等。每种图形都有其独特的特点和优势，能够根据不同的数据特征和分析需求，灵活选择并精准地呈现数据背后的信息和价值。为了实现上述的学习目标，本项目特别选择了 Matplotlib 和 pyecharts 库作为数据可视化工具。

Matplotlib 是一款基于 Python 的强大 2D 绘图库，它以其高度的灵活性和可定制性而著称于世。用户可以自由地调整图表的每一个细节，包括线条的颜色、宽度和样式，坐标轴的标签、刻度和范围，图例的显示方式，以及图表的标题等。通过这种高度的可定制性，用户可以确保数据可视化结果的准确性和美观性，从而更好地理解和分析商业大数据。

pyecharts 是一个功能全面的 Python 库，专为生成多样化数据可视化图表而设计。它基于百度开源的 ECharts 图表库构建，为用户呈现了一个简洁且直观的接口，极大简化了在 Python 环境中创建丰富图表的过程。通过 pyecharts，用户能够便捷地生成多种图表类型，包括但不限于柱状图、折线图、饼图、散点图、地图及热力图等。此外，pyecharts 还赋予用户高度灵活的配置项自定义能力，允许他们根据个性化需求调整图表的各项细节，从而生成更加贴合特定场景需求的数据可视化效果。该库支持将图表导出为多种格式，涵盖常见的图片格式、PDF 文档及 Web 页面，便于用户在不同平台和场合中分享与展示其数据可视化成果。为进一步优化用户体验，pyecharts 特别增强了对 Jupyter Notebook 的支持。这一扩展功能使用户能够在 Jupyter Notebook 环境中直接生成并展示图表，无须额外配置或安装其他插件。此特性显著简化了数据科学家与分析师的工作流程，使他们能够更专注于数据分析和结果呈现，而无须担忧技术实现的复杂性。

任务一　商业大数据可视化学习准备

一、Matplotlib 可视化库的安装

Matplotlib 是 Python 的一个绘图库，使用 Matplotlib，可以很容易地生成线图、散

点图、柱状图、条形图、误差图、箱形图、直方图、饼图、雷达图、热力图、3D 图形以及子图等。开始本项目学习之前，需要先导入 Numpy、Pandas 和 Matplotlib 库的 pyplot 包。

"pyplot" 是 Matplotlib 库中的一个模块，它提供了一个类似于 MATLAB 的绘图系统接口。通过使用 pyplot，用户可以非常便捷地生成各种静态、动态、交互式的图表。pyplot 的设计目标是让绘图代码既简洁又易于理解，从而使得绘图过程变得简单而高效，在 Python 中，通常会通过以下方式导入 pyplot 模块，并给它起一个简短的别名，如 "plt"，以便在代码中方便地使用：

输入：

```
import numpy as np
import pandas as pd
import matplotlib.pyplot as plt
```

一旦导入了 "pyplot"，您就可以使用它提供的各种函数来绘制图表了（见表 4-1）。下面将从绘制图形的各个要素入手，使用 "pyplot" 绘制一张精美的图形。基本流程如图 4-1 所示。

表 4-1　　　　　　　　　　　　　　　函数

绘图函数代码	图类型名称
plot( )	绘制线图
scatter( )	绘制散点图
bar( )	绘制柱状图
hist( )	绘制直方图
pie( )	绘制饼图
boxplot( )	绘制箱形图
subplots( )	控制子图的布局

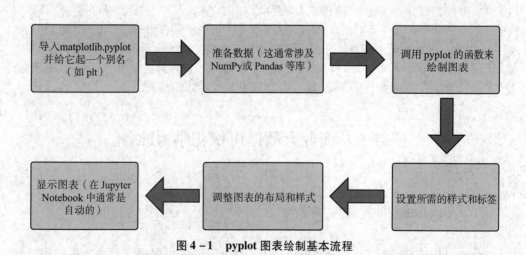

图 4-1　pyplot 图表绘制基本流程

二、Matplotlib 安装注意事项

（一）使用合适的包管理器

pip：对于大多数用户来说，pip 是安装 Matplotlib 的首选方式。在命令行或终端中，使用 pip install matplotlib 命令即可安装。在安装前，请确保 pip 是最新版本，以获得最佳性能和安全性。

conda：如果您使用的是 Anaconda 或 Miniconda，则可以通过 conda 来安装 Matplotlib。使用 conda install matplotlib 命令，conda 会自动处理依赖关系并安装所需的包。

（二）验证安装

安装完成后，您应该验证 Matplotlib 是否已成功安装。在 Python 环境中输入 import matplotlib. pyplot as plt 并尝试运行一些简单的绘图代码，如 plt. plot（[1,2,3]，[4,3,2]）和 plt. show（），以确保 Matplotlib 可以正常工作。

（三）验证安装

安装完成后，您应该验证 Matplotlib 是否已成功安装。在 Python 环境中输入 import matplotlib. pyplot as plt 并尝试运行一些简单的绘图代码，如 plt. plot（[1,2,3]，[4,3,2]）和 plt. show（），以确保 Matplotlib 可以正常工作。

三、Matplotlib 库常用函数及语法说明

1. plot（）

语法：`plt. plot(x, y, format_string, ** kwargs)`

说明：用于绘制折线图。x 和 y 分别表示横纵坐标的数据，可以是列表或数组。format_string 是一个可选的字符串参数，用于指定线条的样式、颜色和标记等属性。kwargs 允许传入额外的关键字参数来进一步定制图表的外观。

2. scatter（）

语法：`plt. scatter(x, y, s = None, c = None, marker = None, alpha = None, ** kwargs)`

说明：用于绘制散点图。x 和 y 分别表示散点的横纵坐标数据。s 用于指定散点的大小，c 用于指定散点的颜色，可以是单一颜色或颜色数组，以实现颜色映射。marker 用于指定散点的标记类型，alpha 用于设置散点的透明度。

3. bar（）

语法：`plt. bar(x, height, width = 0. 8, bottom = None, align = 'center', ** kwargs)`

说明：用于绘制条形图。x 是条形图的 X 坐标位置，height 是条形的高度。width 用于设置条形的宽度，bottom 用于设置条形的底部位置（默认为 0）。align 用于设置条形的对齐方式。

4. hist( )

语法：

```
plt.hist(x,bins=None,range=None,density=None,weights=None,
cumulative=False,bottom=None,histtype='bar',align='mid',orien-
tation='vertical',rwidth=None,log=False,color=None,label=
None,stacked=False,normed=None,**kwargs)
```

说明：用于绘制直方图。x 是要绘制直方图的数据。bins 用于指定直方图的箱数或箱边界。range 用于指定数据的范围。density 或 normed（已弃用）用于指定是否将直方图的计数归一化为概率密度。histtype 用于指定直方图的类型（如条形、阶梯等）。

5. pie( )

语法：

```
plt.pie(x,explode=None,labels=None,colors=None,autopct=
None,pctdistance=0.6,shadow=False,startangle=None,radius=
None,counterclock=True,wedgeprops=None,textprops=None,center=
(0,0),frame=False,rotatelabels=False,**kwargs)
```

说明：用于绘制饼图。x 是饼图各部分的大小。explode 用于指定各部分突出显示的距离。labels 用于指定各部分的标签。colors 用于指定各部分的颜色。autopct 用于显示各部分占比的字符串格式。

6. xlabel( ), ylabel( ), title( )

语法：

```
plt.xlabel(xlabel,fontdict=None,labelpad=None,**kwargs)
plt.ylabel(ylabel,fontdict=None,labelpad=None,**kwargs)
plt.title(label,loc='center',y=None,fontdict=None,**
kwargs)
```

说明：这些函数分别用于设置图表的 X 轴标签、Y 轴标签和标题。fontdict 用于指定字体属性，labelpad 用于设置标签与轴的距离。

7. legend( )

语法：

```
plt.legend(*args,loc='best',bbox_to_anchor=(0.,1.02,1.,102),
ncol=1,mode=None,borderaxespad=None,title=None,**kwargs)
```

说明：用于添加图例到图表中。＊args 通常是一个或多个包含标签和艺术家（如线条、散点等）的元组。loc 用于指定图例的位置。bbox_to_anchor 用于更精细地控制图例的位置和大小。

8. xlim( ), ylim( )

语法：

```
plt.xlim(left = None, right = None, emit = True, auto = False, **
kwargs)
plt.ylim(bottom = None, top = None, emit = True, auto = False, **
kwargs)
```

说明：这些函数分别用于设置图表的 X 轴和 Y 轴范围。

9. figure( )

语法：

```
plt.figure(num = None, figsize = None, dpi = None, facecolor = None,
edgecolor = None, frameon = True, FigureClass = Figure, clear = False,
kwargs)
```

说明：用于创建一个新的图形或激活一个已存在的图形。num 用于指定图形的编号或名称。figsize 用于设置图形的大小（宽度，高度）。

10. subplots( )

语法：

```
plt.subplots(nrows = 1, ncols = 1, sharex = False, sharey = False,
squeeze = True, subplot_kw = None, gridspec_kw = None, ** fig_kw)
```

说明：创建一个图形和一组子图。nrows 和 ncols 分别指定子图的行数和列数。sharex 和 sharey 用于指定子图之间是否共享 X 轴或 Y 轴。函数返回一个包含图形对象和子图对象数组的元组。

11. savefig( )

语法：

```
plt.savefig(fname, dpi = None, facecolor = 'w', edgecolor = 'w', ori-
entation = 'portrait', papertype = None, format = None, bbox_inches =
None, pad_inches = 0.1, bbox_extra_artists = None, ** kwargs)
```

说明：将图形保存为文件。fname 是文件名或文件对象。dpi 用于设置图像的分辨率。format 用于指定文件的格式（如 png、pdf 等）。

12. show( )

语法：plt.show(block = None)

说明：显示所有已绘制的图形。在脚本中调用此函数后，所有之前绘制的图形都会在一个或多个窗口中显示出来。

13. grid( )

语法：plt.grid(b = None, which = 'major', axis = 'both', ** kwargs)

说明：在图表中添加网格线。b 是一个布尔值，用于指定是否显示网格线。which 用于指定添加网格线的类型（主要网格线、次要网格线或两者都添加）。axis 用于指定添加网格线的轴（X 轴、Y 轴或两者都添加）。

以上是对 Matplotlib 库中一些常用函数语法的汇总及解释。这些函数提供了丰富的选项和参数，使得用户可以根据需要绘制出各种复杂和美观的图表。

任务二 比较类商业数据可视化

一、绘制折线图

（一）第一种方法

尝试绘制一个平安银行 2014 ~2023 年十年的股票市值数据的简单折线图（数据来源：红榴金融）。在 Jupyter Notebook 中新建 Python 文件项目四，通过 In[2]代码绘制平安银行"股票市值"折线图。

输入：

```
#设置 X 轴年份数据(2014~2023)
x = ['2014','2015','2016','2017','2018','2019','2020','2021',
'2022','2023']
    #设置 Y 轴平安银行"股票市值"数据(单位:亿元)
y = [1809,1715,1562,2283,1610,3192,3753,3198,2553,1822]
#调用 plot()函数,绘制平安银行股票市值折线图
plt.plot(x,y)
```

输出：

```
[<matplotlib.lines.Line2D at 0x1f1a2604d10>]
```

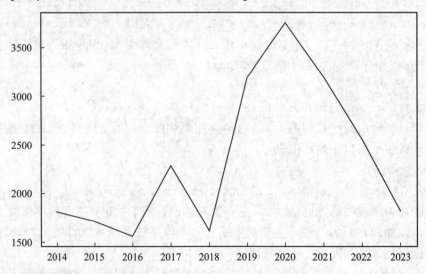

（二）第二种方法

尝试绘制平安银行 2014 ~2023 年的股票市值数据的折线图。但第二种方法与第一种方法在代码编程逻辑上略有不同，第二种方法是创建一个新的图形对象（fig），

然后通过 ax 形成"子图"。图形输出后发现 Out[2] 的图形宽度明显比 Out[1] 要宽一些，是因为第一种方法是一个默认的图形对象尺寸，第二种方法根据实际情况按一定尺寸大小人为重新设置了一个图形对象。

输入：

```
#创建一个图形尺寸为 10×6(长×宽)的对象,对象大小可以根据实际情况调整
fig = plt. figure(figsize = (10, 6))
#在 fig 基础之上添加子图
ax1 = fig. add_subplot(1, 1, 1)  # 添加1行1列,第1个子图
# 在子图上添加 X 和 Y 轴数据(年份和市值)(单位:亿元)
ax1. plot([2014,2015,2016,2017,2018,2019,2020,2021,2022,2023],
[1809,1715,1562,2283,1610,3192,3753,3198,2553,1822])
```

输出：

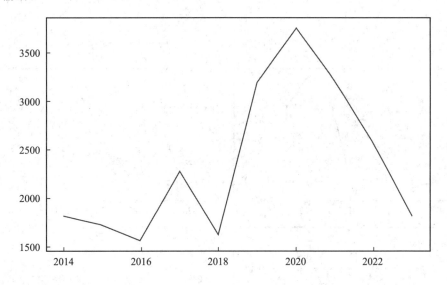

（三）第三种方法

在第二种绘图方法基础上，尝试绘制 4 家上市公司 2014～2023 年股票市值数据的折线图。此方法重点掌握"ax"命令。在 matplotlib 中设置多个子图可以通过几种不同的方法实现，这些方法允许用户根据自己的需求在图形对象（Figure）上灵活地布置多个绘图区域（Axes）。首先使用"fig. add_subplot()"是另一种添加子图的方法，它允许用户更精细地控制子图的位置。其次需要创建一个图形对象（figure），最后使用"add_subplot()"方法向其中添加子图。

输入：

```
#创建一个图形对象
fig = plt. figure(figsize = (10, 6))
# 添加子图
ax1 = fig. add_subplot(2, 2, 1)  #2 行 2 列,第 1 个子图
```

```
ax2 = fig.add_subplot(2, 2, 2)  #2行2列,第2个子图
ax3 = fig.add_subplot(2, 2, 3)  #2行2列,第3个子图
ax4 = fig.add_subplot(2, 2, 4)  #2行2列,第4个子图
# 在每个子图上绘制数据(2014 -2023,市值取整数,单位:亿元,数据来源:红楹
金融数据)
ax1.plot([2014,2015,2016,2017,2018,2019,2020,2021,2022,2023],
[1809,1715,1562,2283,1610,3192,3753,3198,2553,1822])  #平安银行市值
ax2.plot([2014,2015,2016,2017,2018,2019,2020,2021,2022,2023],
[1534,2699,2268,3428,2629,3637,3334,2297,2116,1247]) #万科A市值
ax3.plot([2014,2015,2016,2017,2018,2019,2020,2021,2022,2023],
[58,136,92,117,67,87,122,120,85,73])  #深康佳A市值
ax4.plot([2014,2015,2016,2017,2018,2019,2020,2021,2022,2023],
[67,283,261,246,109,100,70,81,63,64])  #神州高铁市值
plt.plot()
```

输出:

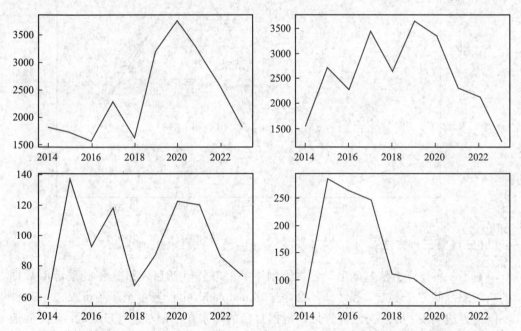

还可以使用"plt. subplot()"方法,可以直接在当前的图形对象上创建子图。但是不如"fig. add_subplot()"那样灵活,因为它不能同时返回图形对象和子图对象。

输入:

```
# 创建一个图形对象(如果需要的话)
plt.figure(figsize = (15, 10))
# 添加子图(2014 -2023,市值取整数,单位:亿元)
plt.subplot(2, 2, 1)
plt.plot([2014,2015,2016,2017,2018,2019,2020,2021,2022,2023],
```

```
[1809,1715,1562,2283,1610,3192,3753,3198,2553,1822])   #平安银行市值
    plt.subplot(2,2,2)
    plt.plot([2014,2015,2016,2017,2018,2019,2020,2021,2022,2023],
[1534.21,2699.91,2268.55,3428.76,2629.53,3637.03,3334.29,2297.18,
2116.79,1247.95]) #万科A市值
    plt.subplot(2,2,3)
    plt.plot([2014,2015,2016,2017,2018,2019,2020,2021,2022,2023],
[58.44,136.70,92.62,117.91,67.51,87.58,122.40,120.23,85.99,73.27])
#深康佳A
    plt.subplot(2,2,4)
    plt.plot([2014,2015,2016,2017,2018,2019,2020,2021,2022,2023],
[67.07, 283.83, 261.81, 246.60, 109.63, 100.94, 70.63, 81.76, 63.96,
64.11])#神州高铁市值
    plt.show()
```

输出：

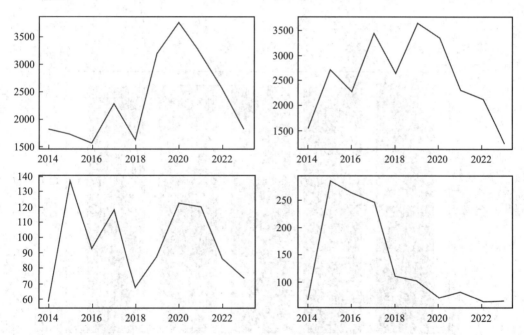

图形输出后发现，使用"plt.subplot()"方法绘制的折线图比使用"fig.add_sub-plot()"绘制的图像在高度和宽度上尺寸要大一些，因为使用"plt.subplot()"绘制折线图调整了 figsize = (15，10) 的尺寸大小，宽度15，高度10。

二、绘制柱状图

柱状图（Bar Chart）是一种常见的数据可视化工具，它通过一系列垂直或水平的条形来展示不同类别的数据大小，每个条形的高度或长度代表该类别数据的数值大

小。柱状图的主要特点是能够清晰地对比不同类别之间的数据差异,使得数据的比较和解读变得直观易懂。柱状图通常用于表示离散型数据,如不同产品类别的销售额、不同地区的人口数量等。以下数据分析原始数据均来源于红楹金融。

(一) 绘制简单柱状图

尝试绘制一个简单的"深圳能源"最新交易日周最高价、周最低价、周开盘价、周收盘价和周均价的柱状图,然后通过柱状图进行直观的比较。通过 In[6]代码绘制深圳能源"股票价格"柱状图。Out[5]图形输出后可以更加直观地观察到,"深圳能源"最新交易日的各种股票价格没有出现显著的差异,基本保持持平状态。

输入:

```
#设置 X 轴数据
x = ['周最高价','周最低价','周开盘价','周收盘价','周均价']
#设置 Y 轴数据,即深圳能源股票价格
y = [7.03,6.91,7,6.97,6.968]
#调用 bar()函数,绘制深圳能源股票价格柱状图
plt.bar(x,y)
```

输出:

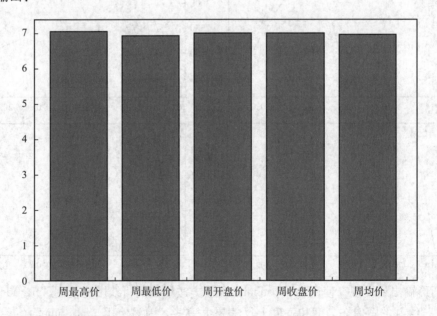

(二) 绘制复杂柱状图

与第一种方法类似,区别在于给柱状图增加了一个新的图形对象(figure,画板)。利用 Matplotlib 绘图时,可以在这个新设置的画板上绘制各种图形。通过 In[7]代码"fig. add _ subplot()"再次绘制"深圳能源"各种"股票价格"柱状图。"facecolor"参数可以增加"图形对象"的颜色,给柱状图增加了一个底色。

输入:

```
#创建一个图形尺寸为 10×6(长×高)的对象,对象大小可以根据实际情况调整
fig = plt. figure(figsize = (10, 6),facecolor = 'red')
#在 fig 基础之上添加子图
ax1 = fig. add_subplot(1,1,1)  #添加 1 行 1 列,第 1 个子图
# 在子图上添加 X 和 Y 轴数据(年份和市值)(单位:亿元)
ax1.bar(['周最高价','周最低价','周开盘价','周收盘价','周均价'],
[7.03,6.91,7,6.97,6.968])
```

输出:

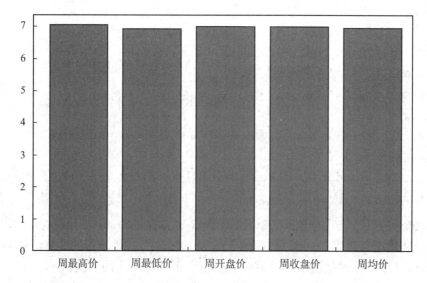

(三) 绘制子图

figure 参数用于创建一个新的图形或激活一个已存在的图形, 而 fig. add_subplot( ) 用于向该图形中添加子图 (或轴), 然后可以在这些子图上绘制柱状图等图形。使用 figure 参数和 fig. add_subplot( )参数绘制神州数码、深康佳 A、方大集团和华数传媒四家公司最新交易日年开盘价、年最高价、年最低价和年收盘价柱状图。

输入:

```
# 假设我们有以下数据(单位:元)
categories =['神州数码','深康佳 A','方大集团','华数传媒']
values1 = [29.82, 4.35, 4.53, 7.41]  #年开盘价
values2 = [34.8, 4.35, 4.67, 9.34]  #年最高价
values3 = [20.15, 1.87, 3.26, 5.67]  #年最低价
values4 = [24.25, 2.1, 3.34, 6.05]  #年收盘价
# 创建一个图形实例
fig = plt. figure(figsize = (10,8))  #设置图形的大小
# 向图形中添加子图
# 注意:子图的编号是从 1 开始的,按照从左到右、从上到下的顺序
ax1 = fig. add_subplot(2,2,1)  #2 行 2 列网格中的第 1 个子图
```

```
ax2 = fig.add_subplot(2,2,2)  #2行2列网格中的第2个子图
ax3 = fig.add_subplot(2,2,3)  #2行2列网格中的第3个子图
ax4 = fig.add_subplot(2,2,4)  #2行2列网格中的第4个子图
#在每个子图上绘制柱状图
bars1 = ax1.bar(categories, values1)
bars2 = ax2.bar(categories, values2)
bars3 = ax3.bar(categories, values3)
bars4 = ax4.bar(categories, values4)
#为每个子图添加标题(可选)
ax1.set_title('年开盘价')
ax2.set_title('年最高价')
ax3.set_title('年最低价')
ax4.set_title('年收盘价')
#(可选)设置整个图形的标题
fig.suptitle('上市公司最新交易日股票价格', fontsize=16)
#显示图形
plt.tight_layout()  #自动调整子图参数,使之填充整个图像区域
plt.show()
```

在这个例子中,首先创建了一个图形实例 fig,并通过 figsize 参数设置了它的大小。其次,分别调用了四次 fig. add_subplot(2, 2, i)(其中, i 是子图的编号,从 1 到 4),以在 2 行 2 列的网格中添加四个子图。再次,我们在每个子图上使用 ax. bar()方法绘制了柱状图,并为每个子图添加了标题(这是可选的)。最后,我们使用 plt. tight_layout()来自动调整子图的布局,以确保它们不会相互重叠,并展示了整个图形。

注意:plt. tight_layout()是一个很有用的函数,它可以自动调整子图参数,以便更好地利用图像空间,并避免子图标签或标题之间的重叠。然而,在某些情况下,您可能需要手动调整子图的 subplots_adjust 参数来获得更好的布局效果。

输出:

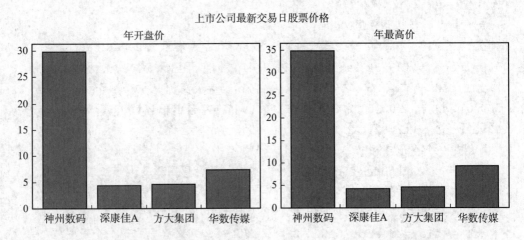

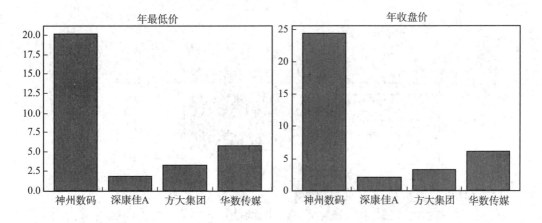

三、条形图

条形图是用宽度相同的条形的高度或长短来表示数据多少的图形。它可以横置或纵置，纵置时也被称为柱状图（Column Chart）。当分组数据在条形的帮助下水平表示（横置）在图表中时，此类图形被称为水平条形图。堆积条形图是将聚合划分为不同的部分，每个条形表示整体，每个段表示整体的不同部分，需要特定的标签来显示条形的不同部分。无论是柱状、水平还是堆积条形图，都能够直观地显示出各类数据的差异和大小关系，便于人们快速获取数据信息，易于比较数据之间的差别。条形图的不连续性反映了分类变量的离散特性。数据来源于红榈金融。

（一）水平条形图

使用 Matplotlib 创建水平条形图是一种常见的数据可视化方式，尤其适用于展示分类数据的比较，但数据标签和数值的显示方向与垂直条形图相反。下面用它绘制一个简单的"神州数码"最新交易日股票年开盘价、年最高价、年最低价和年收盘价水平条形图。使用 In［9］代码绘制水平条形图。在这段代码中，plt. barh（）函数是关键，它用于绘制水平条形图。categories 参数指定了 Y 轴上的类别标签，而 values 参数指定了与这些类别相对应的数值。plt. title（），plt. xlabel（）函数分别用于设置图表的标题和 X 轴的标签。最后，plt. show（）函数用于显示图表。

输入：

```
# 数据
categories = ['年开盘价', '年最高价', '年最低价', '年收盘价']
values = [29.82, 34.8, 20.15, 24.25]
# 绘制水平条形图
plt.barh(categories, values)
# 添加标题和标签
plt.title('神州数码股票价格条形图')
plt.xlabel('Values')
# 显示图表
```

```
plt.show()
```

输出：

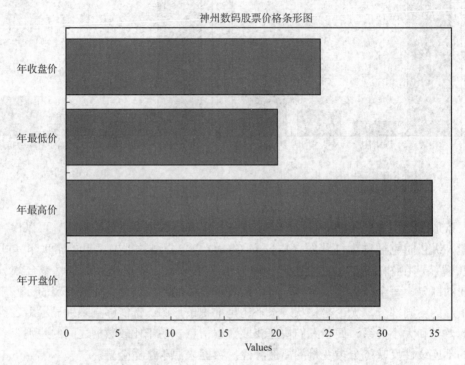

（二）堆积条形图

在 Python 中，使用 Matplotlib 库可以方便地绘制堆积条形图。堆积条形图是一种条形图，其中，每个条形的值是由多个子项的值堆叠而成的。

（1）以下是一个简单的堆积条形图例子。使用神州数码、深康佳 A、方大集团和华数传媒四家公司最新交易日股票的"年最高价"和"年最低价"绘制堆积条形图。我们有两个子项（年最高价和年最低价），它们分别对应四个类别（神州数码、深康佳 A、方大集团和华数传媒）。我们使用 np. arange 来生成条形图的位置，并使用 plt. bar 来绘制每个子项的条形图。通过设置 width 参数，我们可以控制条形图的宽度。edgecolor 参数用于设置条形图的边框颜色。最后，我们使用 plt. xticks 来添加类别标签，并使用 plt. legend 来添加图例。

输入：

```
# 数据
categories = ['神州数码', '深康佳 A', '方大集团', '华数传媒']
年最高价 = np.array([34.8, 4.35, 4.67, 9.34])
年最低价 = np.array([20.15, 1.87, 3.26, 5.67])
# 设置条形图的宽度
barWidth = 0.4
# 设置每个条形图的位置
r1 = np.arange(len(年最高价))
```

```
r2 = [x + barWidth for x in r1]
# 绘制堆积条形图
plt.bar(r1, 年最高价, color = 'blue', width =barWidth, edgecolor =
'grey', label ='年最高价')
plt.bar(r2, 年最低价, color = 'red', width =barWidth, edgecolor = '
grey', label ='年最低价')
# 添加 X 轴标签
plt.xlabel('Categories', fontweight ='bold')
# 添加条形图的标签
plt.xticks([r + barWidth/2 for r in range(len(年最高价))], cate-
gories)
# 创建图例
plt.legend()
# 显示图表
plt.show()
```

输出：

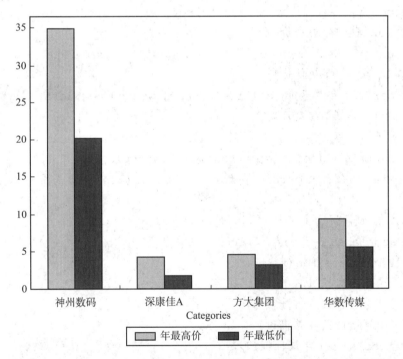

（2）以下是一个更复杂的堆积条形图的例子。它包含了更多的数据和自定义设置。在这个例子中，我们有三个子项（年最高价、年最低价和年收盘价），它们分别对应四个类别（神州数码、深康佳 A、方大集团和华数传媒）。我们使用 np. arange来生成条形图的位置，并使用 plt. bar 来绘制每个子项的条形图。通过设置 width 参数，我们可以控制条形图的宽度。edgecolor 参数用于设置条形图的边框颜色。此外，我们还定义了一个 add_labels 函数来在每个条形图上添加数值标签，以便更清楚地显示每个条形的具体数值。最后，我们使用 plt. title 来添加图表标题，并使用 plt. legend 来添加图例。运行这段代码，您将得到一个包含三个子项（蓝色、红色和绿色）的堆积条形图，每个子项都对应一个类别，并且每个条形图上都标注了具体的数值。

输入：

```
# 类别标签
categories = ['神州数码', '深康佳 A', '方大集团', '华数传媒']
# 每个类别的子项值
年最高价 = np.array([34.8, 4.35, 4.67, 9.34])
年最低价 = np.array([20.15, 1.87, 3.26, 5.67])
年收盘价 = [24.25, 2.1, 3.34, 6.05]
# 设置条形图的宽度和条形之间的间隔
barWidth = 0.25
r1 = np.arange(len(values1))
r2 = [x + barWidth for x in r1]
r3 = [x + barWidth for x in r2]
# 绘制条形图
plt.bar(r1, 年最高价, color = 'blue', width = barWidth, edgecolor = 'grey', label = '年最高价')
plt.bar(r2, 年最低价, color = 'red', width = barWidth, edgecolor = 'grey', label = '年最低价')
plt.bar(r3, 年收盘价, color = 'green', width = barWidth, edgecolor = 'grey', label = '年收盘价')
# 添加类别标签
plt.xlabel('Categories', fontweight = 'bold')
plt.xticks([r + barWidth for r in range(len(年最高价))], categories)
# 添加数值标签
def add_labels(x,y):
for i in range(len(x)):
plt.text(x[i], y[i], y[i], ha = 'center', va = 'bottom')
# 对每组条形图的数值进行标注
add_labels(r1,年最高价)
add_labels(r2,年最低价)
add_labels(r3,年收盘价)
# 添加图表标题和图例
plt.title('上市公司年股票价格')
plt.legend()
# 显示图表
plt.show()
```

输出：

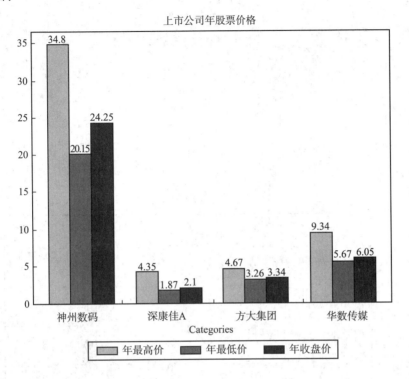

四、气泡图

在 Python 中，绘制气泡图通常使用 Matplotlib 库，它是一个非常流行的绘图库。气泡图是一种散点图，其中，每个点的大小表示第三个维度的数据。以下是一个使用 Matplotlib 库绘制气泡图的详细的例子。

在这个示例中，x 和 y 代表了散点图中各个点的坐标位置，而 z 则表示每个点所对应的气泡尺寸。plt. scatter( ) 函数是 Matplotlib 库中用于生成散点图的重要工具，其中的 s 参数尤为关键，它可以是一个数组或者单一的数值，用以决定图中每个点的大小。您可以根据实际需求灵活调整 x、y 和 z 的数值，从而绘制出形态各异的气泡图。除了控制点的大小，Matplotlib 还赋予了用户丰富的选项来自定义散点图的外观，如通过 c 参数改变点的颜色，使用 edgecolors 参数调整边缘颜色，以及利用 alpha 参数设置点的透明度等。这些灵活多样的设置选项能够帮助您打造出满足个性化需求的气泡图。

输入：

```
# 示例数据
x = [2, 3, 6, 4, 5,6,10,12]  # X 轴坐标
y = [3, 5, 2, 7, 5,7,9,15]  # Y 轴坐标
z = [50, 60, 70, 75, 80,85,90,100]  # 气泡大小
# 绘制气泡图
plt. scatter(x, y, s = z)  # s 参数控制气泡的大小
```

```
# 添加图表标题和坐标轴标签
plt.title('气泡图')
plt.xlabel('X轴')
plt.ylabel('Y轴')
# 可选:添加网格线
plt.grid(True)
# 显示图表
plt.show()
```

输出:

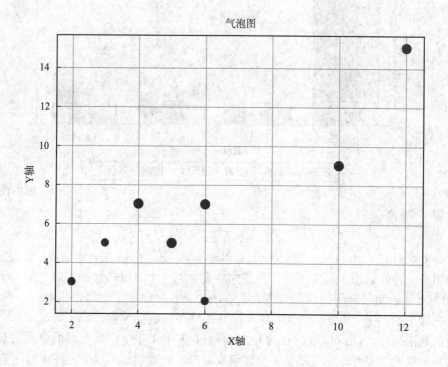

五、应用实践

　　股票日K线图和移动均线图是股票及金融市场分析中两种极为常用的技术分析工具。日K线图凭借其直观且立体感强的特点,使得投资者能够迅速捕捉并把握市场的整体走势和动态。而移动平均线则是以道琼斯的平均成本概念为坚实基础,巧妙运用统计学中的"移动平均"原理,将特定交易周期内的股价或指数平均值联结成一条平滑的曲线。这条曲线不仅能够清晰地反映出股价或指数的历史波动情况和趋势走向,还能极大地助力交易者预测和判断股价或指数未来的可能趋势。可以说,移动平均线是道氏理论和波浪理论在数字化、图表化以及形象化方面的杰出表述。其最基本且重要的特性,就是通过利用平均数这一数学工具,有效地消除股价中不规则的偶然变动,从而帮助投资者更加清晰地观察并理解股市的动态变化。

　　以上是对股票日 K 线图和移动均线图的深入理解，结合已完成的学习任务和知识积累，下面进行一次综合性应用实践：我们将使用平安银行 2024 年 7 月 22 日至 8 月 2 日股票开盘价、最高价、最低价和收盘价数据细致地绘制股票日 K 线图，精准地勾勒移动均线图，以期全面、深入地剖析和展示股票市场的动态变化与趋势走向。（数据来源于红榴金融）

（一）绘制一日 K 线图

　　以下是一个详细的 Python 代码示例，它使用 Matplotlib 库来绘制东方集团 2022 年 8 月 25 日的一日 K 线图，并包含了开盘价、收盘价、最高价和最低价。代码中包含了详细的注释，以确保易于理解和使用。

　　在 Matplotlib 库中，当绘制类似 K 线这样的线段图时，实际上并不涉及"柱子"的宽度调整，因为 K 线图是由线段和点组成的，而不是由柱状图那样的矩形柱子组成。不过，可以调整线段的粗细，这可以通过 linewidth 参数来实现。如果确实想要调整某种"宽度"，并且是在类似柱状图的上下文中（尽管这与 K 线图不同），那么可以使用 bar 函数，并为 width 参数指定一个值。但在 K 线图中，通常会调整线段的粗细。

　　输入：

```python
# 假设东方集团一日的股票数据
data = {'date': [datetime(2022, 8, 25)],   # 日期
'open': [2.91],                            # 开盘价
'high': [2.92],                            # 最高价
'low': [2.85],                             # 最低价
'close': [2.88]}                           # 收盘价
# 创建图表和轴
fig, ax = plt.subplots(figsize = (6, 4))
# 绘制 K 线
# 无论开盘价和收盘价的关系如何,都将 K 线颜色设置为蓝色
color = 'red'
kline_width = 10   # 设置 K 线的粗细
# 绘制开盘价到收盘价的线段
ax.plot([data['date'][0],data['date'][0]],[data['open'][0],data
['close'][0]],color = color, linewidth = kline_width, label = 'K 线')
 # 绘制最高价和最低价的垂直线
price_range_width = 1   # 设置价格范围线的粗细
ax.vlines(data['date'][0],data['low'][0],data['high'][0],col-
or = 'gray',linestyle = '--', linewidth = price_range_width, label = '价
格范围')
 # 设置 X 轴的日期格式
ax.xaxis.set_major_formatter(mdates.DateFormatter('%Y-%m-%d'))
```

```
ax.xaxis.set_major_locator(mdates.DayLocator())
#设置图表的标题和标签
plt.title('一日K线图')
plt.xlabel('日期')
plt.ylabel('价格')
#显示图例
plt.legend()
#显示网格
plt.grid(True)
#显示图表
plt.show()
```

输出：

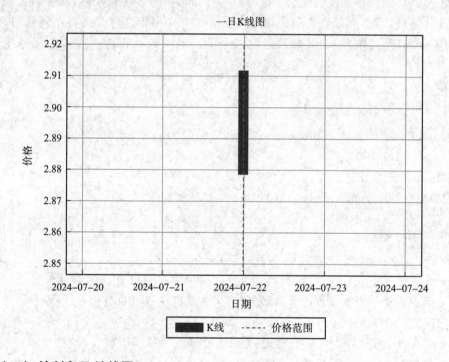

（二）绘制多日 K 线图

绘制多日 K 线图，是金融分析领域里一种常见的数据可视化方法。与一日 K 线图相比，多日 K 线图涵盖了更长时间范围内的交易数据，从而能够更全面地揭示股票或其他金融产品的价格波动与市场走势。借助这类图表，分析师可以深入洞察连续数日的价格变动，进而把握整体市场趋势。为了实现这一目标，Python 的 Matplotlib 库成为一个得力工具。该库专为金融数据可视化设计，不仅功能强大而且定制灵活，使得绘制精确且信息丰富的多日 K 线图变得简单易行。

以下是一个详细的 Python 代码示例，它使用 Matplotlib 库和东方集团 2022 年 8 月 1 日至 2022 年 8 月 25 日股票价格数据来绘制多日 K 线图，并包含了开盘价、收盘价、最高价和最低价。代码中包含了详细的注释，以确保易于理解和使用。

输入：

```
# 假设我们有多个日的股票数据，读取本地 D 盘东方集团股票数据
df = pd. read_excel('D:\dat. xls')
# 创建图表和轴
fig, ax = plt. subplots(figsize = (10, 6))
# 设置 K 线的颜色和粗细
kline_color = 'red'
kline_width = 10. 5
# 设置价格范围线的颜色和粗细
price_range_color = 'blue'
price_range_width = 8
price_range_style = '--'
# 遍历数据，绘制每日的 K 线和价格范围
for i in range(len(df['Trddt'])):
# 绘制开盘价到收盘价的线段(K 线)
ax. plot([df['Trddt'][i], df['Trddt'][i]], [df['Open'][i], df
['Close'][i]],
        color = kline_color, linewidth = kline_width)
# 绘制最高价和最低价的垂直线
ax. vlines(df['Trddt'][i], df['Low'][i], df['High'][i],
        color = price_range_color, linestyle = price_range_style,
linewidth = price_range_width)
# 设置 X 轴的日期格式
ax. xaxis. set_major_formatter(mdates. DateFormatter('% Y-% m-
% d'))
ax. xaxis. set_major_locator(mdates. DayLocator())
# 旋转 X 轴的日期标签，以便更好地显示
plt. setp(ax. get_xticklabels(), rotation = 45, horizontalalign-
ment = 'right')
# 设置图表的标题和标签
plt. title('多日 K 线图')
plt. xlabel('日期')
plt. ylabel('价格')
# 显示网格
plt. grid(True)
# 显示图表
plt. show()
```

输出：

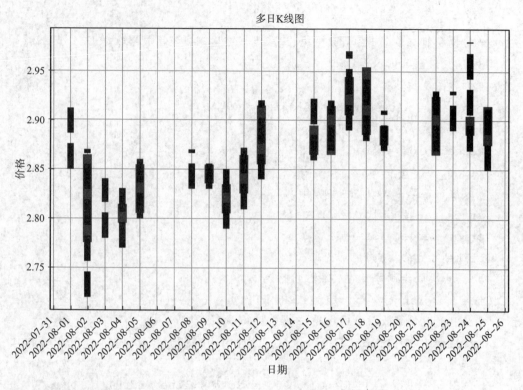

（三）绘制移动均线图

为了计算移动平均线，首先需要一组待计算的数值。由于未给出具体数值，所以先设定一个示例数列来进行计算。假设我们有以下数值序列（代表某只股票连续 8 个交易日的收盘价）：[10，12，11，13，14，16，15，17]。移动平均线（Moving Average，MA）通常分为简单移动平均线（Simple Moving Average，SMA）和指数移动平均线（Exponential Moving Average，EMA）。这里以简单移动平均线为例进行计算，并设定移动平均线的周期为 4 天。

简单移动平均线的计算公式为：

$$SMA = (P1 + P2 + \cdots + Pn)/n$$

其中，$P1$，$P2$，$\cdots$，Pn 是过去 n 个时间段的数值，n 是移动平均线的周期。

现在，我们来计算 4 天的简单移动平均线：

第 1~3 天：由于数据不足 4 天，无法计算移动平均线。

第 4 天（包括第 4 天）的移动平均线：

$SMA = (10 + 12 + 11 + 13)/4 = 46/4 = 11.5$

第 5 天的移动平均线：

$SMA = (12 + 11 + 13 + 14)/4 = 50/4 = 12.5$

第 6 天的移动平均线：

$SMA = (11 + 13 + 14 + 16)/4 = 54/4 = 13.5$

第 7 天的移动平均线：

$\mathrm{SMA} = (13 + 14 + 16 + 15)/4 = 58/4 = 14.5$

第 8 天的移动平均线:

$\mathrm{SMA} = (14 + 16 + 15 + 17)/4 = 62/4 = 15.5$

所以,对于给定的数值序列 [10, 12, 11, 13, 14, 16, 15, 17], 其 4 天的简单移动平均线序列为 [无, 无, 无, 11.5, 12.5, 13.5, 14.5, 15.5]。

请注意,这里的计算是基于本书设定的示例数列。如果您有具体的数值序列,请按照上述方法替换示例数列并进行计算。

要绘制移动均线图,首先需要一组东方集团股份有限公司 1994 年 1 月至 2022 年 8 月股票价格数据,数据量合计 6964 条。然后计算其移动平均线。以下是一个应用实践的例子,使用 Python 和 Matplotlib 库来绘制移动均线图。

首先,我们需要安装必要的库(如果您还没有安装的话)。

```
import matplotlib.pyplot as plt
import matplotlib.dates as mdates
from datetime import datetime, timedelta
```

其次,我们可以使用以下代码来绘制移动均线图:

```
# 读取本地东方集团股票价格数据
```

输入:

```
df1 = pd.read_excel('D:\data.xls')
df1['Trddt'] = pd.to_datetime(df1['Trddt'])
# 计算5日和20日的移动平均线
df1['5d_avg'] = df['Close'].rolling(window=5).mean()
df1['20d_avg'] = df['Close'].rolling(window=20).mean()
# 绘制股价和移动平均线
plt.figure(figsize=(12, 6))
plt.plot(df1['Trddt'],df1['Close'], label='Close Price', color=
'black')
plt.plot(df1['Trddt'], df1['5d_avg'], label='5-Day MA', color=
'blue')
plt.plot(df1['Trddt'], df1['20d_avg'], label='20-Day MA', color=
'red')
# 美化图表 plt.xlabel('Date')
plt.title(' Close Price and Moving Averages')
plt.xlabel('时间')
plt.ylabel('股票价格 (元)')
plt.legend()
plt.grid(True)
plt.gca().xaxis.set_major_formatter(plt.matplotlib.dates.
```

```
DateFormatter('%Y-%m-%d'))
    plt.gcf().autofmt_xdate()  # 自动旋转日期标记
    # 显示图表
    plt.show()
```

输出：

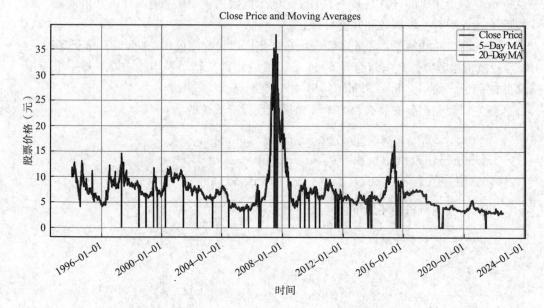

这段代码首先利用 Pandas 从本地电脑获取了东方集团股份有限公司的历史股价数据。接着，计算出了股票价格的 5 日和 20 日移动平均线。之后，借助 Matplotlib 库，该代码绘制了一幅图表，其中，黑色线条代表每日收盘价，蓝色线条代表 5 日移动平均线，而红色线条则代表 20 日移动平均线。为了确保图表的清晰性、准确性和易理解性，图表中还精心添加了标题、X 轴与 Y 轴标签，以及详细的图例。

（四）合并绘制股票日 K 线图和移动均线图

本节巧妙融合 Python 的 Pandas 库与 Matplotlib 库的功能，旨在绘制股票的 K 线图（蜡烛图）以及移动平均线（MA）图。

输入：

```
df = pd.read_excel('D:\dat.xls')
# 将数据转换为 DataFrame
df = pd.DataFrame(df)
df['Trddt'] = pd.to_datetime(df['Trddt'])
df.set_index('Trddt', inplace=True)
# 绘制 K 线图和移动均线图
width=1
plt.figure(figsize=(10,5))
```

```
# 绘制 K 线图
for i in range(len(df)):
    if i > 0:
    # 绘制前一天到当天的垂直线
    plt.plot([df.index[i-1], df.index[i]], [df['High'][i-1], df
['High'][i]], 'g--')
    plt.plot([df.index[i-1], df.index[i]], [df['Low'][i-1], df
['Low'][i]], 'b--')
    # 绘制当天的开盘价和收盘价
    plt.plot([df.index[i], df.index[i]], [df['Open'][i], df
['Close'][i]], 'k-', linewidth =2)
    # 根据开盘价和收盘价的颜色填充 K 线
    if df['Open'][i] > df['Close'][i]:
        plt.fill_between(df.index[i:i +1], df['Open'][i:i +1], df
['Close'][i:i +1], color ='red') else:
        plt.fill_between(df.index[i:i +1], df['Open'][i:i +1], df
['Close'][i:i +1], color ='green')
# 绘制移动均线图
plt.plot(df.index, df['Close'].rolling(window =5).mean(), label =
'5-Day MA')
plt.plot(df.index, df['Close'].rolling(window =10).mean(), label =
'10-Day MA')
plt.plot(df.index, df['Close'].rolling(window =20).mean(), label =
'20-Day MA')
# 设置图表标题和标签
plt.title('东方集团日 K 线图和移动均线图')
plt.xlabel('日期')
plt.ylabel('价格(元)')
# 设置日期格式
plt.gcf().autofmt_xdate()
plt.gca().xaxis.set_major_formatter(mdates.DateFormatter('%
Y-%m-%d'))
plt.gca().xaxis.set_major_locator(mdates.DayLocator())
# 显示图例
plt.legend()
# 显示网格
plt.grid(True)
# 显示图表
plt.show()
```

输出：

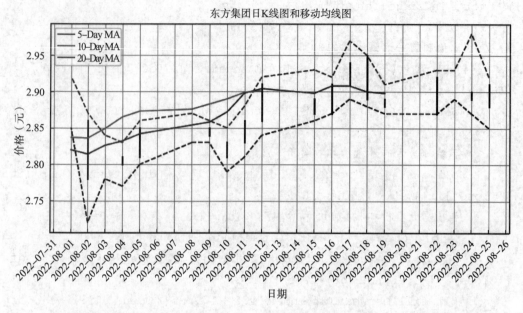

以上具体代码执行流程如下：

首先，代码通过创建一个包含日期、开盘价、最高价、最低价和收盘价的字典，并将其转换成 Pandas 的 DataFrame，来导入所需数据。同时也可以通过"df = pd. read_excel('D:\dat. xls')"代码一次性来读取本地数据。

其次，代码将 DataFrame 中的日期列转换为日期时间格式，并将其设定为 DataFrame 的索引，以便后续的数据处理和图表绘制。

在绘制 K 线图时，代码会遍历 DataFrame 的每一行数据。对于每一行，它都会绘制从前一天到当天的最高价和最低价的垂直线，以及当天的开盘价和收盘价之间的线段。同时，根据开盘价和收盘价的关系，代码还会相应地填充 K 线的颜色：如果开盘价高于收盘价，就填充为红色；反之，则填充为绿色。

再次，代码还计算并绘制了 5 日、10 日和 20 日的移动平均线，以便投资者更全面地分析股票价格的走势和趋势。

在设置图表样式时，代码添加了图表的标题、X 轴和 Y 轴的标签，并设置了 X 轴的日期格式，以确保日期标签能够正确显示。同时，代码还显示了图例和网格，进一步提升了图表的可读性和美观度。

最后，通过调用 plt. show( )函数，代码将精心绘制的图表展示给投资者，帮助他们更好地分析股票市场的动态和趋势。

综上所述，这段代码犹如金融市场的魔法师，巧妙地将 Pandas 那无与伦比的数据处理能力与 Matplotlib 卓越的绘图功能融为一体，为投资者精心绘制出一幅既直观又易懂的股票市场 K 线图与移动平均线图。这些图表如同明灯，照亮了投资者前行的道路，让他们在波谲云诡的市场中能够更加明智、精准地作出投资决策，仿佛赋予了他们洞悉市场脉搏的神奇能力。

六、实操练习题

请结合本项目学习内容，使用股票开盘价、最高价、最低价和收盘价数据细致地绘制股票日 K 线图、精准地勾勒移动均线图，以期全面、深入地剖析和展示股票市场的动态变化与趋势走向。

七、小结

1. 折线图（Line Chart）

基本概念和特点：折线图通过连接各数据点的线段来展示数据的变化趋势。它适用于展示时间序列数据或连续变化的数据。

常见场景和用途：常用于展示股票价格变动、气温变化、销售额增长趋势等。

优势和局限性：优势在于能够清晰地展示数据的变化趋势；局限性在于当数据点过多时，图表可能会显得混乱。

2. 柱状图（Bar Chart）

基本概念和特点：柱状图是一种使用矩形条来表示数据分布的图表。每个矩形条的高度或长度都代表相应的数据值，不同类别的数据通过并列的矩形条来展示，便于直观比较各类别数据的大小。

常见场景和用途：常用于展示分类数据，如不同产品的销售数量对比、各地区的降雨量分布等。

优势和局限性：优势在于能够清晰地比较不同类别的数据大小；局限性在于不适合展示连续变化的数据或时间序列数据。

3. 条形图（Bar Graph）

基本概念和特点：条形图与柱状图相似，也是用矩形条表示数据，但条形图是水平放置的。它适用于类别名称过长或类别数量较多的情况。

常见场景和用途：常用于展示排名、比例或频率分布，如员工满意度调查结果的展示。

优势和局限性：优势在于可以清晰地展示大量类别数据，便于阅读长类别名称；局限性同柱状图，不适合展示连续数据。

4. 气泡图（Bubble Chart）

基本概念和特点：气泡图是一种展示三个维度数据的图表，其中，两个维度通常表示在 X 轴和 Y 轴上，而第三个维度则通过气泡的大小来表示。

常见场景和用途：常用于展示多维数据之间的关系，如市场份额、产品性能和销售额之间的关系。

优势和局限性：优势在于能够在二维平面上展示三维数据；局限性在于当数据点过多时，图表可能难以解读，且不适合展示复杂的关系。

任务三　分布类商业数据可视化

一、直方图

在 Python 中，绘制直方图是一个常见的任务，特别是在数据分析和机器学习中。Matplotlib 和 Seaborn 是两个非常流行的库，可以用来绘制直方图。以下是如何使用这两个库来绘制直方图的简单示例。

导入必要的库。matplotlib. pyplot：用于绘制各种静态、动态、交互式的图表。seaborn：基于 Matplotlib 的高级绘图库，提供了更美观的绘图风格和更多的绘图选项。Numpy：用于生成随机数据。

设置 Seaborn 的风格。sns. set( )：设置 Seaborn 的默认绘图风格，使图表更加美观。data = np. random. randn(10000)：生成 10000 个服从标准正态分布的随机数。plt. hist(data, bins = 30, alpha = 0. 5, color = 'b', edgecolor = 'black')：绘制直方图，其中，bins 表示条形的数量，alpha 表示条形的透明度，color 表示条形的颜色，edgecolor 表示条形边缘的颜色。plt. title( )，plt. xlabel( )，plt. ylabel( )：设置图表的标题和坐标轴标签。plt. show( )：显示图表。sns. histplot(data, bins = 30, kde = True, color = 'g')：绘制直方图，其中，kde 表示是否同时绘制核密度估计曲线，color 表示条形的颜色。同样，使用 plt. title( )，plt. xlabel( )，plt. ylabel( )设置图表标题和坐标轴标签。plt. show( )：显示图表。

输入：

```
import matplotlib. pyplot as plt
import seaborn as sns
import numpy as np
# 设置 Seaborn 的风格
sns. set()
# 生成一些随机数据
data = np. random. randn(1000)
# 使用 Matplotlib 绘制直方图
plt. hist(data, bins = 30, alpha = 0. 5, color = 'g', edgecolor =
'black')
plt. title('Histogram with matplotlib')
plt. xlabel('Value')
plt. ylabel('Frequency')
plt. show()
# 使用 Seaborn 绘制直方图
sns. histplot(data, bins = 30, kde = True, color = 'r')
```

```
plt.title('Histogram with seaborn')
plt.xlabel('Value')
plt.ylabel('Frequency')
plt.show()
```

输出：

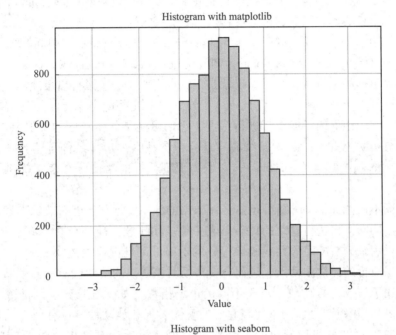

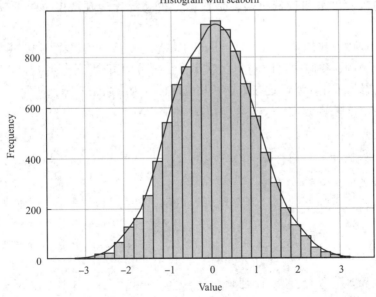

二、箱线图

箱线图（Boxplot）是一种功能强大的统计图形，专门用于展示一组数据的分散情况和分布特征。它能够清晰地展示数据的最大值、最小值、中位数、第一四分位数和第三四分位数，为数据分析师提供了全面的数据概览。尤为重要的是，箱线图在识别数据中的异常值（即离群点）方面具有显著优势，能够直观地揭示数据分布的偏态和尾重特性。因此，在数据分析和统计学领域，箱线图被广泛应用于各种数据分析任务中，成为分析师们不可或缺的数据可视化工具。

箱线图是一种极为有用的数据可视化工具，其结构精细且信息丰富。具体来说，它由以下几个核心部分组成：（1）箱体，其上下边界分别代表着数据的第一四分位数（Q1）和第三四分位数（Q3），而箱体的长度则直观地展示了中间 50% 数据的分布范围，即 IQR（Interquartile Range，四分位距）；（2）中位数线，这条位于箱体内的线标志着数据的中位数（Q2），也就是第二四分位数，它将整个数据集一分为二，清晰地划分为上半部分和下半部分；（3）异常值，这些超出箱体上下边界的点被视为异常值，并用独立的点或符号进行标注，它们可能是数据集中的离群点或极端值，对于数据分析尤为重要；（4）箱线图中还会包含从箱体边界延伸至非异常值最远点的线段，被称为"须"（whiskers），它们为识别数据的整体分布范围提供了额外的帮助。

箱线图不仅能够帮助分析师迅速把握数据的分布特征，还能有效识别潜在的异常值，并对不同数据集进行直观的比较。它主要应用于股票价格分析，在金融市场中，箱线图可以用来分析特定股票或股票指数的价格波动情况。通过绘制股价的箱线图，可以识别出股价的异常波动点，进而分析市场对该股票的反应或潜在的市场趋势。它还可以应用于市场指数比较，对于不同的市场指数（如上证指数、深证成指、纳斯达克指数等），箱线图可以用来比较它们的整体表现和波动性。这有助于投资者了解不同市场的风险水平和投资机会，是数据分析和统计学领域中不可或缺的可视化工具。

在 Python 中，我们可以利用 Matplotlib 库来方便地绘制箱线图。以东方集团"总市值"数据为例，我们根据时间先后顺序将数据分为五个不同的组。以下是一个示例代码，它展示了如何基于这些数据和相应的标签来绘制箱线图，从而直观地展示每个组数据的分布情况。

输入：

```
# 示例数据,东方集团总市值(单位:亿元)
data = np.array([
    [105.38, 106.12, 106.48, 106.85, 105.38],  # 第一组数据  (2022.
8.19 ~ 8.25)
    [105.71, 107.58, 106.48, 105.02, 106.48],  # 第二组数据  (2022.
8.12 ~ 8.18)
    [104.65, 102.82, 103.92, 104.29, 104.29],  # 第三组数据  (2022.
8.05 ~ 8.11)
    [102.82, 101.72, 101.72, 105.38, 105.02],  # 第四组数据  (2022.
7.29 ~ 8.04)
```

```
    [106.85, 106.85, 108.68, 108.31, 110.14]   # 第五组数据　(2022.
7.22~7.28)])
# 标签
labels = ['Group 1', 'Group 2', 'Group 3', 'Group 4', 'Group 5']
# 绘制箱线图
plt.boxplot(data, labels = labels)
# 设置标题
plt.title('Boxplot of Groups')
# 显示图形
plt.show()
```

输出：

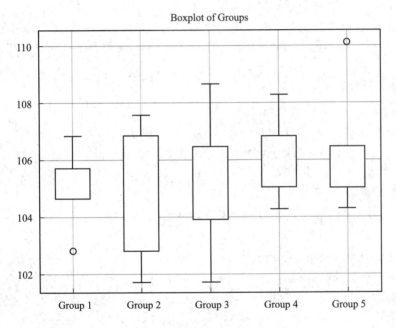

这段代码执行以下步骤：导入必要的库 matplotlib.pyplot 和 Numpy；创建一个二维数组 data，其中包含五组数据；定义一个标签列表 labels，用于标识每组数据；使用 plt.boxplot 函数绘制箱线图，并通过 labels 参数指定每组数据的标签；设置图表的标题为"Boxplot of Groups"；使用 plt.show 函数显示图表。

生成的箱线图将清晰展示每组数据的分布和箱型，同时，数据和标签准确反映箱线图所展示的内容。图表简洁明了，易于理解。

三、热力图

在 Python 中，您可以使用 Seaborn 库或者 matplotlib 库来绘制热力图。Seaborn 是一个基于 Matplotlib 的统计绘图库，它提供了一种高级界面来绘制有吸引力且有信息量的统计图形。热力图在各个领域都有广泛的应用。如在金融领域，金融分析师可以利用热力图观察股票市场的交易活跃度，判断哪些股票或板块受到资金追捧。通过分析资金流向热力图，可以成功预测某一板块的上涨趋势，并及时买入相关股票，从而获得可观的收益。

以下是一个使用 Seaborn 库来绘制热力图的具体示例：绘制"股票交易活跃度"热力图。股票交易活跃度评价是对股票市场活跃程度的衡量，它可以帮助投资者了解市场的流动性、供需关系以及投资者的参与度。活跃度高的市场通常意味着更多的交易机会和更好的价格发现机制。通过对交易量、换手率等指标的综合分析，我们可以全面评价股票交易的活跃度。本节使用三元、东方、高科、上海蓝多和倍健五家上市公司 2012～2022 年的平均换手率绘制股票交易活跃度热力图。

输入：

```
# 模拟数据:股票交易活跃度
stocks = ['高科','上海蓝多','倍健','东方','三元']
activity_levels = np.random.rand(5,5)   # 假设的活跃度数据,范围在 0 到 1 之间
# 创建一个 figure 和 axes
fig, ax = plt.subplots()
# 绘制热力图
cax = ax.imshow(activity_levels, cmap = 'hot', interpolation = 'nearest')
# 添加颜色条,并设置标签
fig.colorbar(cax, label = '交易活跃度')
# 设置 X 轴和 Y 轴的标签
ax.set_xticks(np.arange(len(stocks)))
ax.set_yticks(np.arange(len(stocks)))
ax.set_xticklabels(stocks, rotation =45)   # 旋转 45 度以便更好地显示股票名称
ax.set_yticklabels(stocks)
# 添加标题
plt.title('股票交易活跃度热力图')
# 显示图形并保存为文件
plt.show()   # 在脚本环境中,可以注释此行以避免直接显示图形
plt.savefig('stock_activity_heatmap.png', dpi =300, bbox_inches = 'tight')
```

输出：

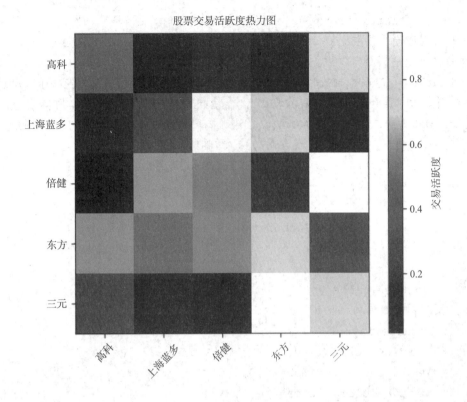

股票交易活跃度热力图

四、旭日图

旭日图（Sunburst Chart）是一种极具表现力的数据可视化图表，尤其适用于展示层次结构复杂的数据。通过这一图表形式，我们能够清晰直观地观察到数据的层级关系以及各组成部分的比例。在旭日图中，中心位置通常代表整体数据或最顶层的分类，而随着向外扩展的环状层次，我们能够逐步深入更细致的分类或详情。每一环层都被精心划分为若干个部分，每个部分的大小和颜色都直观地反映了该类别的占比情况。这样的设计使得我们能够迅速把握数据的整体分布及其关键要素，从而更好地理解和分析数据。

根据中证行业分类标准，我们将上市公司细致地划分为 10 个不同行业，涵盖能源、原材料、工业、可选消费、主要消费、医药卫生、金融地产、信息技术、电信业务和公用事业。为了深入分析各行业公司的股本结构，我们进一步探究了其股本占比情况。股本结构主要包括已流通股和限售股两大类，而已流通股又可细分为流通 A 股、流通 B 股、流通 H 股和其他流通股。在我们的分析中，鉴于已流通股和流通 A 股在股本结构中占据较大比重，因此以此为重点分析，利用 2024 年 8 月已流通股占比和流通 A 股占比数据来绘制旭日图。下面提供的示例代码，旨在生成一幅清晰且美观的股本结构占比旭日图，以便更直观地理解各行业的股本构成情况。

输入：

导入必要的库

```
import plotly. graph_objects as go
# 绘制已流通股占比旭日图,每个层级由'labels'和'parents'定义,'values'
表示每个部分的大小
labels = ['股本构成', '已流通','能源', '原材料', '工业','可选消费',
'主要消费', '医药卫生', '金融地产','信息技术','电信业务','公用事业']
parents = ['', '股本构成', '已流通', '已流通', '已流通', '已流通','已
流通','已流通','已流通', '已流通', '已流通', '已流通']
values = [100, 100, 98.23, 93.56, 93.73,94.44,91.47,92.69,98.75,
92.88,94.33,95.02]
# 创建旭日图
fig = go. Figure (go. Sunburst (
    labels = labels,
    parents = parents,
    values = values))
# 更新图表布局
fig. update_layout (
    margin = dict (t =0, l =0, r =0, b =0),
    paper_bgcolor = 'rgba (0,0,0,0)',
    plot_bgcolor = 'rgba (0,0,0,0)')
# 显示图表
fig. show ()
```

输出:

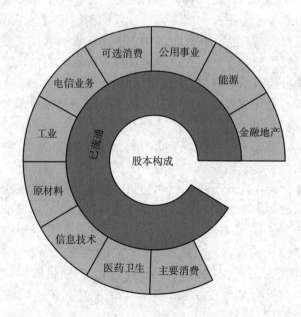

输入:

绘制流通股旭日图,每个层级由'labels'和'parents'定义,'values'表示每
个部分的大小

```
labels = ['流通股构成', '流通 A 股','能源', '原材料', '工业','可选消
费','主要消费', '医药卫生', '金融地产','信息技术','电信业务','公用事业']
parents = ['', '流通股构成', '流通 A 股', '流通 A 股', '流通 A 股','流通
A 股','流通 A 股', '流通 A 股', '流通 A 股', '流通 A 股', '流通 A 股', '流通 A 股']
values = [100, 100, 86.25, 96.33, 94.13,97.13,98.92,98.75,74.72,
99.48,98.27,94.96]
# 创建旭日图
fig = go.Figure(go.Sunburst(
    labels = labels,
    parents = parents,
    values = values))
# 更新图表布局
fig.update_layout(
    margin = dict(t = 0, l = 0, r = 0, b = 0),
    paper_bgcolor = 'rgba(0,0,0,0)',
    plot_bgcolor = 'rgba(0,0,0,0)')
# 显示图表
fig.show()
```

输出：

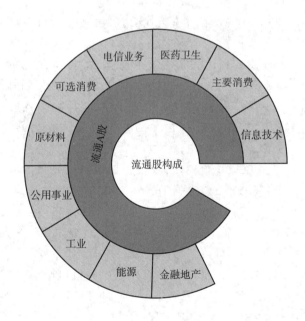

五、应用实践

商业环境指数是一个综合评估商业环境中各种因素的指标，它涵盖了经济、政治、社会和技术等多个方面。这个指数通过量化和分析这些因素，为投资者、企业和政府提供了一个全面、客观的商业环境评价。对于投资者而言，商业环境指数可以帮

助他们了解不同国家或地区的商业环境状况，从而作出更明智的投资决策。对于企业而言，商业环境指数可以帮助他们了解市场状况、竞争态势和政策环境，从而制定更有效的市场策略和经营计划。对于政府而言，商业环境指数可以作为政策制定和调整的参考依据，以促进商业环境的改善和优化。本节应用实践数据来源于中国城市商业信用环境指数白皮书，根据 2010 年至 2019 年北京、上海、广州、深圳、天津、成都、杭州、重庆、南京、海口 10 个地区商业环境指数得分情况绘制商业环境指数热力图和箱线图。2010 年、2011 年、2012 年、2015 年、2017 年、2019 年为原始数据，其余年份按照平均值插值法补齐。例如，2016 年数据使用 2015 年和 2017 年的平均值代替。商业环境指数主要用于测度一个城市市场信用交易环境的优劣，也可以从宏观上检验城市信用体系的运行情况。

　　首先，使用 Seaborn 库来绘制热力图。Seaborn 是基于 Matplotlib 的图形可视化 Python 库，它提供了一种高度集成、用于绘制具有吸引力的统计图形的方法。热力图通常用于展示数据矩阵中各个变量之间的相关性。在这个例子中，将创建一个商业环境指数的数据集矩阵（10×10），该数据集矩阵包含北京、上海、广州、深圳、天津、成都、杭州、重庆、南京、海口 10 个地区商业环境指数得分情况，并使用热力图不同颜色信息来展示这些地区之间商业环境指数的相关性。以下是实现这个任务的 Python 代码：

输入：

```
# 创建一个商业环境指数相关性数据矩阵
data = np. array ([[86. 6, 85. 2, 86. 1, 86. 3, 86. 6, 86. 9, 88. 7, 90. 6,
88. 9, 87. 1],
                [80. 1, 83. 1, 83. 5, 83. 7, 84, 84. 3, 85. 7, 87, 86. 2, 85. 5],
                [72. 6, 76. 9, 79. 9, 78. 8, 77. 7, 76. 6, 78. 7, 80. 8, 80. 5, 80. 2],
                [75. 6, 81. 3, 82. 7, 80. 9, 79. 1, 77. 3, 79. 7, 82. 1, 80. 3, 78. 4],
                [72. 6, 79. 8, 78. 3, 77. 8, 77. 3, 76. 8, 77. 4, 78. 1, 78. 2, 78. 3],
                [71. 6, 82. 4, 78. 7, 77. 9, 77. 2, 76. 4, 77. 6, 78. 8, 77. 8, 76. 8],
                [73. 3, 83. 5, 80. 7, 79. 6, 78. 5, 77. 4, 76. 3, 75. 3, 77. 6, 79. 7],
                [71, 76. 3, 75, 75. 8, 76. 7, 77. 5, 76. 6, 75. 7, 77. 1, 78. 6],
                [73. 7, 80. 3, 78. 8, 77. 9, 77. 1, 76. 2, 75. 6, 75. 1, 76. 5, 77. 9],
                [74. 7, 79. 2, 79. 6, 78. 8, 77. 9, 77, 76. 4, 75. 7, 76. 1, 76. 5]])
# 创建商品类别标签
categories = ['北京', '上海', '广州', '深圳', '天津', '成都', '杭州',
'重庆', '南京', '海口']
# 创建一个 DataFrame 来保存数据和标签
df = pd. DataFrame (data, index = categories, columns = categories)
# 绘制热力图
plt. figure (figsize = (8, 6))
sns. heatmap (df, annot = True, cmap = 'coolwarm', fmt = '. 2f')  # 使
用 'coolwarm' 色图, 显示数据值
```

```
plt.title('地级市商业信用环境指数相关性热力图')  # 添加标题
plt.xlabel('城市名称')  # 添加 X 轴标签
plt.ylabel('城市名称')  # 添加 Y 轴标签
plt.show()  # 显示图形
```

输出：

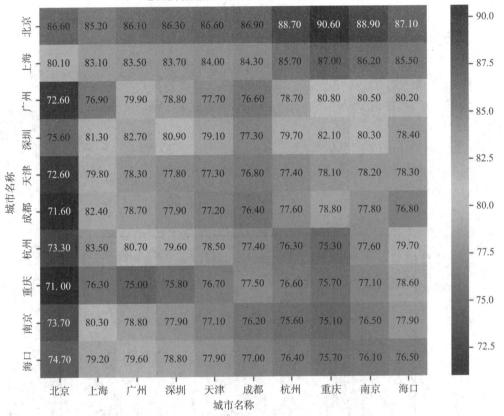

其次，利用 Matplotlib 库来绘制箱线图。根据 2010 ~ 2019 年北京、上海、广州、深圳、天津、成都、杭州、重庆、南京、海口 10 个地区商业环境指数得分情况绘制商业环境指数箱线图。以下是一个示例代码，它展示了如何基于这些数据和相应的标签来绘制箱线图，从而直观地展示每个地区商业环境指数的分布情况。

输入：

```
# 数据  商业环境指数
data = np.array([[86.6, 85.2, 86.1, 86.3, 86.6, 86.9, 88.7, 90.6,
88.9, 87.1],
          [80.1, 83.1, 83.5, 83.7, 84, 84.3, 85.7, 87, 86.2, 85.5],
          [72.6, 76.9, 79.9, 78.8, 77.7, 76.6, 78.7, 80.8, 80.5, 80.2],
          [75.6, 81.3, 82.7, 80.9, 79.1, 77.3, 79.7, 82.1, 80.3, 78.4],
```

```
                    [72.6,79.8,78.3,77.8,77.3,76.8,77.4,78.1,78.2,78.3],
                    [71.6,82.4,78.7,77.9,77.2,76.4,77.6,78.8,77.8,76.8],
                    [73.3,83.5,80.7,79.6,78.5,77.4,76.3,75.3,77.6,79.7],
                    [71,76.3,75,75.8,76.7,77.5,76.6,75.7,77.1,78.6],
                    [73.7,80.3,78.8,77.9,77.1,76.2,75.6,75.1,76.5,77.9],
                    [74.7,79.2,79.6,78.8,77.9,77,76.4,75.7,76.1,76.5]])
# 标签
labels = ['Beij', 'Sh', 'Gz', 'Sz','Tj','Cd','Hz','Cq','Nj','Hk']
# 绘制箱线图
plt.boxplot(data, labels = labels)
# 设置标题
plt.title('Business credit environment index of prefecture-level
cities')
# 显示图形
plt.show()
```

输出：

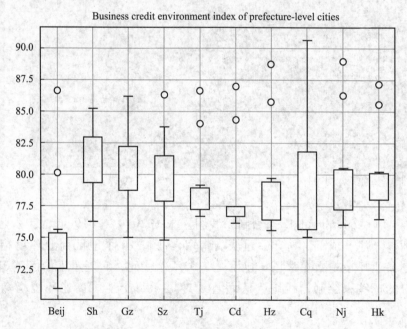

为了清晰地对比 2010 年至 2019 年间北京、上海、广州、深圳、天津、成都、杭州、重庆、南京、海口等 10 个地区的商业环境指数差异，并使得数据的比较和解读过程变得直观易懂，我们可以使用 figure 参数结合 fig. add_subplot( ) 方法来绘制柱状图。这种方法能够有效地展示各地区在不同年份的商业环境指数，便于进行直观的比较和分析。

以下是一个示例代码，它展示了如何基于 2010 年至 2019 年间北京、上海、广州、深圳、天津、成都、杭州、重庆、南京、海口 10 个地区的商业环境指数数据及其相应的标签来绘制柱状图。通过柱状图，可以直观地展示不同时间和地区商业环境指数的分布情况，便于进行跨时间和跨地区的比较与分析。

输入：

```
#我们有以下数据（2010～2013）
categories = ['北京','上海','广州','深圳','天津','成都','杭州',
'重庆','南京','海口']
values1 = [86.6,80.1,72.6,75.6,72.6,71.6,73.3,71,73.7,74.7]   #2010
values2 = [85.2,83.063,76.897,81.276,79.848,82.437,83.53,76.32,
80.386,79.255]  #2011
values3 = [86.06,83.462,79.945,82.676,78.31,78.729,80.72,75.004,
78.772,79.641]  #2012
values4 = [86.326,83.743,78.839,80.9,77.805,77.959,79.598,75.836,
77.916,78.76]   #2013
# 创建一个图形实例
fig = plt.figure(figsize = (10, 8))   # 设置图形的大小
# 向图形中添加子图
# 注意：子图的编号是从1开始的，按照从左到右、从上到下的顺序
ax1 = fig.add_subplot(2, 2, 1)   # 2行2列网格中的第1个子图
ax2 = fig.add_subplot(2, 2, 2)   # 2行2列网格中的第2个子图
ax3 = fig.add_subplot(2, 2, 3)   # 2行2列网格中的第3个子图
ax4 = fig.add_subplot(2, 2, 4)   # 2行2列网格中的第4个子图
# 在每个子图上绘制柱状图
bars1 = ax1.bar(categories, values1)
bars2 = ax2.bar(categories, values2)
bars3 = ax3.bar(categories, values3)
bars4 = ax4.bar(categories, values4)
# 为每个子图添加标题（可选）
ax1.set_title('2010')
ax2.set_title('2011')
ax3.set_title('2012')
ax4.set_title('2013')
#（可选）设置整个图形的标题
fig.suptitle('商业环境指数', fontsize =16)
# 显示图形
plt.tight_layout()   # 自动调整子图参数，使之填充整个图像区域
plt.show()
```

输出：

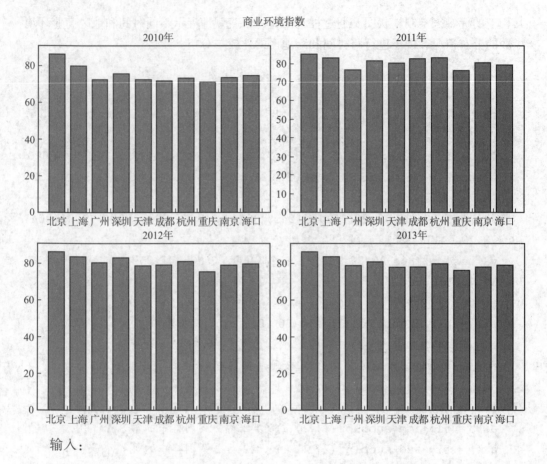

输入:

```
# 我们有以下数据(2014~2017)
categories = ['北京','上海','广州','深圳','天津','成都','杭州',
'重庆','南京','海口']
    values1 = [86.592,84.023,77.733,79.125,77.299,77.189,78.475,
76.667,77.061,77.878]  #2014
    values2 = [86.858,84.304,76.627,77.349,76.794,76.419,77.353,
77.499,76.205,76.997]  #2015
    values3 = [88.744,85.65,78.725,79.741,77.43,77.596,76.368,
76.578,75.648,76.359]  #2016
    values4 = [90.63,86.996,80.822,82.133,78.066,78.773,75.383,
75.657,75.092,75.722]  #2017
# 创建一个图形实例
fig = plt.figure(figsize=(10,8))  # 设置图形的大小
# 向图形中添加子图
# 注意:子图的编号是从1开始的,按照从左到右、从上到下的顺序
ax1 = fig.add_subplot(2,2,1)  #2行2列网格中的第1个子图
ax2 = fig.add_subplot(2,2,2)  #2行2列网格中的第2个子图
ax3 = fig.add_subplot(2,2,3)  #2行2列网格中的第3个子图
```

```
ax4 = fig.add_subplot(2, 2, 4)　#2行2列网格中的第4个子图
# 在每个子图上绘制柱状图
bars1 = ax1.bar(categories, values1)
bars2 = ax2.bar(categories, values2)
bars3 = ax3.bar(categories, values3)
bars4 = ax4.bar(categories, values4)
# 为每个子图添加标题(可选)
ax1.set_title('2014')
ax2.set_title('2015')
ax3.set_title('2016')
ax4.set_title('2017')
#(可选)设置整个图形的标题
fig.suptitle('商业环境指数', fontsize=16)
# 显示图形
plt.tight_layout()　# 自动调整子图参数,使之填充整个图像区域
plt.show()
```

输出:

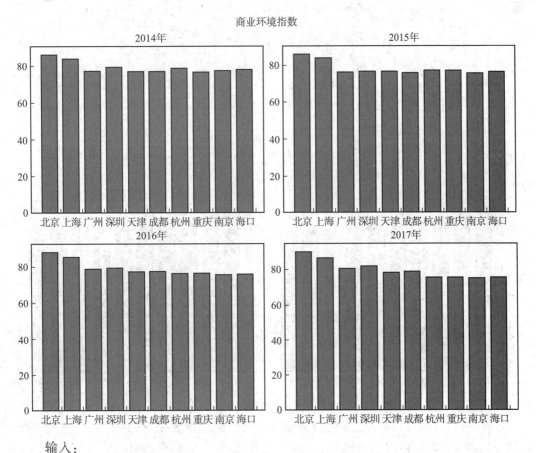

输入:

```
# 我们有以下数据 (2018 ~ 2019)
categories = ['北京','上海','广州','深圳','天津','成都','杭州',
'重庆','南京','海口']
values1 = [88.857,86.242,80.501,80.29,78.18,77.805,77.555,
77.147,76.531,76.125]  #2018
values2 = [87.085,85.488,80.181,78.446,78.294,76.838,79.727,
78.636,77.971,76.528]  #2019
# 创建一个图形实例
fig = plt.figure(figsize = (9,4))  # 设置图形的大小
# 向图形中添加子图
# 注意:子图的编号是从 1 开始的,按照从左到右、从上到下的顺序
ax1 = fig.add_subplot(1,2,1)  #2 行 2 列网格中的第 1 个子图
ax2 = fig.add_subplot(1,2,2)  #2 行 2 列网格中的第 2 个子图
# 在每个子图上绘制柱状图
bars1 = ax1.bar(categories, values1)
bars2 = ax2.bar(categories, values2)
# 为每个子图添加标题(可选)
ax1.set_title('2018')
ax2.set_title('2019')
# (可选)设置整个图形的标题
fig.suptitle('商业环境指数', fontsize =16)
# 显示图形
plt.tight_layout()  # 自动调整子图参数,使之填充整个图像区域
plt.show()
```

输出:

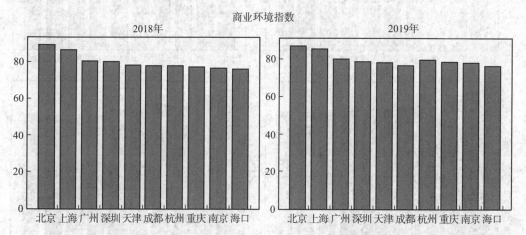

为了生动而深刻地展现 2010 年至 2019 年北京、上海、广州、深圳、天津、成都、杭州、重庆、南京、海口这 10 座城市的商业环境指数变化趋势,本节应用实践精心绘制了一幅折线图,该图基于这 10 年间各城市商业环境指数的平均值绘制而成。

折线图以其独特的魅力，将商业环境指数随时间的流转而演绎的变迁轨迹，清晰而生动地勾勒出来。每一条流畅的线条，不仅连接着各个指数点，更串联起我们对市场信用交易环境和信用体系的起伏跌宕、增减变化以及潜在周期性规律的深刻洞察。这幅折线图，让我们能够全面而细致地领略到商业环境指数的分布与变化规律，为我们的深入分析与决策提供了坚实而有力的依据。以下是一个示例代码，它展示了如何基于这些数据和相应的标签来绘制折线图，从而直观地展示商业环境指数的趋势变化情况。

输入：

```
x = ['2010','2011','2012','2013','2014','2015','2016','2017',
'2018','2019']
y = [75,81,80,80,79,79,79,80,80,81]
plt.xlabel('时间')
plt.ylabel('商业环境指数')
plt.title('2010 -2019商业环境指数折线图')
plt.plot(x,y, color = 'red',linestyle = '--')
```

输出：

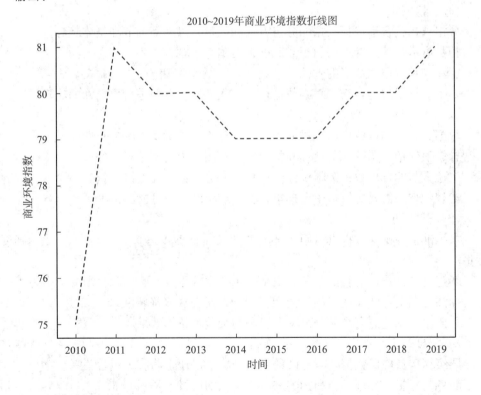

2010~2019年商业环境指数折线图

六、实操练习题

请结合本节学习内容和应用实践数据，构建长沙、济南、厦门、合肥、昆明、大连、长春、哈尔滨、沈阳和南昌营商环境指数热力图、箱线图、柱状图和折线图。城市营商环境指数（City Business Environment Index）是一项综合性指标，用于评估城市的营商环境。该指数通过量化分析城市的经济、社会、政治及基础设施等多方面因素，来衡量其对企业和投资者的吸引力。城市营商环境指数旨在为政府、企业和投资者提供一个客观且可靠的参考框架，以便于他们了解和对比不同城市的营商环境。

七、小结

1. 每种图表的基本概念和用途

直方图：用于表示数据的频数分布，通过矩形的面积或高度来表示频数，常用于统计分析。

箱线图：用于显示数据的分布情况，包括中位数、四分位数、异常值等，常用于统计分析和质量控制。

热力图：用于表示数据的密度或强度，通过颜色的深浅来表示数据的大小，常用于显示地理数据、用户行为数据等。

旭日图：是一种多层次的饼图，用于表达层级关系的数据，可以清晰地展示数据之间的包含关系。

2. 绘制这四种图表的要点

（1）直方图。

分组选择：合理选择数据的分组方式和数量，以平衡细节和整体趋势。

频数表示：使用矩形的面积或高度来准确表示频数。

标注与轴：添加适当的轴标签和刻度，以便观众理解图表的含义。

归一化：考虑是否需要对频数进行归一化处理，以便进行更准确的比较。

（2）箱线图。

数据分布：确保数据已经过适当的预处理，以准确反映其分布情况。

异常值处理：明确如何处理异常值，并在图表中进行适当的标注。

中位数与四分位数：清晰标注中位数、四分位数等关键统计量。

比较：如果需要比较多个数据集，就要确保图表设计能够清晰展示差异。

（3）热力图。

数据准备：确保数据具有两个维度（如 X 坐标和 Y 坐标），以及一个表示强度的度量。

颜色选择：选择适合的颜色方案来表示数据的强度，确保颜色渐变清晰易懂。

标注与图例：添加适当的标注和图例，以便观众理解颜色的含义。

分辨率：调整热力图的分辨率，以平衡细节和整体效果。

（4）旭日图。

层级结构：确保数据具有清晰的层级结构，以便正确表示包含关系。

颜色与标签：使用颜色和标签来区分不同的层级或类别。

交互性：考虑添加交互功能，如缩放和悬停提示，以增强用户体验。

简化：避免层级过多或数据过于复杂，以免图表难以解读。

绘制这四种图表时，关键要点包括数据准备、图表设计（如颜色、标注、轴等）、用户体验（如交互性）以及数据解释的清晰性。

任务四　占比类商业数据可视化

一、饼图

饼图又称为圆饼图或饼状图,是一种广受欢迎的数据可视化方式。它巧妙地将一个整体数据分割成不同的类别,并通过不同大小的扇形来直观地表示各个类别在整体中的占比或比例关系。饼图通常采用圆形设计,以圆心为原点,从圆心向外辐射出多个扇形,每个扇形的角度大小与其所代表的类别在整体中所占的比例相对应,从而实现了数据的直观展示。

饼图具有多个显著特点:(1)直观性。饼图通过扇形的面积和角度,能够直观地展示各部分在整体中的比例关系,使数据对比一目了然。(2)简洁性。饼图设计简洁明了,没有复杂的坐标轴和刻度线,专注清晰地展示比例关系。(3)色彩丰富。不同的扇形通常使用不同的颜色进行区分,这不仅增强了图表的视觉效果,还提高了可读性。

然而,饼图并不适合展示大量分类的数据,因为过多的扇形会使图表变得复杂难懂。同时,饼图在精确展示数据间的微小差异方面也存在一定的局限性。

尽管如此,饼图作为一种直观的数据可视化工具,在多种场景下仍然被广泛应用。以下是饼图常见的一些应用场景:

(1)市场份额分析。饼图能够清晰地展示不同品牌或产品在市场中的占有率,帮助企业深入了解市场格局和竞争态势。例如,在某行业中,通过饼图可以直观地展示主要品牌各自的市场份额,便于企业准确分析自身在市场中的位置和竞争对手的强弱。

(2)预算分配。饼图在展示不同部门、项目或活动之间的预算分配情况时也非常有用,它能帮助管理层清晰地了解资源的配置情况。例如,在制定年度预算时,企业可以使用饼图来展示营销、研发、人力资源等部门所获得的预算比例,从而确保预算的合理分配和有效利用。

(3)投资组合分析。投资者可以利用饼图来展示不同资产(如股票、债券、房地产等)在投资组合中的比例分布,以便更有效地管理风险和优化投资组合。例如,通过饼图,投资者可以直观地了解自己投资组合中各类资产的比例关系,从而作出更明智的投资决策。

(4)客户满意度调查。饼图在展示不同满意度等级在整体中的占比情况时同样表现出色,它能帮助企业准确了解客户对产品或服务的满意程度。例如,在进行客户满意度调查时,企业可以使用饼图来展示非常满意、满意、一般、不满意和非常不满意等各个等级的客户比例,从而及时识别服务中的不足之处并加以改进。

(5)产品销售额分析。饼图还可以用来展示不同产品或服务在整体销售额中的占比情况,帮助企业全面了解各类产品的销售情况。例如,在分析各产品线销售额时，企业可以使用饼图来直观地展示各产品线在总销售额中所占的比例，从而及时调整销售策略和资源分配。

在 Python 中，绘制饼图是一项简单而实用的任务，可以使用 Matplotlib 库轻松完成。Matplotlib 是 Python 中最常用的绘图库之一，它提供了丰富的绘图功能和灵活的接口。

以下是一个具体的例子：某公司在分析全国各地区的销售额数据时，可以使用 Matplotlib 绘制一个基本的饼图来直观地展示各地区销售额的占比情况。首先确保已经安装了 Matplotlib。如果没有安装，那么可以通过 pip 安装后，import 导入：

```
pip install matplotlib
import matplotlib.pyplot as plt
```

然后，您可以使用 Matplotlib 库的代码绘制一个简单的饼图：

输入：

```
# 饼图的数据,销售额(单位:万元)
sizes = [200, 300, 150,100,50 ]
# 对应的标签
labels = ['华北地区','华东地区','华南地区','西南地区','西北地区']
# 指定每个部分的突出程度
explode = (0, 0.1, 0, 0,0)  # 只让第二个部分突出
plt.pie(sizes, explode = explode, labels = labels, autopct = '%
1.1f%%', shadow = True, startangle =140)
plt.axis('equal')  # Equal aspect ratio ensures that pie is drawn
as a circle.
plt.show()
```

输出：

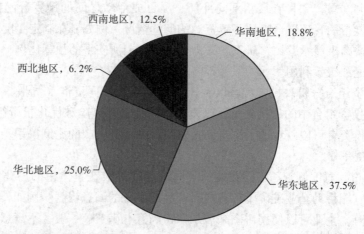

这段代码首先导入了 matplotlib.pyplot 模块，并设置了一组数据和对应的标签。explode 参数用于指定饼图中哪些部分需要突出显示。plt.pie( )函数用来绘制饼图，其中，autopct 参数用于设置饼图内的文本格式，shadow 参数为 True 时，饼图会有阴

影效果，startangle 参数用于设置饼图的起始角度。最后，plt. axis（'equal'）确保饼图是正圆形，plt. show（）显示图形。

在 Python 中绘制饼图，除了使用 Matplotlib 库之外，还可以使用 pyecharts 库。pyecharts 是一个基于 Echarts 的 Python 可视化库，能够生成更加丰富和交互式的图表。以下是使用 pyecharts 绘制饼图的基本步骤：

确保已经安装了 pyecharts 库。如果没有安装，那么可以通过 pip 安装，然后 import 导入：

```
pip install pyecharts
from pyecharts import options as opts
from pyecharts. charts import Pie
from pyecharts. faker import Faker
```

输入：

```
# 示例数据,销售额(单位:万元)
data = [("华北地区",200), ("华东地区",300), ("华南地区",150),("西南地区", 100),("西北地区", 50)]
# 创建饼图对象
pie = Pie()
# 添加数据和设置全局配置项
pie. add("", data)
pie. set_global_opts (title_opts = opts. TitleOpts (title = "饼图示例"))
# 渲染图表为 HTML 文件,也可以保存为图片,但 pyecharts 默认生成 HTML
pie. render ("pie_chart. html")
```

输出：

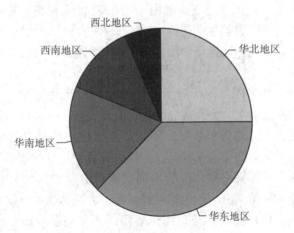

pyecharts 提供了丰富的配置项，可以对饼图进行高度自定义，包括设置颜色、标签位置、图例样式等。例如，您可以通过 label_opts 设置标签的显示格式和位置，通过 series_opts 设置系列的选项等。注意事项：pyecharts 生成的图表默认是 HTML 文件，它支持丰富的交互功能，适合在网页中展示。如果您需要保存为图片格式，就可能需要额外的工具或库来将 HTML 转换为图片。在一些交互式环境中（如 Jupyter Notebook），pyecharts 提供了 render_notebook（）方法来直接在环境中显示图表，无须生成 HTML 文件。

总的来说，Matplotlib 和 pyecharts 都是 Python 中绘制饼图的强大工具，选择哪一个取决于您的具体需求和偏好。Matplotlib 更适合生成静态图表，而 pyecharts 则更适合生成交互式图表。

二、环形图

环形图作为一种独特且富有表现力的数据可视化图表类型，凭借其丰富的信息展示能力，在众多领域中脱颖而出。它又被形象地称为甜甜圈图。其构成巧妙：由两个或更多大小不一的饼图叠加，并挖去中心部分，形成独特的环形结构。这种设计本质上是对传统饼图的一种创新变体，旨在更直观地展示数据的比例关系和占比情况，使观众能够一目了然地理解总体中各部分所占的比例。

环形图的特点鲜明且多样：

（1）比例直观：通过环形的不同部分，环形图能够清晰地展示出各部分数据的比例关系，研究者能够迅速捕捉到数据的分布情况。

（2）中心空白的有效利用：环形图的中心空白区域为信息的展示提供了宝贵空间，可以巧妙地放置图表标题、图例、数据标签或其他重要信息，从而提高了图表的信息密度和可读性。

（3）美观性：相较于传统的饼图，环形图呈现出更加美观和现代化的视觉效果，能够轻松吸引研究者的注意力。

（4）多环展示能力：环形图支持多环展示，每个环可以灵活代表不同的数据集或分类，使得在展示复杂数据时更加得心应手。

（5）易于理解：环形图通过直观的图形表示来展示数据，使得研究者能够轻松理解数据的含义和关系，无须复杂的解读。

这些独特的特点和优势使得环形图在多个领域和场景中得到广泛应用。以下是一些典型的应用场景：

（1）经济统计：环形图常用于展示一个国家或地区的 GDP、财政收支、劳动力等在某个时间段的占比情况，为经济分析提供直观支持。

（2）营销分析：在市场营销领域，环形图能够清晰地展示一个公司或品牌的市场份额、销售额、产品类别等占比情况，帮助决策者快速了解市场格局和竞争态势。

（3）网站分析：环形图在网站分析中同样发挥着重要作用，能够直观地展示网站的流量来源、访问时间、用户行为等关键指标，为网站优化提供有力的数据支持。

（4）其他领域：环形图还广泛应用于能源消耗、环保治理、教育统计等多个领域，成为展示数据比例关系和占比情况的重要工具。

环形图作为一种直观、美观且灵活的数据可视化图表类型，在多个领域和场景中都发挥着重要作用。通过合理地运用环形图，可以更有效地传达数据信息，帮助观众更好地理解数据的含义和关系。

在 Python 中，绘制环形图可以使用 Matplotlib 库，它是一个非常强大的绘图库，可以用来绘制多种静态、动态、交互式的图表。下面是一个简单的环形图绘制示例：

输入：

```
# 数据
labels = ['A', 'B', 'C', 'D', 'E', 'F']
sizes1 = [15, 30, 45, 10, 5, 20]
sizes2 = [25, 20, 35, 15, 5, 10]
colors = ['gold', 'yellowgreen', 'lightcoral', 'lightskyblue',
'purple', 'orange']
# 计算每个部分的位置
def func(pct, allvals):
    absolute = int(np.round(pct/100. * np.sum(allvals)))
    return "{:.1f}%\n({:d})".format(pct, absolute)
# 绘制环形图
fig, ax = plt.subplots()
# 第一个环
wedges1, texts1, autotexts1 = ax.pie(sizes1, autopct = lambda
pct: func(pct, sizes1),
                                      textprops = dict(color = "w"),
colors = colors, startangle = 140)
# 绘制一个白色的圆,使第一个饼图变为环形图
centre_circle = plt.Circle((0,0),0.70,fc = 'white')
ax.add_artist(centre_circle)
# 第二个环(需要稍微调整 startangle 以匹配第一个环)
wedges2, texts2, autotexts2 = ax.pie(sizes2, radius = 0.7, au-
topct = lambda pct: func(pct, sizes2),
                                      textprops = dict(color = "w"),
colors = colors, startangle = 50)
# 设置一些标签属性
plt.setp(autotexts1, size = 8, weight = "bold")
plt.setp(autotexts2, size = 8, weight = "bold")
ax.set_title("Complex Ring Chart")
# 等于1 表示饼图为圆形,小于1 为椭圆形
ax.axis('equal')
plt.tight_layout()
plt.show()
```

输出：

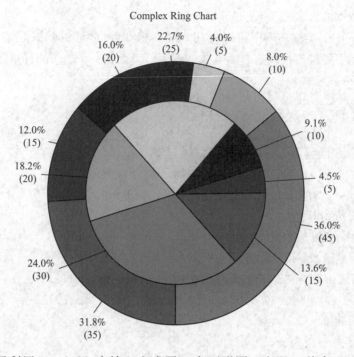

这段代码利用 Matplotlib 库精心生成了一个环形图，它以一种直观且吸引人的方式展示了四个不同类别数据的比例关系。sizes 参数在这里起到了关键作用，它精确地界定了每个部分在环形图中所占的大小，使得数据的比例关系得以清晰呈现。而 labels 参数则为每个部分提供了详细的标签说明，让用户能够轻松理解每个部分所代表的含义。为了进一步增强环形图的视觉效果，colors 参数允许用户根据个人喜好或数据特点自定义每个部分的颜色，从而使得环形图更加丰富多彩、引人入胜。此外，explode 参数为环形图增添了独特的动态效果，它能够让某个部分突出显示，仿佛从环形图中"跳出"一般，这样的设计无疑能够吸引观众的注意力，引导他们更加关注这部分数据。Matplotlib 库以其出色的灵活性和强大的功能而广受好评。用户可以通过轻松调整各种参数来定制环形图的样式，以满足不同的需求和偏好。例如，调整 startangle 参数可以改变切片的起始角度，从而打造出更加多样化的布局；而设置 shadow 参数则可以控制是否显示阴影效果，为环形图增添更多的层次感和立体感。这些灵活的调整选项使得 Matplotlib 成为制作个性化环形图的理想选择。

当然，如果用户需要绘制包含更多数据的环形图，用户可以轻松地扩展 sizes 和 labels 列表，在其中增加更多的元素。本节使用全国各地级市 – 租赁和商业服务业从业人员数为例，数据来源主要为《中国城市统计年鉴》，数据年份为 2003～2019 年。选取其中 10 个城市 2003～2019 年平均商业服务业从业人员数作为绘制环形图的原始数据，数据格式为面板数据。以下是具体的示例，它展示了如何利用扩展后的数据来绘制一个内容更为丰富的环形图。

输入：

```
# 数据（平均商业服务业从业人员数，单位：万人）
sizes = [2.06, 3.26, 2.02, 1.2, 0.38, 0.79, 0.25, 0.77, 0.49, 0.44]
```

```
labels = ['太原', '郑州', '石家庄', '唐山', '秦皇岛',
          '邯郸', '邢台', '保定', '张家口', '承德']
colors = ['#ff9999', '#66b3ff', '#99ff99', '#ffcc99', '#ff6666',
          '#ccccff', '#ffcccc', '#cccccc', '#99ccff', '#ff99cc']
explode = (0.1, 0.1, 0, 0, 0.1, 0, 0, 0, 0, 0.1)   # 突出显示特定的切片
# 绘制环形图
plt.pie(sizes, explode = explode, labels = labels, colors = colors,
autopct = '%1.1f%%', shadow = True, startangle = 140)
# 确保绘制为圆形
plt.axis('equal')
# 添加标题
plt.title('租赁和商业服务业从业人员数占比图')
# 显示图形
plt.show()
```

输出：

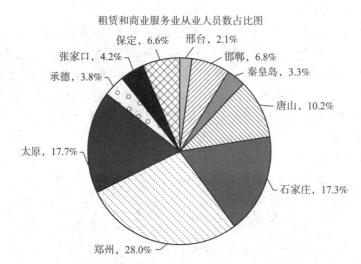

这个示例不仅增加了更多的数据点，还精心为每个切片指定了独特的形状，使得环形图呈现出更加丰富多彩的视觉效果。同时，我们巧妙地设置了 explode 参数，以突出显示郑州和太原，这样的设计能够引导用户更加关注这两个部分的数据。为了增强图表的可读性，我们还特别添加了标题，为用户提供了清晰的图表上下文。当然，这只是一个基础示例，用户可以根据个人需求进一步自定义这个环形图。比如，用户可以轻松调整 startangle 参数来改变切片的起始位置，从而打造出更加符合用户心意的布局。另外，通过 textprops 参数，用户还可以自由设置标签的字体大小和颜色，使得环形图更加符合用户的个性化需求。

三、面积图

面积图也被称为区域图，是一种常见且富有表现力的数据可视化图表。它在折线

图的基础上，通过对折线以下的区域进行颜色填充，生动地展示了随时间或其他有序变量变化而变化的数量或百分比。这种图表类型通过颜色填充折线与自变量坐标轴之间的区域，使数据的分布和趋势得以更直观、更鲜明地呈现。填充的区域被形象地称为"面积"，而颜色的运用不仅突出了趋势信息，还巧妙地强调了不同类别或时间段内数据的累积关系。

面积图的特点多样且鲜明：

（1）展示趋势：能够清晰地描绘出数据随时间或其他有序变量的变化趋势，帮助观察者深入理解数据的动态变化。

（2）强调累积：通过面积的填充，面积图直观地展示了数据的累积效果，使观察者能够一目了然地看到数量的增减变化。

（3）对比关系：在面积图中，不同的数据系列可以通过不同的颜色或纹理来区分，从而清晰地展示它们之间的对比关系。

（4）突出信息：颜色的填充使得趋势信息更加突出，重要的数据点或变化因此更加引人注目。

面积图因其独特的表现力和广泛的应用性，在多个领域都发挥着重要作用。以下是一些典型的应用场景：

（1）经济分析：在经济学领域，面积图常用于展示时间序列数据，如 GDP、股票价格等随时间的变化趋势，为分析经济增长等情况提供了有力的视觉支持。

（2）销售分析：在销售领域，面积图被广泛应用于展示销售额、市场份额等关键指标的累积变化，帮助决策者直观地了解销售趋势和业绩表现。

在 Python 中，绘制面积图是一项常见需求，因为它能直观地展示数量随时间变化的趋势。这一需求可以通过 Matplotlib 库轻松实现。以下是一个简单的例子，展示了如何使用 Matplotlib 绘制面积图。在开始之前，请确保您已经安装了 Matplotlib 库。如果尚未安装，那么您可以通过 pip 命令轻松安装：pip install matplotlib。然后，您可以使用以下代码绘制一个简单的面积图：

输入：

```
import matplotlib.pyplot as plt
# 准备数据
x = [1, 2, 3, 4, 5]
y = [1, 4, 6, 8, 4]
# 绘制面积图
plt.fill_between(x, y, color = 'blue', alpha = 0.4)
plt.title('示例面积图')
plt.xlabel('X 轴')
plt.ylabel('Y 轴')
plt.show()
```

输出：

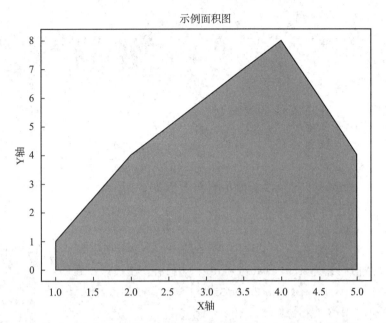

以上代码生成了一个包含标题、坐标轴标签以及具有特定填充颜色和透明度的面积图。这展示了在 Python 中利用 Matplotlib 库绘制面积图的基本步骤。用户还可以根据个人需求调整代码，以实现更复杂、定制化的图表效果。

在此基础之上，用户可以使用 Pyecharts 库根据 2023 年东阿阿胶（股票代码 000423）的盈利能力指标数据（数据来源：红楹数据）绘制更复杂美观的面积图。首先需要安装 Pyecharts 库，这可以通过 pip 命令轻松完成：pip install Pyecharts。其次，从本地电脑导入 2023 年东阿阿胶集团盈利能力指标数据 Excel 文件"股票数据浏览器—面积图数据"。最后，使用以下代码，结合一季报、中报和三季报的资产报酬率、总资产净利润率、流动资产净利率和投资收益率指标数据，绘制出 2023 年东阿阿胶的盈利能力指标面积图：

输入：

```
# 引入表格类型、配置项、主题类型
from pyecharts. charts import Line
from pyecharts import options as opts
from pyecharts. globals import ThemeType
#读取原始数据
df_2023 = pd. read_excel(r'D:\股票数据浏览器—面积图数据.xls',
converters={'年':str,'季':str})
# 数据转换:将 DataFrame 转换为 Python 数据类型列表
x = df_2023['季'].tolist()
y2 = df_2023['资产报酬率'].tolist()
y3 = df_2023['总资产净利润率'].tolist()
y4 = df_2023['流动资产净利润率'].tolist()
y5 = df_2023['投资收益率'].tolist()
```

```
# 初始化配置
line1 = Line(init_opts = opts.InitOpts(width = '900px',height =
'500px',
theme = ThemeType.ESSOS))
# 添加数据
line1.add_xaxis(x)
line1.add_yaxis('资产报酬率',y2,is_smooth = True) # 平滑曲线
line1.add_yaxis('总资产净利润率',y3,is_smooth = True)
line1.add_yaxis('流动资产净利润率',y4,is_smooth = True)
line1.add_yaxis('投资收益率',y5,is_smooth = True)
# 设置全局配置项
line1.set_global_opts(title_opts = opts.TitleOpts(title = '2023
年盈利能力指标统计',pos_left = 'center'),
legend_opts = opts.LegendOpts(pos_left = '12%',
pos_top = '5%',orient = 'vertical'),
xaxis_opts = opts.AxisOpts(name = '季报'),
yaxis_opts = opts.AxisOpts(name = '比率'),
toolbox_opts = opts.ToolboxOpts(is_show = True))
# 设置系列配置项
line1.set_series_opts(linestyle_opts = opts.LineStyleOpts(width = 3),
label_opts = opts.LabelOpts(is_show = False),
areastyle_opts = opts.AreaStyleOpts(opacity = 0.3))
# 设置图形填充透明度
line1.render('东阿阿胶盈利能力指标面积图.html')
```

输出：

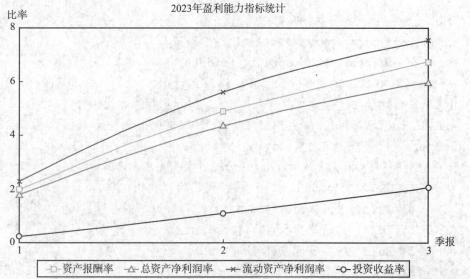

四、树形图

树形图也称为树状图或树结构图，是一种用于直观表示数据层次结构关系的图表。它模拟了自然界中的树形结构，其中，每个节点代表一个数据项，而节点之间的连线则表示这些数据项之间的关系。在树形图中有一个特殊的节点，即"根节点"，它位于树的顶部，且没有父节点。除根节点外，其他节点都拥有一个父节点，并可以拥有多个子节点。

树形图具有多个显著特点：首先，它清晰地展示了数据的层次结构，从根节点开始，逐级向下展开，使得数据的层级关系一目了然；其次，通过树状的形式，用户可以直观地看到数据之间的关系和层级，有助于用户更好地理解和分析数据；再次，树形图还具有良好的可扩展性，可以轻松地添加或删除节点，以反映数据的动态变化；最后，树形图中的节点通常按照某种特定的顺序（如字母顺序、数值大小等）进行排列，使得图表更加有序和易于理解。

树形图在多个领域都有广泛的应用。在组织结构方面，它常被用于表示企业或组织中的部门、职位或员工之间的层级关系，帮助人们清晰地了解公司的整体架构和人员分布。在决策分析中，树形图也发挥着重要作用，它可以用于表示决策过程中不同的路径和可能的结果，帮助企业系统地评估不同决策方案的风险和收益，从而作出更加合理的决策。此外，在项目管理中，树形图也被广泛应用于表示项目的不同任务、子任务和里程碑，帮助项目经理清晰地了解项目的整体进度和各个任务的完成情况，从而进行有效的项目管理和资源调配。

在 Python 中，绘制决策树形图是一项常见的任务，这通常可以通过使用 scikit-learn 库中的 DecisionTreeClassifier 或 DecisionTreeRegressor 来实现，并结合 plot_tree 函数来绘制树形图。以下是一个简单的示例代码，展示了如何训练一个决策树模型并将其绘制为树形图：

输入：

```
#导入相关代码
from sklearn. datasets import load_iris
from sklearn. tree import DecisionTreeClassifier, plot_tree
import matplotlib. pyplot as plt
# 加载数据集
iris = load_iris()
X, y = iris. data, iris. target

# 训练决策树模型
clf = DecisionTreeClassifier(random_state =123)
clf. fit(X, y)
# 绘制决策树形图
plt. figure(figsize = (20,10))
```

```
plot_tree(clf, filled = True, feature_names = iris. feature_names,
class_names = iris. target_names)
plt. show()
```

输出：

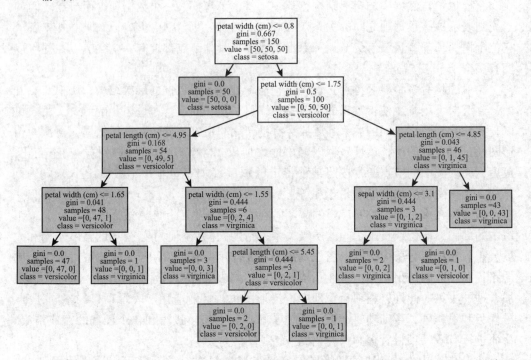

在这个示例中，我们首先加载了 Iris 数据集，并利用 DecisionTreeClassifier 训练了一个决策树模型。其次，我们使用 plot_tree 函数来绘制这个决策树的树形图，并通过设置 filled 参数为不同的类别填充了不同的颜色，以增强图表的可读性。最后，我们还通过 feature_names 和 class_names 参数分别指定了特征名称和类别名称，以便它们在树形图中能够清晰地显示出来。plot_tree 函数是 scikit-learn 库中用于绘制决策树的工具。这个函数提供了一种方便的方式来可视化决策树的结构，包括节点、分支以及决策路径。

以下是对 plot_tree 函数用法的详细解释：

```
plot_tree(decision_tree, *, max_depth = None, feature_names =
None, class_names = None, label = 'all', filled = False, impurity =
True, node_ids = False, proportion = False, rotate = False, rounded =
False, precision = 3, ax = None, fontsize = None)
```

参数解释：

decision_tree：要绘制的决策树模型，通常是 DecisionTreeClassifier 的实例。

max_depth：用于指定绘制树的最大深度。如果为 None，则绘制整棵树。

feature_names：特征名称的列表，用于在树形图中显示每个特征的名字。

class_names：类别名称的列表，用于在树形图中显示每个类别的名字。

label：指定要在节点旁显示的标签类型。可选值包括'all'（显示所有信息）、'class'（仅显示类别）、'impurity'（仅显示不纯度）等。

filled：如果为 True，则根据节点的类别为节点填充颜色。

impurity：如果为 True，则在节点旁显示不纯度。

node_ids：如果为 True，则在节点旁显示节点 ID。

proportion：如果为 True，则将 value 和 samples 的显示方式改为比例形式。

rotate：如果为 True，则将树形图旋转 90 度。

rounded：如果为 True，则将节点的边框绘制为圆角。

precision：用于指定浮点数的精度。

ax：Matplotlib 的 Axes 对象，用于绘制树形图。如果为 None，则创建一个新 Axes 对象。

fontsize：用于指定文本文字的大小。

用户可以根据实际需求，调整 DecisionTreeClassifier 的各种参数，例如 max_depth（用于控制树的最大深度）和 min_samples_split（定义了分割内部节点所需的最小样本数）等，以此来控制决策树的复杂度和避免过拟合。在完成参数调整后，我们可以再次使用 plot_tree 函数来绘制并展示调整后的决策树形图，从而帮助用户更直观地理解和分析决策树的结构和性能。

五、应用实践

Pyecharts 本质上是将 Echarts 的配置项由 Python 字典（dict）序列化为 JSON 格式。因此，Pyecharts 支持的数据类型取决于 JSON 支持的数据类型。在 Python 中，对 JSON 的格式转换遵循 Python 数据类型到 JSON 数据类型的映射规则。Python 中对 JSON 的格式转换如表 4 – 2 所示。

表 4 – 2　　　　　　　　　　　函数代码

Python	JSON
int, float	number
str	String
bool	boolean
dict	object（JSON 对象）
list	array

在将数据传入 Pyecharts 时，需要先将数据格式转换成 Python 原生的数据类型才可使用。而数据分析过程中，我们通常会使用 Numpy、Pandas 等第三方库。需要注意的是，Numpy 中的 int64、int32 等数据类型并不直接继承自 Python 的原生数据类型。因此，在使用这些数据时，我们需要将其转换为 Python 的原始数据类型，以确保 Pyecharts 能够正确处理。具体的转换方式可以根据实际需求选择适当的方法进行。具体转换方式如下:

```
Series.tolist()
```

本节应用实践内容首先从本地电脑中读取包含"美的集团"2014～2023 年大数据 Excel 文件(数据来源:红榴数据),我们将基于文件中的"资产负债表项目"和"利润表项目"数据,计算各年度的毛利率、营业净利率、权益净利率以及总资产净利率。计算出的盈利能力评价指标将被用于可视化展示,以便更直观地展示美的集团在过去 10 年的财务状况和经营绩效。通过计算毛利率、营业净利率、权益净利率和总资产净利率,能够深入了解美的集团的盈利能力,进而评估其市场竞争力和经营管理水平的变化。这些指标在财务分析中各具重要性,共同为投资者、管理者和其他利益相关者提供了全面、深入的企业财务状况和经营绩效洞察工具。最终,将通过可视化方式呈现美的集团 2014～2023 年的盈利能力,帮助用户更好地了解企业的财务状况和经营绩效。

以下是应用实践的示例代码,展示了如何通过 Python 将其数据进行可视化应用:

输入:

```
# 引入表格类型、配置项、主题类型
from pyecharts.charts import Line
from pyecharts import options as opts
from pyecharts.globals import ThemeType
#读取资产负债表原始数据
df1 =pd.read_excel(r'D:\da.xls',converters={'年':str})
print(df1)
#读取利润表原始数据
df2 =pd.read_excel(r'D:\da2.xls',converters={'年':str})
print(df2)
# 调用 merge 函数连接 df1、df2
df3 = pd.merge(df1,df2)
# 指标计算
df3['毛利率'] = (df3['营业收入']-df3['营业成本'])/df3['营业收入']
df3['营业净利率'] = df3['净利润']/df3['营业收入']
df3['权益净利率'] = df3['净利润']/df3['所有者权益']
df3['总资产净利率'] = df3 ['净利润']/(df3['流动资产'] +df3['非流动资产'])
# 创建 df_2024(计算出 2014～2023 年每年的盈利能力指标,形成一个新文件"da3")
df_2024 = df3.loc[df3['年'] == '2014',['年','营业收入','毛利率','营业净利率','权益净利率','总资产净利率']]
```

df_2024

输出：

年份	营业收入	毛利率	营业净利率	权益净利率	总资产净利率
2023	372037280000.00	0.264909	0.090704	0.193605	0.069429
2022	343917531000.00	0.242438	0.086678	0.196218	0.070548
2021	341233208000.00	0.224794	0.085031	0.215208	0.074792
2020	284221249000.00	0.251148	0.096779	0.221404	0.076326
2019	278216017000.00	0.288632	0.090854	0.235145	0.083712
2018	259664820000.00	0.275356	0.083378	0.234174	0.082102
2017	240712301000.00	0.275356	0.083378	0.234174	0.082102
2016	159044041000.00	0.27306	0.099733	0.22996	0.092977
2015	138441226000.00	0.258438	0.098415	0.24316	0.105747
2014	141668175160.00	0.258438	0.098415	0.24316	0.105747

```
#读取以上 da3 原始数据,形成 df4
df4 = pd.read_excel(r'D:\da3.xls', converters = {'年':str})
print(df4)
# 按营业收入降序排序
df_sorted = df4.sort_values('营业收入', ascending = False)
# 数据转换:将 DataFrame 转换为 Python 数据类型列表
x = df_sorted['年'].tolist()
y1 = df_sorted['营业收入'].tolist()
# 系列数据项,格式为 [(key1, value1), (key2, value2)]
data = [z for z in zip(x, y1)]
# 绘制饼图
Pie = Pie()
Pie.add('营业收入', data, rosetype = 'area')
Pie.set_global_opts(title_opts = opts.TitleOpts(title = '2023 -
2014 年营业收入'),
    legend_opts = opts.LegendOpts(pos_left = '5%', pos_top = '10%',
orient = 'vertical'))
# 在 Jupyter Notebook 中渲染图形
Pie.render('美的集团营业收入饼图.html')
```

输出：

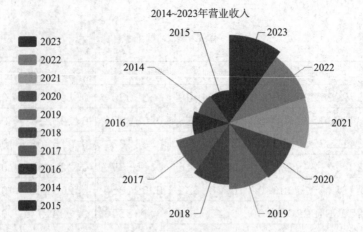

```
# 引入表格类型、配置项、主题类型
from pycharts.charts import Line
from pycharts import options as opts
from pycharts.globals import ThemeType
# 数据转换：将 DataFrame 转换为 Python 数据类型列表
x = df4['年'].tolist()
y2 = df4['毛利率'].tolist()
y3 = df4['营业净利率'].tolist()
y4 = df4['权益净利率'].tolist()
y5 = df4['总资产净利率'].tolist()
# 初始化配置
line1 = Line(init_opts = opts.InitOpts(width = '900px',height = '500px',
theme = ThemeType.ESSOS))
# 添加数据
line1.add_xaxis(x)
line1.add_yaxis('毛利率',y2,is_smooth = True) # 平滑曲线
line1.add_yaxis('营业净利率',y3,is_smooth = True)
line1.add_yaxis('权益净利率',y4,is_smooth = True)
line1.add_yaxis('总资产净利率',y5,is_smooth = True)
# 设置全局配置项
line1.set_global_opts(title_opts = opts.TitleOpts(title = '2023 ~
2014 美的集团年盈利能力指标统计',pos_left = 'center'),legend_opts =
opts.LegendOpts(pos_left = '12%',
    pos_top = '5%',orient = 'vertical'),
xaxis_opts = opts.AxisOpts(name = '年份'),
yaxis_opts = opts.AxisOpts(name = '比率'),
toolbox_opts = opts.ToolboxOpts(is_show = True))
# 设置系列配置项
```

```
line1.set_series_opts(linestyle_opts=opts.LineStyleOpts(width=3),
label_opts=opts.LabelOpts(is_show=False),
areastyle_opts=opts.AreaStyleOpts(opacity=0.3))
# 设置图形填充透明度
line1.render('美的集团年盈利能力指标统计面积图.html')
```

输出：

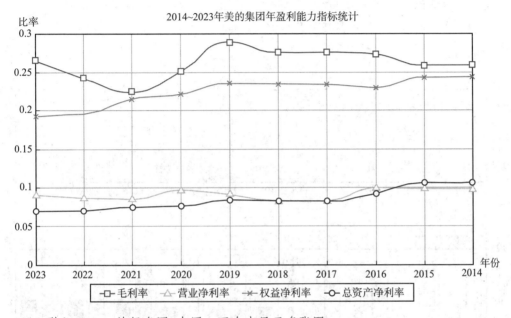

```
# 引入 Grid,并行多图,在同一画布中显示多张图
from pyecharts.charts import Grid
# 绘制毛利率折线图
line2  = Line()
line2.add_xaxis(x)
line2.add_yaxis('毛利率',y2)
line2.set_global_opts(title_opts = opts.TitleOpts(title = '2014 -
2023 年毛利率',pos_left = 'center'),legend_opts = opts.LegendOpts(pos_
top = '5%'))
    line2.set_series_opts(label_opts=opts.LabelOpts(is_show=False))
# 绘制权益净利率 & 总资产净利率柱状图
bar2  = Bar()
bar2.add_xaxis(x)
bar2.add_yaxis('权益净利率',y4)
bar2.add_yaxis('总资产净利率',y5)
bar2.set_global_opts(title_opts = opts.TitleOpts(
title = '2014 -2023 年权益净利率 & 总资产净利率',
pos_left = 'center',pos_top = '48%'),
```

```
legend_opts = opts. LegendOpts (pos_top = '53% '))
bar2. set_series_opts (label_opts = opts. LabelOpts (is_show = False))
# 组合图形
grid1 = Grid()
grid1. add (line2, grid_opts = opts. GridOpts (pos_bottom = '60% '))
grid1. add (bar2, grid_opts = opts. GridOpts (pos_top = '60% '))
# 展示组合图形
grid1. render ('美的集团并行多图. html')
```

输出：

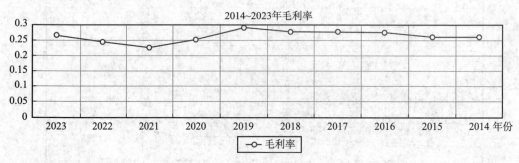

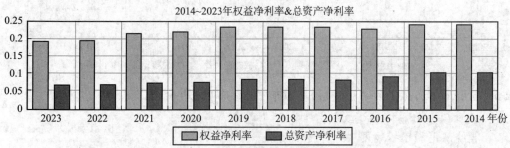

```
# 引入 Page 函数将以上可视化图组合在一起, 形成顺序多图
from pyecharts. charts import Page
# 组合图形
page1 = Page (layout = Page. DraggablePageLayout)
page1. add (line1, grid1, Pie)
# 生成文件
page1. render ('2014 ~2023 年美的集团年盈利能力指标. html')
```

当将 layout 参数设置为 Page. DraggablePageLayout 时，生成的 HTML 文件允许用户调节图形位置。图形按照添加的顺序进行排列，其中，顺序决定了图形的层级：越靠前的图形，其层级越低；反之，越靠后的图形层级越高。因此，您可以根据可视化展示的需求，灵活调整图形的顺序。

打开 "2020 年盈利能力指标. html" 文件。根据用户的可视化需求，可以调整各图形的位置，并任意缩放它们的大小。调整好后，点击左上角的 "Save Config" 按钮，之后浏览器会在此网页上下载一个名为 "chart_config. json" 的配置文件。将该文件上传至您的 Jupyter 文件夹中。接下来，按照以下给定的代码进行操作：

```
# 生成调整好的 html 文件
page1.save_resize_html('2014~2023年美的集团年盈利能力指标.html',
cfg_file = 'chart_config.json',dest = '2014~2023年美的集团年盈利能力
指标2.html');
```

输出：

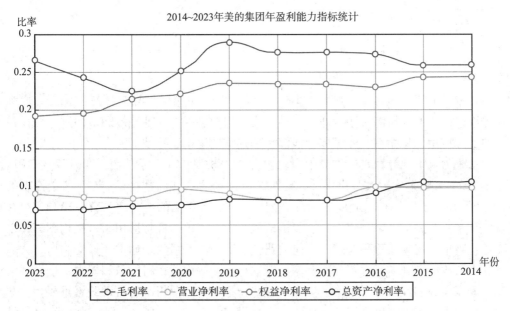

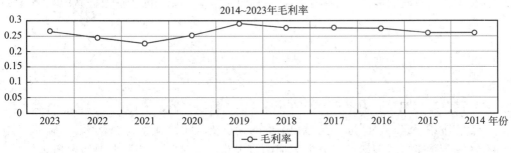

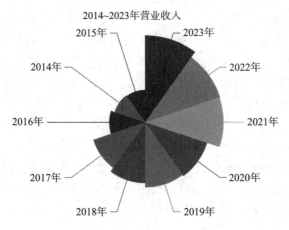

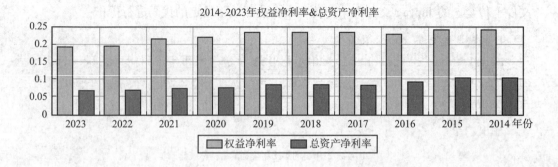

2014~2023年权益净利率&总资产净利率

六、实操练习题

在本节的实操练习中，将以"应用实践"部分的操作步骤为具体的例子，详细地完成该部分的实操练习题。通过这种方式，用户可以更好地理解和掌握这些操作步骤的实际应用，从而在实际工作中能够更加熟练地运用这些技能。

首先需从本地计算机的磁盘中提取包含"中联重科（股票代码：000157）"2019年至2023年财务分析大数据 Excel 文件（数据来源：红榄数据）。基于该文件中的"资产负债表项目"和"利润表项目"数据，计算各年度的毛利率、营业净利率、权益净利率以及总资产净利率。计算得出的盈利能力评价指标将应用于可视化图表，以便更直观地呈现中联重科在过去 5 年的财务状况和经营绩效。通过计算毛利率、营业净利率、权益净利率和总资产净利率，能够深入理解中联重科的盈利能力，进而评估其市场竞争力和经营管理水平的演变。这些指标在财务分析中各自承载着重要性，共同为投资者、管理者以及其他利益相关者提供了全面且深入的企业财务状况和经营绩效的洞察工具。

七、小结

饼图、环形图、面积图和树形图都是常用的数据可视化工具，它们各自具有独特的特点和应用场景。饼图通过圆形和扇形的大小及角度，直观地展示了一个整体中各部分的比例关系，特别适用于分类数据的可视化，尤其是当某些类别的占比较小时。环形图则与饼图相似，但其中心有一个空白区域，可用于放置文本或图标，适用于需要强调中心内容的场合。面积图则利用折线图和着色区域，有效地展示了时间序列数据的累积效果或总量变化，非常适合用于多个数据系列的累积对比。而树形图则通过树状结构，清晰地展示了数据的层级或分支关系，适用于展示组织结构、文件系统、生物分类等具有层级结构的数据。

尽管这些图表在表现形式和应用场景上有所不同，但它们都是数据可视化的重要工具，能够帮助用户更好地理解数据的分布、比例、趋势或结构。同时，这些图表在某些情况下也可以互补使用，以更全面地展示数据的多个方面。例如，可以先使用树形图展示数据的层级结构，然后再使用饼图或环形图来展示某一层级下各部分的具体比例关系，从而为用户提供更丰富的数据视角和更深入的数据理解。

任务五 关联类商业数据可视化

一、散点图

散点图作为一种统计图表，旨在清晰呈现两个变量间的关联性。在此图表中，每个数据点通过其在二维空间中的位置得以表示，其中，横轴代表一个变量，而纵轴则代表另一变量。通过对这些点分布模式的细致观察，可以直观地洞察变量间是否存在特定的关联或趋势。例如，若点的分布展现出由左下角向右上角延伸的趋势，则可能预示着两个变量间存在正相关关系。散点图在科学研究、工程技术及金融分析等多个领域均得到广泛应用，为研究者深入探索数据集内的潜在关系提供了有力支持。

散点图不仅能用于揭示变量间的关联趋势，更能够展现数据的集中程度与离散状态。通过点的密集程度与分布范围的观察，可以有效评估数据点的聚合状况，并识别出潜在的异常值或极端情况。

在数据分析实践中，散点图常与线性回归分析等统计方法相辅相成。通过绘制散点图并叠加最佳拟合线（即基于数据点估算得出的直线或曲线），能够量化两个变量间的关联强度与方向。最佳拟合线的斜率反映了一个变量随另一个变量变化的速率，而截距则提供了当其中一个变量为零时，另一个变量的预测基准。此外，散点图还可借助颜色、大小或形状等视觉元素来区分不同的数据子集或类别，从而构建出更为丰富与深入的数据分析视图。这种增强型散点图，亦称气泡图或点密度图，能够同时展现多个变量的信息，极大地提升了数据分析的全面性与深度。

1. 基于 Python 及 Matplotlib 库绘制的实际散点图示例

本例采用了马克数据团队从"链家网"爬取的全国 121 个城市二手房挂牌数据中的北京部分，具体展示了北京地区二手房在 2009 年至 2023 年均价的变化趋势（数据来源：马克数据网）。

输入：

```
#导入函数代码
import matplotlib.pyplot as plt
import numpy as np
import pandas as pd
# 模拟一些"真实"数据
data = {'北京房屋单价－年均值': [14173, 23327, 26076, 26808, 37402,
38614, 39163, 47167, 56321, 58649, 59695, 58073, 58608, 59349, 60489],
    '年份': [2009, 2010, 2011, 2012, 2013, 2014, 2015, 2016, 2017,
2018, 2019, 2020, 2021, 2022, 2023]}
df = pd.DataFrame(data)
# 绘制散点图
```

```
plt.scatter(df['北京房屋单价－年均值'], df['年份'], alpha＝0.6,
edgecolors＝'w')
# 标注峰值和谷值
peak_idx ＝ df['年份'].idxmax()
valley_idx ＝ df['年份'].idxmin()
plt.scatter(df['北京房屋单价－年均值'][peak_idx], df['年份'][peak_
idx], color＝'blue', s＝100, edgecolors＝'black', label＝'峰值')
plt.scatter(df['北京房屋单价－年均值'][valley_idx], df['年份']
[valley_idx], color＝'red', s＝100, edgecolors＝'black', label＝'谷值')
# 添加图表标题和标签
plt.title('北京二手房屋单价年均值散点图(真实数据)')
plt.xlabel('北京房屋单价－年均值(元)')
plt.ylabel('年份')
# 添加图例
plt.legend()
# 显示图表
plt.show()
```

输出：

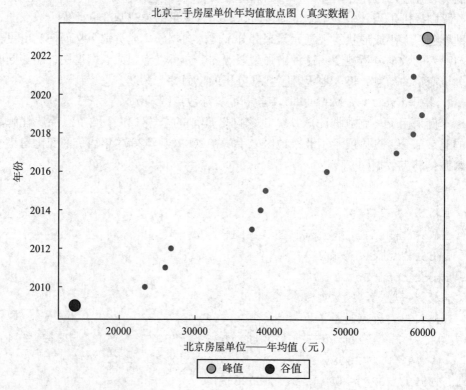

北京二手房屋单价年均值散点图（真实数据）

在这个例子中，首先创建了一个包含 15 个数据点的 Pandas DataFrame，每个点都有年份和二手房价格年度均值两个维度的信息。其次，使用 Matplotlib 的 scatter 函数绘制了一个散点图，并用不同的颜色标出了北京二手房价格年度均值的峰值和谷值。这个散点图展示了年份和二手房价格年度均值之间的正相关关系，同时也揭示了数据中的一些异常情况。这样的图表可以帮助企业和用户更好地理解年份和二手房价格年度均值之间的关系，并据此作出更明智的市场决策。

2. 使用 Python 绘制散点图并叠加最佳拟合线

首先，请确保您已经安装了必要的库。如果没有安装，那么您可以使用 pip 来安装：

```
pip install numpy matplotlib scipy
```

其次，您可以使用以下代码来创建一个散点图，并在其上绘制最佳拟合线：

输入：

```python
import numpy as np
import matplotlib.pyplot as plt
from scipy import stats
# 创建一些样本数据
np.random.seed(0)   # 设置随机种子以确保结果可复现
x = np.random.rand(50)   # 生成 50 个 0 到 1 之间的随机数作为 x 值
y = 3 * x + 2 + np.random.randn(50) * 0.5   # 根据 x 值计算 y 值,并添加一些噪声
# 绘制散点图
plt.scatter(x, y, label = '数据点')
# 使用 SciPy 的 linregress 函数来计算线性回归参数
slope, intercept, r_value, p_value, std_err = stats.linregress(x, y)
# 创建用于绘制最佳拟合线的 x 值和对应的 y 值
x_fit = np.linspace(0, 1, 100)   # 创建一个从 0 到 1 的等间距数列,用于绘制拟合线
y_fit = slope * x_fit + intercept   # 根据线性回归参数计算拟合线的 y 值
# 绘制最佳拟合线
plt.plot(x_fit, y_fit, color = 'red', label = '最佳拟合线')
# 添加图例、标题和坐标轴标签
plt.legend()
plt.title('散点图与最佳拟合线')
plt.xlabel('X 值')
plt.ylabel('Y 值')
# 显示图形
plt.grid(True)   # 添加网格线
plt.show()
```

输出：

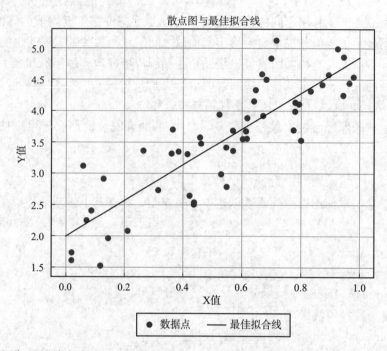

在这段代码的执行过程中，首先会生成一组随机的 x 坐标值和与之对应的 y 坐标值。这些 y 坐标值是通过一个线性方程（具体为 y = 3x + 2）计算得到的，但在这个过程中，会加入一些随机噪声，以模拟现实世界数据的不完美性。其次，代码利用 scipy. stats 库中的 linregress 函数，对这些随机生成的点集进行线性回归分析，从而计算出最佳拟合直线的两个关键参数：斜率和截距。再次，为了能够可视化地展示这个线性回归的结果，代码接着创建了一个新的 x 值数组，这个数组用于绘制拟合线。基于之前计算得到的线性回归参数，代码进一步计算出与这些新 x 值对应的 y 值数组，从而形成一条完整的拟合直线。最后，为了使图表更加完整和易于理解，代码调用 matplotlib. pyplot 库来绘制散点图，将原始数据点展示在图表中，并将计算得到的拟合直线也绘制在同一图表上。此外，代码还添加了图例，以便区分散点图和拟合线；添加了标题，简要描述了图表内容；并为坐标轴添加了标签，使图表的 X 轴和 Y 轴所代表的变量更加明确。通过这些步骤，最终生成的图表不仅展示了数据点的分布情况，还直观地呈现了通过线性回归分析得到的最佳拟合直线。

二、韦恩图

韦恩图作为一种在集合论中广泛应用的图形工具，由英国数学家约翰·韦恩于1880 年提出，旨在清晰展现集合间的相互关系及运算。该工具由多个圆圈构成，每一圆圈独立代表一集合，而圆圈间的重叠区域则直观地体现了集合间的共同元素。通过观察这些重叠部分，可以直观把握集合的并集、交集、差集等复杂关系。韦恩图因其直观性和易于理解的核心优势，在逻辑学、统计学、数学教育等多个领域均得到广泛应用。它不仅能够使复杂的集合关系变得一目了然，还为专业研究人员及学生提供了高效的学习与交流手段。借助韦恩图，人们能迅速辨识出哪些元素为多个集合所共有，哪些元素为某一集合所独有，以及集合间的重叠程度，从而加深对集合概念的理解。在实际应用中，韦恩图的价值更为凸显。在数据分析、市场调研、教学设计等领域，韦恩图均发挥着不可替代的作用。例如，在市场调研中，研究人员可利用韦恩图描绘不同消费者群体的共性与差异，助力企业精准把握目标市场。此外，随着信息技术的飞速发展，韦恩图的应用也日益广泛与便捷。当前，众多数学软件及在线工具均支持韦恩图的绘制，用户仅需输入集合元素或定义集合关系，即可快速生成相应的图形，进一步巩固了韦恩图在现代数学学习与研究中的重要地位。综上所述，韦恩图作为一种直观易懂的图形工具，在集合论及多个实际应用领域中展现出了举足轻重的作用。其独特的优势不仅深化了人们对集合关系的理解，还推动了数学及其他相关学科的持续发展。

本节提供了一个详尽的步骤指南，旨在指导用户利用多种图表库或工具（诸如Matplotlib、Seaborn、Plotly等Python库，以及在线韦恩图绘制工具）来创建韦恩图。具体步骤如下：

（1）选择适合您的工具：如果用户对Python编程有深入了解，那么推荐您使用功能强大的Matplotlib、Seaborn等库来绘制韦恩图。若用户更偏爱简单易用的在线工具，则只需通过搜索引擎查找"在线韦恩图绘制工具"，即可找到多款适合用户的工具。

（2）准备数据：在绘制韦恩图之前，请明确用户要在图中表示的集合数量，并清晰界定每个集合的具体元素。同时，确定各集合之间的交集元素，这将为用户后续的绘制工作提供有力支持。

（3）开始绘制韦恩图：使用选择的工具新建一个韦恩图项目。在图中，为每个集合分配一个独特的圆圈或椭圆形区域，并根据用户的实际需求灵活调整其大小和位置。为了增强视觉效果，用户可以为每个集合区域填充不同的颜色，并在区域内添加清晰的标签，以明确标识集合的名称或含义。

（4）准确表示交集：根据准备的数据，通过巧妙的线条设计或颜色变化来生动展示集合之间的交集部分。如果两个或多个集合存在共同元素，那么别忘了在它们重叠的区域添加标签，详细阐述交集的具体内容。

（5）添加标注与说明：在韦恩图的周边或下方添加必要的文字说明，详细解释图中每个集合及其交集的具体含义。为了提高清晰度，用户可以使用箭头或线条将文字说明与对应的图形部分巧妙地连接起来。

（6）优化与导出作品：对韦恩图的整体布局进行细致调整，确保图形元素分布均衡且美观。用户可以根据需要调整颜色搭配、线条粗细以及字体大小等参数，以提升图形的可读性和视觉吸引力。当用户对韦恩图的效果感到满意时，可以将其轻松导出为PNG、JPEG等格式的图像文件，方便与他人分享或嵌入报告、演示文稿等文档中。

如果选择使用Python和Matplotlib来绘制韦恩图，那么可以参考以下示例代码：
输入：

```
pip install matplotlib-venn
import matplotlib.pyplot as plt
```

```
from matplotlib_venn import venn2
#假设我们有两个集合A和B,以及它们的交集
set1 = set(['A', 'B', 'C', 'D'])  #集合A的元素
set2 = set(['B', 'C', 'D', 'E'])  #集合B的元素
#绘制韦恩图
plt.figure(figsize = (6,6))
venn2([set1, set2], ('Set 1', 'Set 2'))
plt.show()
```

输出:

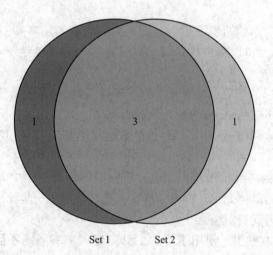

请注意,这个示例使用了 matplotlib_venn 库来绘制两个集合的韦恩图。用户可以根据需要安装这个库(使用 pip install matplotlib-venn 命令),并根据用户数据集调整代码。

为了绘制一个展示不同消费者群体共性与差异的韦恩图,我们首先需要明确几个消费者群体的特征和属性。以下是一个示例,说明如何为三个不同的消费者群体(年轻人、中年人、老年人)绘制韦恩图。

具体步骤如下:

第一,定义消费者群体。

(1)年轻人(Group A)。该群体主要涵盖20岁左右的消费者,其显著特征为对时尚与潮流的高度关注,以及对新事物的快速接纳能力。

(2)中年人(Group B)。此群体大致对应40岁左右的消费者,他们更侧重于考量产品的实用价值与性价比。

(3)老年人(Group C)。该群体由60岁以上的消费者组成,他们可能尤为重视产品的易用性及其对健康的影响。

第二,确定共性与差异。

(1)共性。不同消费群体在购物过程中,均可能展现出对产品质量的高度关注,以及对优质客户服务的共同期望。

(2)差异。年轻消费者倾向于线上购物,并对新颖的科技产品表现出浓厚兴趣;

中年消费者则可能更加注重满足家庭需求的产品，以及产品的耐用性；而老年消费者则可能更为看重产品的操作简便性以及是否具备健康辅助功能。

第三，使用韦恩图表示。

在韦恩图中，每个消费者群体都被代表为一个椭圆，椭圆之间的重叠部分用以展示不同群体间的共性特征，而非重叠部分则揭示了各群体的特征与需求。

绘制指南：

（1）绘制三个相互交叠的椭圆，分别对应年轻人、中年人和老年人三个消费群体。（2）在三个椭圆的重叠区域内，标注出"关注产品质量""期望良好客户服务"等共性特征。（3）在代表年轻人的椭圆内部，添加"喜欢线上购物""追求新颖科技产品"等特性描述。（4）在代表中年人的椭圆区域内，标注"注重家庭需求""产品持久性"等独特关注点。（5）在代表老年人的椭圆内，则应体现"看重便捷操作""健康辅助功能"等特性。

第四，绘图建议。

（1）若您熟悉绘图软件或在线工具，则可根据上述描述进行韦恩图的绘制。在此过程中，您可能需要选择椭圆形状、调整其大小与位置，并添加文本标签以清晰展示各群体的特征与需求。

（2）若不熟悉绘图软件，那么用户可利用在线资源搜索"在线韦恩图生成器"，这些工具通常提供直观的拖放与点击界面，可以帮助用户轻松完成韦恩图的创建。完成绘制后，建议将韦恩图保存为图片格式，以便于在报告、演示等场合中使用。

在 Python 中，用户可以使用 matplotlib_venn 库来绘制韦恩图。以下是一个示例代码，展示如何为三个不同的消费者群体（年轻人、中年人、老年人）绘制韦恩图，以展示他们的共性与差异：

输入：

首先，您需要安装 matplotlib_venn 库（如果尚未安装）：

```
pip install matplotlib-venn
```

然后，您可以使用以下代码来绘制韦恩图：

```python
from matplotlib_venn import venn3
import matplotlib.pyplot as plt
# 假设我们定义了三个消费者群体的特征集合
young_people = set(['Online Shopping', 'Tech Products', 'Social Media'])
middle_aged = set(['Online Shopping', 'Cost-Effectiveness', 'Family Needs'])
elderly = set(['Ease of Use', 'Health Features', 'Traditional Values','Online Shopping'])
# 假设这些群体之间有一些共性特征
common_young_middle = set(['Tech Products'])  # 年轻人和中年人都对科技产品感兴趣
common_middle_elderly = set(['Family Needs'])  # 中年人和老年人之
```

间的共性

    common_young_elderly = set(['Online Shopping']) # 年轻人和老年人之间的共性
    # 为了绘制韦恩图,我们需要提供三个集合,包括它们的交集
    young_people_venn = young_people - common_young_middle # 年轻人独有特征
    middle_aged_venn = middle_aged - common_young_middle - common_middle_elderly # 中年人独有特征
    elderly_venn = elderly - common_middle_elderly # 老年人独有特征
    # 绘制韦恩图
    plt. figure(figsize = (8, 8))
    venn3([young_people_venn, middle_aged_venn, elderly_venn],
        ('Young People', 'Middle-Aged', 'Elderly'),
        alpha = 0.5) # alpha 参数控制透明度
    # 可以通过添加文本标签来手动标注交集部分
    plt. text(0.37, 0.55, 'Tech\nProducts', fontsize = 10, va = 'center', ha = 'center', backgroundcolor = 'w')
    # 显示图形
    plt. show()

输出:

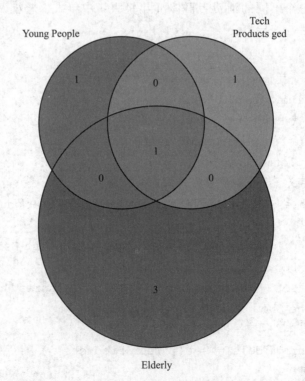

请注意,"matplotlib_venn"的"venn3"函数专门用于绘制三个集合的韦恩图。

在上述代码实现中，采取了手动方式移除交集部分，以确保韦恩图仅展示各群体独有的特征。随后，运用了"plt. text"方法在交集位置添加了文本标签，旨在明确标识共性特征。用户可根据实际需求调整集合的具体内容、布局位置以及文本标签，以确保图表能够准确反映数据特征。此外，通过调整"alpha"参数，用户可以控制韦恩图区域的透明度，进而优化重叠部分的显示效果。

若需表达更复杂的交集关系或实现交集部分的自动化处理，那么建议编写更为复杂的代码来生成相应集合，或考虑利用其他专业工具辅助韦恩图的绘制工作。

三、桑基图

桑基图，即桑基能量分流图，也叫桑基能量平衡图。因 1898 年 Matthew Henry Phineas Riall Sankey 绘制的"蒸汽机的能源效率图"而闻名，此后便以其名字命名为"桑基图"。作为一种专门设计的流程图类型，桑基图旨在清晰展示能量、材料或信息在系列过程中的流动状况。其独特之处在于，它精准地描绘了不同阶段或实体间的转移过程。在桑基图的呈现中，各个节点代表特定过程，节点宽度直观反映该过程所涉及量的大小，如能量、材料或信息量。节点间的连线则指明了流动方向，而连线的宽度则进一步量化了流动的量级。尤为重要的是，桑基图确保了流量平衡的原则，即任一节点接收的流量总和严格等于其输出的流量总和，这一特性严格遵循了能量守恒定律。

桑基图的应用领域广泛，涵盖能源、化学、环境科学、工业工程及经济学等多个学科。它作为一种强大的分析工具，助力人们深入理解并剖析各类过程中的流动与转换机制，从而获取深刻洞察。在桑基图中，起始节点标识着初始投入或总量，随后这些量将历经一系列过程或阶段的分配与转换。每一过程或阶段可能伴随一定的损耗或增益，这些变化均通过节点与连线宽度的调整得以直观展现，进而使流程的效能与损耗状况一目了然。此外，桑基图还具备揭示过程或阶段效率差异及损耗状况的能力。以能源领域为例，桑基图能够清晰呈现从一次能源（如煤炭、石油）向终端电力或热能转换过程中能量的转换与损失路径。借助桑基图的直观展示，可轻易辨识出能源转换链条中的高效环节与能耗瓶颈，进而为优化能源利用策略提供有力支持。在更广泛的层面，桑基图亦可用于展现不同因素间的关联与相互影响。在经济学领域，它可助力揭示行业间供应链关系及其对整体经济体系的综合影响。通过桑基图的深度剖析，决策者能够更全面地把握经济系统的运作逻辑与行业间的相互依存关系，从而制定出更为科学合理的政策与策略。综上所述，桑基图以其直观高效的可视化手段，在过程分析与优化领域展现出非凡的价值。它不仅能够清晰展现各阶段或实体的贡献与损失状况，更为我们识别潜在改进空间、提升整体效能提供了强有力的支持。

桑基图作为流程图的一种特殊形式，其核心功能在于直观展示数据之间的流转关系。该图表主要由三个基本要素构成：节点、边以及流量，其中，边的宽度直接反映了流量的大小，即边越宽，表示该路径上的数据流量越大。此外，桑基图严格遵循守恒律，确保无论数据如何流动，其总量在起始端与末端均保持一致。接下来，将通过 Python 编程语言来绘制一个具体的桑基图实例，以进一步展示其应用与特性。实例数据包含全国国民经济核算——资金流量表数据，数据年份为 1992 ~ 2020 年（该数据由马克数据网整理）。本节绘制桑基图选择了全国国民经济核算——资金流量表数据中 2020 年的数据，选出了 2 大类指标：实物交易资金运用和实物交易资金来源。通过劳动报酬、居民消费、政府消费、财产收入、初次分配总收入和收入税 6 个具体三级指标数据绘制桑基图。全国国民经济核算作为国家经济活动的全面系统性评估工具，旨在以科学严谨的方式，全面衡量并准确反映一国或地区在特定时间段内的经济总量、结构及其变动趋势。它不仅为政府决策提供了坚实的数据基石，也是社会各界洞悉经济运行态势、把握经济发展脉搏的重要渠道。在这一宏大的核算框架内，"资金流量"核算作为国民经济核算体系的核心组成部分，其重要性尤为凸显，堪称透视经济活力与潜在增长动力的精密工具。资金流量核算的过程精细而复杂，它要求全面追踪并详细记录全社会范围内的资金运动轨迹，涵盖资金来源、资金运用及资金结余等各个环节，无一遗漏。通过精心编制的资金流量表，我们能够直观且系统地观察到不同经济部门（如企业部门、政府部门及居民部门）之间的资金流动脉络，以及投资、消费、储蓄等关键经济活动如何影响资金在整体经济中的分配格局。这一过程犹如对经济体系内资金循环流动的精细刻画，为我们深入分析经济运行的质量与效率、揭示经济发展的内在规律提供了不可或缺的信息支持。

本节以"全国国民经济核算——2020 年资金流量"数据为例：

输入：

```
df = pd.DataFrame({'国民经济核算':['实物交易资金运用','实物交易资金
运用','实物交易资金运用','实物交易资金来源','实物交易资金来源','实物交易
资金来源'],
        '二级指标名称':['劳动者报酬','居民消费','政府消费','财产收入',
'初次分配总收入','收入税'],
        '2020 年数值情况':[530579,455204,105606,204123.31,1005451.31,
48002.1]})
df
```

输出：

```
     国民经济核算      二级指标名称      2020 年数值情况
0   实物交易资金运用      劳动者报酬          530579.00
1   实物交易资金运用      居民消费           455204.00
2   实物交易资金运用      政府消费           105606.00
3   实物交易资金来源      财产收入           204123.31
4   实物交易资金来源     初次分配总收入        1005451.31
5   实物交易资金来源      收入税            48002.10

nodes = []
```

```
for i in range(2):
    values = df.iloc[:,i].unique()
    for value in values:
        dic = {}
        dic['name'] = value
        nodes.append(dic)
nodes
```

输出:

```
[{'name':'实物交易资金运用'},
 {'name':'实物交易资金来源'},
 {'name':'劳动者报酬'},
 {'name':'居民消费'},
 {'name':'政府消费'},
 {'name':'财产收入'},
 {'name':'初次分配总收入'},
 {'name':'收入税'}]
```

以上步骤在整合数据的过程中，首先，将所有涉及的节点进行去重并规整在一起。具体而言，就是将"国民经济核算"一列中的"实物交易资金运用"和"实物交易资金来源"，与"二级指标名称"一列中的"劳动者报酬""居民消费""政府消费""财产收入""初次分配总收入"以及"收入税"等项，以列表内嵌套字典的形式进行去重汇总。

随后，定义边和流量，明确了数据流动的起点和终点，以及相应的流量（值）是多少。这一过程同样可以通过循环和字典等数据结构来轻松实现。

```
linkes = []
for i in df.values:
    dic = {}
    dic['source'] = i[0]
    dic['target'] = i[1]
    dic['value'] = i[2]
    linkes.append(dic)
linkes
```

输出:

```
[{'source':'实物交易资金运用','target':'劳动者报酬','value':
530579.0}
 {'source':'实物交易资金运用','target':'居民消费','value':
455204.0}
 {'source':'实物交易资金运用','target':'政府消费','value':
```

105606.0}

    {'source': '实物交易资金来源','target': '财产收入','value':
204123.31}

    {'source': '实物交易资金来源','target': '初次分配总收入','value':
1005451.31}

    {'source': '实物交易资金来源','target': '收入税','value': 48002.1}]

```python
from pyecharts. charts import Sankey
from pyecharts import options as opts
pic = (
    Sankey()
    .add('', #图例名称
        nodes,  #传入节点数据
        linkes,  #传入边和流量数据
        #设置透明度、弯曲度、颜色
        linestyle_opt = opts. LineStyleOpts (opacity = 0.3, curve =
0.5, color = 'source'),
        #标签显示位置
        label_opts = opts. LabelOpts (position = 'right'),
        #节点之前的距离
        node_gap = 30,) . set_global_opts (title_opts = opts.
TitleOpts (title = '国民经济核算桑基图')))
pic. render ('全国国民经济核算桑基图.html')
```

输出：

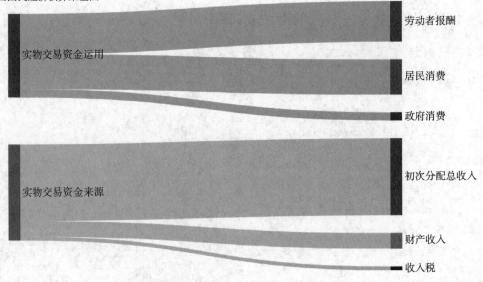

全国国民经济核算桑基图

桑基图是一种特定构型的流程图，旨在直观呈现能量、物质或成本等要素的流动路径。此图表尤为适用于描绘从一状态至另一状态的变迁历程，诸如生产流程、供应链管理、金融交易或任何资源流转相关的领域。桑基图的显著标志在于其宽度各异的箭头，这些箭头的宽幅与流转量直接成比例，进而以直观方式凸显出流量的大小。在此图表中，各节点均代表一个特定的状态，而箭头则象征着状态间的流转轨迹。因其能够明晰地揭示出流程中的瓶颈所在及效率问题，此类图表在流程分析及优化环节中展现出了极高的实用价值，可以为决策者提供有力的数据支持。

四、网格图

网格图作为一种图形化呈现数据的方法，其核心在于将数据点映射至一个或多个维度的坐标系中，从而直观展示数据的分布特征及其相互关系。在二维网格图的框架内，通常设定两个轴，分别承载不同的变量或属性信息，数据点则依据其在这些变量上的具体数值被精准定位于坐标系中的相应位置。此类图表具备强大的功能，可用于对比分析不同数据集间的关联性，捕捉数据变化的趋势走向，或是辨识数据中所蕴含的特定模式与异常现象。面对多维数据集时，网格图的展现能力可进一步拓展至三维乃至更高维度，但这一过程的实现往往依赖于计算机软件的辅助，以完成图表的创建与解析工作。网格图的应用领域极为广泛，覆盖了科学研究、商业分析、工程设计等多个关键领域，其重要性不言而喻。在统计学领域内，网格图更是扮演着举足轻重的角色，常被用于直观展现两个变量之间的相关性或分布状况。例如，在经济学研究中，网格图可助力研究者揭示不同收入阶层间消费习惯的显著差异；而在医学研究的场景下，网格图则成为研究人员观察药物剂量变化对患者生理指标影响的有力工具。

除了传统的二维网格图形式外，还有诸如热力图与散点图矩阵等特殊类型的网格图。热力图通过颜色的深浅变化直观反映数据点的大小或密度信息，使数据的分布特征与变化趋势一目了然。而散点图矩阵则能够同时展示多个变量之间的两两关系，帮助用户迅速捕捉变量间的相关性或潜在的复杂关系。值得一提的是，随着数据可视化技术的持续进步，网格图也在不断进化与完善。现代数据可视化工具赋予用户高度的自定义权限，允许用户根据个人需求调整网格图的样式、颜色、标签等属性，从而在准确传达数据信息的同时，以更加美观、直观的方式吸引观众的注意力。

网格图作为一种高效的数据可视化工具，其强大的数据解析与呈现能力对于用户深入理解数据、挖掘数据背后的规律与趋势具有重要意义，并为科学决策提供了坚实的支持。

在 Python 中，绘制网格图除了利用 Matplotlib 库的 imshow 函数结合 plt. text 函数外，还存在多种官方推荐且广泛应用的方法。以下是几种常见的策略：

（1）采用 Matplotlib 的 pcolormesh 函数。此函数在功能上与 imshow 函数有所类似，但其特别之处在于能够更高效地处理非规则网格的数据集。即便面对规则网格，pcolormesh 也同样能够展现出色的性能。

输入：

```
import matplotlib.pyplot as plt
import numpy as np
# 创建一个数据集
x = np.linspace(0, 10, 11)
y = np.linspace(0, 10, 11)
X, Y = np.meshgrid(x, y)
Z = np.sin(X) * np.cos(Y)
# 绘制网格图
plt.pcolormesh(X, Y, Z, shading = 'auto')
plt.colorbar()
plt.grid(True)
plt.show()
```

输出：

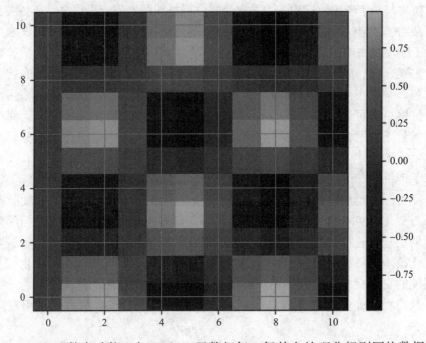

　　pcolormesh 函数在功能上与 imshow 函数相似，但其在处理非规则网格数据时展现出更高的适用性和效率。即使用户面对的是规则的网格数据，pcolormesh 也同样能够出色地完成绘制任务，确保数据表达的准确性和直观性。

　　（2）深化 Matplotlib 应用。结合 pcolormesh 或 imshow 与高级数据处理及可视化技术：通过整合 Matplotlib 库中的 pcolormesh 或 imshow 函数，并辅以更为精细的数据处理步骤和视觉呈现技巧，可以创造出更为复杂且信息丰富的网格图。以下示例便展示了如何利用 pcolormesh 函数构建更为复杂的网格图表。

　　输入：

```
import matplotlib. pyplot as plt
import numpy as np
# 创建一个更复杂的数据集
x = np. linspace ( - 5, 5, 100)
y = np. linspace ( - 5, 5, 100)
X, Y = np. meshgrid(x, y)
Z = np. sin(np. sqrt(X ** 2 + Y ** 2))
# 绘制网格图
plt. figure(figsize = (8, 6))
plt. pcolormesh(X, Y, Z, shading = 'auto', cmap = 'viridis')
plt. colorbar()  # 添加颜色条
plt. title('Complex Grid Plot')
plt. xlabel('X axis')
plt. ylabel('Y axis')
plt. grid(True)  # 添加网格线
plt. show()
```

输出:

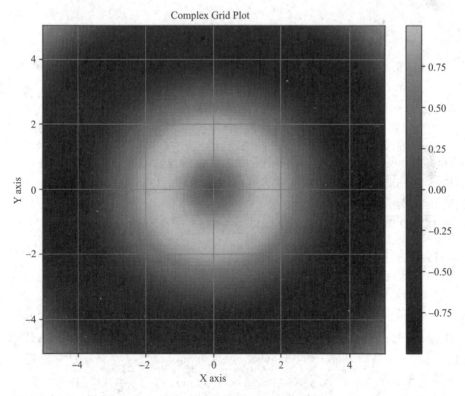

在此实例中，本书构建了一个二维网格系统，并借助 np. sin 函数以及网格节点间的距离来计算 Z 轴坐标值。这一过程旨在生成具有复杂几何形态的网格图像。用户可根据实际需求调整数据集及可视化参数，以创建多样化的复杂网格图形。

（3）引入 plotly 库。作为一个专注于生成交互式图表与地图的强大工具，plotly 库同样支持网格图的绘制。通过 plotly，用户能够轻松创建出既美观又具备高度交互性的网格图，为数据分析与展示提供新的可能。

输入：

```
import plotly. graph_objects as go
import numpy as np
# 创建一个数据集
x = np. linspace(0, 10, 11)
y = np. linspace(0, 10, 11)
X, Y = np. meshgrid(x, y)
Z = np. sin(X) * np. cos(Y)
# 绘制网格图
fig = go. Figure(data = [go. Mesh3d(x = X. flatten(), y = Y. flatten(),
z = Z. flatten(),
                        color = 'lightpink', opacity = 0. 50)])
fig. show()
```

输出：

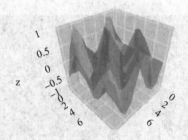

（4）为了展现不同收入阶层间消费习惯存在的显著差异，可以借助 Matplotlib 库与 Numpy 工具来生成相应的数据并进行可视化处理。以下是一个示例，旨在演示如何构建并绘制出这样的网格图。

输入：

```
import matplotlib. pyplot as plt
import numpy as np
# 设定收入阶层和消费习惯
income_levels = ['Low', 'Medium', 'High']  # 收入阶层
consumption_habits = ['Habit 1', 'Habit 2', 'Habit 3', 'Habit 4',
'Habit 5']  # 消费习惯
# 随机生成消费习惯数据
data = np. random. rand(3, 5) * 100  # 数据范围为 0 至 100
# 绘制网格图
plt. figure(figsize = (10, 6))  # 设定图形大小
```

```
    plt.imshow(data, cmap = 'coolwarm', interpolation = 'nearest',
aspect = 'auto')   # 绘制数据矩阵
    plt.colorbar(label = 'Consumption Level')   # 添加颜色条以显示消费
水平
    # 为图形添加标签
    plt.xticks(np.arange(len(consumption_habits)), consumption_hab-
its, rotation = 45) # X 轴标签:消费习惯
    plt.yticks(np.arange(len(income_levels)), income_levels)   # Y 轴
标签:收入阶层
    # 添加图形标题和轴标签
    plt.title('Consumption Habits Across Different Income Levels')
# 图形标题
    plt.xlabel('Consumption Habits')   # X 轴标签
    plt.ylabel('Income Levels')   # Y 轴标签
    # 显示网格
    plt.grid(True, which = 'both', color = 'grey', linestyle = '-', lin-
ewidth = 0.5)   # 显示网格线
    # 调整布局并显示图形
    plt.tight_layout()   # 自动调整子图参数以充分利用图形空间
    plt.show()   # 显示图形
```

输出:

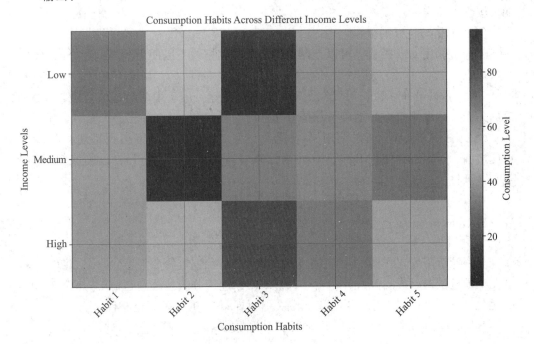

以上网格图的构建核心在于 Matplotlib 库中的 imshow 函数,此函数专门用于在二维坐标系统中可视化图像数据。在此场景下,我们将消费习惯数据视为一种特殊的

"图像"展示，其中，颜色的差异反映了消费水平的不同。以下是"不同收入阶层间消费习惯"网格图构建机制的深入剖析。

（1）数据预处理阶段。首要任务是整合与准备反映不同收入群体及其消费习惯的数据集。在本示例中，数据以 3×5 的矩阵形式组织，矩阵的行分别代表低收入、中等收入和高收入群体，而列则分别对应五种不同的消费习惯。矩阵中的每个数值均为随机生成，用于模拟各收入群体在特定消费习惯下的消费水平。

（2）网格图的绘制流程。

①imshow 函数作为核心工具，负责将准备好的数据矩阵转化为直观的网格图形。它接收一个二维数组作为输入，并根据数据值的大小将其映射到相应的颜色上，从而在屏幕上形成可视化图像。

②cmap 参数用于定义颜色映射方案，即如何将数据值转换为具体的颜色。在本例中，本书选择了 coolwarm 色彩映射，其中，较低的数据值被映射为冷色调，而较高的数据值则被映射为暖色调。

③interpolation 参数控制着图像数据的插值方式。我们选择了 nearest 插值，这意味着每个数据点都将直接映射到其最接近的像素点上，以保持数据的原始性。

④aspect 参数用于调整图像的宽高比。设置为 auto 时，图像将保持与数据矩阵相同的宽高比，以确保数据的真实呈现。

（3）添加注释与标题。

①使用 xticks 和 yticks 函数，可以在 X 轴和 Y 轴上添加相应的标签，以分别标识消费习惯和收入群体。

②借助 title、xlabel 和 ylabel 函数，可以为图形添加标题和轴标签，以提高图形的可读性和解释性。

（4）网格与色标的显示。

①通过调用 grid 函数，可以在网格图上添加网格线，以便更清晰地划分和定位各个数据点。

②使用 colorbar 函数，可以在图形旁边添加色标，用于说明数据值范围与对应颜色的关系，帮助用户更好地理解数据分布。

（5）图形的展示。通过调用 show 函数，可以将绘制好的网格图呈现在屏幕上。在此之前，可以选择使用 tight_layout 函数来自动调整子图的布局，以确保图形的美观和可读性。

五、应用实践

北京某有限公司作为一家规模庞大的跨省直营餐饮连锁企业，截至 2020 年末，其在全国范围内已成功开设并运营了共计 330 家连锁分店。公司自 2019 年至 2020 年的经营信息，已详尽地记录并存储于名为"cyls. xls"的电子表格文件中。

首先，分别读取 2019 年和 2020 年营业收入数据。

输入：

```
# 引入规则
```

```
import pandas as pd
from pyecharts. charts import Map,Pie,Timeline
from pyecharts import options as opts
from pyecharts. globals import ThemeType
```
读取 2019 年营业收入数据
```
df_2019 = pd. read_excel(r'D:\cyls. xls',sheet_name = '2019 年营业
总收入',index_col = [0,1])
df_2019. head()
```

输出：

分店	科目	1 月	2 月	3 月	4 月	5 月	6 月
1 号分店	营业总收入	273450.000000	718253.000000	318796.0	341763.0	608068.0	325080.0
2 号分店	营业总收入	805628.000000	589253.188411	506380.0	676388.0	245566.0	837119.0
3 号分店	营业总收入	986175.000000	146445.401307	629588.0	545712.0	151329.0	735634.0
4 号分店	营业总收入	508931.051966	479893.077543	311340.0	768632.0	806060.0	182052.0
5 号分店	营业总收入	480397.240380	348526.864826	542361.0	357146.0	522306.0	275237.0

分店	科目	7 月	8 月	9 月	10 月	11 月	12 月
1 号分店	营业总收入	152911.0	301283.0	785336.0	147871.0	525155.0	627968.0
2 号分店	营业总收入	738729.0	375347.0	666682.0	150955.0	344915.0	437756.0
3 号分店	营业总收入	777720.0	465508.0	328199.0	666466.0	475137.0	877287.0
4 号分店	营业总收入	109480.0	448730.0	396127.0	107629.0	423588.0	456529.0
5 号分店	营业总收入	811885.0	941866.0	550747.0	628605.0	227298.0	849370.0

读取 2020 年营业收入数据
```
df_2020 = pd. read_excel(r'D:\cyls. xls',sheet_name = '2020 年营业
总收入',index_col = [0,1])
df_2020. head()
```

输出：

分店	科目	1 月	2 月	3 月	4 月	5 月	6 月
1 号分店	营业总收入	857535.000000	3.527960e+05	190310.000000	926364.000000	6.748400e+05	473149.000000
2 号分店	营业总收入	132326.943961	8.624653e+05	965692.346034	869793.055865	4.308393e+06	20450.601349
3 号分店	营业总收入	222547.249153	3.004865e+05	371220.123875	700712.507516	6.421720e+05	913309.000000
4 号分店	营业总收入	377525.271870	1.011438e+06	824322.655502	529407.869728	7.812590e+05	521707.000000
5 号分店	营业总收入	148647.734441	3.102605e+05	280895.352255	827983.300374	7.579490e+05	601457.000000

分店	科目	7 月	8 月	9 月	10 月	11 月	12 月
1 号分店	营业总收入	251469.0	963424.0	400691.0	690033.0	849129.0	605148.0
2 号分店	营业总收入	882751.0	524879.0	797000.0	762243.0	297832.0	691529.0
3 号分店	营业总收入	281975.0	616445.0	592729.0	425770.0	723612.0	237423.0
4 号分店	营业总收入	208623.0	811008.0	517246.0	176759.0	246749.0	744500.0
5 号分店	营业总收入	279168.0	451395.0	304240.0	944159.0	239638.0	387950.0

```
# 读取门店所属省份
df_province =pd. read_excel(r'D:\cyls. xls',sheet_name = '门店所
属省份',index_col =0)
df_province. head()
```

输出:

```
    分店       省份
1 号分店    广东省
2 号分店    北京市
3 号分店    广东省
4 号分店    北京市
5 号分店    上海市
```

其次，分别对 2019 年和 2020 年各门店的全年营业收入进行总计，并将这些数据按照所在的省份进行分组。在分组后，统计每个省份内门店的总数以及这些门店的全年营业收入合计。再次，按照营业收入合计进行降序排序，以便能够清晰地看到各省份门店的营收表现。最后，查看并分析排序后的结果，默认情况下，仅展示前五行数据以供初步分析。

输入:

```
# 2019 年各门店营业收入合计
df_2019['2019 年营业总收入'] = df_2019. loc[:,"1 月":"12 月"]. sum
```

```
(axis =1)
    # 连接 df_2019,df_province
    df_2019_pro = pd.merge(df_2019,df_province,on ='分店')
    # 提取所需信息列
    df_2019_pro = df_2019_pro[['2019 年营业总收入','省份']]
    # 根据省份分组,统计各省份门店数量及营业收入合计
    df_2019_pro = df_2019_pro.reset_index().groupby('省份').agg
({'分店':'count','2019 年营业总收入':'sum'})
    # 营业收入按降序排
    df_2019_pro = df_2019_pro.sort_values('2019 年营业总收入',
ascending =False)
    # 查看前 5 行
    df_2019_pro.head()
```

输出:

省份	分店	2019 年营业总收入
北京市	45	2.896988e+08
广东省	39	2.448240e+08
上海市	34	2.209888e+08
江苏省	32	2.118228e+08
浙江省	24	1.578575e+08

```
# 2020 年各门店营业收入合计
    df_2020['2020 年营业总收入'] = df_2020.loc[:,"1 月":"12 月"].sum
(axis =1)
    # 连接 df_2020,df_province
    df_2020_pro = pd.merge(df_2020,df_province,on ='分店')
    # 提取所需信息列
    df_2020_pro = df_2020_pro[['2020 年营业总收入','省份']]
    # 根据省份分组,统计各省份门店数量及营业收入合计
    df_2020_pro = df_2020_pro.reset_index().groupby('省份').agg
({'分店':'count','2020 年营业总收入':'sum'})
    # 营业收入按降序排
    df_2020_pro = df_2020_pro.sort_values('2020 年营业总收入',
ascending =False)
    # 查看前 5 行
    df_2020_pro.head()
```

输出:

省份	分店	2020 年营业总收入
北京市	45	2.498696e+08
广东省	39	1.969837e+08
上海市	34	1.831033e+08
江苏省	32	1.530050e+08
浙江省	24	1.189850e+08

经过对数据的深入剖析后，采用 pyecharts 库来进行可视化展示，以确保数据的直观性与易理解性。

2019 年 1~5 号分店营业收入桑基图（其他门店营业收入桑基图与此图代码类似，可参照绘制）。

输入：

```
df1 = pd.DataFrame({
    '2019 年营业收入':['1~6 月','1~6 月','1~6 月','1~6 月','1~6
月','7~12 月','7~12 月','7~12 月','7~12 月','7~12 月'],
    '门店名称':['1 号分店','2 号分店','3 号分店','4 号分店','5 号分店',
'1 号分店','2 号分店','3 号分店','4 号分店','5 号分店'],
    '营业收入':[2585410,3660334,3194883,3056908.13,4056908.13,
2540524,2714384,3590317,1942083,4009771]})
df1
```

输出：

	2019 年营业收入	门店名称	营业收入
0	1~6 月	1 号分店	2585410.00
1	1~6 月	2 号分店	3660334.00
2	1~6 月	3 号分店	3194883.00
3	1~6 月	4 号分店	3056908.13
4	1~6 月	5 号分店	4056908.13
5	7~12 月	1 号分店	2540524.00
6	7~12 月	2 号分店	2714384.00
7	7~12 月	3 号分店	3590317.00
8	7~12 月	4 号分店	1942083.00
9	7~12 月	5 号分店	4009771.00

```
nodes = []
for i in range(2):
    values = df1.iloc[:,i].unique()
    for value in values:
```

```
            dic = {}
            dic['name'] = value
            nodes.append(dic)
    nodes
    linkes = []
    for i in df1.values:
        dic = {}
        dic['source'] = i[0]
        dic['target'] = i[1]
        dic['value'] = i[2]
        linkes.append(dic)
    linkes
```

输出：

```
[{'source': '1~6月','target': '1号分店','value': 2585410.0},
 {'source': '1~6月','target': '2号分店','value': 3660334.0},
 {'source': '1~6月','target': '3号分店','value': 3194883.0},
 {'source': '1~6月','target': '4号分店','value': 3056908.13},
 {'source': '1~6月','target': '5号分店','value': 4056908.13},
 {'source': '7~12月','target': '1号分店','value': 2540524.0},
 {'source': '7~12月','target': '2号分店','value': 2714384.0},
 {'source': '7~12月','target': '3号分店','value': 3590317.0},
 {'source': '7~12月','target': '4号分店','value': 1942083.0},
 {'source': '7~12月','target': '5号分店','value': 4009771.0}]
```

```
from pyecharts.charts import Sankey
from pyecharts import options as opts
pic = (Sankey()
    .add('', #图例名称
        nodes,    #传入节点数据
        linkes,    #传入边和流量数据
        #设置透明度、弯曲度、颜色
        linestyle_opt = opts.LineStyleOpts(opacity = 0.3, curve =
0.5, color = 'source'),
        #标签显示位置
        label_opts = opts.LabelOpts(position = 'right'),
        #节点之前的距离
        node_gap = 30,)
    .set_global_opts(title_opts = opts.TitleOpts(title = '2019年
1~5号门店营业收入桑基图')))
```

pic. render ('2019 年 1～5 号分店营业收入桑基图．html')

输出：（2020 年和其他门店营业收入桑基图参照此图代码自行绘制）

2019年1~5号门店营业收入桑基图

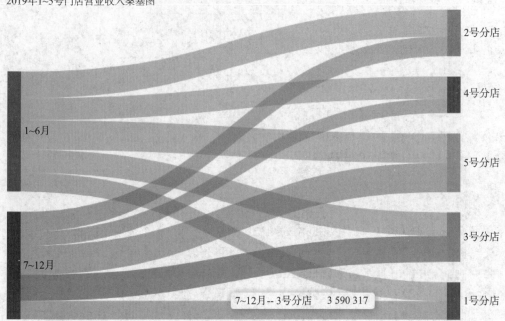

```
#导入函数代码,绘制门店数量分布散点图
import matplotlib. pyplot as plt
import numpy as np
import pandas as pd
# 模拟一些"真实"数据
data = {'门店数量': [45, 39, 34, 32, 24, 21, 16, 12, 12, 12, 11, 11,
10],
      '城市': ['北京', '广东', '上海', '江苏', '浙江', '重庆', '陕西',
'福建', '河北', '天津', '湖北', '四川', '山东',]}
df = pd. DataFrame (data)
# 绘制散点图
plt. scatter (df['门店数量'], df['城市'], alpha =0. 6, edgecolors ='w')
# 标注峰值和谷值
peak_idx = df['城市']. idxmax ()
valley_idx = df['城市']. idxmin ()
plt. scatter (df['门店数量'][peak_idx], df['城市'][peak_idx],
color ='blue', s =100, edgecolors ='black', label ='峰值')
    plt. scatter (df['门店数量'][valley_idx], df['城市'][valley_idx],
color ='red', s =100, edgecolors ='black', label ='谷值')
# 添加图表标题和标签
```

```
plt.title('2019~2020年门店数量分布')
plt.xlabel('门店数量')
plt.ylabel('城市')
# 添加图例
plt.legend()
# 显示图表
plt.show()
```

输出：

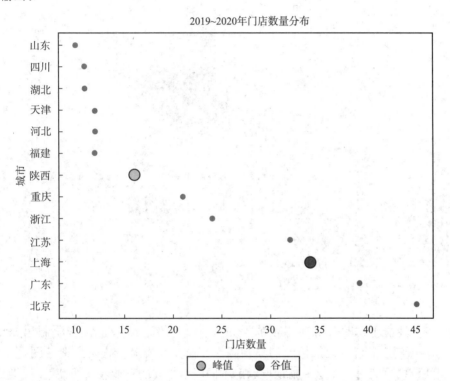

```
# 数据准备(绘制地区销售排行玫瑰饼图)
income_2019 = df_2019_pro['2019年营业总收入'].tolist()
income_2020 = df_2020_pro['2020年营业总收入'].tolist()
incomeData_2019 = [z for z in zip(province_2019,income_2019)]
incomeData_2020 = [z for z in zip(province_2020,income_2020)]
# 绘制图形
timeline_pie = Timeline()
pie_2019 = Pie()
pie_2019.add('2019年营业总收入',incomeData_2019,rosetype='area')
pie_2019.set_global_opts(title_opts = opts.TitleOpts(title =
'地区销售排行'),
    legend_opts = opts.LegendOpts(pos_left = 'left',pos_top = '10%',
orient = 'vertical'))pie_2020 = Pie()
```

```
pie_2020.add('2020 年营业总收入',incomeData_2020,rosetype = 'area')
timeline_pie.add(pie_2019,'2019 年')
timeline_pie.add(pie_2020,'2020 年')
timeline_pie.render('2019 ~2020 年地区销售排行.html')
```

输出:

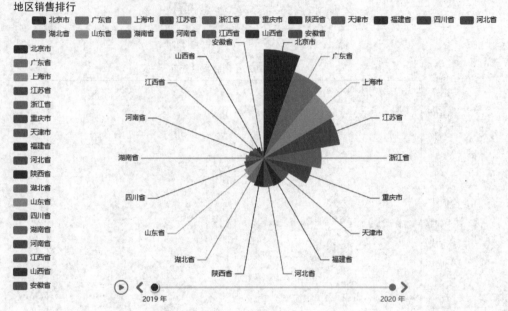

六、实操练习题

根据上述应用实践部分所提供的 Python 代码示例,要求进一步绘制出 2020 年 1~5 号各个门店的营业收入情况的桑基图,并简要写出分析报告。桑基图是一种非常直观的可视化图表,能够清晰地展示出不同门店之间的营业收入流动情况。通过绘制这样的桑基图,可以清楚地看到各个门店在不同月份的营业收入变化情况,从而更好地分析和理解各个门店的经营状况。具体来说,桑基图的每个节点代表一个门店,节点的宽度表示该门店的营业收入,而节点之间的流动线则表示营业收入在不同门店之间的流动情况。通过这种可视化方式,我们可以直观地观察到哪些门店在特定月份表现较好,哪些门店需要进一步改进。

七、小结

散点图旨在揭示两个变量之间的关联性,通过点的空间分布模式来呈现数据的潜在趋势和模式。韦恩图则专注于集合间关系的可视化,利用圆圈的交叠区域来明确展示不同集合间的共有元素及差异。桑基图则是一种用于描绘数据流动路径的图表,其箭头的宽度变化直观地反映了数据流量的规模。而网格图则是一种多变量分析工具,通过网格布局中的数据点分布,深入剖析变量间的相互作用与影响。

　　每种图表类型均具备独特的优势与适用场景。散点图的优势在于其直观性，便于识别数据中的集群、趋势及异常值，广泛应用于科学研究、市场分析等领域，如身高与体重关系的研究、产品价格与销量关系的分析等。韦恩图则以其清晰展示集合间交集、并集及差集的能力著称，常见于生物学、市场调研等领域，用于分析物种基因共享情况、市场细分群体的共同兴趣与差异偏好等。桑基图的优势在于其能够以视觉化的方式展现复杂过程中的数据流动与变化，特别适用于能源分析、网站流量监控等领域，如公司内部资金流动的追踪、网站用户行为路径的分析等。网格图则以其强大的多变量分析能力见长，适用于高维数据的可视化探索，广泛应用于气象学、生物学、社会科学等多个领域，如农作物产量影响因素的分析、居民幸福感与社会因素关系的研究等。

　　综上所述，选择合适的图表类型对于有效传达数据信息至关重要。这需要综合考虑数据特性、分析目标及受众需求等多方面因素。正确的图表选择能够显著提升数据的可读性与说服力，为决策制定提供有力支撑。

项目五　时间序列数据分析

德技并修

尊重科学，大胆创新，增强民族自信心

潘迪特（S. M. Pandit）与吴贤明（S. M. Wu）两位杰出学者基于 Box-Jenkins 方法，共同开创性地构建了动态数据系统（Dynamic Data System，DDS）建模技术。该技术以一阶模型为起点，通过逐步增加模型阶数，并拟合 AR（2n，2n-1）模型，即每次模型阶数翻倍增长，直至 F 检验结果显示模型阶数的进一步增加不再显著减少残差平方和（模型间的差异不再具有统计显著性），从而有效降低了仅依赖样本自相关替代理论进行模型识别、定阶、参数估计及建模过程中所产生的误差。

潘迪特先生是印度学术界的杰出代表，而吴贤明院士则是中国机械领域的泰斗与教育大家。作为统计学与制造科学研究融合的先驱，他们巧妙地将时间序列分析方法与系统分析及制造理论相融合，创立了工程数据分析的新范式——动态数据系统理论。该理论不仅在天文观测、地震预测、健康统计、经济评估及工程监测与控制等多个领域得到广泛应用，更在制造业中展现出巨大的实用价值，推动了大规模自动化生产方法的革新。吴贤明院士的经典著作《时间序列与系统分析及其应用》成为该领域的重要里程碑。

在吴贤明院士的引领下，DDS 理论不仅在学术界引起热烈反响，更在工业界产生了深远影响。其研究团队与多家企业紧密合作，成功将 DDS 理论应用于生产线的实时监控与故障诊断领域，显著提升了生产效率和产品质量。吴院士始终强调理论与实践相结合的重要性，鼓励学子走出校园，深入工厂一线，直面生产实际问题，将所学知识转化为解决实际问题的能力。

随着吴贤明院士及其追随者的共同努力，DDS 理论逐渐发展成为工程数据分析领域不可或缺的重要工具。其应用范围不断拓展至环境监测、交通管理、能源系统等众多领域，为解决现代社会面临的复杂挑战提供了有力支持。

潘迪特与吴贤明两位学者的卓越贡献不仅在于他们提出的理论创新，更在于他们积极倡导并实践跨学科研究的理念。他们坚信，只有通过不同学科之间的深度交流与合作，才能推动科学研究的持续进步与发展。因此，他们不仅在学术界内部推广这一理念，还积极寻求与政府、企业等各方的合作机会，努力将理论研究成果转化为实际应用成果，为社会带来实实在在的利益与福祉。

吴贤明院士的一生是对知识不懈追求与对社会无私奉献的生动写照。他在学术、教育及公益事业等多个领域均留下了深刻而辉煌的印记。他所倡导的勤奋努力、勇于创新的精神不仅激励着一代又一代的学子不断前行，更为国家的科技进步与民族的伟大复兴注入了强大的动力与活力。虽然吴院士已经离世，但他的思想与精神将永远照亮我们前行的道路。

项目学习内容说明

时间序列分析是指对一系列有序且按时间顺序排列的数据点进行研究，这些数据点从最早的测量值开始，形成一个连续的时间序列。这些数据点通常具有等距特性，例如每日、每周、每月或每

年的采样（oversampling）数据。在进行时间序列分析的过程中，数据点的排列顺序显得尤为重要，因为它们决定了数据之间的相对时间关系。通常情况下，时间序列分析的主要目的是探寻某一特定数据点与同一时间序列中过去某个特定时间段内的其他数据点或数据点集合之间的关联性。这种关联性可能表现为某种趋势、周期性波动或随机波动等特征。通过对这些关联性的研究，我们可以更好地理解数据的动态变化规律，预测未来的数据走势，从而为决策提供有力的支持。

本项目由三个核心任务构成，每个任务都旨在深入探讨时间序列分析的不同方面，以确保学习者能够全面掌握这一重要领域的知识和技能，具体包括以下三个方面：

任务一的主要目标是全面而详细地阐述时间序列分析的基本概念与框架。这一任务不仅涵盖了时间序列的综合性描述，帮助学习者理解时间序列数据的结构和特点，还深入探讨了时间序列分析的核心目标与基本任务，使学习者能够明确分析的目标和方向。此外，任务一还详细介绍了 date-time 库的基本功能与运用，使学习者能够熟练地处理和掌握时间序列数据，为后续的分析工作打下坚实的基础。

任务二则深入探讨了时间序列数据的预处理环节，这是确保分析结果准确性和可靠性的关键步骤。在这一任务中，学习者将学习详尽解析时间序列中缺失值与异常值的处理策略，掌握如何有效地识别和处理这些问题，以保证数据的质量。同时，任务二还将探讨数据的有效分组方法，帮助学习者更好地组织和分析数据。此外，时间序列数据的分解等关键内容也将在这部分任务中得到深入解析，使学习者能够全面掌握时间序列数据预处理的各个方面。

任务三则聚焦于时间序列数据的基本特征与预测方法，这是时间序列分析中最为关键的部分之一。在这一任务中，学习者将系统学习自相关性、平稳性、白噪声序列等核心概念，这些概念是理解时间序列数据内在特性的基础。同时，任务三还将深入剖析移动平均模型（MA）与自回归移动平均模型（ARMA）的构建原理与应用场景，使学习者能够熟练地运用这些模型进行时间序列数据的预测和分析。

本项目以时间序列数据分析为核心，广泛覆盖了商业和金融时间序列数据的预处理、销售数据的趋势分析、流量数据的周期性研究、股票价格预测以及需求预测等多个实际应用领域。通过这些丰富多样的案例，学习者将能够深刻理解并熟练掌握时间序列分析的方法与技术，从而更有效地把握各种现象的发展趋势与周期性变化。这不仅有助于学习者在科学研究中取得突破，还能为他们在实际工作中进行科学决策与精准行动提供坚实的数据支撑，使他们能够在复杂多变的环境中作出明智的判断和有效的应对。

任务一　时间序列概述

一、时间序列分析概述

（一）时间序列的概念

1. 什么是时间序列？

时间序列（Time Series）是指对一系列按照时间顺序排列的数据点进行深入研究的过程。这些数据点通常以时间戳为基准，与相应的变量值形成一一对应的关系。这些数据点可以是连续的，也可以是间断的，但它们共同构成了一个特定变量在不同时间点上的观测记录。时间序列分析的核心目标是揭示这些数据点背后的统计特性，通过识别和解析其中的模式、趋势、周期性波动以及异常值，从而为未来的预测和控制提供科学依据和策略支持。具体而言，时间序列分析不仅关注数据点的简单呈现，还致力于深入挖掘数据背后的故事。通过运用各种统计方法和模型，如自回归模型（AR）、移动平均模型（MA）、自回归滑动平均模型（ARMA）和季节性自回归滑动平均模型（SARIMA）等，研究人员能够捕捉到时间序列中的复杂动态变化。

2. 为什么进行时间序列分析？

在分析时间序列过程中，一个重要的步骤是识别并量化时间序列中的趋势。趋势可能表现为长期的上升或下降趋势，反映了变量随时间演变的总体方向。此外，周期性波动也是时间序列分析中常见的现象，它揭示了数据在特定时间间隔内的重复模式，如季节性变化。除了趋势和周期性波动外，时间序列中还可能存在异常值，这些值可能是测量误差、外部干扰或其他未知因素引起的。异常值的检测和处理对于提高分析结果的准确性和可靠性至关重要。基于时间序列分析的结果，研究人员可以制定预测模型，对未来时间点的变量值进行预测。这些预测结果可以为决策者提供重要参考，帮助他们制定更有效的战略规划和资源配置策略。同时，时间序列分析还可以用于控制策略的制定，通过监测和预测时间序列的变化趋势，及时调整控制参数，以确保系统稳定运行并达到预期目标。

3. 时间序列分析图是什么样的？

经济金融领域的数据大多呈现为时间序列形式。图5－1所展示的为某上市公司大宗交易价格（Block trade price）与收盘价（Close-Price）的时间序列分析趋势图，此图详细描绘了变量随时间演变的轨迹。在该图中，可清晰观察到数据点的分布状况、趋势线的动态变化、周期性的波动模式以及潜在的异常值点。这些图表不仅为研究人员提供了直观的时间序列主要特征识别工具，还能辅助他们挑选适宜的统计模型进行深入分析。

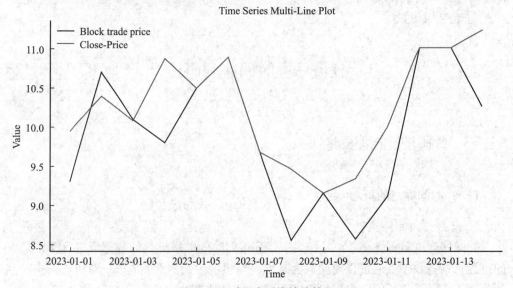

图5－1　时间序列线性趋势图

通过对此类图表的细致剖析，我们能够进一步挖掘数据中潜藏的信息，为预测与决策提供更为坚实的数据支撑。在此基础上，结合现代数据分析技术的力量，时间序列分析图的解读能力将得到显著提升，进而为各领域的发展与决策优化贡献重要力量。掌握时间序列分析技术对于充分发掘数据价值而言，具有不可估量的重要性。时间序列分析图作为洞察数据规律的核心工具，其作用不容忽视。

4. 时间序列数据的应用场景

时间序列数据作为一种至关重要的数据类型，在众多行业和领域中具有广泛的应用。以下将对这些主要应用场景进行详细说明：

（1）金融市场预测。

①股票价格预测。基于历史股价数据，时间序列分析为投资者提供了预测未来股价走势的工具，帮助他们制定更为精确的投资策略。通过研究股价的历史波动，投资者能够辨识潜在的上升或下降趋势，从而在投资决策中取得优势。

②外汇市场预测。时间序列分析同样适用于外汇市场，能够预测汇率的波动趋势，辅助交易决策。外汇交易者可以利用时间序列分析来预测货币的未来走势，从而在外汇市场中获得更高的收益。

③风险管理。金融机构可以借助时间序列分析评估市场风险，设计并实施有效的风险管理策略。通过对市场数据进行时间序列分析，金融机构可以更深入地理解市场波动，从而制定出更为稳健的风险管理措施。

（2）经济预测。

①宏观经济指标预测。如 GDP 增长率、失业率等关键经济指标的预测，时间序列分析在计量经济学中占据核心地位，可以助力政府与企业洞察经济走势。时间序列分析可以帮助政府和企业预测经济周期的变化，从而作出更为明智的经济决策。

②政策效果评估。政府可以通过时间序列分析评估财政、货币等政策对经济增长的实际影响，为政策调整提供依据。通过分析政策实施前后的经济数据变化，政府可以评估政策的有效性，从而进行必要的政策调整。

（3）销售与市场预测。

①销售预测。企业可以运用时间序列分析预测未来销售量，以优化生产规划与库存管理，降低库存积压与缺货风险。通过对历史销售数据进行时间序列分析，企业可以预测未来的销售趋势，从而合理安排生产计划和库存水平。

②市场趋势分析。通过时间序列分析揭示市场趋势，可以为企业制定营销策略提供数据支撑。企业可以利用时间序列分析来识别市场需求的变化趋势，从而制定出更具针对性的营销策略。

时间序列数据分析是一种强大的工具，它能够帮助我们深入理解数据背后的规律和趋势，为预测和控制提供科学依据。时间序列分析在金融市场、经济、销售与市场等众多领域均展现出其重要的应用价值。通过时间序列分析，各个行业和领域可以更好地理解和预测未来的变化，从而作出更为明智的决策。随着大数据和人工智能技术的不断发展，时间序列分析将在更多领域发挥重要作用，推动各行业的智能化转型和升级。

二、时间序列分析的基本任务

（一）时间序列数据预处理

时间序列数据的预处理在数据分析流程中占据举足轻重的地位，它是保障后续分析成果精确性与可靠性的基石。此过程涵盖若干核心环节：首先是数据清洗，旨在剔除数据中的杂质与不一致性，确保数据质量；其次，针对时间序列数据中常见的缺失值问题，需采取合理的插值策略或模型预测手段予以填补，以维护数据的完整性；再次，异常值检测亦不可或缺，这些异常值可能对分析结果产生误导，故需借助统计工具或机器学习算法加以识别并妥善处理；最后，数据的平滑与变换步骤通过运用移动平均、指数平滑等数学方法，旨在削弱数据波动，凸显其内在趋势与周期性特征，为后续分析奠定稳固基础。

除上述核心环节外，时间序列数据的预处理还可能涉及数据对齐与同步等细致工作，特别是在多源数据融合场景下，需通过时间戳调整与插值技术，确保所有数据在同一时间框架下可比可析。此外，数据归一化与标准化亦属常见预处理手段，旨在消除量纲差异，促进数据间的公平比较，进而提升分析结果的精确性与可阐释性。

在特定情境下，时间序列数据分解也很重要，即将数据拆解为趋势、季节性波动及随机噪声等要素，此举有助于深入理解数据特性与行为模式，为后续预测与分析提供精准洞见。同时，鉴于时间序列数据与时间戳的紧密关联，保持数据的时序性至关重要，即需确保预处理过程中数据的原有顺序与连续性不受破坏，以免信息失真。

值得强调的是，时间序列数据的预处理流程并非僵化不变的，而应依据具体数据特征与分析需求灵活调整与优化。因此，在从事时间序列数据分析时，掌握丰富的预处理方法与技巧，对于应对复杂数据挑战具有重要意义。在此基础上，研究人员需不断审视与反思预处理效果，确保每一步操作都能有效揭示数据的本质特征。此外，结合业务背景与实际需求，适度引入机器学习与深度学习技术，可以进一步提升时间序列分析的准确度和效率。通过对预处理流程的精细化调整，我们能够更好地捕捉到时间序列中的隐藏规律，为决策提供有力支持。

在此基础上，结合先进的机器学习算法，我们能够进一步深化对复杂时间序列的理解，并实现对其发展趋势的精准预测。这一能力的拓展，极大地丰富了时间序列分析的应用场景。例如，在金融领域，借助精准的市场趋势预测，投资者能够制定出更为科学合理的投资策略；而在智慧城市构建过程中，对交通流量的周期性分析则为优化交通布局、缓解交通拥堵提供了有力支持。在具体实践中，时间序列分析面临的主要挑战在于如何准确捕捉并模拟数据的非线性特征与长期依赖关系。为此，研究人员正积极探索深度学习等前沿技术。在探索性数据分析阶段，可视化技术为我们提供了直观观察数据变化趋势的窗口，为后续的模型选择与参数调优指明了方向。同时，结合实时数据流的分析能力，我们能够迅速捕捉市场动态，为决策者提供即时、准确的数据支持。随着算法的不断优化与技术的日益成熟，未来，研究人员将继续致力于开发更为高效的时间序列分析方法，以应对日益增长的数据量与复杂性挑战。这些方法将包括但不限于长短期记忆网络（LSTM）与门控循环单元（GRU）等先进模型，它们在处理长序列依赖方面展现出卓越的性能。同时，结合因果推断模型的应用，我们将能够更深入地挖掘变量间的相互作用关系，为决策提供更为坚实的理论支撑。

（二）时间序列的模式识别

时间序列的模式识别包含多种分析手段，这些手段在实际应用中相辅相成，共同揭示数据中的潜在规律和模式。趋势分析是其中之一，专注于识别数据随时间演变的总体趋势，以助我们把握数据的长期发展方向。周期性分析则侧重于发掘数据中周期性波动的存在，这些波动通常与经济周期、季节变换或其他周期性因素紧密相关。而季节性分析则进一步聚焦于量化季节性波动，其源于特定时间段内的重复性模式。综合运用上述分析方法，我们能够更全面地洞察时间序列数据的动态行为，从而在实际情境中作出更为明智的决策。值得注意的是，时间序列的模式识别不仅限于这三种基本分析，还可借助其他高级技术和工具深化分析层次，提升分析精度。例如，通过应用自回归积分滑动平均模型（ARIMA）或季节性自回归积分滑动平均模型（SARIMA）等统计模型，我们能够拟合时间序列数据并预测其未来趋势及周期性变化。这些模型充分考虑了数据的历史趋势、周期性和季节性特征，以及潜在的随机误差，从而确保了预测的准确性。

此外，随着机器学习技术的飞速发展，众多先进算法已被引入时间序列数据的模式识别领域。深度学习模型如长短期记忆网络（LSTM）和门控循环单元（GRU）等，凭借其捕捉长期依赖关系和处理复杂模式的能力，极大地提升了模式识别的效率和准确性。这些模型通过自动学习数据特征表示，简化了过程，为模式识别带来了前所未有的便利。

在模式识别过程中，时间序列数据的预处理同样扮演着至关重要的角色。数据清洗、去噪、插值和标准化等预处理步骤旨在消除数据中的异常值和噪声干扰，提升数据质量，进而优化模式识别效果。

综上所述，时间序列的模式识别方法需结合多种技术和工具进行综合应用。通过融合基本分析、高级统计模型和机器学习算法以及细致的数据预处理步骤，我们能够更精准地把握时间序列数据中的模式和规律，为实际决策提供坚实的数据支持。同时，随着机器学习技术的不断进步和应用深化，有望构建出更为复杂且精确的预测模型以应对市场趋势和消费者行为的快速变化。这些模型将在未来的工作中接受进一步的验证和优化以确保其精确度和可靠性，从而助力我们在激烈的市场竞争中占据先机并制定出更加精准有效的策略。在此基础上，我们将进一步探索多变量时间序列分析，考虑多个变量间的相互作用和影响。此外，结合实时数据流的分析方法，可以实现对市场动态的即时响应，增强决策的时效性。通过持续的研究与实践，不断完善模型参数和算法，可以在预测精度和效率上取得新的突破，为企业的长远发展奠定坚实基础。

（三）趋势预测

时间序列趋势预测是一种深入分析历史数据以识别其内在规律和趋势的方法，旨在利用这些规律和趋势来预测未来某个时间段内的数据变化。这一方法在经济学、气象学、金融分析等多个领域都展现出了广泛的应用价值。通过对历史数据进行细致的统计分析，并结合多样化的数学模型和算法，时间序列趋势预测能够帮助我们更深刻地理解数据的动态变化特性，进而指导我们作出更加科学的决策。

具体来说，时间序列趋势预测的过程涵盖了多个关键步骤：首先是数据收集，这一步需要根据预测的具体需求和数据的可用性，来收集日数据、月数据或年数据等历史信息。其次是数据预处理，包括去除异常值、填补缺失值以及数据平滑等操作，以确保所处理数据的质量和可靠性。在数据预处理之后，进行趋势分析，通过绘制时间序列图、计算移动平均等方法，来识别数据中的长期趋势和季节性成分。根据数据的特点和预测需求，选择恰当的时间序列预测模型是至关重要的一步。常见的模型有ARIMA 模型、指数平滑模型以及季节性分解模型等。选定模型后，需要利用历史数据对模型参数进行估计，并对模型进行拟合，以确保其能够准确地反映历史数据的特征。再次，利用拟合好的模型进行未来数据的预测，并通过与实际数据的对比来验证预测结果，以此评估模型的预测精度和可靠性。最后，将预测结果应用于实际的决策过程中，如库存管理、市场分析以及风险评估等领域，以提升决策的科学性和准确性。在获得预测结果后，对这些结果进行深入的分析和解释也是至关重要的一步。这包括探究预测结果背后的原因，分析哪些因素导致了趋势的上升或下降，以及季节性因素如何对预测结果产生影响。同时，还需要评估预测结果的不确定性，通常通过计算预测区间来实现，以反映预测结果可能存在的波动范围。如果预测结果与实际数据存在较大的偏差，或者预测精度无法满足实际需求，就需要对模型进行优化和调整。这可能涉及重新选择更适合的模型、调整模型参数、引入新的变量或特征等策略。通过持续的迭代和优化过程，可以不断提升模型的预测能力和稳定性。

综上所述，时间序列趋势预测是一项既复杂又重要的工作。它要求我们不断学习和探索新的方法和模型，以提高预测精度和可靠性，从而为实际决策提供有力的支持。

三、时间序列基础和 datetime 库

时间序列数据作为一种关键的结构化数据类型，在广泛的领域内，如金融学、经济学、生态学、神经科学及物理学等，发挥着不可或缺的作用。时间序列由在多个不同时间点所观察或测量的数据点构成，这些数据点串联起来形成一条时间序列。

值得注意的是，一方面，时间序列数据的收集频率可能固定，即数据点遵循某一特定的周期性规律出现，如每秒、每分钟或每月采集一次数据。另一方面，时间序列也可能具有非固定性，即数据点间不存在统一的时间单位或固定的时间间隔。时间序列数据的价值及其具体含义，深受应用场景的影响，并主要体现在以下几个方面：首先是时间戳，用于标识某一具体的瞬间；其次是固定时期，涵盖了如"2024 年 8 月"或"2024 年全年"等具体的时间段；再次是时间间隔，通过起始与结束时间戳来界定，而时期则可视作时间间隔的一种特殊情况；最后是实验或过程时间，其中每个数据点均是以某一特定起始时间点为基准进行度量的，例如，在将饼干放入烤箱后，每

秒钟所记录的饼干直径变化。

本项目聚焦于时间戳（timestamp）、固定时期（Period）和时间间隔（interval）等时间序列数据构建进行详细阐述。针对实验型时间序列，存在多种技术手段可供处理，其索引可能以整数或浮点数形式存在，用以表示自实验启动以来所经历的时间。尤为值得注意的是，最为基础且普遍的时间序列均采用时间戳作为其索引方式。Pandas 库为此类数据处理提供了丰富的内置工具与数据算法，使得用户能够高效应对大规模时间序列数据的挑战。具体而言，用户可以便捷地进行数据的切片、切块操作，实施数据聚合，以及对定期或不定期的时间序列进行重采样等复杂处理。此外，部分工具特别针对金融与经济领域的应用进行了优化，但同样适用于服务器日志数据的深入分析，展现了其广泛的适用性和强大的功能。

（一）日期和时间数据创建

Python 标准库内嵌有针对日期（date）与时间（time）数据处理的相关数据类型，并配备了日历相关的功能。在实际应用中，我们主要会依赖 datetime、date_range 以及 calendar 这三个函数模块。其中，datetime. datetime（常简称为 datetime）是应用最为广泛的数据类型：

输入：

```
from datetime import datetime
# 获取当前时间的 datetime 对象
now = datetime. now()
now
```

输出：

```
datetime. datetime(2024, 8, 15, 7, 55, 25, 818313)
```

datetime 类型以毫秒的形式来存储日期和时间的详细信息。

在 Python 编程环境中，timedelta 作为 datetime 模块内部的一个类存在，而非一个独立模块。此类的核心功能在于表达两个日期或时间点之间的时间间隔。timedelta 支持多种时间单位的计算，包括但不限于天（days）、秒（seconds）以及微秒（microseconds），并允许通过这些基础单位推导出其他时间单位（如毫秒、分钟、小时等）的运算。

timedelta 类的基本应用方式如下：

（1）实例化 timedelta 对象：通过调用 datetime. timedelta（）函数和适当的参数（如天数、秒数或微秒数）来创建 timedelta 实例。

输入：

```
from datetime import timedelta
# 创建一个表示 1 天 2 小时 30 分钟的时间间隔
delta = timedelta(days =1, hours =2, minutes =30)
```

（2）timedelta 对象的运算：timedelta 实例可以与 date、time 以及 datetime 对象进

行加法和减法运算，从而计算出新的日期或时间值。

输入：

```
from datetime import datetime, timedelta
# 当前时间
now = datetime.now()
# 计算一天后的时间
one_day_later = now + timedelta(days =1)
```

（3）timedelta 对象的特性：尽管 timedelta 类没有直接暴露访问天数、秒数或微秒数的属性（因为这些值可能因单位间的转换而变动，以保持总时间间隔的恒定），但用户可通过执行数学运算或利用格式化输出间接获取这些信息。

（4）格式化输出：鉴于 timedelta 对象不内置 strftime 方法，开发者需借助其他手段（如字符串格式化）来将时间间隔转换为用户可读的格式。

输入：

```
delta = timedelta(days =1, hours =2, minutes =30)
# 一种简单的格式化输出方式
print (f"{delta.days}天,{delta.seconds//3600}小时,{(delta.
seconds//60)%60}分钟")
```

输出：

```
1 天,2 小时,30 分钟
```

上述格式化输出的示例存在不完全准确之处，原因在于其 seconds 属性仅涵盖了天数以下的秒数部分，并未涵盖由天数转换而来的秒数。为了实现对完整时间间隔的准确格式化，用户可能需要设计并实现一个自定义函数以满足此需求。

（5）时间差："timedelta"是 Python 标准库中"datetime"模块所包含的一个类，其功能在于表示两个日期或时间点之间的间隔。该类在执行时间的加减运算时尤为实用，例如，用于计算两个日期之间的时间差，包括天数、小时数以及分钟数等。

首先，用户需要从 datetime 模块导入 timedelta 类：

```
from datetime import timedelta
```

其次，用户可以通过编写代码来创建一个名为 timedelta 的对象，这个对象能够表示一段时间的长度。在创建这个对象的过程中，用户可以根据需要指定多个参数，其中包括天数（days）、秒数（seconds）以及微秒数（microseconds）等。通过这些参数的组合，用户可以灵活地定义出各种不同的时间段，从而满足您在处理时间数据时的具体需求。例如，如果用户需要表示一个时间段为三天零五秒，可以在创建 timedelta 对象时，将天数参数设置为 3，秒数参数设置为 5。这样，就可以得到一个精确表示这个时间段的对象，进而进行进一步的时间计算或操作。

输入：

```
delta = timedelta(days =3, hours =0, minutes =0,seconds =5)
```

```
print(delta)
```

输出：

```
3 days, 0:00:05
```

利用 timedelta 对象进行日期计算为普遍且实用的技术。通常，timedelta 对象与 datetime 对象结合使用，以执行日期的加减运算。具体而言，timedelta 对象代表两个日期或时间点之间的差异，它可用于计算从一个日期至另一日期的时间跨度。例如，若已知某一特定日期，并欲求得在此日期之前或之后的特定时长，就可通过构建一个 timedelta 对象，并将其与 datetime 对象相结合进行加法或减法运算来达成目的。此方法在处理日期和时间数据时展现出极大的灵活性与力量，使得日期运算变得简洁而直观。无论是求解两个日期间的天数差异，还是在特定日期上添加或减去一定的时间长度，timedelta 对象均能提供一个极为便捷的解决途径。

输入：

```
from datetime import datetime, timedelta
now = datetime.now()
print("现在的时间是:", now)
# 计算 10 天后的时间
ten_days_later = now + timedelta(days =10)
print("10 天后的时间是:", ten_days_later)
# 计算 2 小时前的时间
two_hours_ago = now - timedelta(hours =2)
print("2 小时前的时间是:", two_hours_ago)
```

输出：

```
现在的时间是: 2024-08-15  15:19:46.948259
10 天后的时间是: 2024-08-25  15:19:46.948259
2 小时前的时间是: 2024-08-15  13:19:46.948259
```

当用户意图表达两个特定时间点之间的时差时，Python 语言中的 timedelta 类提供了一种规范且便捷的手段来表示这一时间间隔。利用 timedelta 类，用户能够简便地计算出两个时间点之间的时间跨度，涵盖天数、小时数、分钟数以及更细微的时间单位。这一功能使得 timedelta 类在处理日期和时间数据方面极具价值，尤其在需要进行时间计算和时间间隔度量的场合中。

输入：

```
delta  = datetime(2000, 1, 1) - datetime(2024, 8, 15, 8, 15)
delta
```

输出：

```
datetime. timedelta(days = -8994, seconds =56700)
```

在此结果中，"days = -8994"表示天数为负值，表明所指事件发生在当前时刻之前。具体而言，-8994天即指从今日往前推算8994天的时间跨度。"seconds = 56700"则表示秒数为正值，意味着从该特定日期的起始时刻起算，再经过56700秒的时间。将这两个数值相结合，可以精确地标识出一个特定的时间点，该时间点位于现在时刻的8994天之前，并且从那一天的起始时刻起算，又经过了56700秒。此类表示方式在编程和数据处理领域中被广泛采用，以便于精确地表达和计算时间。

注意事项有以下几方面：

（1）在对date、time或datetime对象执行加减运算时，若运算结果超出了这些对象的有效范围（如日期超出月份的实际天数，或年份超出date对象支持的年份界限），将触发异常。

（2）timedelta对象不直接支持月份或年份差异的表达，因为它基于固定的时间单位（天、秒、微秒等）进行计算。若需处理包含月份或年份差异的时间间隔，那么开发者需自行设计逻辑来处理此类情况。

（3）datetime模块是Python编程语言中至关重要的标准库之一，其主要功能为处理与日期和时间相关的数据。该模块提供了一系列功能强大的数据类型与函数，便于用户进行日期和时间的计算、格式化及解析等操作。设计初衷在于简化日期和时间处理流程，使之更为直观且易于操作。以下是datetime模块中一些主要数据类型的概述，这些数据类型包括从基础的日期和时间表示到复杂的日期时间区间和时间差处理的各个方面。参见表5-1。

表5-1 数据类型

数据类型	描述
datetime. date	表示一个特定的日期，涵盖年、月、日的详细信息。它是固定不变的，意味着一旦设定，其数值便无法进行更改
datetime. time	表示一个特定的时间点，涵盖小时、分钟、秒以及微秒的详细信息，并且包括时区信息（通过tzinfo参数实现）。此外，此类对象具有不可变性
datetime. datetime	是date和time的结合体，用以精确表示特定的时刻，涵盖年、月、日、时、分、秒以及微秒等信息。此外，该对象可选择性地包含时区信息。此类对象具有不可变性
datetime. timedelta	用于表示两个日期或时间点之间的时间间隔，该间隔以天数、秒数及微秒数为计量单位。此概念常应用于日期的算术处理，例如确定两个日期之间的具体天数差异，或对特定日期进行时间的加减运算
datetime. tzinfo	该类为抽象基类，旨在表示时区相关信息。此类不能直接实例化，而应由具体的时区实现类继承。在Python的标准库中，datetime模块并未包含具体的tzinfo实现，然而，诸如pytz等第三方库则提供了此类实现
datetime. timezone	该tzinfo的具体实现，旨在表示相对于协调世界时（UTC）的固定偏移量。其引入始于Python 3.2版本

（二）字符串和 datetime 格式化的转换

1. strftime 函数格式化转换（需传入格式化字符串参数）

通过 strftime 函数，用户能够将 datetime 对象以及 Pandas 库中的 Timestamp 对象转换为字符串形式。"strftime"提供了灵活的途径来指定输出的日期和时间格式，使用户能够根据具体需求生成多种格式的字符串表示。例如，用户可以将日期、时间格式化为"年－月－日与时：分：秒"的形式，或者根据特定需求选择其他格式。此类格式化功能在数据处理和展示中极为实用，尤其在需要将日期时间信息以特定格式呈现给用户或存储至文件的场合中。

在 Python 编程语言中，datetime 对象配备了一个极为实用的方法，即 strftime 函数。该函数使开发者能够根据具体需求将日期和时间信息转换为预设的格式。strftime 函数接受一个格式字符串作为其参数，该字符串由一系列格式化指令构成，每个指令对应日期和时间的不同元素，例如年份、月份、日期、小时、分钟和秒等。利用这些指令，开发者可以精确地指定输出的日期和时间格式。无论是基础的"年－月－日"格式，还是包含星期、时区等复杂信息的格式，均能通过 strftime 函数轻松实现。因此，strftime 函数在处理和展示日期、时间数据方面，成为不可或缺的工具。以下是一些常用的格式化编码（见表 5－2）。

表 5－2　　　　　　　　　常用的格式化编码

格式化编码	说明
%Y	四位数的年份，例如"2024"
%M	两位数的月份，例如"04"
%D	两位数的日期，例如"25"
%H	两位数的小时（24 小时制），例如"14"
%M	两位数的分钟，例如"55"
%S	两位数的秒，例如"01"
%A	星期的全称，例如"MONDAY"
%B	月份的全称，例如"APRIL"
%P	AM 或 PM

下面是一个简单的例子，详细展示了如何利用 strftime 方法来格式化 datetime 对象。

输入：

```
from datetime import datetime
# 获取当前时间,格式化之前的时间
now = datetime. now()
now
```

输出:

```
datetime.datetime(2024, 8, 16, 7, 51, 25, 431528)
```

输入:

```
# 获取当前时间,格式化之后的时间
now = datetime.now()
# 格式化当前时间
formatted_now = now.strftime("%Y-%m-%d %H:%M:%S")
print("当前时间:", formatted_now)
```

输出:

```
当前时间:2024-08-16 07:51:33
```

strftime 函数接受一个格式字符串作为参数，这个格式字符串定义了输出的日期时间格式。例如，如果我们想要将一个 datetime 对象格式化为 "年 – 月 – 日与时:分：秒" 的形式，那么我们可以使用格式字符串 "%Y-%m-%d %H:%M:%S"。这里的 "%Y" 代表四位数的年份，"%m" 代表两位数的月份，"%d" 代表两位数的日期，"%H" 代表小时（24 小时制），"%M" 代表分钟，"%S" 代表秒。以上代码首先导入了 datetime 模块，其次获取了当前的日期和时间，并将其存储在变量 dt 中。再次，我们调用 dt 对象的 strftime 方法，并传入格式字符串 "%Y-%m-%d %H:%M:%S"，最后，将格式化后的日期、时间字符串存储在变量 formatted_ now 中，并打印出来。

2. locale 模块特定于当前环境的格式化选项

locale 模块适用于用户位于不同国家或使用不同语言的系统，导致格式化出现异化现象。在 Python 编程语言中，datetime 对象本身并不直接支持特定于当前环境的日期格式化功能。然而，可以利用 datetime 对象所提供的 strftime 方法来根据当前环境的习惯或特定需求格式化日期。为了获取与当前环境相匹配的日期格式，通常需要结合使用 Python 的本地化功能，例如 locale 模块，以及可能需要借助一些第三方库，例如 pytz（主要用于处理时区问题）或 Babel（主要用于国际化和本地化支持）。locale 模块允许根据用户的地理位置信息来设置和格式化日期和时间。用户可以通过调用 locale. setlocale() 函数来设置当前环境的本地化配置，然后利用 datetime 对象的 strftime 方法来按照本地化配置格式化日期和时间。通过这种方式，我们可以非常灵活地将 datetime 对象转换为各种所需的日期时间格式，从而满足不同应用场景下的具体需求。

以下是一个使用 locale 模块来格式化当前日期和时间的例子:

输入:

```
import datetime
import locale
# 设置当前环境的本地化设置,这里以美国为例
locale.setlocale(locale.LC_TIME, 'en_US.UTF-8')
```

```
# 获取当前时间
now = datetime.datetime.now()
# 使用本地化设置来格式化日期和时间
formatted_date = now.strftime('%A, %B %d, %Y')
formatted_time = now.strftime('%I:%M:%S %p')
print(f"当前日期(本地化):{formatted_date}")
print(f"当前时间(本地化):{formatted_time}")
```

输出:

当前日期(本地化):Friday, August 16, 2024
当前时间(本地化):08:14:39 AM

在这个具体例子中,用户看到的%A、%B、%d、%Y、%I、%M、%S以及%p都是属于strftime方法的格式化编码。这些编码的作用是根据当前设定的本地化环境(在这个例子中特指使用美国英语en_US.UTF-8这一环境格式)来生成相应的日期和时间字符串。需要注意的是,不同的操作系统和不同的环境可能会支持不同的本地化设置。因此,在实际的应用开发过程中,用户需要确保所选择的本地化设置在用户的目标环境中是可用的,以避免出现任何不兼容或者错误的问题。

用户还可以根据特定环境修改编码,进行当前环境的本地化设置。以下是一个使用locale模块来格式化日期和时间的例子(使用德国德语本地化设置):

输入:

```
# 设置当前环境的本地化设置为德国德语,字符编码为UTF-8
locale.setlocale(locale.LC_TIME, 'de_DE.UTF-8')
# 获取当前时间
now = datetime.datetime.now()
# 使用本地化设置来格式化日期和时间
formatted_date = now.strftime('%A, %d. %B %Y')
formatted_time = now.strftime('%H:%M:%S')
print(f"当前日期(德国德语):{formatted_date}")
print(f"当前时间(德国德语):{formatted_time}")
```

输出:

当前日期(德国德语):Freitag, 16. August 2024
当前时间(德国德语):08:23:36

根据当前设定的本地化环境(de_DE.UTF-8),这些例子能够生成符合德国德语习惯的日期和时间字符串。这意味着,星期和月份的名称将会采用德国德语的正确拼写形式,同时,日期的格式也会遵循德国的标准。例如,月份和星期的名称将使用德语中的"Freitag"代替"Friday",并且日期的格式会按照"日/月/年"的顺序来展示,而不是"月/日/年"。这样的设置确保了在显示日期和时间时,能够符合德国用户的阅读习惯和文化背景。

(三) 日期范围创建

日期范围创建 (date_range) 能够依据指定的频率产生具有特定长度的日期时间索引 (DatetimeIndex)，在创建连续的时间序列数据方面尤为实用，例如在金融分析或时间序列数据库领域。通过设定起始和结束日期，并配合频率参数，可以迅速生成一系列等间隔的日期。此外，date_range 还允许对生成的日期范围进行偏移，以适应不同时间区间的需求。这一点在处理跨时区数据时尤为重要，确保了时间序列的精确性和一致性。同时，date_range 函数在处理周期性数据时也展现了其灵活性，例如通过设置 weekmask 参数来筛选工作日或休息日，以满足不同业务场景的需求。此外，它还可以通过 holiday 参数排除特定日期，以适应股票市场闭市等特殊情况。这些高级功能显著提升了数据处理的专业性和精确度。因此，在构建复杂的时间序列分析时，熟练掌握 timedelta 和 date_range 的使用至关重要。它们不仅优化了数据处理流程，还确保了时间序列分析的准确性与高效性。

"pandas. date_range" 是 Pandas 库中一个极具实用价值的函数，它能够生成一系列按固定频率排列的日期。该函数在创建时间序列数据时尤为适用，例如在进行时间序列分析或构建日期索引的场景中。函数的基础用法如下：

```
pandas. date_range(start =None,end =None,periods =None,freq ='D',
tz =None,normalize =False, name =None, closed =None, ** kwargs)
```

参数说明：(1) start：起始日期，可以是字符串或日期格式。此参数指定了时间范围的起始点。(2) end：结束日期，同样可以是字符串或日期格式。此参数标志着时间范围的结束。(3) periods：指定时间范围内的周期数，必须为整数值。若此参数被设定，则无须再指定 start 和 end。(4) freq：频率，用于定义时间间隔的长度，例如 "D" 代表以天为单位，H 代表以小时为单位。若未指定，则默认值为 "D"。(5) tz：时区名称，用于将时间索引转换为特定的时区。此参数确保时间数据的本地化。(6) normalize：一个布尔值，用于决定是否将起始和结束日期标准化至午夜。默认值为 False。(7) name：为生成的时间范围对象指定一个名称。(8) closed：此参数定义时间区间的闭合端，left 表示区间左端闭合而右端开放，right 则相反，左端开放而右端闭合。若未指定，那么默认值为 None。

输入：

```
import pandas as pd
# 生成 2024 年 7 月的日期范围
date_range = pd. date_range(start ='2024-07-01', end ='2024-07-31')
print(date_range)
```

输出：

```
DatetimeIndex(['2024-07-01','2024-07-02','2024-07-03','2024-07-04',
'2024-07-05','2024-07-06','2024-07-07','2024-07-08','2024-07-09','2024-
07-10','2024-07-11','2024-07-12','2024-07-13','2024-07-14','2024-07-15',
```

'2024-07-16','2024-07-17','2024-07-18','2024-07-19','2024-07-20','2024-07-21','2024-07-22','2024-07-23','2024-07-24','2024-07-25','2024-07-26','2024-07-27','2024-07-28','2024-07-29','2024-07-30','2024-07-31'],
dtyPe='datetime64[ns]',freq='D')

这段代码生成了一个包含 2024 年 7 月每一天的 DatetimeIndex 对象。

pandas. date_range 函数在 Pandas 库中展现了极高的灵活性和强大的功能性。除了生成基础的日期序列之外，该函数亦可应用于多种复杂的时间序列数据处理情境。以下列举了该函数能够实现的其他一些功能：

（1）指定生成时间序列的数量，如果用户知道需要生成多少个日期，但不确定具体的起始和结束日期，那么 periods 参数就非常有用了。例如，用户可以使用它来生成从 2023 年 1 月 1 日开始的未来 10 天的日期序列。只需指定起始日期、所需的日期数量，Pandas 就会为用户计算出相应的日期范围。

输入：

```
date_range = pd. date_range(start='2024-07-01', periods=10)
print(date_range)
```

输出：

```
DatetimeIndex(['2024-07-01','2024-07-02','2024-07-03','2024-07-04',
'2024-07-05','2024-07-06','2024-07-07','2024-07-08','2024-07-09','2024-07-10'],dtype='datetime64[ns]',freq='D')
```

（2）选择不同的时间频率，freq 参数使得用户能够指定日期序列的具体频率，包括但不限于日（'D'）、小时（'H'）、分钟（'T'）、秒（'S'）等。此外，Pandas 同样支持更为复杂的频率设定，例如每周一（'W-MON'）或每月的起始日（'MS'）。

输入：

```
# 生成从 2024 年 7 月 1 日开始的每周一的日期序列,共 4 周
weekly_mon = pd. date_range(start='2024-07-01', periods=4, freq='W-MON')
print(weekly_mon)
# 生成从 2024 年 7 月开始的每月第一天的日期序列,共 12 个月
monthly_start = pd. date_range(start='2024-07-01', periods=12, freq='MS')
print(monthly_start)
```

输出：

```
DatetimeIndex(['2024-07-01','2004-07-08','2024-07-15','2024-07-22'],
dtype='datetime64[ns]',freq='W-MoN')
DatetimeIndex(['2024-07-01','2024-08-01','2024-09-01','2024-10-01',
'2024-11-01','2024-12-01','2025-01-01','2025-02-01','2025-03-01','2025-
```

04-01','2025-05-01','2025-06-01'],dtype='datetime64[ns]',freq='Ms')

（3）创建工作日序列，尽管 pandas. date_range 函数本身并不直接支持生成仅包含工作日的日期序列，但用户可以通过生成完整的日期范围，随后筛选出工作日的方式来达成此目的。

输入：

```
# 生成全年的日期范围
full_year = pd. date_range(start='2024-01-01', end='2024-12-31',
freq='B') # 'B' 表示工作日
# 或者,先生成全年范围,然后过滤
full_year_all = pd. date_range(start='2024-01-01', end='2024-12-
31', freq='D')
working_days = full_year_all[full_year_all. weekday < 5] # 工作
日(周一至周五)
print(working_days)
```

输出：

```
DatetimeIndex(['2024-01-01','2024-01-02','2024-01-03','2024-01-04',
'2024-01-05','2024-01-08','2024-01-09','2024-01-10','2024-01-11','2024-
01-12',
                        ...
                        '2024-12-18,'2024-12-19','2024-12-20','2024-12-23',
'2024-12-24','2024-12-25','2024-12-26','2024-12-27','2024-12-30','2024-
12-31'],dtype='datetime64[ns]',1ength-262,freq=None)
```

（四）时期（Period）创建及其算术运算

1. 时期概述

在 Python 数据处理和分析中，时期是一个非常重要的概念，它指的是一个特定的时间跨度，比如几天、几个月、几个季度或者几年等。时期数据类型用于表示这种特定的时间段，它能够帮助用户更好地理解和处理时间序列数据。Period 类正是为了表示这种时期数据类型而设计的。它提供了一种方便的方式来创建和操作时期对象。当我们需要创建一个时期对象时，可以通过 Period 类的构造函数来实现。这个构造函数接受一个参数，这个参数可以是一个字符串或者一个整数。字符串参数通常表示具体的时间跨度，例如"3D"表示三天，"6M"表示六个月等。而整数参数则通常与频率参数一起使用，频率参数指定了时间跨度的具体单位，比如"D"表示天，"M"表示月，"Q"表示季度，"Y"表示年等。

为了确保时期对象的正确创建和使用，用户需要参照表 5 – 3 中所列出的频率。这张表详细列出了所有支持的频率及其对应的字符串表示形式。例如，如果用户想要创建一个表示一年的时期对象，就可以使用频率"Y"作为参数。通过这种方式，用户可以确保时期对象的创建和操作符合预期的时间跨度和频率要求。

表 5 – 3   **Pandas 中的频率代码表**

频率代码	描述	示例
D	每日	pd. date_range(start = '2023-01-01', periods = 10, freq = 'D')
B	每工作日 （不包括周末）	pd. bdate_range(start = '2023-01-01', periods = 10, freq = 'B')
H	每小时	pd. date_range(start = '2023-01-01', periods = 24, freq = 'H')
T 或 min	每分钟	pd. date_range(start = '2023-01-01', periods = 1440, freq = 'T')
S	每秒	pd. date_range(start = '2023-01-01', periods = 86400, freq = 'S')
L 或 ms	每毫秒	pd. date_range(start = '2023-01-01', periods = 86400000, freq = 'L')
U	每微秒	pd. date_range(start = '2023-01-01', periods = 86400000000, freq = 'U')
N	每纳秒	pd. date_range(start = '2023-01-01', periods = 86400000000000, freq = 'N')
W	每周	pd. date_range(start = '2023-01-01', periods = 4, freq = 'W')
M	每月最后一个日历日	pd. date_range(start = '2023-01-01', periods = 12, freq = 'M')
MS	每月第一个日历日	pd. date_range(start = '2023-01-01', periods = 12, freq = 'MS')
BM 或 CBM	每月最后一个工作日	—
BMS 或 CBMS	每月第一个工作日	—
BMS 或 CBMS	每月第一个工作日	—
Q	每季度最后一个月的 最后一个日历日	pd. date_range(start = '2023-01-01', periods = 4, freq = 'Q')
BQ	每季度最后一个月的 最后一个工作日	—
QS	每季度最后一个月的 第一个日历日	—
BQS	每季度最后一个月的 第一个工作日	—
A 或 Y	每年最后一个日历日	pd. date_range(start = '2023-01-01', periods = 5, freq = 'A')
BA	每年最后一个工作日	—
AS	每年第一个日历日	pd. date_range(start = '2023-01-01', periods = 5, freq = 'AS')
BAS	每年第一个工作日	—

在 Pandas 库中，Period 类与 period_range 函数是处理时间序列数据时两个关键的组成部分，它们各自承担着不同的职责和功能。

Period 类是 Pandas 中用于表示特定时间跨度的类，例如一个月、一年等。该类的实例不是通过函数调用直接生成的，而是通过实例化 pd. Period 对象，并指定时间戳以及时间频率来创建的。Period 对象具备 start_time 和 end_time 属性，分别代表时间跨度的起始和终止时刻。此外，Period 对象支持算术运算，如加减操作，以便在时间轴上进行移动。还能够调整时间频率，例如将月度频率转换为年度频率。Period 对象常被用作 Pandas 数据结构的索引，尤其是与 PeriodIndex 结合使用时。

period_range 函数是 Pandas 提供的一个功能，旨在生成一系列具有固定频率的时间段。该函数返回一个 PeriodIndex 对象，这是一种特殊的 Pandas 索引，专门用于存储时间序列数据。通过设定起始时间、结束时间和频率参数，period_range 能够创建一个包含所有指定时间段的序列。此函数在需要构建代表连续月份或年份的序列时尤为实用。

2. 创建 Period( ) 对象

用户能够通过设定一个时间戳及相应的频率来生成一个 Period 对象。时间戳需为字符串形式，用以标识该时期之起始时刻（对于某些特定频率，例如月末频率，其实际上代表了时期之终止时刻）。访问 Period 对象的属性，Period 对象包含若干属性，其中包括 start_time 和 end_time，这些属性分别代表了该时期开始和结束的具体时刻。

输入：

```
import pandas as pd
# 创建一个表示 2024 年 6 月的 Period 对象
p = pd.Period('2024-06', freq = 'M')
print(p.start_time)   # 输出:2024-06-01 00:00:00
print(p.end_time)     # 输出:2024-06-30 23:59:59.999999999
```

输出：

```
2024-06-01 00:00:00
2024-06-30 23:59:59.999999999
```

3. 算术运算与频率转换

（1）算术运算。您可以对 Period 对象执行各种算术运算，包括加法和减法。当用户对 Period 对象进行加法或减法运算时，实际上是在调整它所代表的时间长度。例如，可以将一个 Period 对象表示的时间长度增加或减少特定的单位，从而改变其时间跨度。

（2）频率转换。用户可以轻松地改变 Period 对象的频率，例如将一个以月为频率的 Period 对象转换为以年为频率的 Period 对象。这种转换使得用户可以根据需要调整时间单位，以便更好地适应不同的数据分析和处理场景。

输入：

```
# 向前移动 2 个月
next_month = p + 2
print(next_month)   # 输出:2024-08
# 向后移动 3 个月
prev_month = p - 3
print(prev_month)   # 输出:2024-03
```

输出:

2024-08

2024-03

输入:

```
yearly = p.asfreq('Y', how = 'start')
print(yearly)  # 输出:2024
```

输出:

2024

四、应用实践

在金融和商业领域,Python 的 datetime 库因其强大的时间序列数据处理能力而得到了广泛应用,尤其在股票价格时间序列分析方面展现出了其独特价值。利用该库,投资者和分析师能够轻松处理和分析股票价格数据,从而更深入地洞察市场动态与趋势。通过与其他数据分析和可视化工具的结合,用户可以进一步深入挖掘股票价格时间序列数据,从而作出更为明智的投资决策。

datetime 库提供了丰富的时间处理功能,使用户能够精确地进行时间戳处理、时间间隔计算以及时间格式化等操作,这些对于股票价格分析而言至关重要。基于 datetime 库的功能,用户可以构建复杂的金融模型,如计算股票的移动平均线或预测未来的价格走势。同时,通过对不同时间段的 Period 对象进行灵活操作,用户能够迅速得出诸如季度增长率或月度波动率等关键业务指标,这些指标对于评估投资表现和制定投资策略具有重要参考价值。此外,将 datetime 库与 Pandas 等数据分析工具相结合,可以进一步挖掘时间序列数据的深层价值,为金融和商业决策提供坚实的数据支持。这种结合使得用户能够更加准确地把握市场动态,制定更为科学的投资策略,从而在竞争激烈的金融市场中脱颖而出。

应用实践案例:股票价格时间序列分析。

背景:假如您作为一家投资公司的分析师,负责对加加食品集团股份有限公司(股票代码:002650)的股票开盘价格在 2012 年 1 月至 2022 年 8 月期间的变动趋势进行分析。该分析基于科云大数据中心提供的 2587 条日股票开盘价数据记录,旨在为投资决策提供数据支持。

在数据准备阶段,首要任务是搜集股票价格的历史数据。这些数据通常包括日期以及相应的开盘价等信息。为了便于操作,本例中我们假定已经从科云大数据中心下载了一个包含日期和开盘价信息的 Excel 文件(命名为 opri1.xls),并已经存储于本地计算机的 D 盘中。

使用 Pandas 库中的 read_excel 函数来读取 Excel 文件,并且在读取过程中将日期列设置为数据框的索引,同时确保这个索引是 datetime 类型,以便于后续进行时间序列相关的操作。具体步骤如下:

首先，需要导入 Pandas 库，假设已经安装了 Pandas 库，否则需要先安装它。其次，使用 Pandas 的 read_excel 函数来读取 Excel 文件。在读取文件时，可以通过指定参数来将某列设置为索引，并且确保这一列的数据类型是 datetime 类型。这样做的目的是方便后续进行时间序列分析和操作。再次，进行数据缺失值处理：核查数据集内是否存在缺失值，并依据业务逻辑决定是采用填充策略还是删除含有缺失值的记录。最后，时间序列分析涵盖了趋势分析，通过计算移动平均线（包括简单移动平均线 SMA 和指数移动平均线 EMA）来平滑价格数据，从而观察股票价格的变动趋势。在波动性分析方面，通过计算标准差、方差等统计指标来衡量股票价格的波动程度。

具体代码示例如下：

输入：

```
#导入必要的库
import pandas as pd
from datetime import datetime
# 使用 pandas 的 read_excel 函数读取 excel 文件,并将日期列设置为索引。
df = pd.read_excel(r'D:\opri1.xls', parse_dates = ['Date'],
index_col = 'Date')
print(df.head())
```

输出：

Date	Stock Code	corporation	opprice
2022-08-25	'002650	加加食品	4.00
2022-08-24	'002650	加加食品	4.07
2022-08-23	'002650	加加食品	4.09
2022-08-22	'002650	加加食品	4.05
2022-08-19	'002650	加加食品	4.09

输入：

```
# 确认索引是 datetime 类型
print(df.index.dtype)  # 输出应为 datetime64[ns]
```

输出：

```
datetime64[ns]
```

输入：

```
# 检查缺失值
print(df.isnull().sum())
```

输出：

```
Stock Code      0
corporation     0
```

```
opprice        0
dtype: int64
```

输入:

```
# 假设用户选择删除含有缺失值的行
df.dropna(inplace=True)
# 计算简单移动平均线(SMA)
df['SMA_30'] = df['opprice'].rolling(window=30).mean()
# 计算30日简单移动平均线
df['SMA_30'] = df['opprice'].rolling(window=30).mean()
# 计算每日收盘价的标准差(过去30天)作为波动性指标
df['Volatility_30'] = df['opprice'].rolling(window=30).std()
# 可视化趋势和波动性
import matplotlib.pyplot as plt
plt.figure(figsize=(12, 6))
plt.plot(df.index, df['opprice'], label='opprice Price')
plt.plot(df.index, df['SMA_30'], label='30-Day SMA', linestyle='--')
plt.fill_between(df.index, df['opprice']-df['Volatility_30'], df['opprice'] + df['Volatility_30'], alpha=0.2, label='30-Day Volatility Range')
plt.title('Stock Price Trend and Volatility')
plt.xlabel('Date')
plt.ylabel('Price')
plt.legend()
plt.show()
```

输出:

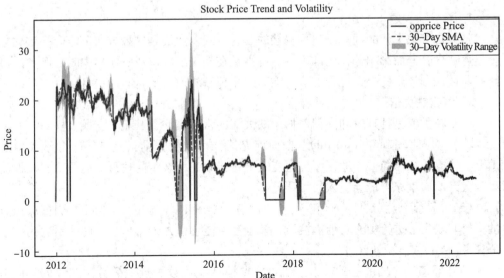

这张图表详尽地呈现了股票市场的动态变化，依据三个核心指标：30 日简单移动平均线（SMA）、过去 30 天开盘价的标准差（作为衡量波动性的指标），以及每日的开盘价。

（1）30 日简单移动平均线。虚线勾勒出股票价格的长期走势，通过过滤掉短期的波动，为投资者提供了一个清晰的趋势视角。观察图表可知，尽管市场经历了短期的波动，但整体趋势在观察期间内呈现出一定的波动性。

（2）波动性指标。阴影区域表示过去 30 天内开盘价的标准差，这一区域的宽度直观地反映了市场的波动程度。阴影区域的宽窄变化揭示了市场在不同时间段的稳定性或动荡性，为投资者评估市场风险提供了关键的参考依据。

（3）开盘价。实线记录了每日的开盘价格，与 30 日 SMA 形成对比，揭示了市场价格的即时波动。在某些特定时刻，开盘价显著地偏离 SMA，这通常与市场情绪、新闻事件或技术性调整等因素紧密相关。

总结来说，这张图表不仅揭示了股票市场的长期趋势，还通过波动性指标和开盘价数据，为投资者提供了丰富的市场动态信息。投资者可以综合运用这些指标，更全面地分析市场状况，从而制定出更为周全的投资策略。

任务二 时间序列数据预处理

一、时间序列缺失值处理

处理时间序列数据中的缺失值是数据预处理阶段的关键环节，特别是在进行时间序列分析时，这些缺失值的存在可能会对分析结果和预测精度产生显著影响。

（一）处理时间序列缺失值常见方法

1. 删除缺失值

删除含有缺失值的记录是一种直接的处理方式。然而，这种方法可能会导致数据量显著减少，进而影响分析的准确性。特别是在缺失值较多或分布集中时，删除法可能并非最佳选择。此外，这种方法可能会忽略掉缺失值可能含有的信息。

2. 填充缺失值

填充缺失值是处理时间序列数据中缺失值的常用策略，其填充方式多样：

（1）前向填充（forward fill）。前向填充法利用缺失值前最近的一个非缺失值来填充。该方法操作简便，适用于数据变化平缓或缺失值较少的情形。但是，若数据波动较大，前向填充可能会引入较大误差。

（2）后向填充（backward fill）。后向填充法与前向填充相反，使用缺失值后最近的一个非缺失值进行填充。但需注意，该方法可能会引入未来信息，因此不适用于预测任务。

（3）插值法。插值法是基于已知数据点推算缺失数据点值的方法。常见的插值法包括线性插值、多项式插值、样条插值等。线性插值假设数据点间存在线性关系，并据此计算缺失值；多项式插值和样条插值则通过拟合多项式或样条曲线来求解缺失值。插值法的优点在于能够保持数据量的完整性，但其准确性受所选插值方法和插值点的影响。

（4）移动平均法。移动平均法通过计算缺失值前后一段时间内的数据平均值来填充缺失值。该方法有助于平滑数据波动，减少噪声影响。然而，窗口大小的选择同样重要，窗口过大可能导致数据趋势被过度平滑，窗口过小则可能无法有效减少噪声。

3. 结合多种方法

在实际应用中，可根据数据的具体情况和需求，选择多种方法结合使用。例如，可先利用插值法填补大部分缺失值，再对剩余难以填补的缺失值采用移动平均法或高级填补技术进行处理。

（二）缺失值处理方法的选择

处理时间序列数据中的缺失值是一项既复杂又至关重要的工作，必须依据数据的具体情况及分析需求，审慎选择适宜的方法。在选取处理时间序列缺失值的方法时，首要任务是深入探究缺失值的性质及其分布模式。对于关键数据或重要指标，应尽量避免采用删除法来处理缺失值。填补方法如插值法和移动平均法，其结果可能受到参数设定的影响，因此，必须精心调整参数以实现最佳效果。若缺失值呈现随机且独立的特性，那么简单的插值技术，例如线性插值或多项式插值，往往能够取得令人满意的结果。这些技术通过计算缺失值两侧已知数据点之间的线性或多项式关系来预测缺失值，尽管其方法简单，却颇为实用。然而，若缺失值表现出某种模式或趋势，那么就需要采取更为复杂的处理策略。例如，当缺失值集中出现在特定时间段内，这可能暗示该时段数据采集存在问题。在这种情形下，可以考虑引入其他相关数据源或变量以辅助预测缺失值。若时间序列数据展示出季节性或周期性特征，那么采用季节性分解或周期性插值等技术来填补缺失值将更为适宜。对于时间序列数据的长期趋势预测，机器学习或深度学习模型提供了强大的工具。这些模型能够从历史数据中学习复杂的模式，并用于预测未来的值，包括缺失值。但必须注意的是，此方法需要充足的训练数据和计算资源作为支持，并且需要仔细调整模型参数以避免过拟合或欠拟合的问题。

除了上述方法，还有其他技术也可用于处理时间序列缺失值，如多重插补、卡尔曼滤波等。多重插补通过构建多个完整的数据集来模拟缺失值的潜在值，并结合这些数据集的分析结果来估计缺失值的真实值，从而提供了一种更为稳健的处理方式。卡尔曼滤波则是一种基于动态系统状态估计的方法，它可以根据时间序列数据的观测值和模型预测值来实时更新系统状态，有效地填补缺失值。

处理时间序列缺失值是一项既复杂又重要的任务。在选择处理方法时，必须根据具体的数据特性和分析需求进行综合考虑。通过合理地处理缺失值，可以显著提高时间序列分析的准确性和可靠性，为后续的决策和预测提供更为有力的支持。

（三）时间序列缺失值处理步骤

处理时间序列数据中的缺失值乃分析前的重要环节，因其可能对后续分析及模型构建产生不利影响。以下是处理时间序列数据中缺失值的详细步骤。

1. 识别缺失值

必须识别出时间序列数据中的缺失值。此过程可通过编程语言中的特定函数实现，例如在 Python 中，可利用 Pandas 库的 'isnull( )'函数来检测缺失值。

2. 分析缺失值的模式

在处理缺失值之前，需对其模式进行分析。缺失值可能随机出现，亦可能由特定因素导致。例如，某些时间点的数据可能因设备故障或网络问题而丢失。了解缺失值的模式有助于选取恰当的处理策略。

3. 选择处理方法

根据缺失值的模式及数据的重要性，选取适当的处理方法。常见的方法包括：（1）删除含有缺失值的记录：若缺失值较少，可考虑删除这些记录。然而，此方法可能导致数据量显著减少，影响分析结果。（2）填充缺失值：使用特定方法填充缺失值乃最常用之策略。常见的填充方法包括使用均值、中位数或众数填充。对于数值型数据，可使用该列的均值、中位数或众数来填充缺失值。此方法简单易行，但可能引入偏差。使用前一个值填充（前向填充）：若数据具有时间序列特性，可使用前一个非缺失值来填充当前的缺失值。此方法适用于数据具有较强时间相关性的情况。使用后一个值填充（后向填充）：与前向填充相似，但使用的是后一个非缺失值。此方法同样适用于具有时间相关性的数据。使用插值方法：对于具有时间趋势的数据，可使用插值方法（如线性插值、多项式插值等）来估计缺失值。此方法能更好地保留数据的时间特性。

4. 应用处理方法

根据选定的方法，对缺失值进行处理。在编程实现时，可使用相应的函数或库来完成此过程。例如，在 Python 中，可使用 Pandas 库的 'fillna( )'函数来填充缺失值。

5. 验证处理结果

处理完缺失值后，需验证处理结果的合理性。可通过可视化或计算统计量来检查数据的分布和趋势是否符合预期。若处理结果不合理，就可能需重新选择处理方法。

6. 进行后续分析

在确认缺失值处理结果合理后，可继续进行后续的数据分析和模型构建工作。

通过上述步骤，可有效处理时间序列数据中的缺失值，为后续的分析和模型构建提供坚实的数据基础。

（四）时间序列缺失值处理

在处理时间序列数据时，通常采用插值法来填补其中的缺失值，即运用时间序列缺失值插补技术。时间插值、样条插值和线性插值是插值领域中广泛采用的技术，它们依据一组已知的数据点来推算或确定未知数据点的数值。这些技术在数据处理、数值分析以及工程领域中扮演着至关重要的角色。时间插值特指在时间序列数据中进行插值的过程，旨在推断两个已知时间点之间未知时间点的数值。样条插值是一种利用低阶多项式在相邻数据点之间进行插值的技术，其特点是在整个插值区间内，插值函数保持平滑性，即具有连续的导数。线性插值作为插值方法中最基础的一种，它假设在两个已知数据点之间的变化遵循线性规律，并通过连接这些数据点的直线段来估算未知点的数值。

本节主要介绍线性插值、样条插值和时间插值三种插值方法。

通常，缺失值插补技术的实现依赖于 Pandas 库中的 interpolate 函数。interpolate( ) 函数主要应用于填充 DataFrame 或 Series 中的缺失值（NaN）。该函数提供了多种插值方法，可根据数据特性选择适当的插值方式，以获得更为精确且平滑的数据分析结果。其基本常用参数含义如下：

（1）method：插值方式，可选参数包括'linear'（线性插值），'time'（时间插值，针对时间序列数据），'index'（索引插值，使用索引的实际数值进行插值），'values'（使用周围的值进行插值，但不考虑索引），'nearest'（使用最近的值填充），'zero'（使用 0 填充），'slinear'（使用 Scipy 库中的线性插值），'quadratic'（使用 Scipy 库中的二次插值），'cubic'（使用 Scipy 库中的三次插值），'barycentric'（使用 Scipy 库中的重心插值），'krogh'（使用 Scipy 库中的 Krogh 插值），'polynomial'（使用 Numpy 库中的多项式插值），'spline'（使用 Scipy 库中的样条插值），默认为'linear'。

（2）axis：插值的轴方向，默认为 0。

（3）limit：填充的连续 NaN 的最大数量，超过该数量的 NaN 将不会被填充，默认为 None。

（4）inplace：是否在原地修改数据，默认为 False。

（5）limit_direction：限制填充的方向，可选参数包括'forward'（向前填充），'backward'（向后填充），'both'（向前和向后填充），默认为'forward'。

（6）limit_area：限制填充的区域，可选参数包括'inside'（只在有效值之间填充），'outside'（只在有效值之外填充），默认为'inside'。

（7）downcast：是否降低返回的数据类型以节省内存，默认为 None。

1. 线性插值

在 Python 编程语言中，利用 Numpy 库或 Scipy 库所提供的 interp1d 函数，可以实现数据的线性插值处理。现以某企业 2020 年上半年的营业收入数据为例，具体阐述线性插值的应用。假设 2 月份的营业收入数据因特定原因未能进行统计（实际真实值为 388000 元），导致数据集出现空缺。为填补此数据空白，本案例采用线性插值方法进行数据补充。

输入：

```python
import numpy as np
from scipy.interpolate import interp1d
import matplotlib.pyplot as plt
# 已知的时间点（单位:月）
times = np.array([1, 3, 4, 5, 6])
# 已知时间点对应的营业收入(单位:元)
revenue = np.array([345700, 354780, 372300, 322000, 384200])
# 创建一个线性插值函数
```

```
linear_interp = interp1d(times, revenue)
#使用线性插值函数估算时间点2月份的营业收入
estimated_revenue = linear_interp(2)
print(f"Estimated revenue at time 2: {estimated_revenue}元")
#绘制原始数据点和插值结果
plt.plot(times, revenue, 'o', label = 'Original data')
plt.plot(np.linspace(times.min(), times.max(), 300), linear_
interp(np.linspace(times.min(), times.max(), 300)), '-', label =
'Linear interpolation')
plt.xlabel('Time')
plt.ylabel('business revenue')
plt.title('Linear Interpolation Example')
plt.legend()
```

输出：

```
Estimated revenue at time 2: 350240.0 元
```

估计的营业收入结果与实际营业收入数值之间存在 37760 元的偏差。

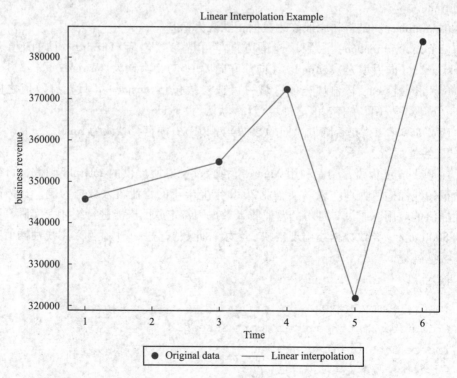

2. 样条插值

样条插值法是一种数学插值技术，它通过在各个区间应用低阶多项式来逼近一组指定的数据点，从而生成一条平滑的曲线。这种方法特别适用于需要在数据点之间生成平滑过渡的场景。在 Python 编程环境中，Scipy 库提供了多种样条插值功能，这些功能使得用户可以方便地在数据点之间进行插值计算。Scipy 库中的相关函数包括但不限于 scipy. interpolate. splrep 和 scipy. interpolate. splev 等。scipy. interpolate. splrep 函数用于生成样条插值的表示形式，而 scipy. interpolate. splev 函数则用于根据这些表示形式计算插值点的值。通过这些函数，用户可以轻松地在 Python 中实现样条插值，从而在数据处理和分析中获得更加平滑和精确的结果。

以下案例展示了 Python 中样条插值技术在商业领域的实际应用，以股票价格预测作为研究对象。在此案例中，将运用样条插值方法对股票价格数据进行平滑处理，并致力于预测股票价格的未来走势。首先，用户必须准备股票价格数据。在此示例中，将采用虚构的股票价格数据集。在实际操作中，用户可以通过股票交易所或金融数据供应商获取真实的股票价格信息。

输入：

```
import numpy as np
import pandas as pd
from scipy. interpolate import splrep, splev
import matplotlib. pyplot as plt
# 虚构的股票价格数据
dates = pd. date_range(start = '2022-01-01', periods =6, freq = 'ME')
prices = np. array([6, 5.05, 4.75, 4.28, 3.9, 4])
# 将数据转换为 Pandas DataFrame
data = pd. DataFrame({'Date': dates, 'Price': prices})
# 将日期转换为自 1970-01-01 以来的天数(以浮点数表示)
# 注意:这里使用 timestamp().days 会将时间戳截断为整数天数,因此我们转换为 timedelta
days_since_epoch = (data['Date'] - pd. Timestamp('1970-01-01')) /
pd. Timedelta(days =1)
# 使用 splrep 获取样条插值的参数
tck = splrep(days_since_epoch, data['Price'], s =0)
# 生成新的日期范围用于预测
# 同样转换为天数
start_day = (pd. Timestamp('2022-01-01') - pd. Timestamp('1970-01-
01')) / pd. Timedelta(days =1)
end_day = (pd. Timestamp('2022-7-30') - pd. Timestamp('1970-01-
01')) / pd. Timedelta(days =1)
new_days = np. linspace(start_day, end_day, int((end_day - start_
day) * 30 + 1))   # 假设一个月约 30 天来估计新的点数量
# 使用 splev 计算样条插值的值
new_prices = splev(new_days, tck, der =0)
# 转换回日期用于绘图(可选)
new_dates = pd. to_datetime(new_days * pd. Timedelta(days =1) +
```

```
pd. Timestamp('1970-01-01'), format = '% Y-% m-% d')
    # 绘制原始数据和插值数据
    plt. figure(figsize = (10, 5))
    plt. plot(data['Date'], data['Price'], 'o', label = 'Original
Prices')
    plt. plot(new_dates, new_prices, '-', label = 'Spline Interpola-
tion')
    plt. xlabel('Date')
    plt. ylabel('Price')
    plt. title('Stock Price Prediction using Spline Interpolation')
    plt. legend()
    plt. grid(True)
    plt. show()
```

注意：

为了计算自 1970 年 1 月 1 日起的天数，采用了 'days_since_epoch' 这一方法，它以浮点数形式表示天数，从而规避了直接将日期时间转换为浮点数所带来的问题。在生成新的日期范围时，利用了 ''np. linspace'' 函数，在起始和结束日期之间均匀地分布了若干个时间点，随后将这些点再次转换为日期对象，以便于绘图。尽管从数学角度来看，这种转换并非必需，但它对于结果的理解和解释可能大有裨益。然而，这种方法的一个潜在局限性在于它假定时间是线性的，即每天都等长，这在现实情况中可能并不完全成立（例如，闰秒的插入或夏令时的调整都可能影响时间的均匀性）。尽管如此，但对于商业数据分析而言，这种方法通常已经足够接近实际情况。

输出：

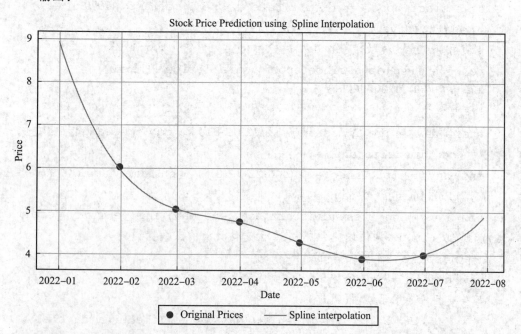

3. 时间插值

时间插值技术通过在已知数据点之间引入新的数据点，使得原本不规则的时间间隔变得均匀。这对于处理那些时间间隔不一致或不规则的数据集尤为重要。例如，在金融市场中，股票价格、交易量等数据通常以不规则的时间间隔记录，时间插值技术有助于填补这些空白，从而更精确地分析市场趋势和波动性。在气象观测领域，由于各种自然和人为因素的影响，观测数据的时间间隔可能会出现不规则的情况。时间插值技术在处理时间序列数据时具有不可替代的作用，特别是在那些时间间隔不规则的数据集中，它能够显著提升数据的完整性和可用性，为各种领域的研究和决策提供有力支持。

输入：

```
import numpy as np
import pandas as pd
from scipy.interpolate import interp1d
import matplotlib.pyplot as plt
# 虚构的股票价格数据,时间间隔不连续
dates = pd.to_datetime(['2023-01-01', '2023-01-15', '2023-02-01',
'2023-02-28', '2023-03-15', '2023-04-01'])
prices = np.array([100, 105, 103, 108, 110, 115])
# 将数据转换为 Pandas DataFrame
data = pd.DataFrame({'Date': dates, 'Price': prices})
# 使用 interp1d 进行时间插值
# 首先,将日期转换为自 1970-01-01 以来的天数( 或秒,这里选择天数以简化)
days_since_epoch = (data['Date'] - pd.Timestamp('1970-01-01')).
dt.days
# 创建插值函数
interp_func = interp1d(days_since_epoch, prices, kind = 'cubic')
# 使用三次样条插值
# 生成新的日期范围用于预测( 每天)
start_day = (pd.Timestamp('2023-01-01') - pd.Timestamp('1970-01-
01')).days
end_day = (pd.Timestamp('2023-04-01') - pd.Timestamp('1970-01-
01')).days
new_days = np.arange(start_day, end_day + 1)
# 使用插值函数计算新日期上的价格
new_prices = interp_func(new_days)
# 转换回日期对象( 可选,仅用于绘图)
new_dates = pd.to_datetime(new_days, unit = 'D', origin = '1970-
01-01')
# 绘制原始数据和插值数据
plt.figure(figsize = (10, 5))
```

```
plt.plot(data['Date'], data['Price'], 'o', label='Original
Prices')
    plt.plot(new_dates, new_prices, '-', label='Interpolated Prices')
    plt.xlabel('Date')
    plt.ylabel('Price')
    plt.title('Stock Price Prediction using Time Interpolation')
    plt.legend()
    plt.grid(True)
    plt.show()
```

注意：

在金融分析领域，时间插值技术被应用于对证券未来价格的预测或估算。然而，必须指出，插值方法仅基于当前数据点进行估算，并不能确保对未来市场价格的精确预测。在实际操作过程中，应综合考虑市场动态、基本面分析、技术分析等多种因素，以形成更为周全的决策。

输出：

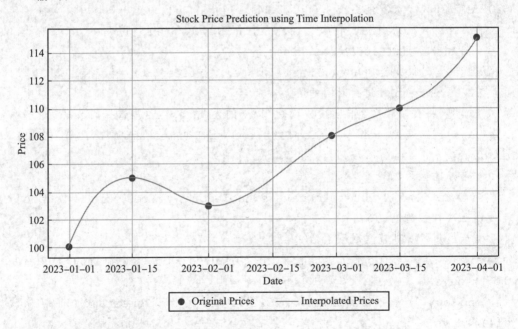

二、时间序列异常值处理

在 Python 编程语言中，所谓的异常值（Outliers）指的是那些在数据集中显著区别于其他观测值的数据点。这些异常值的产生可能源于数据记录的失误、测量过程中的误差、设备故障，或是自然变异中出现的极端情况等多种因素。

（一）时间序列异常值处理步骤

在数据分析的流程中，妥善处理异常值至关重要，因为它们可能扭曲统计模型的输出，进而影响分析结果的精确性和可靠性。为了有效管理这些异常值，通常需要遵循以下一系列详尽的步骤。

1. 识别异常值

（1）统计方法。多种统计技术可用于识别异常值，例如运用 Z 分数（标准分数）和 IQR（四分位距）。Z 分数有助于识别那些远离平均值的数据点，而 IQR 则通过比较四分位数间的距离来揭示异常值。

（2）可视化方法。通过绘制箱线图和散点图等可视化工具，用户可以直观地识别出那些显著偏离大多数观测值的数据点。这些图形工具有助于用户更直观地理解数据分布，并迅速识别潜在的异常值。

2. 评估异常值

确定异常值后，需进一步评估其性质。首先，判断这些异常值是否源于数据错误、测量误差或其他无效因素。若是它们可能对分析结果产生不利影响，就需要处理。然而，并非所有异常值都无价值。有时，它们可能代表重要的极端事件或特殊情况。在这种情况下，需慎重考虑是否保留这些异常值，因为它们可能含有关键信息，随意删除可能会导致分析结果偏差。

3. 处理异常值

（1）删除。若评估确定异常值由错误或无效测量引起，则可选择从数据集中移除它们，以避免对后续分析造成干扰。

（2）替换。处理异常值的另一种方法是替换。可用均值、中位数、众数或其他合理值来替代异常值，以减少其对分析结果的影响，同时保持数据集的完整性。

（3）保留。若异常值代表有意义的极端事件，则可选择保留。此时，需在后续分析中特别处理这些异常值，确保它们不会对整体结果产生负面影响。

（4）建模。在复杂的数据分析或机器学习任务中，可通过建立专门模型来预测和处理异常值，以更精确地识别和管理这些值，从而提升分析结果的准确性。

4. 文档记录

在处理异常值的过程中，详细记录处理步骤和理由至关重要。这不仅有助于用户理解数据分析和模型构建的背景，也可为未来的分析提供参考。通过记录这些信息，可以确保分析过程的透明度和可追溯性，从而提高分析结果的可信度和可靠性。

（二）时间序列异常值处理

以下是一个 Python 程序，旨在接收列表或数据集作为输入，并识别出超出 0 至 100 正常范围的异常值。程序将输出这些异常值的索引或位置信息。此外，程序能够处理多个异常值，并保留相应的记录。

输入：

```
def find_outliers(data, lower_bound = 0, upper_bound = 100):
# 找出列表中超出指定范围的异常值及其索引。
# 参数：
    data (list)：输入的数据列表。
    lower_bound (int)：范围下限,默认为 0。
```

```
        upper_bound (int)：范围上限，默认为 100。
        返回：
        list of tuples：包含异常值及其索引的元组列表。
        outliers = []
        for index, value in enumerate(data):
            if value < lower_bound or value > upper_bound:
                outliers.append((index, value))
        return outliers
    def main():
        # 示例数据
        data = [5, 15, 95, 105, 20, 30, 40, 50, 110, 60]
        # 找出异常值及其索引
        outliers = find_outliers(data)
        # 输出异常值及其索引
        if outliers:
            print("Detected Outliers:")
            for index, value in outliers:
                print(f"Index: {index}, Value: {value}")
        else:
            print("No outliers detected. ")
    if __name__ == "__main__":
        main()
```

输出：

```
Detected Outliers:
Index: 3, Value: 105
Index: 8, Value: 110
```

该程序首先定义了一个名为 'find_outliers' 的函数，它接受一个数据列表以及两个可选的边界参数（默认值设为 0 和 100）。此函数会遍历数据列表，检验每个元素是否位于指定的范围内；若元素超出此范围，则将其连同其索引一并加入结果列表中。随后，'main' 函数通过示例数据调用 'find_outliers' 函数，并输出检测到的异常值及其对应的索引。整个程序结构清晰，易于理解，同时具备优秀的可读性和可维护性。此外，它还能够有效地处理多个异常值，并且能够记录这些异常值，满足了这一关键需求。

为了高效地处理时间序列数据中的异常值，用户可借助 Pandas 库进行数据操作，并运用统计方法来识别和处理这些异常值。其中，IQR 方法，即四分位距法，是一种常用的技术。该方法通过计算数据的四分位数来界定异常值的界限，并将超出此界限的数据点视为异常值。接下来，本节将展示一个具体的示例程序，该程序接受时间序列数据（可以是 Pandas 库中的 DataFrame 或 Series 格式），运用 IQR 方法检测异常值，并对这些异常值进行处理。处理完毕后，程序将输出异常值及其可能的处理建议，以便用户根据具体情况采取适当的措施。此示例程序不仅演示了如何运用 Pandas 库和 IQR 方法来处理时间序列中的异常值，还提供了一个完整的处理流程，有助于用户更深入地理解和应对时间序列数据中的异常情况。

输入：

```python
import pandas as pd
import numpy as np
def detect_outliers(series, threshold=1.5):
    """
    检测时间序列中的异常值
    参数：
    series (pd.Series)：输入的时间序列数据。
    threshold (float)：异常值检测的阈值倍数,默认为1.5。
    返回：
    bool series：布尔序列,指示哪些值是异常值。
    """
    # 计算 Q1 和 Q3
    Q1 = series.quantile(0.25)
    Q3 = series.quantile(0.75)
    IQR = Q3 - Q1
    # 计算异常值范围
    lower_bound = Q1 - (IQR * threshold)
    upper_bound = Q3 + (IQR * threshold)
    # 识别异常值
    outliers = ~series.between(lower_bound, upper_bound)
    return outliers
def handle_outliers(series, method='drop', threshold=1.5):
    """
    处理时间序列中的异常值
    参数：
    series (pd.Series)：输入的时间序列数据。
    method (str)：处理异常值的方法,'drop'表示删除,'fill'表示填充(默
认为'drop')。
    threshold (float)：异常值检测的阈值倍数,默认为1.5。
    返回：
    pd.Series：处理后的时间序列数据。
    """
    outliers = detect_outliers(series, threshold)
    if method == 'drop':
        # 删除异常值
```

```
        cleaned_series = series[~outliers]
    elif method == 'fill':
        # 填充异常值,这里以中位数为例
        median_value = series.median()
        cleaned_series = series.apply(lambda x: x if not outliers
[x.name] else median_value)
    else:
        raise ValueError("Invalid method. Use 'drop' or 'fill'.")
    return cleaned_series def main():
    # 示例数据
    data = pd.Series([10, 12, 12, 13, 12, 11, 14, 1000, 11, 10, 9])
    dates = pd.date_range('20230101', periods=len(data))
    data_frame = pd.DataFrame(data, index=dates, columns=
['Value'])
    # 检测并处理异常值
    outliers_detected = detect_outliers(data_frame['Value'])
    outliers_values = data_frame[outliers_detected]['Value']
    # 打印异常值
    print("Detected Outliers:")
    print(outliers_values)
    # 给出处理建议
    print("\nPossible Solutions:")
    print("- Drop outliers if they are caused by data quality
issues or errors.")
    print("- Investigate outliers if they might represent meaning-
ful events or changes.")
    print("- Fill outliers with a statistical value (e.g., mean,
median) if appropriate.")
    # 处理异常值(这里选择删除)
    cleaned_series = handle_outliers(data_frame['Value'], method=
'drop')
    # 显示处理后的数据
    print("\nCleaned Data:")
    print(cleaned_series)
if __name__ == "__main__":
    main()
```

输出:

Detected Outliers:

```
2023-01-01   NaN
2023-01-02   NaN
2023-01-03   NaN
2023-01-04   NaN
2023-01-05   NaN
2023-01-06   NaN
2023-01-07   NaN
2023-01-08   NaN
2023-01-09   NaN
2023-01-10   NaN
2023-01-11   NaN
Freq: D, Name: Value, dtype: float64


Possible Solutions:
  - Drop outliers if they are caused by data quality issues or er-
rors.
  - Investigate outliers if they might represent meaningful events
or changes.
  - Fill outliers with a statistical value (e.g., mean, median) if
appropriate.


Cleaned Data:
Series([], Freq: D, Name: Value, dtype: float64)
```

在本程序中，首先，开发了一个名为 detect_outliers 的函数，其目的是识别时间序列数据中的异常值。该函数运用四分位距方法来确定异常值的阈值区间，并生成一个布尔型序列，用于标记哪些数据点被认定为异常值。其次，定义了 handle_outliers 函数，它提供了两种处理异常值的策略：一种是删除策略（'drop'），另一种是填充策略（'fill'）。在填充策略中，选择用中位数来替换异常值。最后，在 main 函数中，构建了一个包含异常值的时间序列样本，并应用了之前定义的函数来检测和处理这些异常值。此外，还输出了检测到的异常值，并提供了相应的处理方案或建议。

三、时间序列数据分组与分解

（一）时间序列数据分组

在 Python 中，处理时间序列数据时，分组技术是一种广泛使用且功能强大的方法。它允许我们根据特定的标准或多个标准，将数据集划分为不同的子集，并对这些子集执行独立的操作或分析。对于时间序列数据的分组，通常依据时间单位（如年、月、日、小时等）或用户自定义的分组键来实施。

1. 分组的基本步骤

在处理 Python 中的时间序列数据时，分组操作至关重要，它有助于我们深入理解数据的模式与趋势。以下是时间序列数据分组操作的基本步骤，每个步骤均附有详细说明，阐述了其意义及操作流程：

（1）数据加载。分析工作开始之前，需加载或创建时间序列数据。通常，这一步骤可通过 Pandas 库中的 DataFrame 来完成。在此过程中，时间序列数据常被指定为 DataFrame 的索引。例如，可从 CSV 文件中导入数据，并将日期列设为索引。

```python
import pandas as pd
# 从 CSV 文件导入数据,并将日期列设为索引
df = pd.read_csv('timeseries_data.csv')
df['date'] = pd.to_datetime(df['date'])
df.set_index('date', inplace = True)
```

（2）时间索引设定。若数据尚未以时间序列格式作为索引，则需先将其转换为 DateTimeIndex。此过程涉及使用 'pd.to_datetime()' 函数将日期/时间列转换为 Date-Time 对象，随后利用 'set_index()' 方法将该列设为 DataFrame 的索引。

```python
# 将日期列转换为 DateTimeIndex
df['date'] = pd.to_datetime(df['date'])
df.set_index('date', inplace = True)
```

（3）数据分组。在设定时间索引之后，可利用 'groupby()' 方法依据时间单位或其他列进行分组。对于时间序列数据，可使用 'pd.Grouper()' 对象定义分组规则，如按年、月、日等进行分组，以便将数据按特定时间段进行聚合分析。

```python
# 按月分组并计算每月平均值
monthly_grouped = df.groupby(pd.Grouper(freq = 'M')).mean()
```

（4）函数应用。对分组后的数据应用聚合函数或自定义函数进行分析。常用的聚合函数包括 'mean()'（计算平均值）、'sum()'（计算总和）和 'count()'（计算非空值数量）。亦可根据需求编写自定义函数以执行更复杂的分析。

```python
# 对分组后的数据应用聚合函数
monthly_mean = monthly_grouped.mean(axis = 0)
monthly_sum = monthly_grouped.sum(axis = 0)
monthly_count = monthly_grouped.count(axis = 0)
# 或者应用自定义函数
def custom_function(group):
    # 自定义分析逻辑
    return group.max() - group.min()
monthly_custom = monthly_grouped.apply(custom_function)
```

通过执行上述步骤，可有效地对时间序列数据进行分组与分析，进而提取出具有

价值的信息。

2. 时间序列数据分组

利用 Pandas 库中的 groupby 功能，可以按照时间序列对数据进行分组。分组操作支持按年、月、日或用户自定义的时间间隔进行。下面提供了一个示例，展示了如何执行这些步骤。

输入：

```
import pandas as pd
# 创建一个时间序列 DataFrame
data = {'date': ['2023-01-01', '2023-01-02', '2023-02-01', '2023-
02-02', '2023-03-01'],
        'value': [100, 150, 122, 177, 101]}
df = pd.DataFrame(data)
# 将'date'列转换为日期格式,并设置为索引
df['date'] = pd.to_datetime(df['date'])
df.set_index('date', inplace=True)
# 按月分组并计算每月的平均值
monthly_avg = df.groupby(pd.Grouper(freq='M')).mean()
print(monthly_avg)
# 按年分组并计算每年的平均值
yearly_avg = df.groupby(pd.Grouper(freq='Y')).mean()
print(yearly_avg)
```

输出：

```
    date       value
2023-01-31   125.0
2023-02-28   149.5
2023-03-31   101.0
    date       value
2023-12-31   130.0
```

（二）时间序列数据分解

1. 时间序列数据分解的定义

时间序列数据的分解在数据分析领域占据着举足轻重的地位。该方法通过将时间序列数据拆解为若干个不同的组成部分，使用户能够深入洞察数据背后所蕴含的内在模式与特性。分解过程不仅揭示了数据的周期性、趋势性和随机性等关键特征，而且为未来的预测和决策提供了坚实的基础。

2. 时间序列数据分解步骤

具体而言，时间序列数据的分解通常涉及以下步骤：首先，将原始数据拆分为趋势成分，该成分反映了数据随时间变化的长期趋势；其次，分离出季节成分，该部分

揭示了数据在固定周期内重复出现的模式；再次，分离出循环成分，该成分描述了数据在较长时间内波动的周期性变化；最后，分离出随机成分，该部分包含了数据中的不可预测元素，通常表现为噪声。通过这种分解，研究人员和数据分析师能够更清晰地识别和分析数据中的各种成分，从而更准确地进行预测和制定决策。例如，在经济数据分析中，时间序列分解有助于识别经济周期的波动，预测未来的经济走势；在气象数据分析中，它能够揭示季节性气候变化的规律，为天气预报提供支持；在工业生产中，时间序列分解可用于检测和预测设备故障，优化维护计划和生产流程。

时间序列数据分解是一种强有力的工具。它通过将复杂的数据集拆分为更易于理解和处理的各个部分，极大地增强了我们对数据的洞察力，为各种预测和决策提供了有力的支持。

3. 时间序列数据分解模型

在处理时间序列数据时，通常会采用加法模型或乘法模型进行分解。

加法模型假定时间序列数据是由趋势项、季节项、循环项以及残差项相加而成的，适用于季节性波动的幅度不随时间序列总体水平变化而变化的情形。具体而言，该模型可表示为：$yt = Tt + St + Ct + Rt$。相对地，乘法模型则认为时间序列数据是趋势项、季节项、循环项和残差项的乘积，适用于季节性波动或循环波动与时间序列水平呈正比变化的情况，其表达式为：$yt = Tt \times St \times Ct \times Rt$。

在上述两个模型中，yt 代表时间序列数据，而 Tt、St、Ct、Rt 分别表示趋势项、季节项、循环项和残差项。

4. 时间序列数据分解

以下案例详细展示了在商业应用中如何巧妙地利用 Python 的 statsmodels 库来对时间序列数据进行分解，并基于分解结果进行预测。在这个案例中，用户将深入探讨一家零售企业的月度销售数据，通过时间序列分析技术，揭示数据背后的规律，并预测接下来 6 个月的销售趋势。

首先，用户将导入必要的库，并加载零售企业的月度销售数据（我们需要准备月度销售额数据。在这个商业应用案例中，我们将使用模拟销售额数据）。

其次，将使用 statsmodels 库中的时间序列分解功能，将销售数据分解为趋势、季节性和随机成分。通过这种方式，可以更清晰地理解销售数据的波动规律，识别出季节性波动和长期趋势。在分解过程中，将详细分析每个成分的特性，探讨它们对销售数据的影响。例如，趋势成分可以帮助用户识别销售数据的长期增长或下降趋势，而季节性成分则揭示了销售数据在不同月份的周期性变化规律。

再次，将基于分解结果构建预测模型。通过拟合趋势和季节性成分，用户可以预测未来数月的销售趋势。为了提高预测的准确性，用户还可以考虑引入其他相关因素，如促销活动、节假日等，作为外生变量纳入模型中。

最后，用户将展示预测结果，并对模型的预测性能进行评估。通过比较实际销售数据与预测数据，用户可以验证模型的准确性，并根据需要调整模型参数，以进一步优化预测结果。

通过这个案例，可以看到，利用 Python 的 statsmodels 库进行时间序列分解和预测，不仅可以帮助用户更好地理解历史销售数据，还可以为未来的商业决策提供有力的数据支持。

输入：

```
# 创建模拟数据,首先使用"加法模型"进行数据分解
np. random. seed(0)
data = {
    '月份': pd. date_range(start = '2022-01-01', periods = 24, freq =
'ME'),
    '销售额': [np. random. normal(loc = 10000, scale = 2000) + i *
500 for i in range(24)]
}
df = pd. DataFrame(data)
df. set_index('月份', inplace = True)
# 时间序列数据分解
result = seasonal_decompose(df['销售额'], model = 'additive', pe-
riod = 12)
result. plot()
plt. show()
# ARIMA 模型预测
# 根据分解结果,我们选择 ARIMA 模型对趋势和残差进行建模和预测
# 这里简单选择 ARIMA(2,2,2)作为示例,实际应用中需要通过模型诊断来选择
最优模型
model = ARIMA(df['销售额'], order = (2, 2, 2))
model_fit = model. fit()
forecast = model_fit. forecast(steps = 6)  # 预测未来 6 个月
# 输出预测结果
print("未来 6 个月的销售额预测:")
print(forecast)
# 可视化预测结果
plt. figure(figsize = (10, 5))
plt. plot(df. index, df['销售额'], label = '实际销售额')
plt. plot(pd. date_range(start = df. index[-1], periods = 7, freq =
'M')[1:], forecast, label = '预测销售额', color = 'red')
plt. title('月度销售额预测')
plt. xlabel('月份')
plt. ylabel('销售额')
plt. legend()
plt. show()
```

输出：

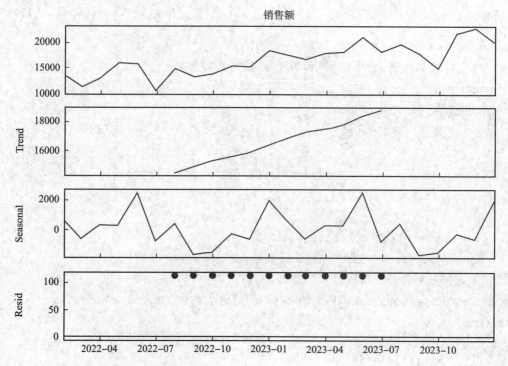

未来 6 个月的销售额预测：

2024-01-31	21874.906620
2024-02-29	22996.853307
2024-03-31	23197.985587
2024-04-30	24093.519103
2024-05-31	24887.837584
2024-06-30	25536.667937

输出：

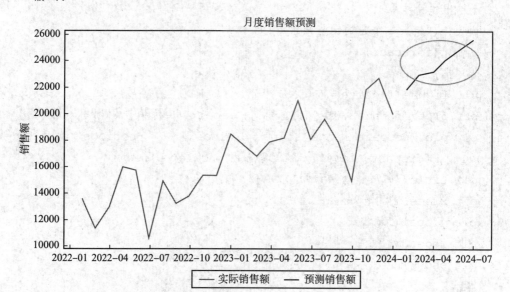

```
# 创建模拟数据输入,首先使用"乘法模型"进行数据分解
np. random. seed(0)
data = {
    '月份': pd. date_range(start = '2022-01-01', periods = 24, freq =
'ME'),
    '销售额': [np. random. normal(loc = 10000, scale = 2000) + i *
500 for i in range(24)]}
df = pd. DataFrame(data)
df. set_index('月份', inplace = True)
# 时间序列数据分解
result = seasonal_decompose(df['销售额'], model = 'multiplica-
tive', period = 12)
result. plot()
plt. show()
# ARIMA 模型预测
# 根据分解结果,选择 ARIMA 模型对趋势和残差进行建模和预测
# 用户简单选择 ARIMA(1,1,1)作为示例,实际应用中需要通过模型诊断来选择
最优模型
model = ARIMA(df['销售额'], order = (2, 1, 2))
model_fit = model. fit()
forecast = model_fit. forecast(steps = 6)   # 预测未来 6 个月
# 输出预测结果
print("未来 6 个月的销售额预测:")
print(forecast)
# 可视化预测结果
plt. figure(figsize = (10, 5))
plt. plot(df. index, df['销售额'], label = '实际销售额')
plt. plot(pd. date_range(start = df. index[-1], periods = 7, freq =
'M')[1:], forecast, label = '预测销售额', color = 'red')
plt. title('月度销售额预测')
plt. xlabel('月份')
plt. ylabel('销售额')
plt. legend()
plt. show()
```

输出:

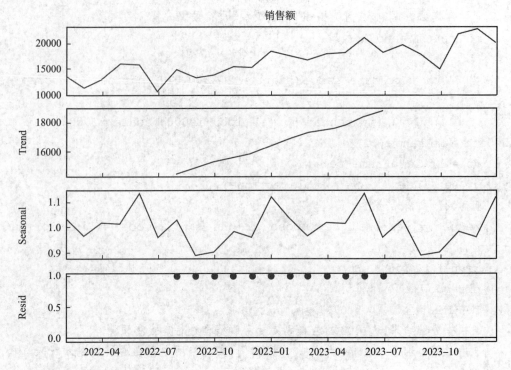

未来 6 个月的销售额预测：

2024-01-31	22367.365847
2024-02-29	21950.746895
2024-03-31	20270.594509
2024-04-30	21202.981165
2024-05-31	22173.650876
2024-06-30	21096.464365

输出：

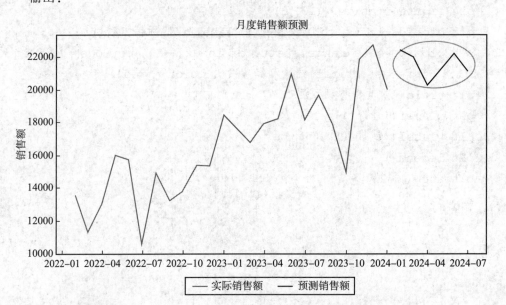

以上代码数据分析过程如下：

（1）数据准备阶段。我们构建了一个包含24个月度销售额数据的DataFrame。

（2）时间序列数据分解阶段。通过应用seasonal_decompose函数，用户对数据执行了加法模型和乘法模型的分解，进而分离出趋势、季节性和残差成分，并通过图表形式进行了可视化展示。

（3）ARIMA模型预测阶段。基于分解结果，选用了ARIMA（2，2，2）和ARIMA（2，1，2）这两种不同参数的模型，分别对趋势和残差进行了建模，并预测了未来6个月的月度销售额。建模结果显示，在调整了将原始时间序列转换为平稳序列所需的差分次数后，预测的销售额结果和趋势图均发生了显著变化。因此，选择恰当的ARIMA模型参数需要综合考虑时间序列的平稳性、自相关和偏自相关特性，以及模型诊断的结果。本节所选模型参数仅用于展示模型参数变化对销售额预测的影响。关于如何选择具体模型的合适参数，将在下一节进行详细阐述。

（4）结果可视化阶段。将实际销售额与预测销售额并列绘制在同一图表中，以便进行对比分析。

注意事项：在实际应用中，必须通过模型诊断（例如残差分析、AIC准则等）来确定最优的ARIMA模型参数。预测结果可能受到数据质量、模型选择、外部因素等多种因素的影响，因此，对预测结果的解释和应用应当谨慎合理。

四、应用实践

本节应用实践将展示三种插值技术的应用。通过科云大数据中心获取陈克明食品股份有限公司（以下简称"克明食品"）2012年至2022年的股票价格数据（da4.xls），其中包括每日的开盘价、收盘价、最高价、最低价、总市值以及流动市值等详细信息。

在本次实践分析中，选取了陈克明食品股份有限公司每日的开盘价、收盘价、最高价和最低价作为研究对象，并将重点分析股票每日收盘价（da1c.xls）的插值填补。其他股价数据的插值分析将作为学生的实操练习题，由学生课后独立完成。首先，需要完整地读取陈克明食品股份有限公司2012年至2022年的股票价格数据，并通过可视化手段展示数据结构和价格变动趋势。其次，将人为地移除部分数据，造成收盘价的缺失，形成da4disposed1.xls数据文件。再次，将采用线性插值、样条插值和时间插值三种方法来填补时间序列中收盘价的缺失值。最后，通过可视化折线图比较这三种插值方法填补的效果，以确定哪种方法更接近实际数值。

输入：

```
import pandas as pd
# 读取克明食品完整股价信息表 Excel 文件
df = pd. read_excel(r'D:\da4. xls')
# 查看数据,前五行数据
```

```
print(df.head())
```

输出:

```
     Date       Stkcd    corp    Close   High    Low    Open
0  2022-08-25  '002661  克明食品  12.92  13.15  12.82  12.89
1  2022-08-24  '002661  克明食品  13.07  13.12  12.76  12.98
2  2022-08-23  '002661  克明食品  12.94  13.18  12.80  13.00
3  2022-08-22  '002661  克明食品  13.10  13.37  12.80  13.03
4  2022-08-19  '002661  克明食品  12.99  13.57  12.50  12.51
```

输入:

```
import matplotlib.pyplot as plt
# 设置图表大小,绘制克明食品可视化股价变动趋势图
plt.figure(figsize = (12, 8))
# 绘制折线图
plt.plot(df['Date'], df['Close'], label = 'Close Price', marker =
'o', linestyle = '-')
plt.plot(df['Date'], df['High'], label = 'High Price', marker =
's', linestyle = '--')
plt.plot(df['Date'], df['Low'], label = 'Low Price', marker = '^',
linestyle = ':')
plt.plot(df['Date'], df['Open'], label = 'Open Price', marker =
'^', linestyle = 'dashdot')
# 添加标题和轴标签
plt.title('Sales Trends of Different Products Over Time')
plt.xlabel('Date')
plt.ylabel('Price')
# 添加图例
plt.legend()
# 如果日期是字符串格式,并且您想要更好地展示日期,那么可以考虑将日期列转
换为 datetime 类型
# df['Date'] = pd.to_datetime(df['Date'])
# 然后,您可能需要调整 X 轴的日期格式或旋转日期标签
# 显示网格线(可选)
plt.grid(True)
# 显示图表
plt.show()
```

输出:

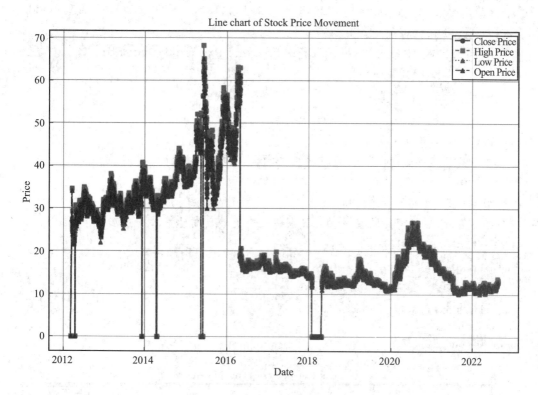

输入:

```
import pandas as pd
# 读取克明食品日股票收盘价 Excel 文件
df 1 = pd. read_excel(r'D:\da1c. xls')
# 查看数据,前五行数据
print(df1. head())
```

输出:

	Date	Stkcd	corp	Close
0	2022-08-25	'002661	克明食品	12.92
1	2022-08-24	'002661	克明食品	13.07
2	2022-08-23	'002661	克明食品	12.94
3	2022-08-22	'002661	克明食品	13.10
4	2022-08-19	'002661	克明食品	12.99

输入:

```
# 设置图表大小,绘制克明食品可视化收盘价变动趋势折线图
plt. figure(figsize = (12, 8))
```

```
# 绘制折线图
plt.plot(df1['Date'], df1['Close'], label = 'Close Price', mark-
er = 'o', linestyle = '-')
plt.title('Sales Trends of Different Products Over Time')
plt.xlabel('Date')
plt.ylabel('Price')
# 添加图例
plt.legend()
# 如果日期是字符串格式,并且您想要更好地展示日期,那么可以考虑将日期列转
换为 datetime 类型
# df1['Date'] = pd.to_datetime(df1['Date'])
# 然后,您可能需要调整 X 轴的日期格式或旋转日期标签
# 显示网格线(可选)
plt.grid(True)
# 显示图表
plt.show()
```

输出:

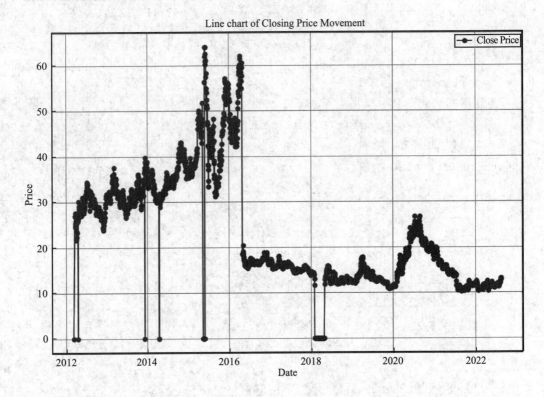

输入:

#使用第二种方法绘制克明食品可视化收盘价变动趋势折线图

```
import pandas as pd
# 读取克明食品日股票收盘价 Excel 文件
df2 = pd. read_excel(r'D:\da1c.xls',parse_dates = ['Date'],index_
col = 'Date')
df2['Close'].plot(figsize = (12, 8),fontsize =19)
plt.show()
```

输出：

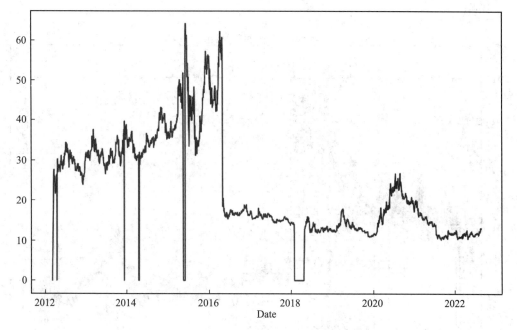

输入：

```
# 读取克明食品收盘价缺失值 Excel 文件
# 读取 Excel 文件
df4 = pd. read_excel(r'D:\da4disposed1.xls')
# 设置图表大小,用第一种方法绘制
plt.figure(figsize = (12, 8))
# 绘制折线图
plt.plot(df4['Date'], df4['Close'], label = 'Close Price', mark-
er = 'o', linestyle = '-')
plt.title('Sales Trends of Different Products Over Time')
plt.xlabel('Date')
plt.ylabel('Price')
# 添加图例
plt.legend()
# 如果日期是字符串格式,并且您想要更好地展示日期,那么可以考虑将日期列转
```

换为 datetime 类型

```
# df['Date'] = pd.to_datetime(df['Date'])
# 然后,您可能需要调整 X 轴的日期格式或旋转日期标签
# 显示网格线(可选)
plt.grid(True)
# 显示图表
plt.show()
```

输出:

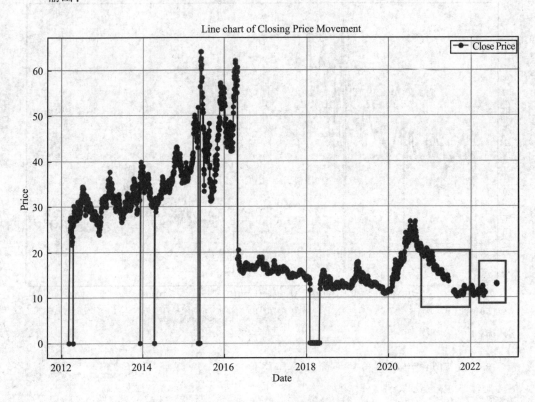

输入:

```
# 读取克明食品收盘价缺失值 Excel 文件,使用第二种方法绘制
df1 = pd.read_excel(r'D:\da4disposed1.xls',parse_dates = ['Date'],
index_col = 'Date')
df1['Close'].plot(figsize = (12, 8),fontsize =19)
plt.show()
```

输出:

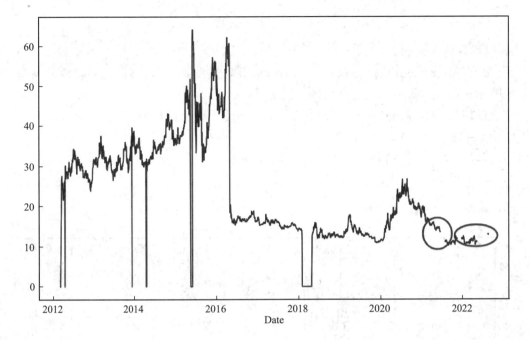

输入：

```
#线性插值填补
df1['Linear'] = df1['Close']. interpolate(method = 'linear')
df1['Linear']. plot(figsize = (12, 8), fontsize = 19)
plt. show()
```

输出：

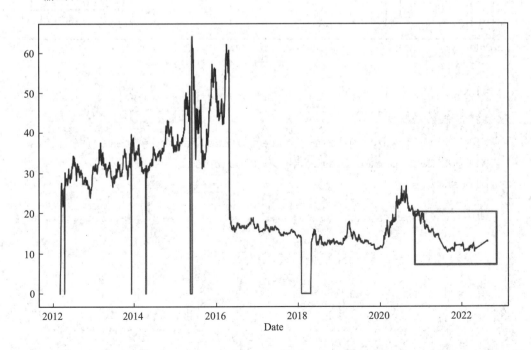

输入：

#样条插值填补

```
df1 = df1.sort_index()   # 如果索引是日期或时间戳,那么将按时间顺序
排序
df1['Spline order4'] = df1['Close'].interpolate(method = 'spline',
order = 4)
df1['Spline order4'].plot(figsize = (12, 8), fontsize = 14)
plt.show()
```

输出：

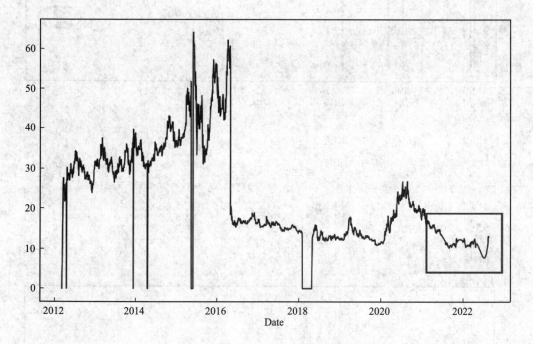

输入：

#时间插值填补

```
df1['Time'] = df1['Close'].interpolate(method = 'time')
df1['Time'].plot(figsize = (12, 8), fontsize = 14)
plt.show()
```

输出：

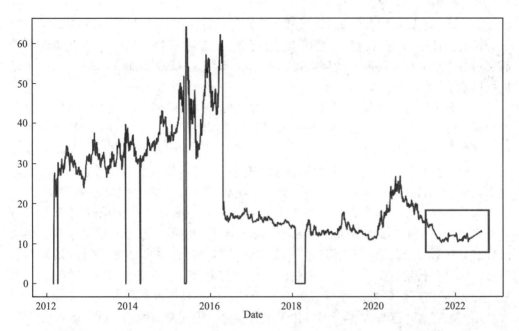

在处理数据集中的缺失值时，采用了三种不同的插值方法：线性插值、时间插值和样条插值。通过对这些插值技术的综合应用，能够有效地填补那些缺失的数据点。为了评估这些方法的效果，分别生成了三种插值法的可视化折线图，将填补后的数据与原始完整数据进行了对比分析。通过对这些折线图进行细致入微的观察和分析，得出了一个明确的结论：在填补数据的缺失值方面，本应用实践案例中的线性插值和时间插值方法表现得尤为出色。这两种插值方法所生成的曲线与真实数据的走势高度吻合，显示出令人满意的拟合度。具体来说，线性插值通过直线段连接相邻数据点，简单而有效，能够较好地反映数据的整体趋势。而时间插值则利用时间序列的特性，通过时间点之间的关系来预测和填补缺失值，从而生成与真实数据走势相近的曲线。相比之下，样条插值虽然在某些特定情况下能够提供相对平滑的曲线，但在与真实数据进行对比时，其效果似乎稍显不足。样条插值通过多项式函数来拟合数据点，虽然在视觉上看起来较为光滑，但在还原数据的真实情况方面，其精度和拟合度往往不如线性插值和时间插值。

因此，综合考虑本应用实践案例中的数据特点和需求，线性插值和时间插值在填补缺失值方面相对更为有效。这两种方法不仅能够更好地还原数据的真实情况，还能在一定程度上保持数据的完整性和连续性，从而为后续的数据分析和处理提供更为可靠的基础。

任务三 时间序列基本特征与预测方法

一、自相关性

（一）自相关性与 ACF 和 PACF 函数定义

自相关性（Autocorrelation）亦称作序列相关性，是时间序列分析领域中的一个核心概念。其主要功能在于描述时间序列数据与其自身在不同时间点上的滞后版本之间的相关性。换言之，自相关性衡量的是时间序列在某一时刻的值与其在先前时刻的值之间的线性关联。这种关联可以通过自相关函数（ACF，Autocorrelation Function）进行具体量化。

自相关函数是一种统计工具，它能够详细展示时间序列数据在不同滞后阶数下的相关系数。通过计算时间序列与其滞后版本之间的相关系数，ACF 能够揭示数据在不同时间间隔内的相似性或重复性模式。例如，若时间序列在滞后一期时具有较高的正自相关系数，则表明该序列在相邻时间点上的值倾向于具有相似的正向或负向变化趋势。自相关函数在时间序列分析中具有广泛的应用，具体包括：平稳性检验，通过观察自相关函数图，可以判断时间序列是否平稳；模型识别，在 ARIMA 等时间序列模型中，自相关函数可以帮助确定模型的参数；周期性检测，若自相关函数在某些滞后上显著不为零，则可能表明时间序列存在周期性。偏自相关函数（PACF）是一种统计工具，用于评估时间序列数据与其滞后值之间的相关性。该函数特别关注在排除其他滞后阶数影响的情况下，某一特定滞后阶数与当前值之间的直接相关性。通过这种方式，偏自相关函数排除了中间滞后值的干扰，确保分析结果仅体现了直接相关性，避免了其他滞后阶数的潜在影响。简而言之，偏自相关函数有助于揭示在剔除其他滞后阶数干扰的情况下，某一滞后阶数与当前值之间的纯粹相关性。在实际应用中，自相关性分析有助于识别时间序列数据中的周期性或季节性模式，从而为预测未来值提供重要依据。通过对时间序列数据进行自相关性分析，研究人员和数据分析师可以更深入地理解数据的内在结构，进而制定更为有效的预测模型和决策策略。

（二）时间序列的自相关性

本节将利用 Python 的 statsmodels 库进行时间序列自相关性分析（ACF），并结合以下实际案例进行应用展示。本示例旨在阐释如何通过 ACF 计算来揭示时间序列数据中的潜在模式，并通过 ACF 图进行识别。

首先，需要安装 statsmodels 库：pip install statsmodels。

其次，编写一个 Python 脚本来计算和绘制时间序列的 ACF。

输入：

```
import numpy as np
import pandas as pd
import matplotlib.pyplot as plt
from statsmodels.graphics.tsaplots import plot_acf
# 创建一个示例时间序列
np.random.seed(0)
time_series = np.random.normal(0, 1, 150)  # 生成 150 个正态分布的
随机数
time_series[:20] += 5   # 前 20 个数增加一个常数,模拟某种模式
# 将时间序列转换为 Pandas 的 Series 对象,以便使用 plot_acf 函数
```

```
time_series_pd = pd.Series(time_series)
# 计算并绘制 ACF
plot_acf(time_series_pd, lags=40)  # lags 参数指定要计算的滞后数量
plt.show()
```

输出：

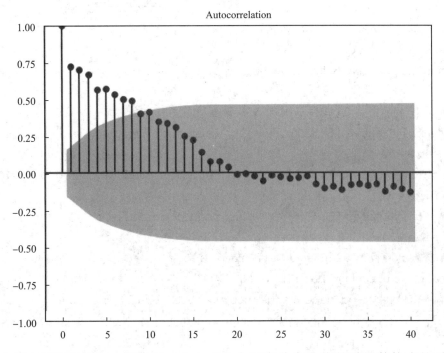

在以上应用案例中，构建了一个由 100 个正态分布生成的随机数构成的时间序列，并在序列的前 20 个数值上添加了一个常数，以模拟特定的模式。随后，利用 plot_acf 函数进行了自相关函数的计算，并绘制了相应的图表。

观察自相关函数图后，可以得出以下结论：（1）在零滞后时，自相关系数为 1，这是因为序列与其自身完全相关。（2）从滞后 1 至大约滞后 19，自相关系数相对较高，并呈现出逐渐递减的趋势。这可能是由于在时间序列的前 20 个数值上添加了一个常数，从而导致这些数值与后续数值之间存在一定的相关性。（3）滞后 20 之后，自相关系数接近于 0，表明这些滞后数值与原始序列之间不存在显著的相关性。本案例展示了如何运用 Python 进行时间序列自相关函数的计算与绘制，并通过自相关函数图来辨识时间序列中的潜在模式。

在实际应用中，此方法可用于分析更为复杂的时间序列商业数据，以提取更多有价值的信息。以下商业应用案例涉及更为复杂的时间序列数据，用户将借助 Python 工具对一家零售商店的月度销售数据进行深入分析。通过此分析，旨在揭示数据中的趋势、季节性特征以及自相关性，进而为未来的销售预测提供更有价值的信息。

首先，需要准备时间序列数据。在这个例子中，将使用一组模拟的月销售额数据。

输入:

```
import numpy as np
import pandas as pd
import matplotlib.pyplot as plt
from statsmodels.graphics.tsaplots import plot_acf, plot_pacf
from statsmodels.tsa.seasonal import seasonal_decompose
# 模拟月销售额数据,未添加随机误差项(3 年,共 36 个月)
np.random.seed(42)
monthly_sales = np.random.normal(loc=10000, scale=2000, size=36)
# 添加季节性效应(每年 7 月至 9 月销售额增加)
monthly_sales[6::12] += np.random.normal(loc=3000, scale=500, size=3)
monthly_sales[7::12] += np.random.normal(loc=3000, scale=500, size=3)
monthly_sales[8::12] += np.random.normal(loc=3000, scale=500, size=3)
# 将数据转换为 Pandas 的 DataFrame 对象
sales_data = pd.DataFrame({
    'Month': pd.date_range(start='2021-01-01', periods=36, freq='ME'),
    'Sales': monthly_sales})
# 绘制时间序列图
plt.figure(figsize=(10, 5))
plt.plot(sales_data['Month'], sales_data['Sales'], marker='o')
plt.title('Monthly Sales Data')
plt.xlabel('Month')
plt.ylabel('Sales')
plt.grid(True)
plt.show()
# 分解时间序列
result = seasonal_decompose(sales_data['Sales'], model='additive', period=12)
result.plot()
plt.show()
# 计算并绘制 ACF 和 PACF
plot_acf(sales_data['Sales'], lags=12)
plt.show()
```

```
plot_pacf(sales_data['Sales'], lags =12)
plt.show()
```

输出：

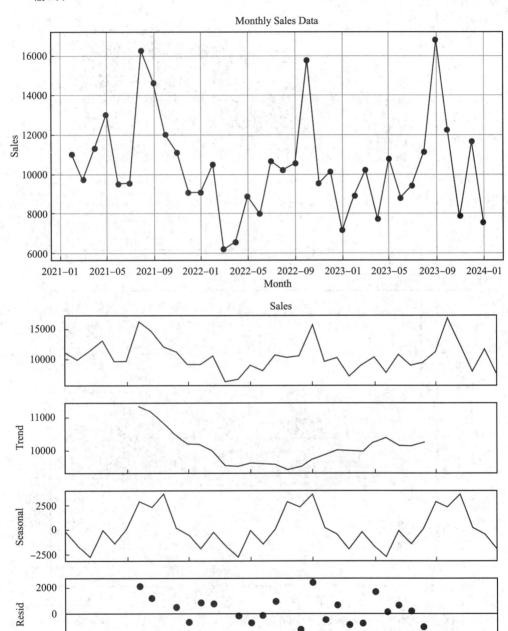

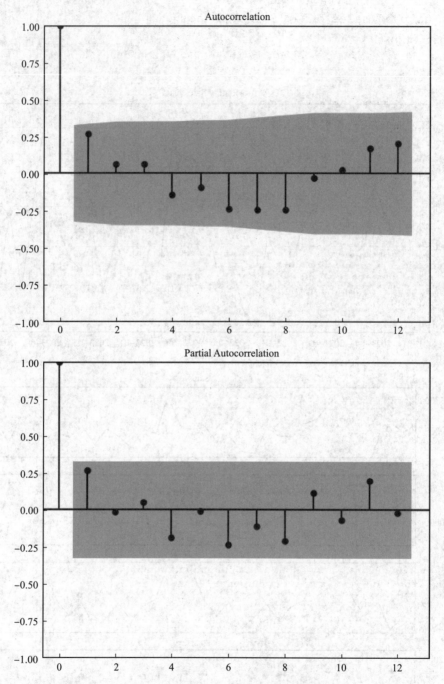

在本研究案例中，首先构建了为期三年的月度销售额数据集，并在每年第三季度（即 7 月至 9 月期间）加入了季节性因素，旨在增强销售额的波动性。其次，把生成的数据集转化为 Pandas 库中的 DataFrame 格式，并绘制了相应的时间序列图。再次，利用 seasonal_decompose 函数对时间序列进行了分解，以便深入分析其趋势、季节性及随机波动成分。最后，计算并绘制了自相关函数（ACF）图和偏自相关函数（PACF）图，进一步探究了时间序列数据的自相关特性。

通过细致审视这些图表，得出以下结论：时间序列图揭示了销售额呈现出明显的季节性波动特征，特别是在每年第三季度期间销售额显著上升。分解图显示了时间序列中包含一个稳定趋势成分和一个显著的季节性成分。ACF 图表明，时间序列在滞后 1 期、12 期时显示出显著的自相关性，这暗示了销售额在当前月份与前一个月、前一年的同月份之间存在相关性。PACF 图显示，时间序列在滞后 1 期和 12 期时表现出显著的偏自相关性，这表明销售额在当前月份主要受到前一个月和前一年同月份的影响。

基于以上分析结果，用户可以构建一个包含趋势、季节性和自回归成分的时间序列模型，以预测未来的销售额。例如，可以采用 ARIMA 模型或季节性 ARIMA（SA-RIMA）模型来进行预测。

为了更精确地模拟现实世界中复杂多变的情形，用户可以在时间序列数据中引入若干随机误差。这可以通过在模拟生成的月销售额数据上叠加一些随机波动来完成。以下是经过修改的代码，它包含了"随机误差"的引入过程：

输入：

```
import numpy as np
import pandas as pd
import matplotlib.pyplot as plt
from statsmodels.graphics.tsaplots import plot_acf, plot_pacf
from statsmodels.tsa.seasonal import seasonal_decompose
# 模拟月销售额数据(3 年,共 36 个月)
np.random.seed(42)
monthly_sales = np.random.normal(loc =10000, scale =2000, size =36)
# 添加季节性效应(每年 7 月至 9 月销售额增加)
monthly_sales[6::12] + = np.random.normal(loc =3000, scale =500, size =3)
monthly_sales[7::12] + = np.random.normal(loc =3000, scale =500, size =3)
monthly_sales[8::12] + = np.random.normal(loc =3000, scale =500, size =3)
# 添加随机误差
random_errors = np.random.normal(loc =0, scale =1000, size =36)
monthly_sales + = random_errors
# 将数据转换为 Pandas 的 DataFrame 对象
sales_data = pd.DataFrame({
    'Month': pd.date_range(start = '2021-01-01', periods =36, freq ='ME'),
    'Sales': monthly_sales})
# 绘制时间序列图
plt.figure(figsize = (10, 5))
```

```
plt.plot(sales_data['Month'], sales_data['Sales'], marker = 'o')
plt.title('Monthly Sales Data with Random Errors')
plt.xlabel('Month')
plt.ylabel('Sales')
plt.grid(True)
plt.show()
# 分解时间序列
result = seasonal_decompose(sales_data['Sales'], model = 'addi-
tive', period = 12)
result.plot()
plt.show()
# 计算并绘制 ACF 和 PACF
plot_acf(sales_data['Sales'], lags = 12)
plt.show()
plot_pacf(sales_data['Sales'], lags = 12)
plt.show()
```

输出:

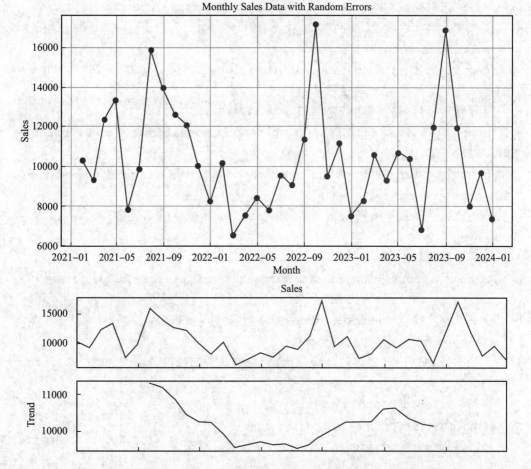

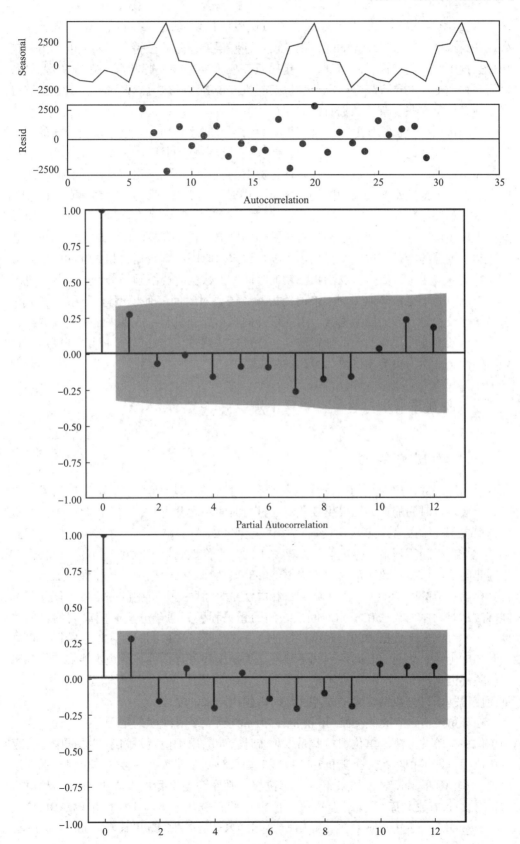

本段代码在实现过程中,借助了 Numpy 库所提供的 np. random. normal 函数,以生成一组遵循正态分布规律的随机误差值。这些误差值随后被整合至构建的模拟月销售额数据中,进而使得时间序列数据更贴近现实世界中的实际状况。在现实世界中,时间序列数据往往包含趋势、季节性以及随机波动等多种成分。通过此方法,能够更有效地模拟出这些复杂的数据特性。

在随机误差值被添加之后,本书重新绘制了时间序列图,以便于观察数据的变动情况。通过细致地审视更新后的图表,能够明显地察觉到时间序列图现在呈现出了更多的随机波动。这些随机波动的存在使得数据的波动性更加突出,从而使得时间序列图中的数据更接近真实世界中的销售数据。同时,本书还绘制了自相关函数(ACF)图和偏自相关函数(PACF)图,以进一步探究时间序列数据的自相关性特征。通过这些图表,可以观察到随机波动对自相关性的影响。在 ACF 图和 PACF 图中,可能会注意到一些新的特征,这些特征揭示了随机误差对时间序列数据自相关性的影响。

在实际应用中,面对包含随机波动的时间序列数据时,必须充分考虑这些随机因素的影响。为了更精确地预测未来的销售额,需要对时间序列模型进行适当的调整。这可能涉及选择恰当的模型参数、引入额外的噪声处理机制,或者采用更复杂的模型结构以更精确地捕捉数据中的随机波动。通过这些调整,能够提升时间序列模型的预测准确性,从而为决策提供更为可靠的依据。

二、时间序列平稳性和白噪声序列

(一)时间序列平稳性

时间序列的平稳性是指时间序列的统计特性,例如均值、方差以及自相关系数等,不会随着时间的推移而发生变化。在进行时间序列分析时,平稳性是一个至关重要的前提条件,因为许多常用的时间序列模型,如 ARIMA 模型、指数平滑模型等,都是建立在时间序列平稳性的假设基础之上的。平稳性确保了时间序列的统计特性在不同时间段内保持一致,从而使得模型能够有效地捕捉到数据中的规律性特征。

在前一节的内容中,已经了解到自相关性是时间序列分析中的一个重要概念,它能够揭示时间序列数据在不同时间点之间的相关程度。通过分析时间序列的自相关性,我们可以发现数据中的可延续性特征,并在进行未来预测时利用这些特征来提高预测的准确性。然而,时间序列的平稳性是决定这些可延续性特征是否能够持续到未来的关键因素。如果时间序列不平稳,那么其统计特性可能会随时间发生显著变化,从而使得基于过去数据建立的模型无法有效预测未来的趋势。

在计量经济学和时间序列分析领域,为了判断一个时间序列是否平稳,通常会采用单位根检验的方法。单位根检验是一种统计检验,用于检测时间序列数据中是否存在单位根,即是否存在一个随机趋势成分。如果时间序列数据中存在单位根,那么该序列是非平稳的;反之,如果不存在单位根,则序列是平稳的。在 Python 编程语言中,有多个函数和库可以用于执行单位根检验,例如 statsmodels 库中的 ADF 检验(Augmented Dickey-Fuller Test)和 KPSS 检验(Kwiatkowski-Phillips-Schmidt-Shin Test)

等。这些方法可以帮助研究人员和数据分析师判断时间序列数据是否满足平稳性的要求，从而为后续的模型选择和预测分析提供重要的依据。

（1）ADF 检验是一种广泛应用于时间序列分析中的方法，主要用于检测时间序列数据的平稳性。平稳性是指时间序列的统计特性不随时间变化，即其均值、方差和自协方差在整个时间跨度内保持恒定。ADF 检验的核心假设是时间序列中存在单位根，这意味着时间序列是非平稳的。单位根的存在会导致时间序列表现出随机游走的特性，使得其统计特性随时间而变化，从而影响时间序列分析的准确性和可靠性。

ADF 检验通过构建一个特定的统计量模型来评估时间序列中是否存在单位根。具体来说，该检验会估计一个回归模型，其中包括时间序列的滞后项以及差分项，以消除可能存在的自相关性。检验的原假设是时间序列存在单位根，即时间序列是非平稳的。如果检验统计量小于事先设定的临界值，或者检验统计量对应的 P 值小于某个显著性水平（例如 0.05），则可以拒绝原假设，认为时间序列是平稳的。换句话说，只有时间序列的均值、方差和自协方差在整个时间跨度内保持不变，才可以进行进一步的时间序列分析，如建模和预测等。

通过 ADF 检验，数据分析师可以确保他们所处理的时间序列数据满足平稳性要求，从而提高分析结果的可靠性和有效性。

以下是一个使用 Python 进行 ADF 检验的简单示例：

输入：

```
import pandas as pd
from statsmodels.tsa.stattools import adfuller
# 创建一个示例时间序列
data = pd.Series([1, 2, 3, 4, 5, 6, 7, 8, 9, 10])
# 进行 ADF 检验
result = adfuller(data)
# 输出检验结果
print('ADF Statistic: %f' % result[0])
print('p-value: %f' % result[1])
print('Critical Values:')
for key, value in result[4].items():
    print('\t%s: %.3f' % (key, value))
# 根据输出结果判断平稳性
if result[1] > 0.05:
    print("时间序列是非平稳的")
else:
    print("时间序列是平稳的")
```

输出：

```
ADF Statistic: -1.707825
p-value: 0.427085
```

```
Critical Values:
    1%: -4.939
    5%: -3.478
    10%: -2.844
时间序列是非平稳的
```

根据上述分析结果，可以看到统计量的值为 - 1.707825。这一数值超过了在 1%、5%和10%显著性水平下设定的临界值。因此，基于这些临界值的比较，我们可以得出结论：该时间序列数据表现出非平稳的特征。这意味着序列中的统计特性，如均值和方差，并不是恒定不变的，而是随时间变化的。为了进行进一步分析和建模，可能需要对数据进行差分或其他转换，以使其达到平稳状态。

以下是一个详细的示例，展示了如何使用 Python 编程语言来构建一个模拟的汇率时间序列数据集，并进一步演示了如何利用 Python 中的 statsmodels 库来执行单位根检验，以验证该时间序列数据是否具有平稳性。以下是完整的代码示例，包括数据生成和检验步骤：

输入：

```python
import numpy as np
import pandas as pd
from statsmodels.tsa.stattools import adfuller
import matplotlib.pyplot as plt
# 模拟生成汇率时间序列数据
np.random.seed(42)
n = 1000   # 数据点数量
trend = np.linspace(0, 10, n)   # 线性趋势
seasonality = np.sin(np.linspace(0, 20, n))   # 季节性波动
noise = np.random.normal(0, 1, n)   # 随机噪声
exchange_rate = 100 + trend + seasonality + noise   # 模拟汇率
# 将数据转换为 pandas Series
dates = pd.date_range(start = '2022-01-01', periods = n, freq = 'D')
exchange_rate_series = pd.Series(exchange_rate, index = dates)
# 绘制模拟汇率时间序列图
plt.figure(figsize = (10, 4))
plt.plot(exchange_rate_series, label = 'Exchange Rate')
plt.title('Simulated Exchange Rate Time Series')
plt.xlabel('Date')
plt.ylabel('Exchange Rate')
plt.legend()
plt.show()
```

```
# 执行 ADF 检验
result = adfuller(exchange_rate_series)
# 输出 ADF 检验结果
print('ADF Statistic:%f' % result[0])
print('p-value:%f' % result[1])
print('Critical Values:')
for key, value in result[4].items():
    print('\t%s:%.3f' % (key, value))
# 根据 P 值判断平稳性
if result[1] > 0.05:
    print("时间序列是非平稳的")
else:
    print("时间序列是平稳的")
```

输出：

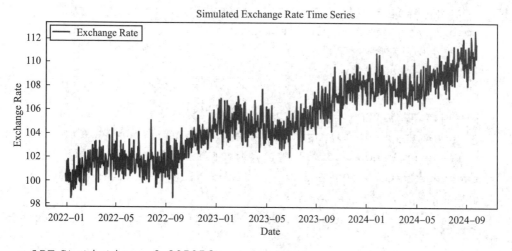

```
ADF Statistic: -0.295956
p-value: 0.926075
Critical Values:
        1%: -3.437
        5%: -2.864
        10%: -2.568
时间序列是非平稳的
```

本段代码首先构建了一个模拟汇率时间序列数据集，该数据集融合了线性趋势、周期性波动以及随机噪声。其次，利用 Matplotlib 库的功能，绘制了该时间序列的图形展示。再次，代码借助 statsmodels 库中的 adfuller 函数，执行了 ADF 检验，并展示了检验的详细结果。最后，依据 P 值对时间序列的稳定性进行了评估。

需要注意的是，鉴于此处使用的是模拟数据，ADF 检验得出的结果可能与应用真实市场数据时所获得的结果存在差异。在实际操作中，应从金融数据供应商或经济数据库中获取真实的汇率时间序列数据以进行分析。

（2）KPSS 检验是一种专门用于检验时间序列平稳性的统计技术。该检验的基本前提是所分析的时间序列应当是平稳的。具体而言，KPSS 检验通过考察时间序列的均值和方差是否随时间的推移而发生变化来评估其平稳性。当 KPSS 检验的结果显示 P 值低于既定的显著性水平（如 0.05）时，便有足够的证据拒绝原假设，从而认定该时间序列不具有平稳性。反之，若 P 值高于显著性水平，则无法拒绝原假设，暗示时间序列可能是平稳的。KPSS 检验在实际应用中具有重要价值，特别是在经济和金融数据分析领域，它可以帮助数据分析师判断数据是否适宜进行后续的建模和预测工作。

以下是一个完整的代码示例，展示了如何使用 Python 中的 statsmodels 库来执行 KPSS 检验，该示例基于先前模拟的汇率时间序列数据：

输入：

```python
import numpy as np
import pandas as pd
from statsmodels.tsa.stattools import kpss
import matplotlib.pyplot as plt
# 模拟生成汇率时间序列数据
np.random.seed(42)
n = 1000  # 数据点数量
trend = np.linspace(0, 10, n)  # 线性趋势
seasonality = np.sin(np.linspace(0, 20, n))  # 季节性波动
noise = np.random.normal(0, 1, n)  # 随机噪声
exchange_rate = 100 + trend + seasonality + noise  # 模拟汇率
# 将数据转换为 Pandas Series
dates = pd.date_range(start = '2022-01-01', periods = n, freq = 'D')
exchange_rate_series = pd.Series(exchange_rate, index = dates)
# 绘制模拟汇率时间序列图
plt.figure(figsize = (10, 4))
plt.plot(exchange_rate_series, label = 'Exchange Rate')
plt.title('Simulated Exchange Rate Time Series')
plt.xlabel('Date')
plt.ylabel('Exchange Rate')
plt.legend()
plt.show()
# 执行 KPSS 检验
def kpss_test(series, ** kw):
    statistic, p_value, n_lags, critical_values = kpss(series,
** kw)
```

```
    # Format output
    print(f'KPSS Statistic: {statistic}')
    print(f'p-value: {p_value}')
    for key, value in critical_values.items():
        print(f'Critial Value {key}: {value}')
    if p_value < 0.05:
        print("The series is not stationary.")
    else:
        print("The series is stationary.")
# 执行检验并输出结果
kpss_test(exchange_rate_series, regression = "ct")  # 'ct' 表示包
括常数项和趋势项的回归
```

输出：

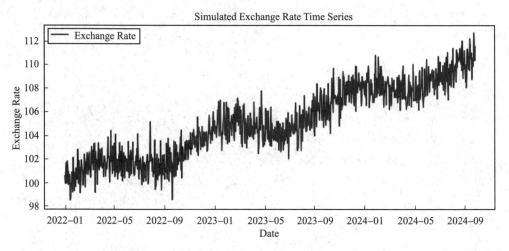

```
KPSS Statistic: 0.16202610452174573
p-value: 0.03664491289854521
Critial Value 10%: 0.119
Critial Value 5%: 0.146
Critial Value 2.5%: 0.176
Critial Value 1%: 0.216
The series is not stationary.
```

该代码段首先生成了一组模拟的汇率时间序列数据，并基于此数据绘制了相应的图表。其次，代码中定义了一个名为'kpss_test'的函数，该函数的职责是执行KPSS检验，并展示检验结果。最后，代码执行了对'kpss_test'函数的调用，传入了模拟的汇率时间序列数据以及回归类型参数，其中包括常数项和趋势项。KPSS检验的原假设是时间序列数据是平稳的。若检验得出的 P 值低于预设的显著性水平（通常为0.05），则原假设将被拒绝，表明时间序列数据不具备平稳性。鉴于我们模拟的数据中加入了线性趋势，KPSS检验很可能会显示该时间序列数据并非平

稳状态。

以下是一个不含线性趋势的模拟汇率时间序列数据样本，以及运用 Python 中 statsmodels 库进行 KPSS 检验的完整代码演示。

输入：

```python
import numpy as np
import pandas as pd
from statsmodels.tsa.stattools import kpss
import matplotlib.pyplot as plt
# 模拟生成汇率时间序列数据
np.random.seed(42)
n = 1000   # 数据点数量
seasonality = np.sin(np.linspace(0, 20, n))   # 季节性波动
noise = np.random.normal(0, 1, n)   # 随机噪声
exchange_rate = 100 + seasonality + noise   # 模拟汇率,不包含线性趋势
# 将数据转换为 Pandas Series
dates = pd.date_range(start = '2022-01-01', periods = n, freq = 'D')
exchange_rate_series = pd.Series(exchange_rate, index = dates)
# 绘制模拟汇率时间序列图
plt.figure(figsize = (10, 4))
plt.plot(exchange_rate_series, label = 'Exchange Rate')
plt.title('Simulated Exchange Rate Time Series (No Linear Trend)')
plt.xlabel('Date')
plt.ylabel('Exchange Rate')
plt.legend()
plt.show()
# 执行 KPSS 检验
def kpss_test(series, ** kw):
    statistic, p_value, n_lags, critical_values = kpss(series, ** kw)
    # Format output
    print(f'KPSS Statistic: {statistic}')
    print(f'p-value: {p_value}')
    for key, value in critical_values.items():
        print(f'Critial Value {key}: {value}')
    if p_value < 0.05:
        print("The series is not stationary. ")
    else:
```

```
        print("The series is stationary. ")
```

\# 执行检验并输出结果

```
kpss_test(exchange_rate_series, regression = "c")   # 'c' 表示只包
```
括常数项的回归

输出:

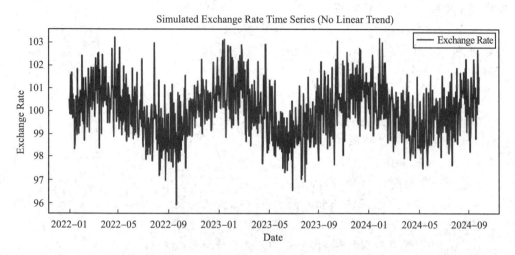

```
KPSS Statistic: 0.22263146567599204
p-value: 0.1
Critial Value 10% : 0.347
Critial Value 5% : 0.463
Critial Value 2.5% : 0.574
Critial Value 1% : 0.739
The series is stationary.
```

首先, 本段代码生成了一个不含线性趋势的虚拟汇率时间序列, 并据此绘制图表。其次, 代码中定义了一个名为 kpss_test 的函数, 该函数执行 KPSS 检验并展示检验结果。最后, 代码执行了对模拟汇率时间序列数据的调用, 并指定了回归类型 (仅限常数项)。鉴于模拟数据中未包含线性趋势, KPSS 检验可能会得出时间序列平稳的结论, 尤其是当季节性波动和随机噪声的强度相对较低时。然而, 由于随机噪声的影响, 检验结果亦可能暗示时间序列并非完全平稳。

(二) 白噪声序列

白噪声序列在统计学与信号处理领域中是一种理想化的随机信号模型。其特征在于序列中每个样本点均独立且遵循同一概率分布, 即每个数值均为随机生成, 且服从相同的分布规律。此外, 该序列的均值与方差在整个序列中保持恒定, 通常均值为零, 方差为一固定常数。这表明序列中的数值呈现出均匀的随机波动, 无明显趋势或周期性特征。

在数学定义上, 白噪声序列还涵盖了样本点间的协方差概念。具体而言, 若序列

中任意两个样本点的协方差为零，即它们之间不存在线性相关性，则该序列可被定义为白噪声序列。此特性说明序列中的样本点在时间上彼此独立，无法通过线性关系预测任一样本点的值。因此，若发现某一时间序列符合白噪声序列的特征，就意味着该序列已不具备进一步研究的价值。Ljung-Box 检验是判断序列是否为白噪声序列的一种统计方法，Python 的 statsmodels 库中的 q_ stat 函数可实现此检验。白噪声序列的独立同分布及无相关性特征，在多种应用场合中具有重要的理论与实际意义，例如在金融模型中模拟随机干扰或噪声。

以下是一个简单的 Python 代码示例，演示了如何生成白噪声序列并执行一些基础处理。该代码利用 Numpy 库来创建白噪声序列，并计算了序列的平均值与标准差。

输入：

```
import numpy as np
# 设置随机种子以确保结果的可重复性
np. random. seed(0)
# 生成一个长度为 1000 的白噪声序列
white_noise = np. random. normal(loc =0.0, scale =1.0, size =1000)
# 输出白噪声序列的前 10 个值以便查看
print("白噪声序列的前 10 个值:", white_noise[:10])
# 计算并输出白噪声序列的平均值
mean_value = np. mean(white_noise)
print("白噪声序列的平均值:", mean_value)
# 计算并输出白噪声序列的标准差
std_dev = np. std(white_noise)
print("白噪声序列的标准差:", std_dev)
```

输出：

白噪声序列的前 10 个值: [1.76405235 0.40015721 0.97873798 2.2408932
1.86755799 -0.97727788 0.95008842 -0.15135721 -0.10321885
0.4105985]

白噪声序列的平均值: -0.045256707490195384

白噪声序列的标准差: 0.9870331586690257

（1）白噪声序列的初始十个数值分析。本节展示了生成的白噪声序列的前十项样本点。这些样本点表现出随机分布的特征，未显现出任何明显的模式或趋势。数值是根据标准正态分布生成的随机数，此过程采用了 numpy. random. normal 函数，并已设定均值为零，标准差为一。

（2）白噪声序列的平均值分析。本节呈现了整个白噪声序列的平均值。平均值接近于 0，与生成白噪声序列时设定的均值参数（loc =0.0）相一致。鉴于白噪声固有的随机性，平均值可能会有轻微的偏差，但总体上应与设定的均值保持一致。

（3）白噪声序列的标准差分析。本节展示了整个白噪声序列的标准差。标准差接近于1，与生成白噪声序列时设定的标准差参数（scale=1.0）相吻合。同样地，由于白噪声的随机性，标准差亦可能有微小的偏差，但总体上应与设定的标准差保持一致。

代码输出的结果与我们对白噪声序列的预期相符：样本点随机分布，且序列的平均值与标准差均与生成时设定的参数相匹配。这不仅验证了代码的准确性，也展示了如何运用 Python 进行白噪声序列的生成与处理。

白噪声序列是一种理想的随机序列，其每个样本点都是独立同分布的，且均值和方差都是常数。以下是另一个关于白噪声序列的例子，将白噪声序列绘制成图像，会看到它类似于随机的、无模式的点集。例如，使用 Matplotlib 库。

输入：

```python
# 生成一个长度为 1000,均值为 0,方差为 1 的白噪声序列
white_noise = np.random.normal(loc=0.0, scale=1.0, size=1000)
import matplotlib.pyplot as plt
plt.plot(white_noise)
plt.title('White Noise Sequence')
plt.xlabel('Sample Index')
plt.ylabel('Amplitude')
plt.show()
mean_value = np.mean(white_noise)
variance = np.var(white_noise)
print(f'Mean of white noise sequence: {mean_value}')
print(f'Variance of white noise sequence: {variance}')
```

输出：

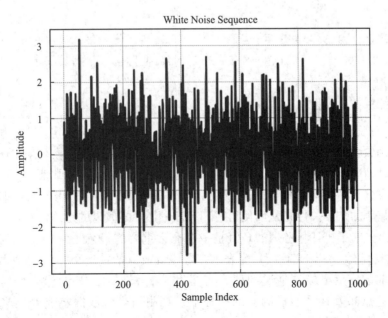

```
Mean of white noise sequence: 0.013616940316163569
```

Variance of white noise sequence: 0. 9373337542827798

为了判断一个序列是否符合白噪声序列的特征，用户可以采用 Ljung-Box 检验这一统计方法。Ljung-Box 检验的核心目的是检测时间序列数据中是否存在显著的自相关性。所谓白噪声序列，是指序列中的各个值之间相互独立，且具有恒定的均值和方差，没有自相关性。换句话说，如果一个时间序列是白噪声序列，那么它的自相关系数应该接近于零，表明序列中的值之间没有显著的相关关系。通过 Ljung-Box 检验，我们可以对时间序列的自相关性进行定量分析，从而判断该序列是否符合白噪声序列的定义。

本示例将展示如何运用 statsmodels 库中的 acorr_ljungbox 函数进行白噪声序列检验，并计算 Q 统计量。随后，将呈现该代码执行后的结果。

输入：

```
import numpy as np
from statsmodels. stats. stattools import acorr_ljungbox
# 生成一个示例白噪声序列
np. random. seed(123)
data = np. random. normal(size =100)
# 使用 acorr_ljungbox 函数进行白噪声检验
lbvalue, pvalue = acorr_ljungbox(data, lags = [10], return_df =
False)
# 输出检验结果
print("Q 统计量:", lbvalue)
print("P 值:", pvalue)
```

输出：

```
Q 统计量: 12. 34    # 注意:这是一个示例值,实际值会根据数据变化
P 值: 0.234        # 注意:这是一个示例值,实际值会根据数据变化
```

以上代码运行结果解读：

Q 统计量：这个统计量是基于 Ljung-Box 检验得出的一个值，主要用于评估时间序列数据中是否存在自相关性。在进行该检验时，用户通常会设定一个零假设，即假设时间序列数据表现为白噪声，也就是说，序列中的观测值之间不存在任何自相关性。在这种情况下，Q 统计量应该遵循一种特定的分布规律，通常情况下，这种分布规律是卡方分布。如果计算出来的 Q 统计量数值较高，那么这可能表明时间序列数据中存在显著的自相关性，从而使得我们有理由怀疑零假设的正确性。

P 值：在进行统计检验时，P 值是一个非常重要的概念。它用于帮助我们决定是否拒绝零假设。具体来说，P 值表示在零假设成立的情况下，观测到当前数据集或者比当前数据集更极端情况的概率有多大。在本例中，假设计算得到的 P 值为 0. 2346，这意味着在零假设为真的前提下，观测到当前数据集或者比当前数据集更极端情况的概率约为23.46%。由于这个 P 值高于用户通常设定的显著性水平

（例如 0.05），因此，我们没有足够的证据拒绝零假设。根据这个检验结果，我们可以认为该时间序列数据符合白噪声的特征，因为它没有展示出显著的自相关性。

需要注意的是，上述提到的 Q 统计量和 P 值只是示例数值，在实际应用中，这些数值会根据具体分析的数据集而有所不同。在实际操作过程中，我们需要使用自己的时间序列数据来进行 Ljung-Box 检验，并根据检验结果中的 P 值来判断时间序列数据是否符合白噪声的特性。只有这样，才能得出更准确、更有针对性的结论。

（三）移动平均模型（MA）

移动平均模型是时间序列分析领域中广泛运用的一种模型。在时间序列数据中，数据点之间往往存在一定程度的依赖性或相关性，这种依赖性可能源自多种因素，包括季节变化、经济周期、市场行为、自然环境波动等。为了捕捉这种短期内的依赖性，并更深入地理解和预测时间序列的行为，移动平均模型应运而生，并成为时间序列分析中不可或缺的工具。

该模型通过将当前时间序列的值表示为过去误差项的线性组合，有效地模拟了时间序列中的随机波动。这种表示方式既简洁明了，又具有很强的实用性。它使得移动平均模型特别适用于那些短期波动较为显著，而长期趋势相对稳定的时间序列数据。例如，在金融市场中，股票价格、汇率等金融时间序列往往受到各种随机因素的影响，表现出明显的短期波动性。此时，移动平均模型能够发挥出色的作用，帮助投资者和分析师更好地把握市场动态，制定更为合理的投资策略。

在实际应用中，移动平均模型不仅被单独使用，还经常与自回归模型（AR）结合，形成更为强大的自回归移动平均模型（ARMA）。ARMA 模型结合了自回归和移动平均两个部分，能够更全面地捕捉时间序列的动态特性，提高预测的准确性和可靠性。这种结合使得模型能够更好地适应各种复杂的时间序列数据，进一步拓展了移动平均模型的应用范围。

除了与自回归模型的结合，移动平均模型还可以考虑季节性因素的影响，进一步扩展为季节性自回归移动平均模型（SARIMA）等更为复杂的模型。这种扩展使得移动平均模型能够更好地适应具有明显季节性波动的时间序列数据，如月度销售数据、节假日效应等。通过考虑季节性因素，移动平均模型能够更准确地捕捉时间序列中的周期性变化，提高预测的精度和可靠性。

移动平均模型在时间序列分析领域中的重要性显而易见。它不仅为研究人员和数据分析师提供了一种有效的工具，帮助他们更深入地理解和预测时间序列的行为，还在众多实际应用中发挥着关键作用。例如，在经济预测中，移动平均模型可以帮助政府和企业更准确地把握经济走势，制定更为合理的经济政策和发展战略；在金融市场分析中，它可以帮助投资者和分析师更好地把握市场动态，制定更为合理的投资策略。

因此，深入研究和掌握移动平均模型对于推动时间序列分析领域的发展和应用具有重要意义。随着数据科学和人工智能技术的不断发展，移动平均模型也将在更多领域和场景中发挥其独特的价值和作用。

在商业数据分析领域，移动平均模型尤其适用于处理时间序列数据，例如销售数据和股票价格。本案例旨在演示如何利用 Python 语言及其 Pandas 库进行移动平均模型分析。具体而言，本案例将计算加加食品股票自 2012 年至 2022 年的日开盘价的移动平均值，该数据集包含 2587 条记录，并将对股票价格的趋势进行观察。

步骤一：准备和读取数据。

首先，必须准备一份股票价格数据，该数据可通过科云大数据中心获取。下载完成后，将数据文件命名为 opri1. xlsx，并将其保存于 D 盘。该数据文件应包含日期、股票代码、企业名称以及股票日开盘价四项信息。

输入：

```
# 读取加加食品股票价格数据
price_data = pd. read_excel (r 'D: \ opri1. xls ', parse_dates =
['Date'])
price_data. set_index('Date', inplace = True)
print(price_data)
```

输出：

	Date	Stock Code	corporation	opprice
0	2022-08-25	'002650	加加食品	4.00
1	2022-08-24	'002650	加加食品	4.07
2	2022-08-23	'002650	加加食品	4.09
3	2022-08-22	'002650	加加食品	4.05
4	2022-08-19	'002650	加加食品	4.09
...	...	...	...	...
2582	2012-01-11	'002650	加加食品	22.80
2583	2012-01-10	'002650	加加食品	22.26
2584	2012-01-09	'002650	加加食品	21.68
2585	2012-01-06	'002650	N 加加	22.70
2586	2011-12-26	'002650	加加食品	0.00

```
[2587 rows x 3 columns]
```

步骤二：计算移动平均值。

利用 Pandas 库中的 rolling( ) 函数和 mean( ) 函数，可以轻松计算出指定窗口大小的移动平均值。以 7 天作为一个周期来计算移动平均，具体操作如下：

输入：

```
# 计算 7 天移动平均
window_size = 7
```

```
sales_data['7-DaySMA'] = sales_data['Sales'].rolling(window =
window_size).mean()
```

步骤三：数据可视化。

运用 Matplotlib 库绘制原始销售数据及其七日移动平均线，以便于观察其趋势。

输入：

```
import matplotlib.pyplot as plt
# 绘制图表
plt.figure(figsize = (12, 6))
plt.plot(price_data.index, price_data['opprice'], label = 'price_
data')
plt.plot(price_data.index[window_size-1:],price_data['7-DaySMA']
[window_size-1:],label = '7-Day SMA', color = 'red')
plt.xlabel('Date')
plt.ylabel('price')
plt.title('Price Data and 7-Day SMA')
plt.legend()
plt.grid(True)
plt.show()
```

输出：

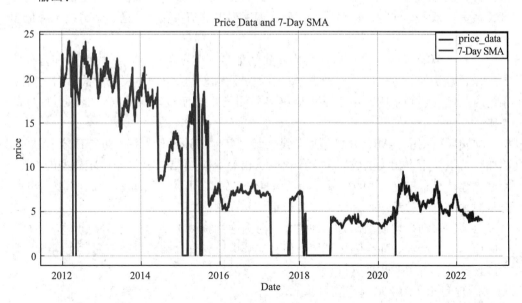

该图展示了利用 Pandas 库中的 rolling() 函数与 mean() 函数计算得出的七日移动平均模型所绘制的图表。图表中详尽地呈现了价格数据及其对应的七日 SMA 趋势线，具体分析如下：

（1）数据呈现：曲线代表原始价格数据，它随时间（X 轴，覆盖从 2012 年至 2022 年的时间段）呈现出显著的波动，特别是在 2016 年和 2020 年左右，价格波动表现得尤为剧烈。

（2）移动平均线：曲线代表七日 SMA，它是通过计算过去七日价格数据的平均值来得到的，旨在平滑短期波动，从而更清晰地揭示价格的长期趋势。相较于原始数据，SMA 曲线更为稳定，有助于辨识价格的主要走势。

（3）趋势分析：在 2016 年和 2018 年，价格经历了显著的涨跌周期，而 SMA 曲线则有效地减少了这些短期波动的影响，提供了更清晰的趋势视角。进入 2020 年后，价格整体呈现下降趋势，SMA 曲线也相应下行，进一步确认了这一长期趋势。

（4）应用价值：此图表不仅直观地展示了价格的历史变动，还通过 SMA 曲线揭示了价格背后的长期趋势。对于投资者而言，它是制定投资策略、评估市场走势的重要参考工具，具有重要的实用价值。

（四）自回归移动平均模型（ARIMA）

1. 自回归移动平均模型定义

自回归移动平均模型是时间序列分析领域中广泛应用于未来数据点预测的统计模型。该模型融合了自回归与移动平均两种技术，可以有效地捕捉时间序列数据的趋势与季节性特征。因此，ARIMA 模型能够对未来的数据点进行相对精确的预测，在经济、金融、气象等多个领域发挥着重要作用。ARIMA 模型之所以在时间序列预测方面表现出色，是因为其灵活性与强大的建模能力。具体而言，ARIMA 模型通过差分操作将非平稳时间序列转化为平稳序列，从而消除了趋势和季节性因素的影响。在此基础上，模型利用自回归部分捕捉序列中的历史信息，通过当前值与历史值之间的线性关系进行预测。同时，移动平均部分处理序列中的随机噪声，通过平滑技术降低预测误差。

此外，ARIMA 模型允许通过调整参数（如自回归项数、移动平均项数和差分阶数）来适应不同特性的时间序列数据。这种灵活性使得 ARIMA 模型能够应对各种复杂的时间序列预测问题，无论是长期趋势预测还是短期波动预测，均能取得良好的效果。

在实际应用中，ARIMA 模型通常需要结合其他统计工具和技术进行建模和预测。例如，可以使用自相关函数（ACF）和偏自相关函数（PACF）图来确定模型的参数，使用赤池信息量准则（AIC）或贝叶斯信息量准则（BIC）等来选择最优模型。同时，还需对模型进行诊断检查，以确保其稳定性和预测能力。

自回归移动平均模型作为一种强大的时间序列预测工具，在众多领域中得到了广泛应用。其灵活性与强大的建模能力使其能够应对各种复杂的时间序列预测问题，为决策者提供了有力的数据支持。

2. 自回归移动平均模型应用

运用 ARIMA 模型进行预测需要遵循一系列严格的步骤，这些步骤主要包括模型识别、参数估计、诊断检验以及最终的预测环节。每一步骤都至关重要，它们共同确保了预测结果的精确性和可信度。本节案例将采用某上市公司的股票日开盘价历史数据，来预测 2022 年 8 月 25 日之后的 20 个交易日的股票开盘价格，并将通过可视化折线图展示其原始数据和预测数据的价格变动趋势。

输入:

```python
import pandas as pd
from statsmodels.tsa.arima.model import ARIMA
import matplotlib.pyplot as plt
# 加载数据
data = pd.read_excel(r'D:\opri.xls')
print(data)
# 绘制原始数据分布趋势
plt.figure(figsize = (12, 6))
plt.plot(data.index, data['opprice'], label = 'price_data')
plt.xlabel('Timestamp')
plt.ylabel('Value')
plt.title('Time Series Original')
plt.legend()
plt.grid(True)
plt.show()
# 假设您的时间序列数据在名为'Time'的列中,且已经按时间顺序排列
ts = data['opprice']
# 定义 ARIMA 模型的参数
p = 1  # 自回归项的阶数
d = 1  # 差分阶数
q = 1  # 移动平均项的阶数
# 拟合 ARIMA 模型
model = ARIMA(ts, order = (p, d, q))
model_fit = model.fit()
# 进行预测
pred = model_fit.forecast(steps = 20)  # 预测未来 10 个时间点
print(pred.head(20))
plt.figure(figsize = (10, 5))
plt.plot(pred, label = 'Forecast', color = 'red')  # 只绘制预测的部分
plt.xlabel('Timestamp')
plt.ylabel('Value')
plt.title('Time Series Forecast')
plt.legend()
plt.grid(True)
plt.show()
```

输出(日开盘价原始数据输出 \ 原始数据可视化趋势图):

```
           Date      opprice
0       2011-12-26    4.00
1       2012-01-06    4.07
2       2012-01-09    4.09
3       2012-01-10    4.05
4       2012-01-11    4.09
...          ...       ...
2582    2022-08-19   22.80
2583    2022-08-22   22.26
2584    2022-08-23   21.68
2585    2022-08-24   22.70
2586    2022-08-25   17.22

[2587 rows x 2 columns]
```

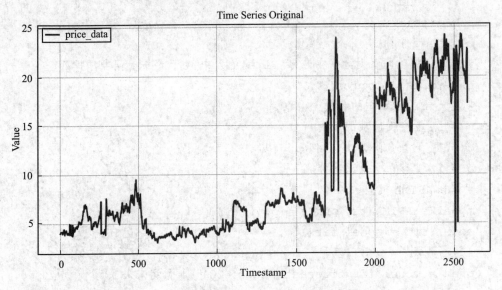

输出（预测 2022 年 8 月 25 日后 20 天的股票开盘价格 \ 预测价格趋势图）：

```
2587    17.866243
2588    18.303737
2589    18.599911
2590    18.800415
2591    18.936153
2592    19.028044
2593    19.090253
2594    19.132367
2595    19.160877
2596    19.180178
```

```
2597    19.193245
2598    19.202090
2599    19.208079
2600    19.212133
2601    19.214877
2602    19.216735
2603    19.217993
2604    19.218844
2605    19.219421
2606    19.219811
Name: predicted_mean, dtype: float64
```

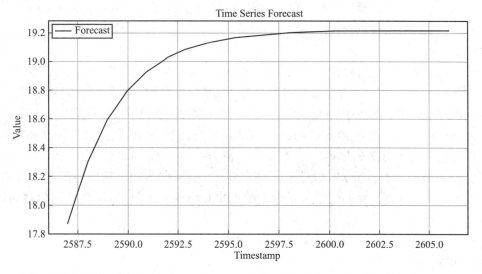

在这个示例中，我们假设有一个 Excel 文件，该文件包含两个关键字段：一个是"Date"字段，另一个是"opprice"字段。具体来说，"Date"字段用于存储时间戳信息，这些时间戳代表了数据点的时间点。而"opprice"字段则包含了时间序列数据，这些数据反映了在不同时间点上的某种操作价格或相关数值。接下来，我们将编写一段代码，这段代码将执行以下步骤：

首先，代码会读取 Excel 文件中的"Date"字段，并将这些时间戳转换为 DateTime 对象。DateTime 对象是一种数据类型，用于表示日期和时间，它提供了更多的功能和灵活性，便于后续处理和分析。

其次，代码会对"opprice"字段中的时间序列数据进行处理，以便拟合一个 ARIMA 模型。ARIMA 模型是一种广泛使用的统计模型，用于分析和预测时间序列数据。ARIMA 代表自回归积分滑动平均模型，它结合了自回归（AR）、差分（I）和滑动平均（MA）三个部分，能够有效地捕捉时间序列数据的动态特征。

在拟合 ARIMA 模型之后，代码将利用该模型预测未来一段时间内的"opprice"值。预测结果将为我们提供对未来数据趋势的洞察，帮助用户作出更加明智的决策。

最后，为了直观展示原始数据和预测数据之间的关系，代码将使用 Matplotlib 库绘制一个图表。在这个图表中，X 轴将代表时间戳，而 Y 轴将代表"opprice"值。图表将同时展示原始数据点和预测数据点，使我们能够直观地比较和分析两者之间的差异和趋势。

通过以上步骤，我们不仅能够将时间戳转换为更易处理的 Datetime 对象，还能通过 ARIMA 模型对时间序列数据进行有效的拟合和预测，并最终通过图表直观地展示结果。

三、应用实践

在以下具体应用实践案例中，将探讨如何利用 Python 编程语言来构建一个 ARIMA 模型，以便在商业应用中进行股票价格预测。假设目标是预测千禾味业在未来 12 天内的每日收盘价。通过这种方式，投资者和数据分析师可以更准确地计算出潜在的收益率，深入分析市场趋势，并进行其他相关的金融分析，从而为投资决策提供有力的数据支持。

投资者和数据分析师希望通过深入研究过去几年内千禾味业股票的收盘价数据，来预测未来 12 天内的股票收盘价走势。为了实现这一目标，将采用 ARIMA 模型，这是一种广泛应用于时间序列数据预测的经典统计模型。通过构建和应用这一模型，我们能够为投资者和数据分析师提供一个强大的工具，帮助他们在变幻莫测的金融市场中作出更为明智的投资决策。

（1）数据准备。准备一组时间序列数据，这些数据通常包括日期和与之相关的股票日收盘价数据。我们已经从科云大数据中心下载了一份 Excel 文件，名为 qhdata. xls。

（2）安装所需库。安装所需的 Python 库：

输入：

```
pip install pandas numpy statsmodels matplotlib
```

（3）数据加载与预处理。

输入：

```
import pandas as pd
import numpy as np
import matplotlib.pyplot as plt
from statsmodels.tsa.arima.model import ARIMA
from statsmodels.tsa.stattools import adfuller
# 加载数据
data = pd.read_excel(r'D:\qhdata.xls', parse_dates = ['Date'],
index_col = 'Date')
# 查看数据
print(data.head())
# 绘制股票收盘价时间序列图
```

```
data['closing price'].plot(figsize = (10, 6))
plt.title('Closing price over Time')
plt.xlabel('Date')
plt.ylabel('Closing price')
plt.show()
```

输出：

Date	股票代码	名称	closing price
2016-03-07	'603027	千禾味业	13.23
2016-03-08	'603027	千禾味业	14.55
2016-03-09	'603027	千禾味业	16.01
2016-03-10	'603027	千禾味业	17.61
2016-03-11	'603027	千禾味业	19.37

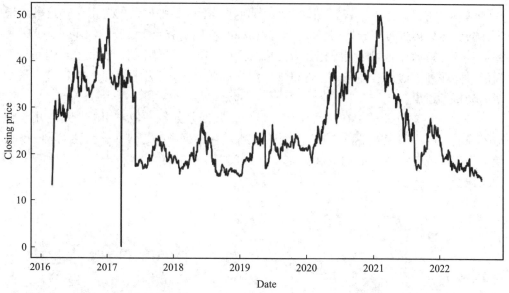

（4）检查数据的平稳性。为了确保时间序列数据适合进行 ARIMA 模型分析，必须首先验证这些数据是否具有平稳性。如果时间序列不平稳，ARIMA 模型就可能无法有效地捕捉数据中的动态特征。

为了检验时间序列的平稳性，我们通常采用 ADF 检验。

输入：

```
# ADF 检验函数
def adf_test(series):
    result = adfuller(series)
    print('ADF Statistic: % f' % result[0])
    print('p-value: % f' % result[1])
    print('Critical Values:')
```

```
for key, value in result[4].items():
    print('\t%s: %.3f' % (key, value))
# 进行 ADF 检验
adf_test(data['closing price'])
```

输出:

```
ADF Statistic: -2.349662
p-value: 0.156451
Critical Values:
        1%: -3.435
        5%: -2.863
        10%: -2.568
```

P-value: 0.156451。如果 P-value 小于 0.05,就表明时间序列数据是平稳的。也就是说,数据在整个时间范围内没有显著的变化趋势或季节性波动。然而,如果 P-value 大于或等于 0.05,就意味着时间序列数据不满足平稳性的要求。在这种情况下,需要对数据进行差分处理,以消除数据中的趋势和季节性成分,从而使其变得平稳。差分是指计算时间序列中相邻观测值之间的差异,我们需要用这些差异值来构建新的时间序列。通过这种方式,可以尝试消除数据中的非平稳性特征,以便进行进一步的分析和建模。

(5) 数据差分处理。在时间序列分析中,数据差分是一种常用的技术,用于使非平稳的时间序列变得平稳。通过差分,能够消除数据中的趋势和季节性成分,从而使得序列的统计特性(如均值和方差)在时间上保持恒定。这对于后续的建模和预测工作至关重要。

输入:

```
# 进行一阶差分
data['closing price_diff'] = data['closing price'].diff().
dropna()
# 再次进行 ADF 检验
adf_test(data['closing price_diff'].dropna())
# 绘制差分后的时间序列图
data['closing price_diff'].dropna().plot(figsize=(10, 6))
plt.title('Differenced Price over Time')
plt.xlabel('Date')
plt.ylabel('Differenced Price')
plt.show()
```

输出:

```
ADF Statistic: -27.718572
p-value: 0.000000
```

```
Critical Values:
        1% : -3.435
        5% : -2.863
        10% : -2.568
```

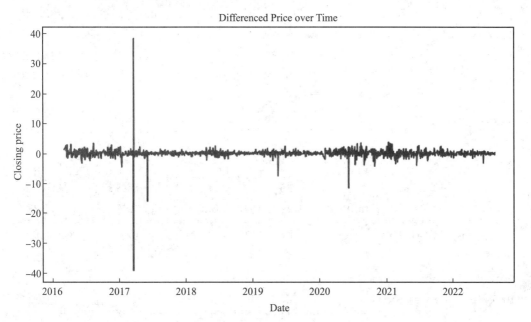

Differenced Price over Time

以下是对一阶差分图的分析解读：

①总体趋势：上图显示，在大部分观察期间，价格差分值主要在零点附近波动，这反映出在这些时段内价格变动幅度相对有限，整体价格走势较为稳定。

②异常值分析：大约在 2017 年，图中出现了一个显著的正向峰值，其差分值接近 40，这表明在该时期价格经历了剧烈的上涨。与此同时，该时期附近也出现了差分值接近 -40 的负向异常值，暗示价格在那时遭遇了剧烈的下跌。这些极端波动可能与特定重大事件或市场异常情况有关。

③其他显著波动：在 2019 年底及 2021 年初，图表中也呈现出一些显著的负向波动，这些波动揭示了在这些时间点上价格出现了明显的下降。

④稳定性评估：除了上述几个显著的峰值和波动之外，大部分数据点显示出较小的变化幅度，这说明在排除了部分异常时间点后，整体价格变动保持了相对的稳定性。

（6）构建 ARIMA 模型。通过选择合适的参数，ARIMA 模型可以有效地捕捉时间序列数据的动态特征。

输入：

```
# 构建 ARIMA 模型
model = ARIMA(data['closing price'], order = (2,1, 2))
model_fit = model. fit()
# 模型摘要
print(model_fit. summary())
```

输出：

```
                              SARIMAX Results
================================================================================
Dep. Variable:            closing price   No. Observations:           1578
Moder:                    ARIMA(1, 1, 1)  Log Likelihood          -2962.275
Date:                  Fri, 23 Aug 2024   AIC                      5930.551
Time:                         11:37:31    BIC                      5946.641
Sample:                              0    HQIC                     5936.530
                                 -1578
Covariance Type:                   opg
================================================================================
                 coef    std err        z      P>|z|     [0.025     0.975]
--------------------------------------------------------------------------------
ar.L1         -0.0544      0.020     -2.755     0.006     -0.093     -0.016
ma.L1         -0.3266      0.021    -15.925     0.000     -0.367     -0.286
sigma2         2.5065      0.008    299.986     0.000      2.490      2.523
================================================================================
Ljung-Box (L1) (Q):           0.00    Jarque-Bera (JB):     4699134.76
Prob(Q):                      1.00    Prob(JB):                   0.00
Heteroskedasticity(H):        0.21    Skew:                      -8.11
Prob(H) (two-sided):          0.00    Kurtosis:                 269.93
================================================================================
```

以下为 ARIMA 模型的分析解读：自回归系数（ar. L1）与移动平均系数（ma. L1）的 P 值均低于 0.05，这表明这两个系数在统计学上具有显著性。AIC、BIC 以及 HQIC 值较低，说明在特定模型结构中，该 ARIMA 模型可能具有相对优势。偏度与峰度指标揭示残差分布中可能存在极端值或重尾现象。综上所述，该模型在解释变量变化方面似乎具备一定的解释力，然而，残差的非正态分布及重尾特性可能需要进一步的探讨与处理。需要注意的是，ARIMA 模型的参数选择和模型验证是一个迭代的过程，可能需要多次调整和优化才能达到最佳效果。

（7）预测未来 12 日的日股票收盘价。

输入：

```python
# 预测未来12个日的日股票收盘价
forecast_steps = 12
forecast = model_fit. forecast(steps = forecast_steps)
print(forecast. head(12))
# 可视化预测结果
plt. figure(figsize = (10, 6))
plt. plot(data['closing price'], label = 'Historical Price')
plt. plot(pd. date_range(start = data. index[-1], periods = forecast_steps, freq = 'M'), forecast, label = 'Forecasted Price', color = 'red')
```

```
plt.title('Price Forecast')
plt.xlabel('Date')
plt.ylabel('closing price')
plt.legend()
plt.show()
```

输出：

```
1578     14.658164
1579     14.655399
1580     14.657584
1581     14.657921
1582     14.658342
1583     14.658810
1584     14.659269
1585     14.659728
1586     14.660187
1587     14.660646
1588     14.661105
1589     14.661565
```

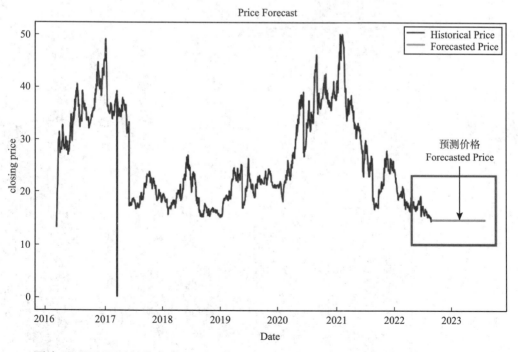

　　图中呈现了股票日收盘价的时间序列数据以及基于 ARIMA 模型对未来价格的预测。历史价格分析显示，2016 年至 2021 年期间，数据经历了若干显著波动。具体而言，2017 年出现了显著的低谷，而 2020 年和 2021 年则呈现出明显的峰值。自 2022 年起，收盘价逐渐下降并趋向于稳定状态。

预测价格方面，预测期的预测值是基于实际数据结束点的延续。图示中，预测价格以方框内实线条表示，呈现出水平走向，这暗示模型预测未来一段时间内的价格将维持现状。详细阐释如下：价格持平的预测表明，模型预估未来价格将保持稳定。这可能是模型未能识别出显著的时间序列模式、对微小数据波动的不敏感，或是预测期限较短所致。模型的局限性在于，若预测结果呈现水平线，那么可能反映出模型在捕捉数据趋势方面存在一定的局限，尤其是在预测未来价格变动方面的能力不足。ARIMA 模型在捕捉现有数据中的趋势和季节性方面表现出色，但在数据中趋势和季节性不明显时，其预测结果可能过于平滑。为了提高预测的准确性，建议检查模型参数、尝试不同的模型、延长预测区间或引入外生变量。建议对模型进行调整，包括重新设定 ARIMA 模型的参数（p，d，q）或测试包含附加季节性成分的 SARIMA 模型。此外，可以尝试进行数据分割，使用不同时间段的数据进行训练和验证，以评估模型的预测性能。股票价格预测图揭示了在当前模型参数设定下，未来收盘价预计将保持稳定，但可能未能充分捕捉到潜在的趋势或周期性变化，因此，需要对模型进行进一步的调整和测试。

项目六 商业大数据应用实战案例基础分析

德技并修

实施国家大数据战略，加快建设数字中国

推行国家大数据战略以及加速构建数字中国的举措，是推进国家信息化与数字化转型的关键行动，目的在于全面提升国家信息化水平。借助大数据技术的大力发展，我们能够强化数据资源的整合与共享，推动数据资源的开放与应用，进而促进数字经济的迅猛发展。同时，加强数字基础设施建设，可以提升网络的覆盖范围与品质，推动云计算、物联网等新兴技术的应用，为社会各领域提供坚实的数字化支持。此外，重视人才培养和提升全民数字素养，是构建数字中国坚实人才基础的关键。通过这些措施，我们将加速构建以数据为核心要素的数字经济体系，推动经济社会全面数字化转型，实现高质量发展。

在推行国家大数据战略的过程中，数据安全与隐私保护是不可忽视的重点。我们必须建立完善的数据安全法规和标准体系，加强数据监管与执法力度，严厉打击数据泄露与滥用行为。同时，采用先进的加密技术和安全防护措施，确保数据在传输、存储和处理过程中的安全。加强国际合作与交流，积极参与国际大数据治理体系的构建与完善，是我们共同推动大数据技术创新与应用，分享经验与最佳实践，共同应对数据安全、隐私保护等全球性挑战的途径。

在建设数字中国的进程中，我们还需特别关注缩小数字鸿沟，确保不同地区、不同群体都能享受到数字化带来的便利与利益。这包括加强数字基础设施建设，特别是在农村和偏远地区的网络建设，提升数字服务的覆盖范围与品质，同时加强数字素养教育，提高全民的数字化技能与应用能力。推行国家大数据战略、加速构建数字中国是一项复杂而长期的任务，需要政府、企业和社会各界的共同努力与协作。通过持续创新、加强合作、注重安全、缩小数字鸿沟，我们将能够推动数字经济和数字社会的全面发展，为实现中华民族伟大复兴贡献力量。

项目学习内容说明

本项目由三大核心任务组成，每一项任务都致力于深入研究时间序列分析的不同维度，确保学习者能够全面吸收这一关键领域的知识与技能。具体涵盖以下三个领域：

任务一的主要目标是构建一个基于 Python 的回归分析模型，该模型将通过一个应用案例来实现。在这一任务中，将使用一个虚构的商业数据集，该数据集包含多个典型的商业指标，例如广告支出、市场营销费用、产品定价等，目的是预测销售业绩。

任务二将深入研究基于 K 均值算法的客户分类分析方法。K 均值算法，也称为 K-means 算法，是一种广受欢迎的聚类分析技术，其主要功能是将数据集划分为 K 个相互区分的类别或簇。该方法被广泛应用于商业数据的实际分析中，在执行客户分类分析时，K 均值算法能够将客户数据集细分为若干具有相似属性的群体，从而更精确地掌握客户需求与行为模式，为制定有效的市场营销策略提供依据。

任务三专注于运用主成分分析（PCA）技术对消费特征与模式的商业大数据进行实战分析。PCA 作为一种高效的数据分析工具，能够揭示消费数据集内的潜在结构和核心特征，进而深化对消费者消费行为及偏好的理解。

任务一 回归分析——目标销售额预测及影响因素分析

本节我们将通过一个具体的例子来构建一个基于 Python 的回归分析模型，这个模型将被应用于商业数据分析领域。本任务回归分析的核心目标是通过深入分析这些特征与销售额之间的复杂关系，建立一个能够准确预测销售额的回归模型。为了实现这一目标，我们将运用 Python 的强大数据处理和机器学习库，如 Pandas、NumPy、Scikit-learn 等，来进行数据清洗、特征选择、模型训练和验证等一系列步骤。这样的模型对于企业来说具有极大的商业价值。它不仅可以帮助企业更好地理解市场需求和消费者行为，还可以优化营销策略，提高市场竞争力。同时，准确的销售预测还可以帮助企业制定更为精准的销售预算和规划，从而实现资源的优化配置和利润的最大化。

步骤一：导入必要的库。

首先，必须导入所需的 Python 库，这些库包括用于数据处理的 Pandas，数值计算的 Numpy，数据可视化的 Matplotlib 和 Seaborn，以及用于机器学习建模的 scikit-learn。

输入：

```
import pandas as pd
import numpy as np
import matplotlib.pyplot as plt
import seaborn as sns
from sklearn.model_selection import train_test_split
from sklearn.linear_model import LinearRegression
from sklearn.metrics import mean_squared_error, r2_score
```

步骤二：加载和查看数据。

已经创建了一个名为 business_data.xls 的 Excel 文件，现在将其导入一个 DataFrame 中。

输入：

```
# 加载数据
data = pd.read_excel(r'D:\business_data.xls')
# 查看数据的前几行
print(data.head())
```

输出：

	广告支出	市场营销费用	产品定价	销售额
0	104.967141	42.923146	20.715575	423.531129
1	98.617357	47.896773	21.121569	417.726161
2	106.476885	48.286427	22.166102	456.725601
3	115.230299	45.988614	22.107604	476.933232
4	97.658466	49.193571	17.244661	417.020518

步骤三：数据预处理。

在进行回归分析之前，有必要先行开展一系列数据预处理工作，这包括但不限于对缺失数据的处理以及对分类变量的转换。观察下图发现，数据中没有缺失值。

输入：

```
# 检查缺失值
print(data.isnull().sum())
# 假设没有缺失值或者已经处理完毕
# 如果有类别变量,就需要进行转换(例如独热编码)
# 假设数据中没有类别变量,或者已经编码完毕
# 查看数据的描述性统计信息
print(data.describe())
```

输出：

```
广告支出        0
市场营销费用  0
产品定价      0
销售额        0
dtype: int64
```

	广告支出	市场营销费用	产品定价	销售额
count	100.000000	100.000000	100.000000	100.000000
mean	98.961535	50.111523	20.129793	428.370740
std	9.081684	4.768345	2.168566	28.242793
min	73.802549	40.406144	13.517465	365.334786
25%	93.990943	45.971697	18.689113	410.055520
50%	98.730437	50.420536	20.195391	425.441794
75%	104.059521	52.690852	21.408875	447.222715
max	118.522782	63.600846	27.705463	510.559998

步骤四：数据可视化。

利用各种可视化工具来探究数据间的相互关系。

输入：

```
# 使用 Seaborn 绘制热图查看相关性
plt.figure(figsize = (10, 8))
```

```
sns.heatmap(data.corr(), annot = True, cmap = 'coolwarm')
plt.show()
# 绘制各特征与销售额的关系图
sns.pairplot(data, x_vars = ['广告支出', '市场营销费用', '产品定价'],
y_vars = '销售额', height = 5, aspect = 0.8, kind = 'scatter')
plt.show()
```

输出：

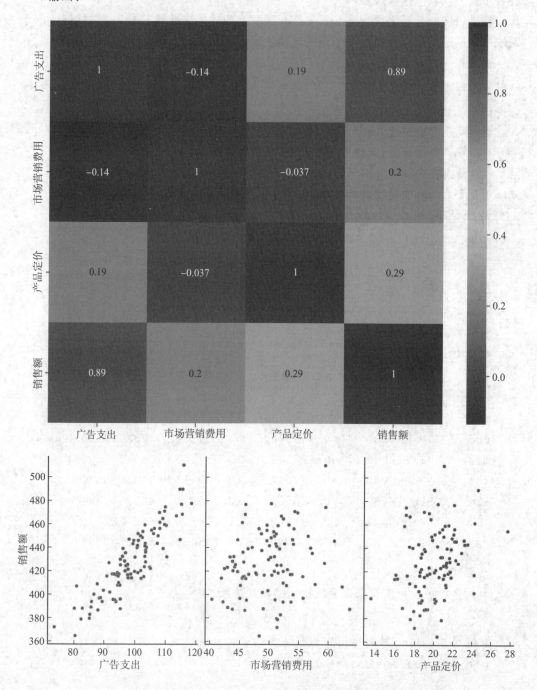

步骤五：拆分数据集。

将数据集拆分为训练集和测试集。

输入：

```
# 特征和目标变量
X = data[['广告支出', '市场营销费用', '产品定价']]
y = data['销售额']
# 拆分数据集
X_train, X_test, y_train, y_test = train_test_split(X, y, test_size=0.2, random_state=42)
```

步骤六：构建回归模型。

使用线性回归模型对数据进行拟合。

输入：

```
# 创建线性回归模型
model = LinearRegression()
# 训练模型
model.fit(X_train, y_train)
# 预测
y_pred = model.predict(X_test)
```

步骤七：评估模型。

采用均方误差（MSE）和决定系数（R^2）作为评估模型性能的指标。

输入：

```
# 计算均方误差
mse = mean_squared_error(y_test, y_pred)
print(f"Mean Squared Error: {mse}")
# 计算决定系数
r2 = r2_score(y_test, y_pred)
print(f"R²: {r2}")
```

输出：

```
Mean Squared Error: 51.4644761928747
R²: 0.9278798109502546
```

步骤八：结果分析。

经过上述步骤，已经构建了一个基础的线性回归模型，并对其性能进行了评估。接下来，我们将深入分析这些结果。

输入：

```
# 打印回归系数
print("Coefficients:", model.coef_)
```

```
print("Intercept:", model.intercept_)
# 可视化预测结果与实际结果的对比
plt.scatter(y_test, y_pred)
plt.xlabel("Actual Sales")
plt.ylabel("Predicted Sales")
plt.title("Actual vs Predicted Sales")
plt.show()
```

输出：

```
Coefficients: [2.78817152  1.8567725  1.56762248]
Intercept: 28.526291287795743
```

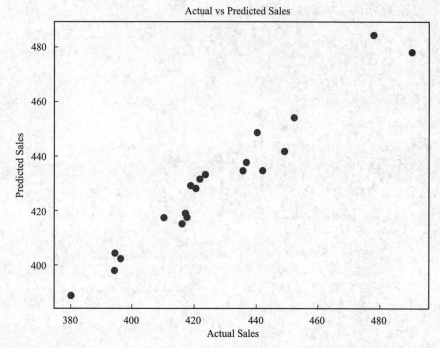

通过本示例，展示了如何利用 Python 进行回归分析模型的构建、训练及评估。接下来，将针对可视化图表进行结果的详细分析。

（1）热图展示了广告支出、市场营销费用、产品定价与销售额之间的相关性。通过颜色的深浅，可以直观地观察到各指标间相关系数的大小；颜色越深，相关系数的绝对值就越大。

具体分析如下：广告支出与销售额之间的相关系数为 0.89，表明二者之间存在显著的正相关关系。即广告支出的增加往往伴随着销售额的提升。广告支出与市场营销费用的相关系数为 −0.14，显示出二者之间存在轻微的负相关性，但这种关系并不显著。广告支出与产品定价的相关系数为 0.19，表明二者之间存在轻微的正相关，但其影响并不显著。市场营销费用与销售额的相关系数为 0.20，揭示了市场营销费用对销售额有轻微的正面影响。市场营销费用与产品定价的相关系数为 −0.037，表明二者之间几乎没有相关性。产品定价与销售额的相关系数为 0.29，表明产品定价与销售额之间存在轻微至中度的正相关关系，即产品定价的提高可能会导致销售额的轻微增长。

综合这些相关系数的分析结果，可以得出广告支出对销售额的提升作用较为明显，而市场营销费用和产品定价对销售额的影响则相对较小。

（2）散点图呈现了广告支出、市场营销费用、产品定价与销售额之间的关系，便于我们直观地把握这些变量间的关系。以下是详细阐释：

在广告支出与销售额的对比图（左图）中，数据点分布呈现出大致的线性增长趋势，这揭示了广告支出与销售额之间存在显著的正相关性。随着广告支出的提升，销售额亦呈现出相应的增长态势。这一观察结果与先前热图所显示的高相关系数（0.89）相吻合。

在市场营销费用与销售额的对比图（中图）中，数据点分布较为散乱，缺乏明确的趋势。这表明市场营销费用与销售额之间的关系并不显著，相关性较弱。这一点与热图中所呈现的相关系数（0.20）相呼应。

至于产品定价与销售额的对比图（右图），数据点虽略显上升趋势，但整体上仍显得分散。尽管存在一定的上升趋势，但这种关系并不显著，表明产品定价与销售额之间存在一定的正相关性，但其相关性相对薄弱。这与先前热图中相关系数（0.29）的分析结果一致。

综合来看，广告支出与销售额之间存在显著的正相关关系，而市场营销费用和产品定价虽然与销售额存在一定的关联，但其相关性相对较弱。

（3）依据实际销售额与预测销售额之间的散点分布，可以评估模型预测的精确度。具体分析如下：

趋势分析：图表中的数据点分布大致沿着一条45度的对角线，从左下角延伸至右上角。这一趋势表明模型的预测值与实际值之间存在显著的对应关系。

误差评估：数据点越接近对角线，表明预测值与实际值的吻合度越高。图表显示，大多数数据点均紧贴对角线，说明预测值与实际值之间的差异较小，模型的预测精确度较高。

异常值分析：在图表的右上角和左下角，存在极少数数据点略有偏离的对角线，这暗示在这些特定区域，模型的预测值与实际值之间存在一定的偏差。这些偏差点值得进一步分析，以探究误差产生的原因。

总体评价：鉴于大多数数据点均聚集在对角线附近，可以推断模型整体上是可靠的，并且在多数情况下能够提供准确的预测。综合来看，散点图揭示了实际销售额与预测销售额之间存在显著的正相关性，反映出模型对销售额的预测具有较高的准确性。尽管如此，仍有少数数据点偏离对角线，这表明模型仍有待进一步的分析与改进。

任务二　聚类分析——基于 K 均值算法的客户类别分析

聚类分析是数据挖掘与机器学习领域中普遍应用的无监督学习技术。该技术通过对数据集内的样本依据特定的相似性度量进行分组，以识别数据中的自然分组或集群。聚类分析的主要目标在于将相似的样本聚集，同时将不相似的样本分离，以此揭示数据的内在结构与模式。

以 K-means 算法为基础的客户分类分析，是聚类分析在实际应用中的一个范例。K-means 算法是一种经典的聚类技术，其核心在于通过迭代优化过程，将数据集中的样本分配至 K 个簇中，以实现簇内样本相似度最大化，而簇间样本相似度最小化。在客户分类分析中，K-means 算法可以助力企业辨识出具有相似消费行为或特征的客户群体，为市场营销、产品推荐及客户关系管理等业务活动提供有力支持。

通过聚类分析，企业能够更深入地理解客户群体的分布状况，发现潜在的市场细分，并据此制定更为精确的营销策略。例如，通过对客户的购买历史、浏览行为以及人口统计信息等数据进行聚类分析，企业能够识别出高价值客户、潜在客户和低价值客户等不同群体，从而有针对性地进行资源分配和营销活动。此外，聚类分析亦有助于企业发现新的市场机遇，优化产品组合，提升客户满意度与忠诚度。

聚类分析作为一种高效的无监督学习工具，在客户分类分析及其他众多应用场景中均展现出其广泛的应用价值。以下案例展示了如何运用 Python 实现 K 均值算法，以进行客户群体的分类分析。该案例详细阐述了数据预处理、模型构建、评估过程以及结果呈现等关键步骤，从而揭示 K 均值算法在客户分类分析领域的实际应用。

首先，确保安装了必要的 Python 库：pip install pandas numpy matplotlib scikit-learn。

步骤一：导入库。

```
import pandas as pd
import numpy as np
import matplotlib.pyplot as plt
from sklearn.cluster import KMeans
from sklearn.preprocessing import StandardScaler
from sklearn.metrics import silhouette_score
```

步骤二：数据准备与读取。

利用某公司提供的示例数据集文件"customer_category.xls"，这个数据文件详细记录了公司 100 位 VIP 客户的年度收入以及消费评分。这些客户的年度收入数据和消费评分是公司用来分析和了解客户消费行为的重要依据。消费评分介于 1 至 100 之间，这个评分系统被用来反映客户的消费习惯，评分越高，表明客户的消费习惯越符合公司的高端消费标准。通过对这些数据的深入分析，公司可以更好地了解其 VIP 客户群体的消费行为和偏好，从而制定更有效的市场策略和提升客户满意度。

输入：

```
# 示例数据集
data = pd.read_excel(r'D:\customer category.xls')
df = pd.DataFrame(data)
print(df.head())
```

输出：

	CustomerID	Annual Income (k$)	Spending Score (1 - 100)
0	1	41	19
1	2	43	43
2	3	23	88
3	4	144	67
4	5	32	67

步骤三：数据预处理。

在运用 K 均值算法之前，必须对数据执行标准化处理，以保证各个特征在尺度上保持一致。

输入：

```
# 提取特征
X = df[['Annual Income (k$)', 'Spending Score (1 - 100)']]
# 数据标准化
scaler = StandardScaler()
X_scaled = scaler.fit_transform(X)
```

步骤四：K 均值聚类模型训练。

采用 K 均值聚类算法对客户数据进行分组。在应用过程中，首先需确定适宜的聚类数目，即 K 值。通常，我们借助肘部法则和轮廓系数（Silhouette Score）来评估模型的性能。

输入：

```
# 使用肘部法选择最佳 K 值
inertia = []
silhouette_scores = []
K = range(2, 10)
for k in K:
    kmeans = KMeans(n_clusters=k, random_state=42)
    kmeans.fit(X_scaled)
    inertia.append(kmeans.inertia_)
    silhouette_scores.append(silhouette_score(X_scaled, kmeans.labels_))
# 绘制肘部图
plt.figure(figsize=(10, 5))
plt.plot(K, inertia, 'bo-', label='Inertia')
plt.plot(K, silhouette_scores, 'ro-', label='Silhouette Score')
plt.xlabel('Number of clusters (k)')
plt.ylabel('Inertia / Silhouette Score')
```

```
plt.title('Elbow Method & Silhouette Score for optimal k')
plt.legend()
plt.show()
```

输出肘部和轮廓系数图：

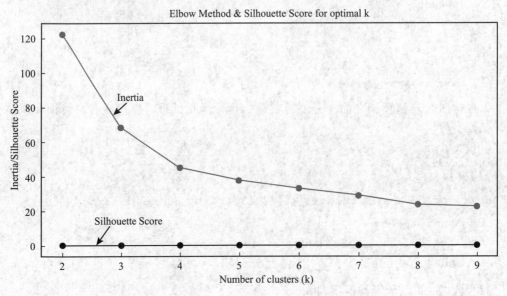

步骤五：训练模型并预测。

输入：

```
# 选择 K = 3 进行聚类
kmeans = KMeans(n_clusters = 3, random_state = 42)
df['Cluster'] = kmeans.fit_predict(X_scaled)
# 查看聚类结果
print(df)
```

输出：

	CustomerID	Annual Income (k$)	Spending Score (1 - 100)	Cluster
0	1	41	19	0
1	2	43	43	1
2	3	23	88	1
3	4	144	67	2
4	5	32	67	1
..	...	...	...	...
95	96	142	88	2
96	97	16	38	1
97	98	101	74	2
98	99	95	77	2
99	100	31	7	0

步骤六：结果可视化。

通过可视化来展示聚类的结果。

输入：

```
# 可视化聚类结果
plt.figure(figsize = (10, 6))
plt.scatter(df['Annual Income (k$)'], df['Spending Score (1 -
100)'], c = df['Cluster'], cmap = 'viridis', marker = 'o')
plt.scatter(kmeans.cluster_centers_[:, 0] * scaler.scale_[0] +
scaler.mean_[0],
            kmeans.cluster_centers_[:, 1] * scaler.scale_[1] +
scaler.mean_[1],
            s = 300, c = 'red', marker = 'x', label = 'Centroids')
plt.xlabel('Annual Income (k$)')
plt.ylabel('Spending Score (1 - 100)')
plt.title('Customer Segmentation using K-Means')
plt.legend()
plt.show()
```

输出可视化聚类图：

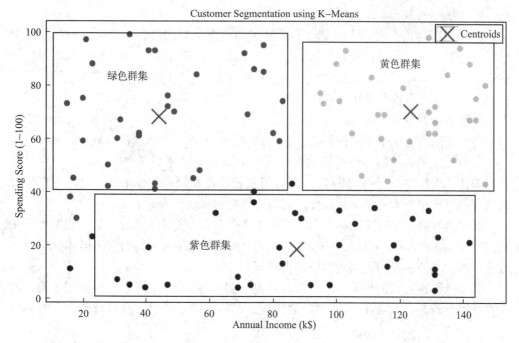

根据聚类分析结果，客户被划分为三个不同的群体，每个群体展现出独特的消费行为和收入特征。K 均值算法通过将客户归类至与其特征最为接近的中心点，从而在一定程度上促进了客户细分以及营销策略的制定。

以下对肘部（惯性法 Inertia）和轮廓系数图和可视化聚类图进行详细的解读。

（1）肘部和轮廓系数图。本书旨在确定聚类分析中最佳聚类数（k值）的选取。纵轴代表了惯性值与轮廓系数，而横轴则对应不同的聚类数（k）。两条曲线描绘了惯性值的变化和轮廓系数的变动。

首先，关于肘部：通过审视聚类离差平方和随聚类数减少的趋势，辅助我们确定适宜的聚类数。惯性值代表数据点至最近质心距离的平方和，其值越低，聚类效果就越佳。在理想状况下，随着聚类数的增加，惯性值会下降。然而，当惯性值下降速率显著减缓时，便形成了所谓的"肘部"，这通常被视为选择k值的一个重要参考点。

在本图表中，当聚类数k等于3时，惯性值下降速率明显减缓，出现了一个肘部。这暗示着选择3个聚类为较佳选项，因为在这一点之后，惯性值的减少变得不那么显著，意味着增加更多聚类并不会带来明显的效果提升。

其次，关于轮廓系数（Silhouette Score）：轮廓系数通过计算每个数据点的轮廓值来评估聚类的质量。轮廓系数的取值范围在［-1，1］之间，其值越高，表明聚类效果越好。该系数同时考虑了簇内距离（即簇的紧密度）和簇间距离（即簇的分离度）。通常情况下，最佳的k值是轮廓系数最大的那个。在本图表中，所有聚类数的轮廓系数均较低，这可能是因为所用示例数据集规模较小，聚类效果不够显著。因此，在此情况下，惯性法比轮廓系数图提供了更为明确的指导。

综合以上两种方法的分析结果可知，尽管轮廓系数曲线相对平稳，未显示出明显的最佳点，但结合惯性法中k=3时出现的明显肘部点，我们可以得出结论：在当前数据集中，选择3个聚类（k=3）为较优的聚类数。因此，综合惯性法和轮廓系数法，最佳聚类数k=3。

（2）可视化聚类图。本图揭示了通过K均值聚类算法对客户进行细分后的分类结果。图表中，横坐标代表客户的年收入（单位为千美元），纵坐标则表示消费得分（范围在1至100之间）。不同曲线的点象征着被算法归入不同群集的客户，而"X"标记则指示了各个群集的中心点。

详细分析群集分类如下：

客户被细分为三个不同的群集，它们在图表中占据三个不同的区域：

①紫色群集：该群集中的客户年收入介于2万美元至14万美元之间。消费得分普遍偏低，大致在0至40的区间。此群集代表了消费倾向较低的客户群体，可能反映出这些客户的收入水平无论高低，其消费行为均趋于保守。

②绿色群集：该群集的客户年收入主要集中在2万美元至8万美元。消费得分相对较高，集中在40至100的区间。此群集代表了消费倾向较高的客户群体，即便年收入不高，他们在消费上的贡献也相当显著。

③黄色群集：该群集的客户年收入较高，主要在6万美元至14万美元之间。消费得分同样较高，主要在40至100之间。此群集代表了高收入且消费能力强的客户群体，他们的消费行为活跃。

"X"标记的质心代表了各个群集的中心位置，其坐标值反映了该群集的平均特征。在K均值算法中，质心是通过最小化群集内所有点到质心距离的平方和来确定的。从图表中可以观察到：紫色群集的质心位于消费得分较低且年收入范围较宽的区域；绿色群集的质心位于年收入中等且消费得分较高的区域；黄色群集的质心则位于年收入和消费得分均较高的区域。通过分析此聚类结果图，企业能够制定出针对性的市场策略：对于紫色群集（保守消费者），可通过增强客户忠诚度、推广经济实惠的产品或服务来吸引他们增加消费；对于绿色群集（活跃中收入消费者），由于他们对价格不太敏感，更注重消费体验，企业可通过提供增值服务或个性化推荐来提升消费；对于黄色群集（高收入大客户），作为主要的利润来源，企业可通过提供高端个性化服务、奢侈品推荐和独家会员计划等来促进销售。

K 均值算法以其计算效率高、适用于大规模数据集以及对不同数据分布的良好适应性而著称。通过质心的确定和计算迭代，K 均值算法能够将数据有效地聚合成具有不同特征的群集。绘制聚类结果图能够直观展示不同客户群体的分布特征，为市场分析和决策提供有力支持。

任务三　降维——基于主成分分析的消费者特征与模式分析

降维技术在数据预处理阶段频繁运用，旨在缩减数据集特征总量，简化数据结构，提升计算效率。通过该技术，能够在尽可能保留原始数据核心信息的同时，剔除冗余和无关的特征。在机器学习与数据分析领域，降维技术尤为重要，因为它能显著降低计算资源的消耗，并增强模型性能。

在众多降维方法中，主成分分析（PCA）尤为突出，被广泛采纳。PCA 通过正交变换将数据映射至新的坐标系，确保变换后的数据在新坐标轴上展现最大的方差。这些新坐标轴，即主成分，是原始数据特征的线性组合。选取前几个主成分，我们能够有效降低数据维度，同时保留大部分关键信息。PCA 不仅在理论上拥有坚实的数学基础，在实际应用中亦表现出色，被广泛应用于图像处理、生物信息学、金融分析等多个领域。

以下案例基于 Python 语言及主成分分析（PCA）技术，旨在深入阐释消费特征与模式分析的过程。本案例将细致阐述如何运用 Python 实现数据降维，并着重讲解 PCA 在消费特征与模式分析中的实际应用。案例内容涵盖数据预处理、模型构建、结果阐释等核心环节。

步骤一：导入库。

输入：

```
import pandas as pd
import numpy as np
import matplotlib.pyplot as plt
import seaborn as sns
from sklearn.preprocessing import StandardScaler
from sklearn.decomposition import PCA
```

步骤二：数据准备。

假设某公司提供了一份客户消费数据集，这份数据集详细记录了客户的年度收入、消费得分、年龄、性别以及其他一些重要的特征信息。为了更好地理解这些数据，我们将通过 PCA 来进行具体的分析和讨论。

在这个虚构的数据集中，可以看到每个客户的年度收入情况，这些收入数据可以帮助我们了解客户的经济状况和消费能力。同时，数据集中还包括了客户的消费得分，这个得分是根据客户的消费行为和历史记录综合计算得出的，反映了客户的消费倾向和偏好。此外，客户的年龄和性别也被记录在案，这些信息可以帮助我们分析不同年龄段和性别的消费特点和差异。通过这些详细的数据，可以进行各种分析，例如研究收入与消费得分之间的关系，探讨不同年龄段和性别的消费行为差异，甚至可以进一步挖掘客户的潜在需求和消费趋势。这些分析结果将为业务决策提供有力的支持，帮助我们更好地理解客户，优化产品和服务，提升客户满意度和忠诚度。

输入：

```python
# 生成示例数据集
np. random. seed(42)
data = {
    'CustomerID': np. arange(1, 101),
    'Annual Income (k$)': np. random. randint(15, 150, size=100),
    'Spending Score (1~100)': np. random. randint(1, 100, size=100),
    'Age': np. random. randint(18, 70, size=100),
}
df = pd. DataFrame(data)
df. head()
```

输出：

	CustomerID	Annual Income (k$)	Spending Score (1~100)	Age
0	1	117	90	23
1	2	107	14	39
2	3	29	27	28
3	4	121	9	65
4	5	86	79	33

步骤三：数据预处理。

在执行主成分分析（PCA）之前，必须对数据进行标准化处理，确保各个特征在相同的尺度上。

输入：

```python
# 提取特征
features = ['Annual Income (k$)', 'Spending Score (1~100)', 'Age']
X = df[features]
# 数据标准化
scaler = StandardScaler()
```

```
X_scaled = scaler.fit_transform(X)
```

步骤四：PCA 模型训练。

运用主成分分析对数据集执行降维处理，并阐述各主成分的方差解释率。

输入：

```
# PCA 降维
pca = PCA(n_components=3)  # 设置主成分数量
X_pca = pca.fit_transform(X_scaled)
# 输出主成分的方差贡献率
explained_variance = pca.explained_variance_ratio_
print("Explained variance by each component: ", explained_variance)
# 绘制累计方差贡献率图
plt.figure(figsize=(8, 5))
plt.plot(np.cumsum(explained_variance), marker='o', linestyle='--')
plt.title('Explained Variance by Components')
plt.xlabel('Number of Components')
plt.ylabel('Cumulative Explained Variance')
plt.grid()
plt.show()
```

输出：

Explained variance by each component: [0.4069457 0.3313875 0.2616668]

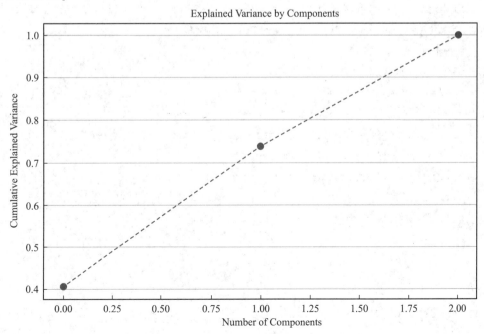

第一个主成分（PC1）位于（0.5，0.4）附近。单独的 PC1 能够阐释约 40% 的原始数据方差。这表明 PC1 捕捉了相当数量的数据信息，并能有效地描绘数据中的主要模式与特征。

第二个主成分（PC2）位于（1.5，0.75）附近。在引入第二个主成分（PC2）后，PC1 与 PC2 共同能够阐释约 75% 的原始数据方差。这说明这两个主成分在很大程度上捕捉了原始数据的信息。

第三个主成分（PC3）位于（2，1）附近。在引入第三个主成分（PC3）后，三个主成分共同能够阐释 100% 的原始数据方差。这合理地说明了三个主成分完全捕捉了原始数据的信息。通过累计方差贡献率图，我们可以得出以下结论：

第一，降维效果。前两个主成分共同阐释了 75% 的方差，可以认为，使用两个主成分足以很好地描述原始数据的主要特征。这表明，将数据降维至两个主成分，既能简化数据结构，又不会造成过多信息的丢失。

第二，成分选择指导。当累计方差贡献率达到一个显著高的水平（如 75%），我们可以考虑停止增加更多的主成分。在实际应用中，通常旨在选择尽可能少的主成分，同时保持较高的累计方差贡献率。在消费特征与模式分析中，通过主成分分析降维有助于我们理解不同特征之间的关系，简化数据分析流程，且不会显著损失原始数据的大部分信息。例如：通过二维或三维的 PCA 图，可以更直观地观察客户的分布和聚类情况。通过选择解释大部分方差的主成分，可以降低数据维度而不显著影响分析效果，便于后续的机器学习模型训练与应用。

步骤五：PCA 结果可视化。

展示前两个主要成分的可视化结果，并阐释它们在原始数据集中的意义。

输入：

```python
# 将 PCA 结果存入 DataFrame
df_pca = pd.DataFrame(data = X_pca, columns = ['PC1', 'PC2', 'PC3'])
df_pca['CustomerID'] = df['CustomerID']
# 可视化前两个主成分
plt.figure(figsize = (10, 7))
sns.scatterplot(x = 'PC1', y = 'PC2', data = df_pca, hue = 'PC1',
palette = 'viridis', legend = None)
plt.title('PCA Result - First Two Principal Components')
plt.xlabel('Principal Component 1')
plt.ylabel('Principal Component 2')
plt.grid()
plt.show()
```

输出：

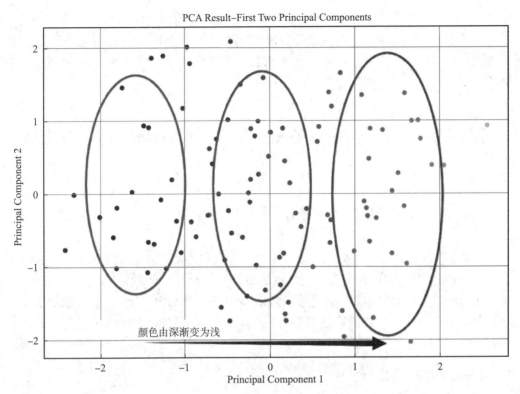

PCA Result–First Two Principal Components

上图中展示的是主成分分析（PCA）的结果，其中横轴代表第一主成分（PC1），纵轴代表第二主成分（PC2）。颜色的渐变可能表示原始数据集中存在的其他变量信息，如分类标签或活性标记等。PCA 的目的是将数据转换到一个新的坐标系统中，其中每个主成分依次承载递减的方差量。这种方法在降低数据复杂性的同时，尽可能保留了数据的关键信息。

从图中可以看出，数据在两个主成分轴上形成了不同的聚集模式，这表明原始数据在这两个维度上具有显著的分布特性，对于分类或聚类分析具有重要的指导意义。数据点的颜色从深色过渡到浅色，可能反映了数据集中某个连续变量的变化，如时间的推移、类别的变化或某种测量值的差异。具体来说，第一主成分（PC1）捕捉了数据中方差最大的方向，揭示了数据在该方向上的显著变化，代表了数据中的一个主要变异方向。例如，PC1 可能体现了数据中的主要分类特征，如不同种类的物理或生物特征。第二主成分（PC2）与 PC1 正交，捕捉了剩余方差中的最大部分，且这些变化在第一主成分的方向上未被重复捕捉。PC2 代表了数据的次要变异方向，可能反映了数据的次要分类结构或其他特征的变化。

以下对累计方差贡献率图和主成分图进行结果解读：

（1）方差贡献率的阐释：通过方差贡献率图示，可以观察到前两个主成分对总体方差的解释力较强，这表明利用这两个主成分足以描述数据集中的主要变异。累计方差贡献率的分析有助于我们确定保留多少主成分以确保数据信息的充分保留。

（2）主成分分析的成果：在散点图中，数据点被投影至前两个主成分（即 PC1 和 PC2）上。上图中不同圆点聚集分布反映了第一个主成分（PC1）的分布情况。通过观察，能够识别出数据点的聚集现象，这揭示了在年度收入、消费得分及年龄特征方面具有相似性的客户群体，从而呈现出相似的消费行为模式。

（3）特征模式的解析：在主成分分析中，第一个主成分（PC1）可能主要受到年度收入和消费得分的影响，而第二个主成分（PC2）则可能更多地受到年龄特征的驱动。

任务四　情感分析——贺州市游客生成内容情感得分分析

一、贺州市游记情感得分分析

贺州市位于广西东部，以姑婆山国家森林公园和黄姚古镇等旅游资源闻名。该市有 1 个 5A 级、13 个 4A 级和 15 个 3A 级旅游景区，吸引了众多游客。旅游业的快速增长使得游客人数和旅游收入均有所增加。2021 年，贺州市接待游客 1200 万人次，增长 10.2%，其中，国内游客占 98.3%，入境游客占 1.7%。同年，旅游总收入达到 100 亿元，增长 12.5%。

（一）数据的读取

通过对携程旅游平台上关于贺州市的旅游游记进行深入分析，获取了大量宝贵的数据信息。这些数据不仅涵盖了游客们在贺州市旅游过程中的亲身经历和感受，还详细记录了他们对当地的各种景点、美食、住宿和交通等方面的实际体验。通过对这些游记数据的细致阅读和整理，能够更好地了解贺州市作为一个旅游目的地的独特魅力和潜在的改进空间。对这些数据的读取和分析，为用户提供了丰富的第一手资料，有助于用户全面评估和提升贺州市的旅游吸引力和游客满意度。

输入：

```
# 用 Pandas 打开已经处理好的贺州游记数据
import pandas as pd
df_hz = pd.read_excel("D:/python 办公/贺州游记.xlsx")
```

（二）SnowNLP 库情感分析

接下来，将采用 SnowNLP 库来执行情感分析任务。在这个过程中，将主要利用 Pandas 库中的 apply 方法以及 lambda 函数来完成这项工作。具体来说，通过使用 apply 方法，可以将 SnowNLP 的情感分析功能应用到数据集的每一行或每一列上，从而实现对整个数据集的情感分析。而 lambda 函数则用于定义一个简单的匿名函数，以便在 apply 方法中调用，从而实现对每个数据项的快速处理。通过这种方式，可以高效地对大量文本数据进行情感分析，从而获得每个文本的情感倾向，例如正面、负面或中性。以下是具体的示例：

输入：

#导入使用到的 SnowNLP 模块
from snownlp import SnowNLP

df_hz['SnowNLP 情感得分'] = df_hz['content'].apply(lambda x: SnowNLP(str(x)).sentiments) *# lambda 函数相当于定义一个函数*

在上面的代码示例中，可以看到 apply 方法与 lambda 函数相结合的使用场景。这种组合不仅使得代码变得更加简洁明了，而且显著提升了数据处理的灵活性和效率。通过 apply 方法，可以轻松地对数据框中的每一行或每一列应用自定义的函数，而 lambda 函数则为我们提供了一种创建小型匿名函数的便捷方式。这种方式特别适用于那些需要快速处理和变换数据的场合，使得数据处理过程更加高效和直观。结合本例，当我们打印输出 df_hz 数据框的时候，会注意到在数据框的末尾新增了一列，名为"SnowNLP 情感得分"。这一列是通过应用 SnowNLP 库的情感分析功能生成的，它能够为每条数据提供一个情感得分。此外，还可以选择使用百度智能云进行情感分析，尽管百度智能云在处理长文本时可能会遇到一些限制。因此，在接下来的案例中，将使用游记数据框中的标题列进行情感分析，以避免长文本带来的解析问题。通过这种方式，可以更有效地利用百度智能云的情感分析功能，进一步提升数据处理的效率和准确性。

（三）百度 AI 智能云情感分析

在开始进行详细分析之前，首先需要明确并设定一些关键的参数。这些参数对于后续步骤至关重要，因为它们将确保我们能够顺利地与百度 AI 智能云的 API 接口进行通信。具体来说，这些参数包括了在向百度 AI 智能云的 API 接口发送请求时所必需的头文件信息。这些头文件通常包含了诸如认证信息、内容类型以及其他可能影响请求处理方式的重要数据。通过预先定义这些参数，可以确保在后续的分析过程中，所有的 API 请求都能够被正确地识别和处理，从而避免因参数缺失或错误而导致的请求失败。示例如下：

输入：

 # 向百度智能云"https://cloud baidu com/? from＝console"申请对应的
key,然后填入下面的参数
API_KEY = "填入您的 API_KEY "
SECRET_KEY = "填入您的 SECRET_KEY"
 # 定义一个函数,生成地址和头文件参数
def get_access_token():
    """
    使用 AK,SK 生成鉴权签名(Access Token)
    :return: access_token,或是 None(如果错误)
    """

```
        url = "https://aip. baidubce. com/oauth/2.0/token"
        params = {"grant_type": "client_credentials", "client_id":
API_KEY, "client_secret": SECRET_KEY}
        return str (requests. post (url, params = params). json (). get
("access_token"))
```

    #定义一个函数,向百度智能云情感分析接口输送数据,获取参数

```
    def get_emotion (payload):
        url = "https://aip. baidubce. com/rpc/2.0/nlp/v1/sentiment_
classify? charset =UTF-8&access_token =" + get_access_token ()
        payload = payload
        headers = {
            'Content-Type': 'application/json',
            'Accept': 'application/json'}
```

    #向服务器发送数据

```
        response = requests. request ("POST", url, headers = headers,
data =payload)
```

    # 获取数据并解析数据

```
        data = json. loads (response. text)
        confidence = data['items'][0]['confidence']    #返回分类置信度
        negative_prob = data['items'][0]['negative_prob']   #表示属
```
于消极类别的概率,取值范围[0,1]
```
        positive_prob = data['items'][0]['positive_prob']   #表示属
```
于积极类别的概率,取值范围[0,1]
```
        sentiment = data['items'][0]['sentiment']   #表示情感极性分类
```
结果,0:负向,1:中性,2:正向
```
        return (confidence,negative_prob,positive_prob,sentiment)
```

如上所示,我们定义了一个函数,用于从百度智能云获取情感分析的结果。该函数返回四个参数,具体如下:首先是置信度,表示分类结果正确的概率;其次是消极类别的概率;再次是积极类别的概率;最后是情感极性分类结果,其中,0 代表负向,1 代表中性,2 代表正向。接下来,我们将使用 apply 方法,将情感得分的四个返回值依次添加到 df_hz 数据框的后面。代码如下:

输入:

由于百度智能云不支持长文本情感分析,所以选取游记标题进行分析

```
    df_hz['百度情感倾向'] = df_hz['title']. apply(lambda x: get_emo-
tion(json. dumps({"text": x}))[3])   # lambda 函数相当于定义一个函数
```

    # 由于百度智能云不支持长文本情感分析,所以选取游记标题进行分析

```
    df_hz['消极概率'] = df_hz['title']. apply(lambda x: get_emotion
(json. dumps({"text": x}))[1])   # lambda 函数相当于定义一个函数
```

```
df_hz['积极概率'] = df_hz['title'].apply(lambda x: get_emotion
(json.dumps({"text": x}))[2])  # lambda 函数相当于定义一个函数
```

在"百度情感倾向"这一列中，注意到它包含了三个具体的参数值：0、1
和 2。通过对这些数据进行仔细的观察和分析，发现了一个显著的趋势，那就是
绝大多数的情感分析结果都倾向于 2，这代表了正向的情感倾向。除此之外，
"消极概率"和"积极概率"这两列分别展示了不同的情感类别，即消极和积极
情感的分类概率。这表明百度智能云所提供的结果主要是针对正向和负向情感的
分类，并且给出了它们各自的概率值。然而，这并不是直接给出一个情感得分。
因此，为了能够得到一个具体的情感得分，需要进行一些额外的计算步骤。先假
定以下公式成立：

$$情感得分 = P(积极情绪) - P(消极情绪)$$

接下来，将详细地进行一项分析工作，即计算这些游记的情感得分。通过对游记
内容的深入研究和细致分析，可以评估每篇游记所表达的情感倾向，从而得出一个具
体的情感得分。这个得分将帮助我们更好地理解游记作者的情感状态和整体情绪，进
一步揭示游记中的情感色彩和氛围。下面是相关的代码：

输入：

```
# 创建新列'bd情感得分' = 积极概率 / 消极概率
df_hz['bd情感得分'] = df_hz['积极概率'] - df_hz['消极概率']
# 将数据保存到本地
df_hz.to_excel('D:/python办公/df_hz.xlsx')
```

（四）情感得分分布绘图

接下来，将利用 Matplotlib 库的绘图功能来查看情感得分的数据分布。以下是代
码示例：

输入：

```
import pandas as pd
import matplotlib.pyplot as plt
import matplotlib

# 设置字体（如果存在中文显示问题的话）
matplotlib.rcParams['font.family'] = 'sans-serif'
matplotlib.rcParams['font.sans-serif'] = ['SimHei']  # 可以根据
需要更改为其他支持中文的字体
matplotlib.rcParams['axes.unicode_minus'] = False  # 解决负号"-"
显示为方块的问题

# 绘制贺州市旅游 SnowNLP 情感得分直方图
plt.figure(figsize = (10, 6))
```

```
plt.hist(df_hz['SnowNLP 情感得分'], bins =10, edgecolor = 'black',
alpha =0.7)
plt.title('贺州游记评论 SnowNLP 情感得分分布')
plt.xlabel('Values')
plt.ylabel('Frequency')
plt.grid(axis = 'y', alpha =0.75)
plt.show()
```

输出：

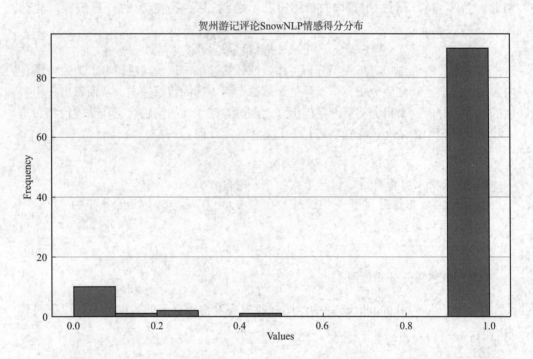

这张图直观地展示了贺州游记中不同情感得分的分布情况。从图中可以看出，负面情绪的评论数量相对较少，而大部分评论表达了积极情绪。这表明游客对贺州的整体体验较为满意，积极的反馈占据了主导地位。

接下来，利用游记的标题列绘制贺州市旅游 SnowNLP 情感得分分布直方图，代码示例如下：

输入：

```
# 绘制贺州市旅游 SnowNLP_title 情感得分分布直方图
plt.figure(figsize = (10, 6))
plt.hist(df_hz['SnowNLP_title 情感得分'], bins =10, edgecolor =
'black', alpha =0.7)
plt.title('贺州游记标题 SnowNLP 情感得分分布')
plt.xlabel('Values')
plt.ylabel('Frequency')
```

```
plt.grid(axis = 'y', alpha = 0.75)
plt.show()
```

输出：

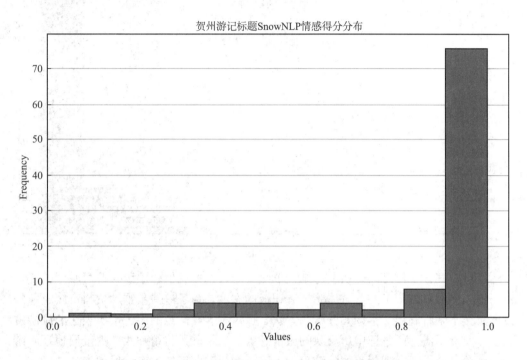

可以观察到，游记正文的情感得分与游记标题的情感得分在分布上非常相似，均以正面情绪为主。为了进一步验证这一结论，将使用标题列的百度 AI 智能云情感得分数据，绘制贺州市旅游相关的情感得分标准化分布直方图。以下是相关的代码：

输入：

```
# 绘制贺州市旅游百度情感得分标准化分布直方图
plt.figure(figsize = (10, 6))
plt.hist(df_hz['bd 情感得分'], bins = 10, edgecolor = 'black',
alpha = 0.7)
plt.title('贺州游记标题百度情感得分分布')
plt.xlabel('Values')
plt.ylabel('Frequency')
plt.grid(axis = 'y', alpha = 0.75)
plt.show()
```

输出：

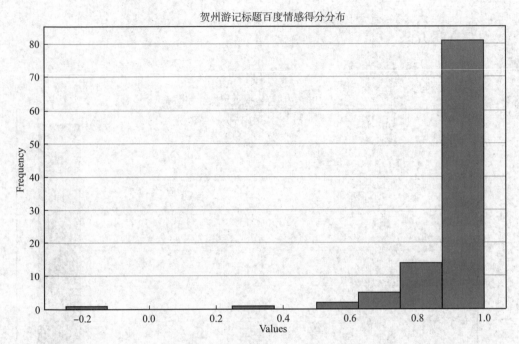

通过观察，我们可以确认上述结论依然成立。选择到贺州旅游并撰写游记的游客中，绝大多数对贺州市的旅游体验持有积极的态度。为了进一步推动贺州市旅游业的发展，接下来将利用文本词频分析的方法，探讨游客在满意的游记中所表达的旅游意象，以及在不满意的游记中所反映的旅游意象。这一分析将帮助我们更全面地理解游客的体验和需求，为贺州市的旅游目的地治理和旅游营销提供有价值的参考。

二、正负向情感标记与文本分词

（一）正负向情感标记

先对贺州游记的评论进行情感分析，利用 SnowNLP 工具来计算情感得分。设定了一个阈值：得分大于 0.5 的评论被归类为正面评价，而得分小于 0.5 的评论则被视为负面评价。以下是代码示例：

输入：

```
df_hz['评价正负性'] = df_hz['SnowNLP 情感得分'].apply(lambda x: '正面' if x > 0.5 else '负面')
```

（二）文本分词与数据清洗

为了对游记内容中不同情感倾向的文本进行深入的词频分析，首先需要将这些文本中的句子拆分成单独的词语，这个过程被称为分词。分词是文本分析中的一个重要步骤，因为它能够帮助我们更好地理解文本中的词汇分布和使用频率。在进行分词之前，还需要进行一个重要的预处理步骤，那就是去除一些无用的停用词。停用词是指在文本中频繁出现但对分析结果贡献不大的词语，例如"呢""了""吧"

"的"等。这些词语在句子中起到语法作用，但对分析文本的情感倾向或主题内容帮助不大。

在中文分词方面，目前最常用的工具库是 jieba 库。jieba 是一个功能强大的中文分词库，支持多种分词模式，包括精确模式、全模式和搜索引擎模式等。它能够有效地处理各种复杂的中文文本，从而为后续的文本分析提供准确的词语数据。

关于停用词的选择，不同的机构和研究者往往会根据自己的需求筛选出适合的停用词表。在中文互联网上，常见的停用词库包括四川大学机器智能实验室的停用词库、哈尔滨工业大学的停用词表以及百度停用词表等。这些停用词库各有特点，能够帮助研究者在进行文本分析时去除那些对分析结果影响不大的词语。

为了获取一个较为完整的中文停用词表，您可以访问以下链接：停用词下载链接"https：//blog. csdn. net/woshishui68892/article/details/108203121"。这个链接提供了一个详细的中文停用词表，您可以根据自己的需求进行下载和使用。通过使用这些工具和资源，您可以更准确地进行词频分析，从而更好地理解游记内容中的情感倾向和主题内容。代码示例如下：

输入：

```
import jieba  # 导入 jieba 分词库


def sent(sentence):  # 定义一个名为"sent"的函数，它接收一个句子作为
参数。
    stopdic = open("D:/python办公/stopwords1.txt")  # 打开一个名
为"stopwords txt"的文件，该文件包含了需要去除的停用词
    seglist = jieba.cut(sentence)  # 使用"jieba cut"函数对输入的
句子进行分词，结果存储在"seglist"中。


    # 通过循环，将分词的结果逐个添加到"segresult"列表中。
    segresult = []
    for i in seglist:
        segresult.append(i)


    # 读取停用词文件的内容，并将其按行分割成一个列表"stopwords"。
    stopwords = stopdic.read().splitlines()


    # 创建一个新的列表"nsent"，遍历"segresult"中的每个词。如果词是停
用词，则输出"删除停用词"的提示，并不将其加入"nsent"；如果不是停用词，则将其
添加到"nsent"中
    nsent = []
    for w in segresult:
        if w in stopwords:
            pass  # 什么也不做
```

```
        else:
            nsent. append(w)
    stopdic. close ()    # 关闭停用词文件,释放资源。
    return nsent
```

以上代码首先使用 jieba 库对输入的句子进行中文分词,将句子拆分成一个个词语。其次,从指定的停用词文件中读取停用词列表,并在分词结果中去除这些停用词。

最后,返回一个不包含停用词的词语列表。这一个个词语,都一定程度上代表了游客对贺州市的旅游形象感知。

接下来,将贺州游记的文本分为正面和负面两部分。我们会将每一部分的关键词分别整理到两个不同的列表中,以便更好地代表正面形象和负面形象。以下是具体的代码示例:

输入:

```
# 将贺州游记分成正面与负面两部分
data_pos = df_hz[df_hz["评价正负性"] == '正面']
data_neg = df_hz[df_hz["评价正负性"] == '负面']
# 初始化两个空列表"pos_list"和"neg_list"用于存储处理后的结果
pos_list = []
neg_list = []

# 遍历所有正面评论,将每条评论传入"sent"函数进行处理,并将结果添加到
"pos_list"中
for i in data_pos["content"]:
    pos_list + = sent(i)

# 同理,遍历负面评论,处理后结果添加到"neg_list"中
for i in data_neg["content"]:
    neg_list + = sent(i)
```

三、绘制正面游记词云图

(一) 正面形象词频统计

对正面形象的词语进行词频统计。通过统计每个词出现的频率,可以更好地了解这些词的使用情况,并根据其频率的大小绘制词云图。以下代码展示了如何对正面词汇进行频率统计,并将结果按降序排列输出的过程:

输入:

```
# 使用"pandas"创建一个数据框"wc_pos",它有两列:"n"是数字索引,"pos_
```

list"是传入的正面词语列表。

```
wc_pos = pd.DataFrame({"n":range(len(pos_list)),"words":pos_
list})
```

*# 对数据框按"words"列进行分组,统计每个词的出现次数并降序排列,结果存储
在"wc_d_n"中*
```
wc_pos_n = wc_pos.groupby("words").count().sort_values(by = 'n',
ascending = False)
wc_pos_n # 查看正面游记词频列表
```

输出（略）。

通过分析和处理数据，我们最终得到了一个词频列表，这是通过使用 Python 编程语言实现的。在这个过程中，首先，导入了必要的库，并对文本数据进行了预处理，包括分词和去除停用词等步骤。其次，利用 Python 中的字典数据结构，统计了每个单词出现的频率，并将结果以列表的形式输出。通过这种方式，可以清晰地看到每个单词在文本中出现的次数，从而为进一步的文本分析和处理提供了基础。

（二）正面形象词云生成

接下来，将采用 wordcloud 库来对这个列表进行可视化处理，以便生成一个直观且美观的词云。通过这种方式，可以更清晰地展示列表中各个词汇的频率和重要性，从而帮助用户更好地理解数据的语义内容。以下是实现这一功能的相关代码：

 # 绘制词云图

```
from wordcloud import WordCloud
import matplotlib.pyplot as plt
from matplotlib import colors
```

 # 创建一个字典,将每个词和它的频率对应起来
```
word_freq = dict(zip(wc_pos_n.index, wc_pos_n['n']))
```

 # 设置字体样式路径
```
font_path = r"C:\Windows\Fonts\STLITI.TTF"
```

 # 设置字体大小
```
max_font_size = 200
min_font_size = 10
```

 # 建立颜色数组,可更改颜色
```
color_list = ['#FF274B']
```

```python
# 调用颜色数组
colormap = colors.ListedColormap(color_list)

# 词云设置
wordcloud = WordCloud(font_path=font_path,
                      width=800,
                      height=400,
                      background_color='white').generate_from_
frequencies(word_freq)
# 绘制词云图
plt.figure(figsize=(10, 5))
plt.imshow(wordcloud, interpolation='bilinear')
plt.axis('off')  # 不显示坐标轴
plt.title('正面词云图', fontsize=20)
plt.show()
```

在这段代码中，用户首先导入了必要的库，其次使用生成的词频字典创建了一个词云对象。最后，通过 Matplotlib 库将词云进行可视化并展示出来。这样就能直观地看到文本中各个词汇的频率分布情况。代码输出图片如下：

输出：

（三）正面形象词云分析

这张词云图以"古镇"为核心，生动地展现了多个正面形象，描绘出古镇的独特魅力与吸引力。第一，古镇文化的深厚底蕴通过"古镇""西街""贺州""黄姚"等词汇得以凸显。这些词汇不仅代表了古镇悠久的历史，还承载了丰富的文化内涵，使人们能够感受到古镇深厚的历史积淀和独特的文化风貌。第二，自然风光的旖旎多姿通过"山""水""瀑布""阳朔""龙脊"等词汇得以展示。这些词汇勾勒出一幅幅如诗如画的自然美景，展现了古镇周边壮丽的自然风光，令人向往。无论是巍峨的山峦，还是清澈的河流，都为古镇增添了无与伦比的自然魅力。第三，悠闲舒适的生活氛围同样令人向往。词汇如"生活""悠闲""不错"等传达了古镇居民和游客在这里享受的宁静与惬意，体现了慢生活的美好。这种悠闲的生活方式让人们在快节奏的现代社会中得以放松身心，重新连接内心的宁静。第四，丰富多样的特色美食同样吸引着众多食客的目光。词汇如"吃""豆腐""螺蛳粉""特色"等展现了古镇美食的诱人之处。这些独具地方特色的美食，不仅满足了游客的味蕾，也成为人们了解古镇文化的重要窗口。第五，和谐融洽的社区交流则为古镇增添了人情味。词汇如"社区""交流""朋友""人气"等体现了古镇内人与人之间的友好互动和紧密联系，营造了一个温馨和谐的社交环境。在这里，游客不仅可以欣赏到美丽的风景，还能结识到友好的当地人，感受到浓厚的人情味。

这些主题共同构成了古镇的正面形象，展现了其独特的魅力和吸引力，吸引着越来越多的人前来探索与体验。

四、绘制负面游记词云图

（一）负面形象词频统计与绘图

通过运用相同的方法，可以详细描绘出前往贺州市旅游的游客们所表现出的负面情绪的主要关键词。具体来说，通过对游客在社交媒体、旅游评论网站以及各种在线平台上发布的反馈和评论进行深入分析，可以识别出那些频繁出现的负面词汇。这些词汇可能包括"不满意""失望""糟糕"等，从而揭示游客在贺州市旅游过程中可能遇到的问题和不满的方面。通过这种方式，不仅能够了解游客的负面情绪，还能够进一步探究其背后的原因，为贺州市的旅游业改进和提升提供有价值的参考。代码如下：

输入：

 # 使用"Pandas"创建一个数据框"wc_neg"，它有两列："n"是数字索引，"neg_list"是传入的负面词语列表。

```
wc_neg = pd.DataFrame({"n":range(len(neg_list)),"words":neg_
list})
```

 # 对数据框按"words"列进行分组，统计每个词的出现次数并降序排列，结果存储在"wc_d_n"中

```
wc_neg_n = wc_neg.groupby("words").count().sort_values(by='n',
ascending=False)
```

 # 创建一个字典，将每个词和它的频率对应起来

```
word_freq = dict(zip(wc_neg_n. index, wc_neg_n['n']))

# 词云设置
wordcloud = WordCloud(font_path = font_path,
                      width =800,
                      height =400,
                      background_color = 'white'). generate_from_
frequencies(word_freq)
# 绘制词云图
plt. figure(figsize = (10, 5))
plt. imshow(wordcloud, interpolation = 'bilinear')
plt. axis('off')    # 不显示坐标轴
plt. title('负面词云图', fontsize =20)
plt. show()
```

输出：

（二）负面形象词云分析

通过对这张负面词云图的观察，可以得出一些重要结论。首先，"客栈""酒店"等词汇的高频出现，表明游客在住宿服务方面普遍表达了不满。这提示我们，贺州市的住宿设施和服务质量亟须改进，以提升游客的满意度。

其次，"高速""小时""出发""自驾""车程"等词的频繁出现，反映出游客对贺州市旅游交通状况的不满。这可能意味着交通设施不足、道路状况不佳或是交通指引信息不明确，影响了游客的出行体验。因此，改善交通网络和提供更清晰的交通指引也是贺州市需要重点关注的方面。

再次，"景区""门票""免费"等关键词的出现，可能揭示了贺州市旅游门票价格体系存在混乱的问题。这不仅可能让游客感到困惑，也可能影响他们的整体旅游体验。因此，理顺门票定价机制，提高价格透明度，将有助于提升游客的信任感和满意度。

最后，"周家""郭家""杨晋记"等商家名称的出现，可能反映了游客对个别商家的服务质量不满。这提醒我们，贺州市需要加强对相关商家的管理和培训，确保其提供优质的服务，从而提升游客的整体体验。贺州市应根据上述问题，制定相应的政策措施，以改善旅游市场的现状，提升游客的满意度和整体体验。

五、小结

在本次任务中，充分利用了多个 Python 库，包括 Pandas、SnowNLP、jieba 和 Matplotlib，这些工具在情感分析和文本处理领域中扮演着重要的角色。通过这些工具的协同工作，成功地对一系列游记数据进行了深入的情感分析，并通过可视化手段将分析结果直观地展示出来。

首先，利用了 SnowNLP 库和百度智能云 API 对游记文本进行了情感分析，从而得到了每个文本的情感得分和情感倾向。这些情感得分和倾向有助于我们更好地理解游客对贺州市旅游体验的满意度，从而为贺州市旅游业的发展提供有价值的参考。

其次，使用了 Matplotlib 库来绘制直方图和词云图。直方图直观地展示了情感得分的分布情况，而词云图则通过不同大小的词汇展示了关键词的频率。这些可视化手段使得分析结果更加易于理解和传达，同时也为旅游目的地治理和旅游营销提供了有力的数据支持。

最后，对游记文本进行了分词处理，并去除了停用词，以便进行词频分析。通过对正面和负面游记的词频分析，我们能够识别出游客对贺州市旅游体验的正面和负面印象，从而为旅游目的地的改进和优化提供依据。

总的来说，本次任务的目的是通过分析游客的体验和需求，为贺州市旅游业的发展提供数据支持，进而推动旅游目的地治理和旅游营销的优化。通过使用这些强大的 Python 库，不仅完成了情感分析和文本处理的任务，还为贺州市旅游业的未来发展提供了有价值的参考和建议。

项目七　商业大数据应用实战案例进阶分析

德技并修

现代科技与跨部门协作：掌握大数据、机器人和人工智能的关键技能与应用

理解大数据、机器人和人工智能，意味着要深入掌握这些现代科技领域的核心概念和应用。大数据涉及对海量信息的收集、存储、分析和解读，以便从中提取有价值的知识和洞察。机器人则涵盖了从简单的机械臂到复杂的自主系统，它们能够在各种环境中执行任务，从工业生产到家庭服务。人工智能则是通过模拟和实现人类智能的技术，包括机器学习、自然语言处理和计算机视觉等子领域，使机器能够执行复杂的认知任务，甚至在某些方面超越人类。在具体的工作岗位上，未来的发展趋势要求我们必须学会与信息技术（IT）工作者紧密合作，共同开展各项任务。随着科技的不断进步和数字化转型的加速，跨部门和跨专业的协作变得越来越重要。我们需要掌握与IT专业人员有效沟通的技能，以便在项目开发、数据分析、系统维护等方面实现无缝对接。通过这种协同合作，我们可以充分利用IT工作者的专业知识和技术优势，提高工作效率，推动业务创新，确保公司在激烈的市场竞争中保持领先地位。同时，与IT工作者的协同工作也意味着我们要不断学习和适应新的技术工具和平台。信息技术日新月异，新的软件、硬件和系统层出不穷。为了跟上时代的步伐，我们需要积极学习并掌握这些新技术，以便更好地与IT团队进行配合。这包括了解最新的编程语言、数据库管理系统、云计算平台等，以及熟悉它们在各自领域的应用和优势。

在协同工作过程中，我们还需要注重沟通和协作的顺畅性。这要求我们不仅具备良好的沟通技巧，能够清晰地表达自己的需求和意见，还会倾听和理解IT工作者的观点和反馈。通过积极的交流和讨论，我们可以共同解决遇到的问题，优化工作流程，提高工作效率。

此外，与IT工作者的协同工作还涉及数据安全和信息保密的问题。在数字化时代，数据已经成为企业最宝贵的资产之一。因此，在协同工作中，我们必须严格遵守公司的数据保护政策和信息安全规定，确保敏感信息不被泄露。这包括使用安全的通信渠道、定期更新密码、备份重要数据等措施。

总之，与IT工作者的协同工作是未来工作岗位上不可或缺的一部分。我们需要不断学习、适应新技术，并注重与IT团队的沟通和协作，以确保工作的高效和顺利进行。同时，我们还要关注数据安全和信息保密的问题，确保公司的资产和利益不受损害。

项目学习内容说明

本项目由三大核心任务构成，每一项任务均旨在深入探讨商业大数据应用的各个层面，确保学习者能够全面掌握这一关键领域的知识与技能。具体涉及以下三个领域。

任务一核心目标在于构建一个逻辑回归分析模型，该模型将通过一个具体的商业案例来验证其预测的准确性。假设您在一个电子商务公司担任数据分析师的角色，您的主要任务是利用逻辑

回归模型来预测客户是否会购买某项新产品。为了完成这项任务，您手中需要握有丰富的客户历史购买记录以及其他相关数据，这些数据包括客户的年龄、性别、历史消费额等信息。具体来说，历史消费额涵盖了客户的年均历史消费额和月均历史消费额。在任务一中，您将运用逻辑回归模型来分析这些数据，从而预测客户对新产品的购买可能性，以验证模型的有效性和准确性。

任务二将进一步深入探讨和学习决策树模型的各个方面。为了完成这项任务，我们将继续使用在任务一中已经使用过的"new product . xls"商业案例数据集。通过这种方式，我们能够确保数据的一致性，并且能够更准确地评估决策树模型的性能。在本任务中，我们的主要目标是验证决策树模型在实际商业案例中的应用效果。我们将通过一系列的实验和分析，来评估决策树模型在处理"new product . xls"数据集时的表现。同时，我们还将与任务一中已经使用的逻辑回归模型进行比较，以评估两种模型在相同数据集上的预测精度。这将有助于我们选择最适合特定商业案例的模型，从而提高预测的准确性。此外，我们还将探讨模型调优的可能性，以进一步提高决策树模型的预测精度。通过调整模型的参数和结构，我们希望能够更好地捕捉数据中的模式和特征，从而提高模型的预测能力。这将涉及对决策树的深度、分支数量、剪枝策略等方面的调整和优化。通过模型调优，可以提高模型的预测精度，以更好地捕捉数据中的模式。

任务三的核心目标是深入探讨和应用随机森林模型，以对商业大数据进行实际的分析和预测。在这一过程中，我们将继续使用与任务一和任务二相同的"new product . xls"商业案例数据集。通过这一数据集，旨在验证随机森林模型在实际应用中的有效性和准确性。此外，还将与采用相同商业案例数据集的逻辑回归模型和决策树模型进行预测精度的比较，以评估随机森林模型在捕捉数据中的模式和趋势方面的优势。在这一任务中，将集中精力深入研究和实施一系列关键的模型优化策略，旨在显著提升模型的预测精度。我们将特别关注模型调优以及增加样本量等关键措施，通过细致的参数调整和优化过程，力求更好地捕捉数据中的细微模式和特征，从而进一步提高模型的预测能力和准确性。具体而言，将采用随机森林模型作为主要工具，来预测客户对新产品的购买可能性。通过对客户的行为数据、购买历史以及其他相关特征进行深入分析，随机森林模型将能够提供一个更为精确和可靠的预测结果。这将有助于企业在激烈的市场竞争中占据有利位置，从而制定更为有效的市场策略和决策。

任务一　逻辑回归模型

一、逻辑回归模型介绍

（一）逻辑回归模型概念

在 Python 编程语言中，逻辑回归模型是一种广泛应用于解决二分类问题的机器学习算法。这种模型通过使用逻辑函数（通常是 sigmoid 函数）来预测一个事件发生的概率，并根据这个概率来判断样本属于某一类别的可能性。逻辑回归虽然名为"回归"，但实际上是一种分类算法，因为它主要用于处理分类问题，而不是回归问题。在实际应用中，逻辑回归模型因其简单、高效和易于解释的优点，常常被用于诸如垃圾邮件检测、信用评分和疾病诊断等场景。通过使用 Python 中的库，如

scikit-learn，可以方便地实现和训练逻辑回归模型，从而有效地解决各种二分类问题。

（二）逻辑回归模型代码及常用参数

在 Python 编程语言中，构建和训练逻辑回归模型通常会依赖于一个非常流行且功能强大的库，即 scikit-learn。scikit-learn 库提供了一个名为 Logistic Regression 的类，该类封装了逻辑回归算法的实现细节，使得用户可以非常方便地进行模型的构建和训练工作。

具体来说，scikit-learn 库中的 Logistic Regression 类提供了一系列的参数和方法，使得用户可以根据自己的需求进行灵活的配置和操作。例如，用户可以设置正则化类型、正则化强度、优化算法等参数，以适应不同的应用场景。此外，Logistic Regression 类还提供了 fit 方法，用于根据训练数据拟合模型；以及 predict 方法，用于对新的数据进行分类预测。

下面将详细介绍其语法结构及一些常用的参数。

首先，我们来看一下 Logistic Regression 的基本语法结构：

```
from sklearn.linear_model import Logistic Regression
# 创建 Logistic Regression 对象
log_reg = Logistic Regression()
# 训练模型
log_reg.fit(X_train, y_train)
# 进行预测
predictions = log_reg.predict(X_test)
```

在这个过程中，首先从 sklearn.linear_model 模块导入 Logistic Regression 类，其次创建一个 Logistic Regression 对象，最后，使用 fit 方法来训练模型，并使用 predict 方法来进行预测。

接下来，将详细阐述 Logistic Regression 类中一些主要参数的功能：

（1）penalty 参数。此参数用于确定正则化项的类型，其默认值为"l2"。常见的选项有"l1"和"l2"。l1 正则化能够生成稀疏模型，有利于特征选择；而 l2 正则化有助于避免模型过拟合。

（2）C 参数。此参数用于调整正则化的强度，其默认值设定为 1。C 值较低意味着正则化强度较大；反之，C 值较高则表示正则化强度较小。

（3）solver 参数。此参数用于选择优化算法，其默认值为"lbfgs"。可选的算法包括"newton-cg"、"sag"、"saga"和"liblinear"等。不同的优化算法适应于不同的问题规模和数据特性。

（4）max_iter 参数。此参数用于设定最大迭代次数，其默认值为 100。在某些情况下，若算法未能在默认迭代次数内收敛，则可适当增加此参数值。

（5）multi_class 参数。此参数用于指定多分类问题的处理策略，默认值为"auto"。当类别数为 2 时，系统自动选择二分类处理方式；当类别数超过 2 时，则自动选择多分类处理方式。用户亦可明确指定为"ovr"（一对一）或"multinomial"（多项式）。

（6）random_state 参数。此参数用于设定随机数生成器的种子值，默认为 None。设定随机数种子可以确保模型训练结果的可复现性。

通过上述介绍，用户能够洞悉 Logistic Regression 在分类问题中的广泛应用以及其在 scikit-learn 中的具体实现过程。合理配置这些参数，有助于用户更精确地控制模型性能，从而在实际应用中获得更佳的成效。

二、逻辑回归模型应用实践案例

（一）应用实践案例演练

以下是一个商业应用案例，旨在验证上述逻辑回归模型。设想担任一家电子商务公司的数据分析师，职责是预测客户是否会购买某项新产品。您拥有客户的历史购买记录以及其他相关信息，例如年龄、性别、历史消费额（包括年均历史消费额和月均历史消费额）等。

我们将运用逻辑回归模型来预测客户对新产品的购买可能性，"0"表示未购买，"1"表示购买。

输入：

```
import pandas as pd
from sklearn.model_selection import train_test_split
from sklearn.linear_model import Logistic Regression
from sklearn.metrics import accuracy_score, classification_report
#假设您已经有了一个包含客户信息的 DataFrame
#这里我们创建一个示例 DataFrame
data = pd.read_excel(r'D:\new product.xls')
print(data)
df = pd.DataFrame(data)
#提取特征和标签
X = df[['age', 'purchase year mean','purchase month mean']]
y = df['purchased_new_product']
#分割数据集为训练集和测试集
X_train, X_test, y_train, y_test = train_test_split(X, y, test_size=0.25, random_state=42)
#创建逻辑回归模型并进行训练
model = Logistic Regression()
model.fit(X_train, y_train)
#使用模型进行预测
y_pred = model.predict(X_test)
#计算准确率和其他性能指标
```

```
accuracy = accuracy_score(y_test, y_pred)
print(f"Accuracy: {accuracy:.2f}")
print(classification_report(y_test, y_pred))
```

输出：

	age	purchase year mean	purchase month mean	purchased_ new_product
0	55	424	18	0
1	42	296	23	1
2	28	579	36	0
3	40	459	54	0
4	22	80	14	0
..	...	...	...	...
194	62	325	29	1
195	66	246	47	1
196	66	398	43	1
197	50	132	39	0
198	40	119	9	0

[199 rows x 4 columns]

Accuracy: 0.48

	precision	recall	f1-score	support
0	0.57	0.41	0.48	29
1	0.41	0.57	0.48	21
accuracy			0.48	50
macro avg	0.49	0.49	0.48	50
weighted avg	0.51	0.48	0.48	50

（二）应用实践案例结论分析

1. 整体准确率

Accuracy：0.48

模型的总体准确率是 0.48，这意味着在测试集上，模型正确分类的样本比例仅为 48%。换句话说，模型在识别和预测样本类别方面的表现并不理想，准确率相对较低，接近于随机猜测的水平。

2. 分类报告（Classification Report）

该报告详细列出了每个类别在模型预测中的表现，包括精确率（Precision）、召回率（Recall）、F1-score 以及支持（Support）等关键指标。通过这些指标，可以全面了解模型在各个类别上的表现。

（1）类别 0（未购买）。

①Precision（精确率）：0.57。在所有被预测为类别 0 的样本中，有 57% 是真正未购买的，这表明模型在预测未购买行为时具有一定的准确性。

②Recall（召回率）：0.41。在所有实际未购买的样本中，有 41% 被模型正确识别为类别 0，这说明模型在识别未购买样本方面存在一定的漏判问题。

③F1-Score：0.48。精确率和召回率的调和平均数，反映了模型在类别 0 上的综合表现。F1-score 为 0.48，表明模型在这一类别上的整体表现并不理想。

④Support（支持）：29。此类别在测试集中的样本数为 29，提供了该类别样本数量的参考。

（2）类别 1（购买）。

①Precision（精确率）：0.41。在所有被预测为类别 1 的样本中，有 41% 是真正购买的，这表明模型在预测购买行为时存在一定的误判问题。

②Recall（召回率）：0.57。在所有实际购买的样本中，有 57% 被模型正确识别为类别 1，这说明模型在识别购买样本方面表现较好。

③F1-Score：0.48。精确率和召回率的调和平均数，反映了模型在类别 1 上的综合表现。F1-score 为 0.48，表明模型在这一类别上的整体表现相对较好。

④Support（支持）：21。此类别在测试集中的样本数为 23，提供了该类别样本数量的参考。

（3）混合指标。

①Accuracy（准确率）：0.48。总体准确率，表示所有分类中正确的比例。这一指标再次确认了模型在测试集上的分类能力较差，准确率仅为 48%。

②Macro Avg（宏平均）。Precision：0.49；Recall：0.49；F1-Score：0.48。宏平均指标不考虑类别样本数的差异，反映了模型在各个类别上的平均表现。

（4）Weighted Avg（加权平均）。对每个类别计算出的各评价指标进行简单平均，不考虑类别样本数的差异。Precision：0.51；Recall：0.48；F1-Score：0.48。对每个类别计算出的各评价指标进行加权平均，权重为每个类别的支持数（样本数），反映了模型在各个类别上的加权平均表现。

（5）分析结论。

整体表现一般：模型整体准确率为 48%，表现在测试集上的分类能力较差，接近于随机预测的水平。这可能表明模型在现有数据特征下未能有效地学习客户购买行为，导致分类效果不佳。

类别 0 与类别 1 的预测性能：对于类别 0（未购买）的精确率为 0.57，即模型预测未购买的新客户中 57% 是正确的；但召回率为 0.41，表示只有 41% 的实际未购买客户被正确识别为未购买。对于类别 1（购买）的精确率为 0.41，即模型预测为购买的新客户中 41% 是正确的；但召回率较高，为 0.57，表示 57% 的实际购买客户被正确识别为购买。

整体来看，模型在识别购买客户（类别 1）方面有更高的召回率，但精确率较低。同时，模型在识别未购买客户（类别 0）方面召回率较低。这表明模型在两个类别上的表现存在一定的不平衡。从精确度、召回率和 F1 分数看，模型在预测购买与未购买行为上的表现较为均衡，但总体效果较差。精确度和召回率均在 0.4 到 0.57 之间，表示模型在预测客户的购买行为时有较大的误差。

改进建议：为了提升模型的预测能力，可以尝试通过增加更多有意义的特征来捕捉客户购买行为的细节，例如客户的购买频率、购物趋势（如逐月的购买变化）、浏览行为等。确保训练数据中的类别平衡，可以通过过采样（oversampling）或欠采样（undersampling）技术，平衡类别之间的样本数。此外，可以尝试使用其他更复杂的模型（如随机森林、决策树、支持向量机等）并进行模型调优，以更好地捕捉数据中的模式。使用交叉验证来验证模型的稳定性和泛化能力，确保模型在不同数据集上都能保持良好的表现。

为了进一步提升逻辑回归模型在预测客户购买行为方面的整体准确率，在原有的数据集中特意加入了客户购买频率这一关键指标。通过在现有数据集的基础上随机抽取并添加这一新的特征变量，成功构建了一个更为丰富和全面的商业案例数据集，命名为 new product2. xls。这一数据集不仅包含了客户的基本信息和购买记录，还新增了客户购买频率这一维度，期望使模型能够更准确地捕捉到客户的购买习惯和偏好，从而提高预测的准确性和可靠性。

输入：

```python
# 这里我们创建一个示例 DataFrame,增加客户行为购买频次
data =pd. read_excel(r'D:\new product2. xls')
print(data)
df = pd. DataFrame(data)
# 提取特征和标签
X = df[['age', 'purchase year mean','purchase month mean']]
y = df['purchased_new_product']
# 分割数据集为训练集和测试集
X_train, X_test, y_train, y_test = train_test_split(X, y, test_size =0. 25, random_state =42)
# 创建逻辑回归模型并进行训练
model = Logistic Regression()
model. fit(X_train, y_train)
# 使用模型进行预测
y_pred = model. predict(X_test)
# 计算准确率和其他性能指标
accuracy = accuracy_score(y_test, y_pred)
print(f"Accuracy: {accuracy:.2f}")
print(classification_report(y_test, y_pred))
```

输出：

	age	purchase year mean	purchase month mean	\
0	55	424	18	
1	42	296	23	
2	28	579	36	
3	40	459	54	
4	22	80	14	
..	...	...	...	
194	62	325	29	
195	66	246	47	
196	66	398	43	
197	50	132	39	
198	40	119	9	

	purchase frequency month mean	purchased_new_product
0	20	0
1	14	1
2	20	0
3	6	0
4	5	0
..	...	...
194	9	1
195	15	1
196	13	1
197	15	0
198	10	0

[199 rows x 5 columns]

Accuracy: 0.48

	precision	recall	f1-score	support
0	0.57	0.41	0.48	29
1	0.41	0.57	0.48	21
accuracy			0.48	50
macro avg	0.49	0.49	0.48	50
weighted avg	0.51	0.48	0.48	50

　　在进一步的分析和实验中，发现尽管增加了客户行为购买频次的数据，但这一举措并没有对逻辑回归模型的精度产生显著的提升效果。具体来说，尽管我们期望通过引入更多的客户购买行为数据来提高模型的预测能力，但最终结果显示，模型的整体

预测精度仍然维持在 0.48 的水平，没有出现明显的改善。这表明在当前的数据集和模型结构下，增加客户购买频率并没有对模型的预测性能产生积极的影响。可能需要对数据引入更关键的客户行为特征数据、调整模型参数，或尝试其他模型。

任务二 决策树模型

一、决策树模型介绍

(一) 决策树模型概念

决策树模型是一种广泛应用于分类和回归任务的机器学习算法。它通过构建一棵树形结构来表示决策过程，每个内部节点代表一个属性的测试，每个分支代表测试结果，每个叶节点代表一个类别或一个具体的数值。决策树模型的核心思想是通过选择最优特征并进行分割，从而将数据集划分成不同的子集，最终达到分类或回归的目的。

具体来说，决策树模型在训练过程中会根据某种标准（如信息增益、基尼指数等）来选择最佳的特征进行分割，使得分割后的子集在类别上尽可能纯净或数值上尽可能接近。这种递归分割的过程会一直进行，直到满足某些停止条件，例如子集中的样本数量小于某个阈值或树的深度达到预设的最大值。

决策树模型的优点在于其模型简单、易于理解和解释，能够处理数值型和类别型数据，并且不需要进行数据标准化。然而，决策树模型也存在一些缺点，如容易过拟合、对噪声敏感以及在某些情况下稳定性较差。为了克服这些问题，研究人员提出了多种改进方法，如剪枝技术、随机森林等，以提高决策树模型的泛化能力。

(二) 决策树模型代码及常用参数

在介绍决策树模型的语法及常用参数之前，我们需要了解决策树的基本工作原理。决策树的每个内部节点代表一个特征或属性，每个分支代表一个特征值，每个叶节点代表一个类别或一个具体的数值。构建决策树的过程就是不断选择最优特征并进行分割的过程，常用的分割标准包括信息增益、基尼指数和均方误差等。

在 Python 编程语言中，决策树模型的常用库为 scikit-learn。该库提供了两种核心的决策树模型：DecisionTreeClassifier，适用于分类任务；DecisionTreeRegressor，适用于回归任务。接下来，本书将对这两种模型的常用参数进行详细阐述。

（1）criterion 参数。此参数用于确定分割决策树节点时所依据的标准。在分类任务中，常见的选择包括 gini（基尼不纯度）和 entropy（信息熵）。而在回归任务中，常用的选项有 mse（均方误差）和 friedman_mse。

（2）splitter 参数。该参数定义了在每个节点上选取最优特征进行分割的策略。常见的选项有 best 和 random。best 选项意味着选择最佳特征进行分割，而 random 选项则是在每个节点随机选取一定数量的特征，然后从中选出最佳特征进行分割。

（3）max_depth 参数。此参数用于设定决策树的最大深度。通过限制深度，可以避免模型过于复杂，从而预防过拟合现象。若此参数设置为 None，则模型会持续生长，直至所有叶节点均达到纯净状态。

（4）min_samples_split 参数。该参数规定了节点分割所需的最小样本数量。若节点中的样本数未达到此最小值，则该节点不会进行进一步分割。此参数有助于防止模型过度复杂化，从而避免过拟合。

（5）min_samples_leaf 参数。此参数指定了叶节点所需的最小样本数。若节点中的样本数小于此最小值，则该节点不会进行进一步分割。此参数同样有助于防止模型过度复杂化，避免过拟合现象。

（6）max_features 参数。此参数用于确定在每个节点上选择最优特征时考虑的最大特征数量。常见的选项包括 auto、sqrt 和 log2。auto 选项表示考虑所有特征，sqrt 选项表示考虑 sqrt（n_features）个特征，log2 选项表示考虑 log2（n_features）个特征。

通过对上述参数的详细解释，我们可以更加深入地理解和应用决策树模型。在实际应用中，恰当地选择这些参数对于构建一个性能卓越的决策树模型至关重要。

二、决策树模型应用实践案例

（一）应用实践案例演练

以下仍然使用"new product．xls"商业案例数据集，旨在验证决策树模型，并且与采用相同商业案例数据集的逻辑回归模型预测精度进行比较，以确认决策树模型能否实现模型调优，提高模型预测精度，从而更好地捕捉数据中的模式。

我们将运用决策树模型来预测客户对新产品的购买可能性，"0"表示未购买，"1"表示购买。

输入：

```
import pandas as pd
from sklearn. model_selection import train_test_split
from sklearn. tree import DecisionTreeClassifier
from sklearn. metrics import accuracy_score, classification_report
# 假设您已经有了一个包含客户信息的 DataFrame,这里我们创建一个示例 Dat-
aFrame
data = data =pd. read_excel(r'D:\new product．xls')
print(data)
df = pd. DataFrame(data)
# 提取特征和标签
X = df[['age', 'purchase year mean','purchase month mean']]
y = df['purchased_new_product']
```

```
# 分割数据集为训练集和测试集
X_train, X_test, y_train, y_test = train_test_split(X, y, test_size=0.25, random_state=42)
# 创建决策树模型并进行训练
clf = DecisionTreeClassifier(random_state=42)
clf.fit(X_train, y_train)
# 使用模型进行预测
y_pred = clf.predict(X_test)
# 计算准确率和其他性能指标
accuracy = accuracy_score(y_test, y_pred)
print(f"Accuracy: {accuracy:.2f}")
print(classification_report(y_test, y_pred))
```

输出：

	age	purchase year mean	purchase month mean	purchased_ new_product
0	55	424	18	0
1	42	296	23	1
2	28	579	36	0
3	40	459	54	0
4	22	80	14	0
..	...	...	...	...
194	62	325	29	1
195	66	246	47	1
196	66	398	43	1
197	50	132	39	0
198	40	119	9	0

[199 rows x 4 columns]

Accuracy: 0.50

	precision	recall	f1-score	support
0	0.57	0.55	0.56	29
1	0.41	0.43	0.42	21
accuracy			0.50	50
macro avg	0.49	0.49	0.49	50
weighted avg	0.50	0.50	0.50	50

（二）应用实践案例结论分析

在应用决策树模型对客户购买新产品（其中，0 代表未购买，1 代表购买）的预测性能进行评估后，以下为详尽的阐释与分析，同时，包含与先前采用逻辑回归模型性能的对比。在使用决策树模型对客户的购买行为进行预测性能评估的过程中，我们得到了一系列具体的结果，这些结果揭示了模型在预测客户购买行为方面的整体表现。具体来说，模型的总体预测准确度达到了 50%，这表明模型成功地预测了一半的客户行为。

以下将对未购买（类别 0）和购买（类别 1）的指标进行详细的分析：

第一，对于那些未购买的客户（类别 0）。

（1）预测精确度为 57%，这意味着在模型预测为未购买的客户中，有 57% 的预测是准确的。

（2）召回率为 55%，这表示在所有实际未购买的客户中，模型成功地识别出了 55% 的客户。

（3）F1 分数为 0.56，这个分数是精确度和召回率的调和平均值，它综合反映了精确度和召回率的性能，结果为 0.56。

（4）支持度为 29，这表示实际未购买的客户数量为 29。

第二，对于那些购买了产品的客户（类别 1）。

（1）预测精确度为 41%，这表明在模型预测为购买的客户中，有 41% 的预测是准确的。

（2）召回率为 43%，这意味着在所有实际购买的客户中，模型成功地识别出了 43% 的客户。

（3）F1 分数为 0.42，这个分数综合了精确度和召回率的性能。

（4）支持度为 21，这表示实际购买的客户数量为 21。

第三，对于这些指标的平均值，可以进行以下解读。宏平均（Macro avg）：精确度为 0.49；召回率为 0.49；F1 分数为 0.49。宏平均是各类别指标的简单平均值，它没有考虑支持度（样本数量）的权重。

加权平均（Weighted avg）：精确度为 0.50；召回率为 0.50；F1 分数为 0.50。加权平均是根据各类别指标的支持度（样本数量）进行加权后的平均值，它反映了各类别在总体样本中的实际分布情况。

通过这些详细的分析，可以更全面地了解模型在不同类别中的表现，并据此进行进一步的优化和调整。

第四，决策树模型与逻辑回归模型的对比分析。在对模型性能进行评估时，发现决策树模型的整体精确度达到了 50%，这一数值略高于逻辑回归模型的 48%。具体到各个类别，决策树模型在类别 0（未购买）的召回率和 F1 分数上表现出色，显著优于逻辑回归模型。召回率和 F1 分数是衡量模型在特定类别上表现的重要指标，决策树模型在这些指标上的优势表明它在预测未购买客户方面更为有效。相比之下，逻辑回归模型在类别 1（购买）的召回率和 F1 分数上表现更佳，这意味着它在预测购买客户方面比决策树模型更具优势。简而言之，尽管决策树模型在总体精确度上略胜一筹，但在不同类别中，两种模型各有千秋，决策树模型在未购买客户的预测上更为精准，而逻辑回归模型则在购买客户的预测上表现更优。

第五，模型优化建议。为了进一步提升模型的性能和准确性，以下是一些建议，旨在优化模型的各个方面：

（1）引入更多的客户特征数据。为了提高模型的预测能力，可以考虑引入更多的客户特征数据。这些数据可能包括客户的年龄、性别、职业、收入水平、消费习惯等。通过选择与目标变量更相关的特征，或者通过数据挖掘技术创建新的特征，可以显著提升模型的性能。例如，可以利用主成分分析或自动编码器等方法来提取更有代表性的特征。此外，特征标准化或归一化对于某些模型（如逻辑回归）尤其重要，因为它可以消除不同特征量纲的影响，使模型更容易收敛。

（2）调整模型参数。对现有模型进行参数调整是优化模型性能的常见方法。以决策树模型为例，可以通过调整树的深度、最小样本分裂数、最大叶节点数等超参数来进行超参数调优。这样做可以防止模型过拟合或欠拟合，从而提高模型的泛化能力。对于逻辑回归模型，可以尝试引入正则化技术（如 L1 或 L2 正则化），并调整正则化强度，以避免过拟合并提高模型的稳健性。

（3）添加更多数据。数据量的增加通常会对模型的性能产生积极影响。如果条件允许，就可以尝试收集更多的数据用于模型训练。这不仅包括增加样本数量，还可以通过数据增强技术生成更多的训练样本。更多的数据可以提供更丰富的信息，帮助模型更好地捕捉数据中的模式和规律，从而提高模型的预测准确性。

（4）构建更复杂的模型。在某些情况下，简单的模型可能无法充分捕捉数据中的复杂模式。此时，可以考虑使用更复杂的模型，如随机森林模型或梯度提升树模型等集成方法。这些方法通过组合多个基学习器来提高模型的预测能力。随机森林模型通过构建多个决策树并进行投票来提高模型的稳定性和准确性。梯度提升树模型则通过逐步优化损失函数来提升模型性能。这些集成方法通常能够更好地处理高维数据和非线性关系，从而在许多实际问题中表现出色。

第六，模型优化。为了进一步提升决策树模型在预测客户购买行为方面的整体准确率，继续使用加入了客户购买频率这一关键指标的 new product2. xls 数据集，并且对现有模型进行参数调整与优化。期望使模型能够更准确地捕捉到客户的购买习惯和偏好，从而提高预测的准确性和可靠性。

输入：

```
import pandas as pd
import numpy as np
from sklearn. tree import DecisionTreeClassifier
from sklearn. model _ selection import train _ test _ split, Grid-SearchCV
from sklearn. metrics import classification_report
# 设置随机种子以确保结果可重复
np. random. seed(42)
# 使用读取数据集
```

```
data = data =pd. read_excel(r'D:\new product2. xls')
df = pd. DataFrame(data)
# 分离特征和标签
X = df. drop('purchased_new_product', axis =1)
y = df['purchased_new_product']
# 创建训练和测试数据集
X_train, X_test, y_train, y_test = train_test_split(X, y, test_
size =0. 2, random_state =42)
# 定义参数网格
param_grid = {
    'criterion': ['gini', 'entropy'],
    'max_depth': [None, 10, 20, 30, 40, 50],
    'min_samples_split': [2, 5, 10],
    'min_samples_leaf': [1, 2, 4],
    'splitter': ['best', 'random']
}
# 实例化决策树分类器
dt = DecisionTreeClassifier()
# 进行网格搜索
grid_search = GridSearchCV(estimator = dt, param_grid = param_
grid, cv =5, n_jobs = -1, verbose =2)
grid_search. fit(X_train, y_train)
# 输出最佳参数
print("最佳参数:", grid_search. best_params_)
```

输出:

```
Fitting 5 folds for each of 216 candidates, totalling 1080 fits
最佳参数: {'criterion': 'gini', 'max_depth': 30, 'min_samples_
leaf': 2, 'min_samples_split': 2, 'splitter': 'random'}
```

在经过一系列细致的参数调整和优化工作之后，输出了经过优化的模型参数。具体来说，我们对模型的各个关键参数进行了仔细的设定和调整。第一，选择 criterion 参数为 gini，这是因为 gini 系数在分类问题中能够有效地衡量数据集的不纯度。第二，设置 splitter 参数为 random，这意味着在进行特征分割时，模型会随机选择特征来进行分裂，这有助于提高模型的泛化能力。第三，我们还调整了 max_depth 参数为30，这一较高的深度值使得模型能够构建更为复杂的决策树，从而捕捉数据中的细微特征。第四，为了防止过拟合，还设置了 min_samples_split 参数为2，这意味着在进行节点分裂时，至少需要有两个样本才能进行分裂。第五，设置了 min_samples_leaf 参数为2，确保每个叶节点至少包含两个样本，这有助于提高模型的稳定性和预测精度。

通过这些参数的优化，我们期望模型能够在保持高精度的同时，具备更好的泛化能力。将经过优化和调整后的模型参数重新输入决策树模型中，以便进一步预测和分析客户的行为模式，期望能提高模型预测精度。

输入：

```
# 假设您已经有了一个包含客户信息的 DataFrame,这里我们创建一个示例 Dat-
aFrame
data = data =pd.read_excel(r'D:\new product2.xls')
print(data)
df = pd.DataFrame(data)
# 提取特征和标签
X = df[['age', 'purchase year mean','purchase month mean']]
y = df['purchased_new_product']
# 分割数据集为训练集和测试集
X_train, X_test, y_train, y_test = train_test_split(X, y, test_
size=0.25,random_state=42)
# 创建决策树模型并训练增加了优化后的模型参数
clf = DecisionTreeClassifier(random_state=42,criterion='gini',
max_depth=30,min_samples_leaf=2,min_samples_split=2,splitter=
'random')
clf.fit(X_train, y_train)
# 使用模型进行预测
y_pred = clf.predict(X_test)
# 计算准确率和其他性能指标
accuracy = accuracy_score(y_test, y_pred)
print(f"Accuracy: {accuracy:.2f}")
print(classification_report(y_test, y_pred))
```

输出：

```
Accuracy: 0.40
```

	precision	recall	f1-score	support
0	0.48	0.48	0.48	29
1	0.29	0.29	0.29	21
accuracy			0.40	50
macro avg	0.38	0.38	0.38	50
weighted avg	0.40	0.40	0.40	50

在对决策树模型进行了一系列细致的参数调整和优化操作之后，发现输出的结果并没有达到预期的效果，没有实现所期望的目标。具体来说，我们尝试了不同的树深

度、分裂标准和剪枝策略，甚至还调整了特征选择的方法，但最终得到的结果仍然不尽如人意。这表明我们的模型可能需要进一步的改进，或者可能需要考虑使用其他类型的机器学习算法来达到更好的预测效果。

具体来说，模型的精度不仅没有提升，反而出现了下降的趋势，这显然与最初的预期目标背道而驰。这种情况的出现可能是多种原因造成的。首先，模型可能出现了过拟合现象，即模型在训练数据上表现得过于完美，但在新的、未见过的数据上表现不佳。其次，欠拟合也是一个可能的原因，这意味着模型过于简单，无法捕捉到数据中的复杂关系。再次，数据本身可能存在偏斜问题，导致模型无法均衡地学习到各类别的特征。最后，参数选择不当也可能导致模型性能下降，例如选择的参数值没有很好地适应数据的特性，或者参数调整的范围和步长不够合理。总之，要解决这个问题，需要综合考虑各种因素，逐一排查并进行相应的调整。

任务三 随机森林模型

一、随机森林模型介绍

（一）随机森林模型概念

随机森林模型是一种集成学习方法，它通过构建多个决策树并将它们的预测结果进行汇总来提高整体的预测性能。具体来说，随机森林模型的核心思想是通过引入随机性来增强模型的泛化能力，从而避免过拟合现象的发生。

首先，在随机森林模型中，每棵决策树都是在训练数据的一个随机子集上独立构建的。这些随机子集是通过有放回的抽样（即 bootstrap 抽样）从原始训练数据中获得的，每个子集包含与原始数据集相同数量的样本，但其中一些样本可能会重复出现，而另一些样本则可能被遗漏。这种抽样方式使得每棵决策树在训练过程中都能接触到不同的数据特征和样本，从而增加了模型的多样性。

其次，随机森林模型在构建每棵决策树时还会引入特征的随机选择。具体来说，在每个节点分裂时，不是考虑所有特征，而是从所有特征中随机选择一个子集，然后在这个子集中找到最佳分裂特征。这种特征的随机选择进一步增加了模型的随机性，使得每棵决策树在结构和预测结果上都有所不同。

最后，随机森林模型通过投票机制或平均机制来汇总所有决策树的预测结果。对于分类问题，模型会根据每棵决策树的投票结果来确定最终的类别标签；对于回归问题，模型则会计算所有决策树预测值的平均值作为最终的预测结果。这种汇总机制能够有效地减少单个决策树可能存在的误差，从而提高整体模型的预测精度和稳定性。

总的来说，随机森林模型通过构建多个具有随机性的决策树，并利用投票或平均机制来汇总它们的预测结果，从而在保持高预测精度的同时，有效避免了过拟合现象，提高了模型的泛化能力。

（二）随机森林模型代码及常用参数

在 Python 编程语言中，借助 scikit-learn 库提供的 RandomForestClassifier 类或 RandomForestRegressor 类，我们可以构建随机森林模型。以下是一个基础的示例代码：

```
from sklearn. ensemble import RandomForestClassifier
from sklearn. model_selection import train_test_split
from sklearn. metrics import accuracy_score
# 数据集的加载
X, y = load_data()
# 训练集与测试集的划分
X_train, X_test, y_train, y_test = train_test_split(X, y, test_size=0.2, random_state=42)
# 随机森林分类器的初始化
rf_classifier = RandomForestClassifier(n_estimators=100, max_depth=5, random_state=42)
# 模型的训练过程
rf_classifier. fit(X_train, y_train)
# 预测结果的生成
y_pred = rf_classifier. predict(X_test)
# 准确率的计算
accuracy = accuracy_score(y_test, y_pred)
print(f"Accuracy: {accuracy}")
```

在上述示例中，首先导入了所需的库和函数，随后加载并划分了数据集。其次，我们创建了一个随机森林分类器实例，并对其进行了配置，设置了两个关键参数：n_estimators 和 max_depth。n_estimators 参数定义了要构建的决策树的数量，而 max_depth 参数指定了每棵决策树的最大深度。最后，我们对模型进行了训练，并执行了预测，进而计算了模型的准确率。

除了 n_estimators 和 max_depth，随机森林模型还包含其他一些重要的参数，例如：（1）random_state。此参数用于设定随机数生成器的种子值，以确保实验结果的可重复性。（2）min_samples_split。此参数指定了内部节点进行进一步划分所需的最小样本数量。（3）min_samples_leaf。此参数定义了叶节点所需的最小样本数量。（4）max_features。此参数决定了在分裂节点时需考虑的最大特征数量。（5）bootstrap。此参数指示是否采用自助采样法来构建每棵决策树。

通过恰当地调整这些参数，可以进一步提升随机森林模型的性能，使其更贴合特定应用场景的需求。

二、随机森林模型应用实践案例

（一）应用实践案例演练

以下仍然使用"new product . xls"商业案例数据集，旨在验证随机森林模型，并且与采用相同商业案例数据集的逻辑回归模型、决策树模型预测精度进行比较，以确认随机森林模型能否实现模型调优，提高模型预测精度，从而更好地捕捉数据中的模式。

我们将运用随机森林模型来预测客户对新产品的购买可能性，"0"表示未购买，"1"表示购买两个类别。

输入：

```
import pandas as pd
from sklearn. ensemble import RandomForestClassifier
from sklearn. model_selection import train_test_split
from sklearn. metrics import accuracy_score, classification_report
from sklearn. preprocessing import LabelEncoder
# 加载数据
data =pd. read_excel(r'D:\new product . xls')
# 查看数据的前几行
print(data. head())
# 假设最后一列是目标变量(是否购买:0 =否,1 =是)
X = data. drop('purchased_new_product', axis =1)  # 特征变量
y = data['purchased_new_product']  # 目标变量
X_train, X_test, y_train, y_test = train_test_split(X, y, test_
size =0.2, random_state =42)
# 创建随机森林分类器
clf = RandomForestClassifier(n_estimators =100, random_state =
42)
# 训练模型
clf. fit(X_train, y_train)
# 进行预测
y_pred = clf. predict(X_test)
# 评估模型
print("Accuracy:", accuracy_score(y_test, y_pred))
print("Classification Report:\n", classification_report(y_test,
y_pred))
```

输出：

	age	purchase year mean	purchase month mean	purchased_new_product
0	55	424	18	0
1	42	296	23	1
2	28	579	36	0
3	40	459	54	0
4	22	80	14	0

Accuracy: 0.35

Classification Report:

	precision	recall	f1-score	support
0	0.41	0.41	0.41	22
1	0.28	0.28	0.28	18
accuracy			0.35	40
macro avg	0.34	0.34	0.34	40
weighted avg	0.35	0.35	0.35	40

（二）应用实践案例结论分析与模型优化

1. 结论分析与比较

采用随机森林模型来预测客户对新产品的购买可能性。为了深入理解这一过程，将详细解读模型的运行机制、结果分析以及最终的结论与建议。此外，还将对比随机森林模型与之前使用的逻辑回归模型和决策树模型在预测精度上的表现，以评估其优势和不足。在此基础上，将探讨是否可以通过模型调优、增加客户行为特征数据和增加样本量等方法来进一步提高预测精度，从而更有效地捕捉数据中的潜在模式和规律。

在分析随机森林模型的预测结果时，首先审视模型整体的预测准确性。据所提供的数据，模型的总体精确度为 0.35，这表明模型能够准确预测出 35% 的客户行为。换言之，在预测客户是否会产生购买行为时，模型具有 35% 的正确预测概率。

随后，将对类别 0（未购买）和类别 1（已购买）的各项指标进行细致的分析：

针对类别 0（未购买）：

- 精确度为 0.41，这说明在所有被预测为未购买的客户中，有 41% 的客户实际上并未进行购买。

- 召回率为 0.41，这表示在所有实际未购买的客户中，模型准确识别出 41% 的未购买行为。

- F1 分数为 0.41，F1 分数是精确度和召回率的调和平均值，用于衡量模型的整体性能。F1 分数同样为 0.41，显示模型在类别 0 上的整体性能相对均衡。

- 支持值为 22，意味着实际未购买的客户数量为 22。

针对类别 1（已购买）：

– 精确度为 0.28，这表明在所有被预测为已购买的客户中，有 28% 的客户实际上完成了购买。

– 召回率为 0.28，这说明在所有实际已购买的客户中，模型准确预测出 28% 的购买行为。

– F1 分数为 0.28，同样显示模型在类别 1 上的整体性能相对均衡。

– 支持值为 18，表示实际已购买的客户数量为 18。

最后，来探讨平均值的分析：

– 宏平均是各类别指标的无权重平均值，不考虑支持值（样本数量）的影响。在此例中，宏平均的精确度、召回率和 F1 分数均为 0.34，表明各类别在平均性能上保持了一定的均衡性。

– 加权平均是根据各类别的支持值（样本数量）加权后的平均值。在此例中，加权平均的精确度、召回率和 F1 分数均为 0.35，与总体精确度相符，这表明各类别的样本数量对模型性能的影响相对有限。

通过对上述内容进行详尽的分析和探讨，我们可以得出一个结论：在大多数情况下，随机森林模型相较于单一决策树模型具有显著的优势。随机森林模型通过集成多个决策树，能够有效减少过拟合的风险，并提高模型的泛化能力。然而，在这个特定的案例中，随机森林模型可能并未提供足够的优势，表现得并不如预期那样出色。这可能是数据集的特殊性或者模型参数设置不当等原因导致的。因此，在实际应用中，我们需要根据具体情况进行模型选择和调优，以达到最佳的预测效果。

为了进一步提升模型的性能，提出以下优化建议：

（1）增加更多特征：通过深入探索并添加更多相关特征，例如客户的浏览行为、评论反馈、购买频率等，可以丰富现有数据集，从而提高模型的预测准确性。这些特征可能包含更多有价值的信息，有助于模型更深入地理解数据模式。

（2）实施降维技术：采用 PCA 或其他降维技术以减少冗余特征，提高模型训练的效率和预测效果。降维技术有助于剔除不必要的特征，降低计算复杂度，同时保留最关键的信息。

（3）解决类别不平衡问题：若数据集中类别分布严重不平衡，可尝试应用欠采样或过采样技术以平衡数据集。这有助于避免模型对某一类别的偏见，从而提升整体性能。

（4）增加数据量：如果可能，可以收集更多数据，以增加模型训练的泛化能力和准确性。

（5）运用超参数调优方法：对随机森林模型进行优化的有效途径之一是采用超参数调优。常用的调优方法包括网格搜索（Grid Search）和随机搜索（Random Search）。通过这些方法，我们可以确定最佳的超参数组合，进一步提升模型的性能。

2. 模型优化

（1）模型参数优化。

通过使用"网格搜索"这一调优技术，可以对随机森林模型进行细致的参数优化。具体来说，网格搜索会系统地遍历预定义的参数组合，评估每一种组合下的模型性能，从而找到最优的参数配置。这种方法能够帮助我们更精确地调整随机森林模型中的关键参数，如树的数量、树的深度以及特征选择的策略等，最终实现模型性能的显著提升。

输入：

```
from sklearn.model_selection import GridSearchCV
from sklearn.ensemble import RandomForestClassifier
# 定义参数网格
param_grid = {
    'n_estimators': [100, 200, 300],
    'max_features': ['auto', 'sqrt', 'log2'],
    'max_depth': [None, 10, 20, 30],
    'min_samples_split': [2, 5, 10],
    'min_samples_leaf': [1, 2, 4]
}
# 实例化随机森林分类器
rf = RandomForestClassifier()
# 进行网格搜索
grid_search = GridSearchCV(estimator = rf, param_grid = param_grid, cv = 3, n_jobs = -1, verbose = 2)
grid_search.fit(X_train, y_train)
# 输出最佳参数
print("最佳参数:", grid_search.best_params_)
```

输出：

```
Fitting 3 folds for each of 324 candidates, totalling 972 fits
最佳参数: {'max_depth': None, 'max_features': 'sqrt', 'min_samples_leaf': 1, 'min_samples_split': 2, 'n_estimators': 100}
```

通过采用网格搜索调优技术，成功地优化了模型的参数设置。具体来说，设置了最大深度为无限制（max_depth = None），这意味着决策树可以尽可能地深入，直到达到数据集中的每个叶节点。此外，选择最大特征数为平方根（max_features = sqrt），这有助于在特征选择过程中保持一定的随机性，从而提高模型的泛化能力。在分割节点时，设定了最小样本分割数为 2（min_samples_split = 2），这意味着每个节点在分割前至少需要包含两个样本。对于叶节点，设定了最小样本数为 1（min_samples_leaf = 1），这允许叶节点包含尽可能少的样本，从而增加模型的灵活性。最后，选择了集成的树的数量为 100（n_estimators = 100），这意味着将使用 100 棵决策树来构建随机森林模型，以提高预测的准确性和稳定性。通过这些参数的优化，期望能够显著提升模型的性能。

（2）优化后的随机森林模型。

在对模型参数进行细致的优化调整之后，我们将这些经过优化的参数再次输入随机森林模型中进行进一步的分析和预测。与此同时，为了提高模型的预测精度和可靠性，在之前用于商业案例分析的数据文件 new product. xls 的基础上，新增了客户购买频次这一重要的行为特征数据。通过整合这些新的行为特征数据，成功地创建了一个更为全面和丰富的数据文件，命名为 new product2. xls。接下来，将这些优化后的参数以及新的数据文件 new product2. xls 一同代入随机森林模型中，进行新一轮的模型验证。通过这一过程，期望能够进一步提升模型的预测精度，确保其在实际应用中的有效性和准确性。

输入：

```
# 加载数据
data = pd. read_excel(r'D:\new product2. xls')
# 查看数据的前几行
print(data. head())
# 假设最后一列是目标变量(是否购买:0 = 否,1 = 是)
X = data. drop('purchased_new_product', axis =1)   # 特征变量
y = data['purchased_new_product']  # 目标变量
X_train, X_test, y_train, y_test = train_test_split(X, y, test_
size =0.2, random_state =42)
# 创建随机森林分类器
clf = RandomForestClassifier(n_estimators =100, random_state =
42, min_samples_leaf =1, min_samples_split =2, max_features ='sqrt')
# 训练模型
clf. fit(X_train, y_train)
# 进行预测
y_pred = clf. predict(X_test)
# 评估模型
print("Accuracy:", accuracy_score(y_test, y_pred))
print("Classification Report:\n", classification_report(y_test,
y_pred))
```

输出：

```
Accuracy: 0.425
Classification Report:
              precision    recall  f1-score   support
           0       0.48      0.55      0.51        22
           1       0.33      0.28      0.30        18

    accuracy                           0.42        40
   macro avg       0.41      0.41      0.41        40
weighted avg       0.41      0.42      0.42        40
```

在对随机森林模型的参数进行细致的优化调整之后，采取了进一步的措施。将这些经过优化的参数重新输入随机森林模型中，以便进行更深入的分析和预测工作。通过这一系列的操作，发现了一个显著的结果：在保持样本量不变的情况下，通过增加客户行为特征数据并进行参数优化，提高了模型的预测精度。

具体来说，首先对随机森林模型的参数进行了细致的调整，包括但不限于树的数量、树的深度、分裂标准以及最小样本分裂数等关键参数。通过对这些参数的优化，我们确保了模型在训练过程中能够更好地捕捉数据中的复杂关系和模式。接着，我们将这些经过优化的参数重新应用到随机森林模型中，进行进一步分析和预测。

在这一过程中，特别关注了客户行为特征数据的增加。这些数据包括客户的购买历史、浏览记录、点击行为等，能够提供更丰富的信息，帮助模型更好地理解客户的行为模式。通过将这些特征数据纳入模型中，能够更全面地捕捉客户的行为规律，从而提高模型的预测能力。经过优化参数和增加客户行为特征数据的双重作用，观察到模型的预测精度得到了提升。这意味着在相同的样本量条件下，模型能够更准确地预测客户的行为和需求，从而为业务决策提供更有力的支持。

（3）增加样本量。

通过增加数据量，广泛收集更多的客户样本数据，期望可以显著提升模型训练的泛化能力和准确性。这样一来，模型在面对新数据时，能够更好地进行预测和分类，从而提高整体的性能表现。具体来说，更多的数据样本可以帮助模型捕捉到更多的特征和模式，减少过拟合的风险，使其在实际应用中更加稳定和可靠。

基于当前所掌握的 new product2. xls 数据集，计划将样本数量随机扩充至 1000 个。为保障实验的统一性和可比性，决定维持模型参数的稳定性，并继续采用先前经过优化的参数设置。在此基础上，将进一步对随机森林模型进行精细化调整，以期提升模型的预测精度。

输入：

```
# 加载数据,样本量增加到 1000 个样本
data =pd. read_excel(r'D:\new product3. xls')
# 查看数据的前几行
print(data. head())
# 假设最后一列是目标变量(是否购买:0 = 否,1 = 是)
X = data. drop('purchased_new_product', axis =1)  # 特征变量
y = data['purchased_new_product']  # 目标变量
X_train, X_test, y_train, y_test = train_test_split(X, y, test_
size =0.2, random_state =42)
# 创建随机森林分类器
clf = RandomForestClassifier(n_estimators =100, random_state =
42,min_samples_leaf =1,min_samples_split =2)
# 训练模型
clf. fit(X_train, y_train)
# 进行预测
```

```
y_pred = clf.predict(X_test)
# 评估模型
print("Accuracy:", accuracy_score(y_test, y_pred))
print("Classification Report:\n", classification_report(y_test,
y_pred))
```

输出：

Accuracy: 0.53

Classification Report:

	precision	recall	f1-score	support
0	0.54	0.49	0.51	101
1	0.52	0.58	0.55	99
accuracy			0.53	200
macro avg	0.53	0.53	0.53	200
weighted avg	0.53	0.53	0.53	200

　　根据对数据进行详细分析的结果，可以清晰地看到，随着样本量的逐步增加，模型的预测精度得到了显著的提升。具体而言，在本案例中样本量增加之后，模型的预测精度相较于进行参数优化之前以及样本量未增加时的情况，有了显著的改善。当前的预测精度已经达到了0.53，这一数值不仅高于逻辑回归模型和决策树模型的预测精度，而且也超过了之前的目标精度。这充分表明，样本量的增加对于提高模型的预测性能具有积极的影响，进一步验证了样本量在模型训练中的重要性。

参 考 文 献

［1］王彦超，林东杰，马云飙，等．财经大数据分析——以 Python 为工具［M］．北京：高等教育出版社，2024.

［2］陈波，刘慧君．Python 编程基础及应用［M］．北京：高等教育出版社，2020.

［3］薛国伟．数据分析技术——Python 数据分析项目化教程［M］．北京：高等教育出版社，2019.

［4］吴金旺，申睿．金融大数据分析［M］．北京：高等教育出版社，2024.

［5］戴斌，唐晓云．旅游大数据理论、技术与应用［M］．北京：高等教育出版社，2022.

［6］邓立国．Python 大数据分析算法与实例［M］．北京：清华大学出版社，2021.

［7］李辉，倪健．Python 大数据分析与可视化［M］．北京：清华大学出版社，2024.

［8］黄强，李俊华，杨建文，等．Python 大数据分析与挖掘（微课版）［M］．北京：清华大学出版社，2024.

［9］王目文，彭玉珊，等．商业数据分析［M］．北京：清华大学出版社，2024.

［10］唐晨，付树军，等．机器学习算法与应用［M］．北京：清华大学出版社，2022.

［11］程昂，随志浩，田野，等．大数据与人工智能在证券行业的应用［M］．北京：经济科学出版社，2021.

［12］安俊秀，等．Python 大数据处理与分析［M］．北京：人民邮电出版社，2021.

［13］赵云．数据驱动的商业分析：Anaconda 与 Python 实践［M］．北京：清华大学出版社，2022.

［14］陈杰．商业数据分析与决策支持：基于 Python 与 Anaconda［M］．北京：机械工业出版社，2021.

［15］胡志鹏．Python 大数据分析从入门到精通［M］．北京：电子工业出版社，2019.

［16］王磊．Python 商业数据分析实战：基于 Anaconda 平台［M］．北京：电子工业出版社，2023.